张威 李敏 栾天 编

数值分析
学习指导与习题解答

$$x^{(k+1)} = F(x^{(k)})$$

$$x = F(x)$$

清华大学出版社
北京

内 容 简 介

本书是与李庆扬编写的《数值分析》(第 6 版)配套的辅导书. 每章设立内容概述、主要算法、复习与思考题解析、习题解答四部分内容. 内容概述对本章的内容进行了归纳、提炼和梳理, 有助于读者全面掌握各章的理论和方法, 起到统揽全局的作用; 主要算法给出本章中主要算法的算法原理、算法步骤、MATLAB程序以及数值实验, 以帮助读者理解、掌握和运用算法; 复习与思考题解析对教材中的复习与思考题进行解答、辨析; 习题解答对本章习题进行了细致的解答. "主要算法"和"习题解答"中还设置了二维码, 以便读者获得更细致、全面的信息或数据.

本书可供理工科各专业本科生、研究生学习"数值分析"或"计算方法"课程使用, 也可作为某些考试中相关科目的复习参考书.

图书在版编目 (CIP) 数据

数值分析学习指导与习题解答 / 张威, 李敏, 栾天编. -- 北京: 清华大学出版社, 2025.7.
ISBN 978-7-302-69688-9

Ⅰ. O241

中国国家版本馆 CIP 数据核字第 2025H3C632 号

责任编辑: 刘　颖
封面设计: 傅瑞学
责任校对: 赵丽敏
责任印制: 丛怀宇

出版发行: 清华大学出版社
　　　　网　　　址: https://www.tup.com.cn, https://www.wqxuetang.com
　　　　地　　　址: 北京清华大学学研大厦 A 座　　　邮　　编: 100084
　　　　社 总 机: 010-83470000　　　　邮　　购: 010-62786544
　　　　投稿与读者服务: 010-62776969, c-service@tup.tsinghua.edu.cn
　　　　质量反馈: 010-62772015, zhiliang@tup.tsinghua.edu.cn
印 装 者: 小森印刷 (天津) 有限公司
经　　销: 全国新华书店
开　　本: 185mm×260mm　　印　张: 15.75　　　　字　　数: 384 千字
版　　次: 2025 年 7 月第 1 版　　　　　　　　　　印　　次: 2025 年 7 月第 1 次印刷
定　　价: 49.00 元

产品编号: 100174-01

前　言

数值分析或计算方法这门课程所关心的是处理数学问题的算法.

这里的数学问题是在大学数学,比如微积分、线性代数中曾经遇到的计算问题,只不过在我们学习这些课程的时候,所遇到的问题都是通过手工演算就可以完成的问题,而我们这里要考虑的是,如果问题的规模很大,或者过程很烦琐,或者根本就不存在解析解,使得手工演算不太好实现,或者实现不了的问题.

算法涉及的问题有算法给出的缘由、算法的具体步骤、算法的理论分析,比如算法是否能够解决所提出的问题,算法的适应性、收敛性、稳定性,等等.这是大多数教材所讲述的内容,也是各类测验、考试所考查的内容.

但是还有一个算法的实现的问题,由于学时的限制,大多在课程教学过程中点到为止,讲得不多,练习就更少了,但算法实现是计算方法课程开设的目标,也是需要关注和练习的.算法实现就是将算法的步骤在计算机中机械地完成,这个过程中涉及算法实现的语言环境,为了使得与自然语言所表述的算法更接近,我们选择具有演算式表示形式的 MATLAB 语言作为实现算法的计算机编程环境.

各章(第 1 章除外)安排了 4 个部分:内容概述、主要算法、复习与思考题解析、习题解答.内容概述对本章的内容进行了归纳、提炼和梳理,有助于读者全面掌握各章的理论和方法,起到统揽全局的作用;主要算法从算法原理、算法步骤、算法框图、MATLAB 程序、数值实验这 5 个层面对本章的主要算法进行复习与实践(考虑到框图占用篇幅比较大,排版时不太好处理,所以在书中没有出现,而是放在对应的二维码文件中),以帮助读者理解、掌握和运用算法;复习与思考题解析对本章的复习与思考题进行解答、辨析;习题解答是作者依据多年"数值分析"课程的教学经验给出的,对于学生在学习过程中容易出现的问题,在解答中特别加以注意.对于习题中可以用程序实现的题目,附上程序及程序运行的结果,增加学生自主动手落实数值实践的机会,为他们实践数值计算提供方便(这些程序及运行结果也放在对应的二维码文件中).

本书可供理工科各专业本科生、研究生学习"数值分析"或"计算方法"课程使用,也可作为某些考试中相关科目的复习参考书.

限于我们的水平,不妥及错误之处在所难免,恳切希望读者给予批评指正.

编　者

2025 年 4 月

目　　录

第1章 数值分析与科学计算引论

1.1 内 容 概 述

数值分析也称科学计算,是数学科学的一个分支,主要研究用计算机求解各种数学问题的数值方法及其理论与软件实现. 数值分析研究的对象涉及数学的各个分支,内容十分广泛. 数值分析课程主要介绍其中最基本、最常用的数值计算方法及其理论,包括插值与函数逼近,数值积分与微分,线性方程组的数值求解,非线性方程与方程组求解,特征值及特征向量计算,常微分方程数值解等.

数值分析以数学问题为研究对象,但它不像纯数学那样只研究数学本身的理论,而是把理论与计算紧密结合,着重研究数学问题的数值算法及其理论.

数值分析是一门内容丰富,研究方法深刻,有自身理论体系的课程,既有纯数学高度抽象性与严密科学性的特点,又有应用广泛性与实际试验高度技术性的特点,是一门与计算机使用密切结合,实用性很强的数学课程.

用计算机解决科学计算问题时,首先要对实际问题进行抽象、简化,从而建立数学模型,数学模型与实际问题之间出现的误差称为**模型误差**. 在数学模型中往往有一些根据观测得到的物理量,如温度、长度、电压等,这些参量显然也包含误差,这种由观测产生的误差称为**观测误差**.

当数学模型不能得到精确解时,通常用数值方法求它的近似解,其近似解与精确解之间的误差称为**截断误差**或**方法误差**.

用计算机做数值计算时,由于计算机字长有限,原始数据在计算机上表示时会产生误差,计算过程又可能产生新的误差,这种误差称为**舍入误差**.

数值分析主要讨论算法的截断误差与舍入误差,借助误差的定义可以更细致地分析舍入误差.

设 x 为准确值,x^* 为 x 的一个近似值,称 $e^* = x^* - x$ 为近似值的**绝对误差**,简称**误差**. 通常准确值 x 是未知的,误差 e^* 的准确值也无法计算,只能根据测量工具或计算情况估计出误差绝对值的一个上界 ε^*,ε^* 称为近似值的**误差限**,它总是正数. 误差限的大小不能完全表示近似值的好坏,还要考虑准确值本身的大小. 近似值的误差 e^* 与准确值 x 的比值 $\dfrac{e^*}{x} = \dfrac{x^* - x}{x}$ 称为近似值 x^* 的**相对误差**,记作 e_r^*. 相对误差绝对值的上界称为**相对误差限**,记作 ε_r^*,即 $\varepsilon_r^* = \dfrac{\varepsilon^*}{|x^*|}$. 误差限可以用有效数字更细致地刻画.

一个近似数四舍五入到哪一位,就称它精确到哪一位. 这时,该位到其左边第一位非零数字止的所有数字,称为这个近似数的**有效数字**,有效数字的个数称为有效数字的位数. 若近似值 x^* 有 n 位有效数字,则它用科学计数法可表示为

$$x^* = \pm 10^m \times (a_1 + a_2 \times 10^{-1} + \cdots + a_n \times 10^{-(n-1)}),$$

其中 $a_i(i=1,2,\cdots,n)$ 是 $0\sim9$ 中的一个数字, $a_1\neq0$, m 为整数, 且

$$|x-x^*|\leqslant\frac{1}{2}\times10^{m-n+1}.$$

有效数字与相对误差限的关系, 由定理 1.1 表述.

定理 1.1　设近似数表示为

$$x^*=\pm10^m\times(a_1+a_2\times10^{-1}+\cdots+a_l\times10^{-(l-1)}),$$

其中 $a_i(i=1,2,\cdots,l)$ 是 $0\sim9$ 中的一个数字, $a_1\neq0$, m 为整数, 若 x^* 有 n 位有效数字, 则其相对误差限 $\varepsilon_r^*\leqslant\dfrac{1}{2a_1}\times10^{-(n-1)}$; 反之, 若 x^* 的相对误差限 $\varepsilon_r^*\leqslant\dfrac{1}{2(a_1+1)}\times10^{-(n-1)}$, 则 x^* 至少具有 n 位有效数字.

定理 1.1 说明, 有效位数越多, 相对误差限越小.

求解一个问题的数值解, 要设计算法来实现, 在设计算法时, 要充分利用迭代的思想, 以发挥计算机机械高效的特性. 对于算法而言, 也有区分其可用与否的标准, 即其是否具有稳定性.

定义 1.1　一个算法如果输入数据有误差, 而在计算过程中舍入误差不增长, 则称此算法是**稳定的**; 否则称此算法为**不稳定的**.

数值问题的求解不仅与算法有关, 实际上还与问题本身有关.

定义 1.2　对于一个数值问题, 如果输入数据有微小扰动 (即误差), 引起输出数据 (即问题解) 相对误差很大, 则称此数值问题为**病态问题**. 输出数据的相对误差与输入数据的相对误差的比值称为此数值问题的**条件数**.

一个数值问题的条件数可以视为处理此数值问题的过程中, 相对误差的放大 (缩小) 倍数, 条件数越大病态程度越严重.

病态问题不是计算方法引起的, 是数值问题本身固有的. 对数值问题首先要分清是否病态, 病态问题需要采取特殊处理方法以减少误差危害.

1.2　复习与思考题解析

1. 什么是数值分析? 它与数学科学和计算机的关系如何?

答　数值分析也称计算数学, 是数学科学的一个分支, 主要研究的是用计算机求解各种数学问题的数值计算方法及其理论与软件实现.

数值分析以数学问题为研究对象, 但它并不像纯数学那样只研究数学本身的理论, 而是把理论与计算机紧密结合, 着重研究数学问题的数值方法及其理论. 计算机的发明与发展使数值分析成为一门理工科学生普遍学习的课程.

2. 何谓算法? 如何判断数值算法的优劣?

答　一个数值问题的算法是指按规定顺序执行一个或多个完整的进程, 通过算法将输入元变换成输出元.

一个面向计算机, 有可靠理论分析且计算复杂性好的算法就是一个好算法. 因此判断一个算法的优劣应从算法的稳定性、准确性、时间复杂性和空间复杂性几个方面考虑.

3. 列出科学计算中误差的三个来源, 并说出截断误差与舍入误差的区别.

答　用计算机解决实际问题首先要建立数学模型, 它是对被描述的实际问题进行抽象、

简化而得到的,因而是近似的,数学模型与实际问题之间出现的误差叫作模型误差.

在数学模型中往往还有一些根据观测得到的物理量,如温度、长度等,这些参量显然也包含误差,这种由观测产生的误差称为观测误差.

当数学模型不能得到精确解时,通常要用数值方法求它的近似解,其近似解和精确解之间的误差称为截断误差或方法误差.

有了求解数学问题的计算公式以后,用计算机做数值计算时,由于计算机字长有限,原始数据在计算机上表示时会产生误差,计算过程又可能产生新的误差,这种误差称为舍入误差.

截断误差和舍入误差是两个不同的概念,截断误差是由所采用的数值方法而产生的,因而也称方法误差,舍入误差是由数值计算而产生的.

4. 什么是绝对误差与相对误差? 什么是近似数的有效数字? 它与绝对误差和相对误差有何关系?

答 设 x 为准确值,x^* 为 x 的一个近似值,称 $e^* = x^* - x$ 为近似值 x^* 的绝对误差,简称误差. 近似值的误差 e^* 与其准确值 x 的比值 $\dfrac{e^*}{x} = \dfrac{x^* - x}{x}$ 称为近似值 x^* 的相对误差,记作 e_r^*.

通常我们无法知道误差的准确值,只能根据测量工具或计算情况估计出误差绝对值的一个上界 ε^*,ε^* 叫作近似值的误差限.

若近似值 x^* 的误差限是某一位的半个单位,该位到 x^* 的第一位非零数字共有 n 位,就说 x^* 有 n 位有效数字.

有效数位越多,绝对误差限越小,相对误差限也越小.

5. 什么是算法的稳定性? 如何判断算法稳定? 为什么不稳定算法不能使用?

答 一个算法如果输入数据有误差,但在计算中舍入误差不增长,则称此算法是数值稳定的;否则称为不稳定的.

判断一个算法是否稳定主要是看初始数据的误差在计算中的传播速度,如果传播速度很快就是数值不稳定的.

对于不稳定的算法来说,由于其误差传播是逐步扩大的,因而计算结果不可靠,所以不稳定的算法是不能使用的.

6. 什么是问题的病态性? 它是否受所用算法的影响?

答 对一个数值问题本身来说,如果输入数据有微小扰动(即误差),引起输出数据(即问题解)相对误差很大,这就是病态问题.

病态性是数值问题本身固有的,不是由计算方法引起的,病态性并不受所用算法的影响,对病态问题必须采用特殊的方法以减少误差危害.

7. 什么是迭代法? 试利用 $x^3 - a = 0$ 构造计算 $\sqrt[3]{a}$ 的迭代公式.

答 迭代法是一种按同一公式从初始值开始重复计算逐次逼近真值的算法,是数值计算普遍使用的重要方法.

在计算 $\sqrt[3]{a}$ 时,先从初始近似 $x_0 > 0$ 开始,令 $x = x_0 + \Delta x$,Δx 为增量,则由 $x^3 - a = 0$ 得 $(x_0 + \Delta x)^3 - a = 0$,即 $x_0^3 + 3x_0^2 \Delta x + 3x_0 (\Delta x)^2 + (\Delta x)^3 - a = 0$. 由于 Δx 是小量,省去

高阶项 $(\Delta x)^2$, $(\Delta x)^3$, 则得 $x_0^3 + 3x_0^2 \Delta x - a \approx 0$, 即 $\Delta x \approx \dfrac{a - x_0^3}{3x_0^2}$, 于是 $x_0 + \Delta x \approx \dfrac{a + 2x_0^3}{2x_0^2}$, 从而得到计算 $\sqrt[3]{a}$ 的迭代公式

$$x_{k+1} = \frac{1}{3}\left(2x_k + \frac{a}{x_k^2}\right), \quad k = 0,1,2,\cdots, \quad x_0 \text{ 给定}.$$

8. 考虑无穷级数 $\displaystyle\sum_{n=1}^{\infty} \frac{1}{n}$, 它是发散的, 在计算机上计算它的部分和, 会得到什么结果? 为什么?

答　虽然在理论上无穷级数 $\displaystyle\sum_{n=1}^{\infty} \frac{1}{n}$ 是发散的, 但在计算机上计算时, 由于计算机只能进行有限数的计算, 所以无论 n 取多大的值, 级数的和都是有限数. 对于有限值的 n, 当 n 较大时, $\dfrac{1}{n}$ 较小. 如果小到在计算机内视为计算机零, 则对部分和就没有贡献了。这时所得的部分和就是常数了.

9. 判断下列命题的正确性:

(1) 解对数据的微小变化高度敏感是病态的.

(2) 高精度运算可以改善问题的病态性.

(3) 无论问题是否病态, 只要算法稳定都能得到好的近似值.

(4) 用一个稳定的算法计算良态问题一定会得到好的近似值.

(5) 用一个收敛的迭代法计算良态问题一定会得到好的近似值.

(6) 两个相近数相减必然会使有效数字损失.

(7) 计算机上将 1000 个数量级不同的数相加, 不管次序如何结果都是一样的.

答　(1) 对. 病态性就是根据这一现象定义的.

(2) 错. 病态性是问题本身固有的, 与所采用的算法无关.

(3) 错. 只有当问题为良态时, 稳定的算法才有可能得到好的近似值.

(4) 错. 用一个稳定的算法计算良态问题是否能得到好的近似值还依赖于初始值选取得是否适当.

(5) 错. 用收敛的迭代法计算良态问题时, 同样依赖于初始值的选取.

(6) 错. 如果两个相近数直接相减, 大多会使有效数字损失. 但可以通过等价变换转化成其他运算而避免有效数字损失.

(7) 错. 次序不加处理和次序加以处理的结果一般是不一样的. 尤其是当所加的数据的数量级相差较大时. 此时, 将数量级相近的数据调整到一起相加结果会准确些.

第 1 章解答

1.3　习 题 解 答

1. 设 $x > 0$, x 的相对误差为 δ, 求 $\ln x$ 的误差.

解　设 x 的近似值为 x^*, 由假设 $\dfrac{x^* - x}{x} = \delta$. 对于 $f(x) = \ln x$, 因 $f'(x) = \dfrac{1}{x}$, 故由

$$\varepsilon(f(x)) = \ln x^* - \ln x \approx |f'(x)|(x^*-x) = \left|\frac{1}{x}\right|(x^*-x)$$

$$= \frac{1}{x}(x^*-x) = e_r(x^*) = \delta,$$

即 $e(\ln x^*) \approx \delta$.

2. 设 x 的相对误差为 2%，求 x^n 的相对误差.

解 设 $f(x) = x^n$，则此计算函数值问题的条件数为

$$C_p = \left|\frac{xf'(x)}{f(x)}\right| = \left|\frac{x \cdot nx^{n-1}}{x^n}\right| = n,$$

又因为计算函数值问题的条件数定义为函数值的相对误差与自变量相对误差的比值，即 $\varepsilon_r((x^*)^n) \approx C_p \cdot \varepsilon_r(x^*)$，所以 $\varepsilon_r((x^*)^n) \approx n \cdot 2\% = 0.02n$.

3. 下列各数都是经过四舍五入得到的近似数，即误差限不超过最后一位的半个单位，试指出它们是几位有效数字：

$$x_1^* = 1.1021, \quad x_2^* = 0.031, \quad x_3^* = 385.6, \quad x_4^* = 56.430, \quad x_5^* = 7 \times 1.0.$$

解 由于近似数的误差限不超过最后一位的半个单位，所以

$x_1^* = 1.1021$ 有 5 位有效数字；

$x_2^* = 0.031$ 有 2 位有效数字；

$x_3^* = 385.6$ 有 4 位有效数字；

$x_4^* = 56.430$ 有 5 位有效数字；

$x_5^* = 7 \times 1.0$ 有 2 位有效数字.

4. 利用(1.3)式求下列各近似值的误差限：

(1) $x_1^* + x_2^* + x_4^*$；　　　　　(2) $x_1^* x_2^* x_3^*$；　　　　　(3) x_2^* / x_4^*.

其中 $x_1^*, x_2^*, x_3^*, x_4^*$ 均为第 3 题所给的数.

解 因为

$$\varepsilon(x_1^*) = \frac{1}{2} \times 10^{-4}, \quad \varepsilon(x_2^*) = \frac{1}{2} \times 10^{-3},$$

$$\varepsilon(x_3^*) = \frac{1}{2} \times 10^{-1}, \quad \varepsilon(x_4^*) = \frac{1}{2} \times 10^{-3},$$

所以

$$\varepsilon(x_1^* + x_2^* + x_4^*) = \varepsilon(x_1^*) + \varepsilon(x_2^*) + \varepsilon(x_4^*)$$

$$= \frac{1}{2} \times 10^{-4} + \frac{1}{2} \times 10^{-3} + \frac{1}{2} \times 10^{-3}$$

$$= 1.05 \times 10^{-3}.$$

$$\varepsilon(x_1^* x_2^* x_3^*) = |x_1^* x_2^*|\varepsilon(x_3^*) + |x_2^* x_3^*|\varepsilon(x_1^*) + |x_1^* x_3^*|\varepsilon(x_2^*)$$

$$= |1.1021 \times 0.031| \times \frac{1}{2} \times 10^{-1} + |0.031 \times 385.6| \times$$

$$\frac{1}{2} \times 10^{-4} + |1.1021 \times 385.6| \times \frac{1}{2} \times 10^{-3}$$

$$\approx 0.215.$$

$$\varepsilon(x_2^*/x_4^*) \approx \frac{|x_2^*|\varepsilon(x_4^*)+|x_4^*|\varepsilon(x_2^*)}{|x_4^*|^2}$$

$$= \frac{0.031\times\frac{1}{2}\times10^{-3}+56.430\times\frac{1}{2}\times10^{-3}}{56.430\times56.430}$$

$$\approx 0.887\times10^{-5}.$$

5. 计算球体积要使相对误差限为 1%,问度量半径 R 所允许的相对误差限是多少?

解　球体体积公式为 $V=\frac{4}{3}\pi R^3$,体积计算的条件数

$$C_p = \left|\frac{R\cdot V'}{V}\right| = \left|\frac{R\cdot 4\pi R^2}{\frac{4}{3}\pi R^3}\right| = 3,$$

所以,$\varepsilon_r(V^*)\approx C_p\cdot\varepsilon_r(R^*)=3\varepsilon_r(R^*)$.

因为 $\varepsilon_r(V^*)=1\%$,所以度量半径 R 所允许的相对误差限

$$\varepsilon_r(R^*) = \frac{1}{3}\varepsilon_r(V^*) = \frac{1}{3}\times1\% \approx 0.0033.$$

6. 设 $Y_0=28$,按递推公式

$$Y_n = Y_{n-1}-\frac{1}{100}\sqrt{783}, \quad n=1,2,\cdots$$

计算到 Y_{100}. 若取 $\sqrt{783}\approx27.982$(5 位有效数字),试问计算 Y_{100} 将有多大误差?

解　因为 $Y_n=Y_{n-1}-\frac{1}{100}\sqrt{783}$,所以

$$Y_{100} = Y_{99}-\frac{1}{100}\sqrt{783}, \quad Y_{99}=Y_{98}-\frac{1}{100}\sqrt{783},$$

$$Y_{98} = Y_{97}-\frac{1}{100}\sqrt{783}, \quad\cdots, \quad Y_1=Y_0-\frac{1}{100}\sqrt{783},$$

依次代入,有

$$Y_{100} = Y_0-100\times\frac{1}{100}\sqrt{783},$$

即

$$Y_{100} = Y_0-\sqrt{783}.$$

若取 $\sqrt{783}\approx27.982$,则 $\varepsilon(27.982)=\frac{1}{2}\times10^{-3}$,于是 $Y_{100}^*=Y_0-27.982$,这时

$$\varepsilon(Y_{100}^*) = \varepsilon(Y_0^*)+\varepsilon(27.982)=0+\frac{1}{2}\times10^{-3}=\frac{1}{2}\times10^{-3},$$

即 Y_{100} 的误差限为 $\frac{1}{2}\times10^{-3}$.

7. 求方程 $x^2 - 56x + 1 = 0$ 的两个根，使它至少具有 4 位有效数字（$\sqrt{783} \approx 27.982$）.

解 由求根公式

$$x_{1,2} = 28 \pm \sqrt{783},$$

于是

$$x_1 = 28 + \sqrt{783} \approx 28 + 27.982 = 55.982$$

具有 5 位有效数字.

$$x_2 = 28 - \sqrt{783} = \frac{1}{28 + \sqrt{783}} \approx \frac{1}{28 + 27.982} = \frac{1}{55.982} \approx 0.017\,863$$

具有 5 位有效数字.

8. 当 $x \approx y$ 时计算 $\ln x - \ln y$ 有效位数会损失. 改用 $\ln x - \ln y = \ln \dfrac{x}{y}$ 是否就能减少舍入误差？（提示：考虑对数函数何时出现病态.）

解 当 $x \approx y$ 时，直接计算 $\ln x - \ln y$ 会出现两相近数相减，从而引起有效位数的损失.

若改用 $\ln x - \ln y = \ln \dfrac{x}{y}$ 进行计算，则首先应考虑对数函数的病态性问题. 设 $f(x) = \ln x$，则计算对数函数值的条件数为

$$C_p = \left| \frac{x f'(x)}{f(x)} \right| = \left| \frac{x \cdot \dfrac{1}{x}}{\ln x} \right| = \left| \frac{1}{\ln x} \right|,$$

可见当 $x \approx 1$ 时，C_p 充分大，问题为病态的，而当 $x \approx y$ 时，$\dfrac{x}{y} \approx 1$，故用 $\ln x - \ln y = \ln \dfrac{x}{y}$ 不能减少舍入误差.

9. 正方形的边长大约为 $100\,\text{cm}$，应怎样测量才能使其面积误差不超过 $1\,\text{cm}^2$？

解 正方形的面积函数为 $A(x) = x^2$，所以 $\varepsilon(A^*) = 2x^* \cdot \varepsilon(x^*)$.

当 $x^* = 100$ 时，$\varepsilon(A^*) = 2x^* \cdot \varepsilon(x^*) = 200 \cdot \varepsilon(x^*)$. 若 $\varepsilon(A^*) \leqslant 1$，则

$$\varepsilon(x^*) \leqslant \frac{1}{200} = \frac{1}{2} \times 10^{-2},$$

即测量中边长误差限不超过 $0.005\,\text{cm}$ 时，可以使面积误差不超过 $1\,\text{cm}^2$.

10. 设 $S = \dfrac{1}{2} g t^2$，假定 g 是准确的，而对 t 的测量有 $\pm 0.1\,\text{s}$ 的误差，证明当 t 增加时 S 的绝对误差增加，而相对误差却减少.

证明 因为 $S = \dfrac{1}{2} g t^2$，所以 $\varepsilon(S) = gt \cdot \varepsilon(t) = 0.1gt$，因而，当 t 增加时，S 的绝对误差增加. 又

$$\varepsilon_r(S) = \frac{\varepsilon(S)}{|S|} = \frac{gt \cdot \varepsilon(t)}{\dfrac{1}{2} g t^2} = 2 \frac{\varepsilon(t)}{t} = \frac{0.2}{t},$$

所以当 t 增加时 S 的相对误差减少.

11. 序列 $\{y_n\}$ 满足递推关系

$$y_n = 10y_{n-1} - 1, \quad n = 1, 2, \cdots,$$

若 $y_0 = \sqrt{2} \approx 1.41$（三位有效数字），计算到 y_{10} 时误差有多大？这个计算过程稳定吗？

解 由递推关系式

$$\begin{aligned}
y_n &= 10y_{n-1} - 1 = 10(10y_{n-2} - 1) - 1 \\
&= 10^2 y_{n-2} - [1 + 10^1] \\
&= 10^2 (10y_{n-3} - 1) - [1 + 10^1] \\
&= 10^3 y_{n-3} - [1 + 10^1 + 10^2] \\
&= \cdots \\
&= 10^n y_0 - \sum_{i=0}^{n-1} 10^i \\
&= 10^n y_0 - \frac{1}{9}(10^n - 1) \\
&= 10^n \left(\sqrt{2} - \frac{1}{9}\right) + \frac{1}{9},
\end{aligned}$$

于是

$$y_{10} = 10^{10}\left(\sqrt{2} - \frac{1}{9}\right) + \frac{1}{9}, \quad y_{10}^* = 10^{10}\left(1.41 - \frac{1}{9}\right) + \frac{1}{9},$$

$$\varepsilon(y_{10}^*) = 10^{10}\varepsilon(y_0^*) = 10^{10} \times \frac{1}{2} \times 10^{-2} = \frac{1}{2} \times 10^8,$$

由于 y_{10} 的误差限是 y_0 误差限的 10^{10} 倍，所以这个计算过程不稳定.

12. 计算 $f = (\sqrt{2} - 1)^6$，取 $\sqrt{2} \approx 1.4$，利用下列等式计算，哪一个得到的结果最好？

$$\frac{1}{(\sqrt{2} + 1)^6}, \quad (3 - 2\sqrt{2})^3, \quad \frac{1}{(3 + 2\sqrt{2})^3}, \quad 99 - 70\sqrt{2}.$$

解 设 $y = (x-1)^6$，若 $x = \sqrt{2}$，$x^* = 1.4$，则 $\varepsilon(x^*) = \frac{1}{2} \times 10^{-1}$.

若通过 $\dfrac{1}{(\sqrt{2}+1)^6}$ 计算 y 值，即计算函数 $f(x) = (x+1)^{-6}$ 在 $x^* = \sqrt{2}$ 处的值. 由于 $f'(x) = -6(x+1)^{-7}$，故由 $\varepsilon(f(x^*)) \approx |f'(x^*)|\varepsilon(x^*)$，得

$$\varepsilon(y^*) = \left| -6 \times \frac{1}{(x^*+1)^7} \right| \cdot \varepsilon(x^*) = \frac{6}{x^*+1} y^* \varepsilon(x^*) = 2.5 y^* \varepsilon(x^*).$$

若通过 $(3 - 2\sqrt{2})^3$ 计算 y 值，即计算函数 $f(x) = (3 - 2x)^3$ 在 $x^* = \sqrt{2}$ 处的值. 由于 $f'(x) = -6(3 - 2x)^2$，故得

$$\varepsilon(y^*) = |-6(3 - 2x^*)^2| \cdot \varepsilon(x^*) = \frac{6}{3 - 2x^*} y^* \varepsilon(x^*) = 30 y^* \varepsilon(x^*).$$

若通过 $\dfrac{1}{(3 + 2\sqrt{2})^3}$ 计算 y 值，即计算函数 $f(x) = (3 + 2x)^{-3}$ 在 $x^* = \sqrt{2}$ 处的值. 由于 $f'(x) = -6(3 + 2x)^{-4}$，故得

$$\varepsilon(y^*) = \left| \frac{-6}{(3+2x^*)^4} \right| \cdot \varepsilon(x^*) = 6 \times \frac{1}{3+2x^*} y^* \varepsilon(x^*) \approx 1.0345 y^* \varepsilon(x^*).$$

若通过 $99 - 70\sqrt{2}$ 计算 y 值,即计算函数 $f(x) = 99 - 70x$ 在 $x^* = \sqrt{2}$ 处的值. 由于 $f'(x) = -70$,故得

$$\varepsilon^*(y) = |-70| \cdot \varepsilon(x^*) = 70\varepsilon(x^*).$$

比较 4 个结果并注意 $y^* < 1$ 知,通过 $\dfrac{1}{(3+2\sqrt{2})^3}$ 计算得到的结果最好.

由以上分析可知,通过 $\dfrac{1}{99+70\sqrt{2}}$ 计算得到的结果更好. 因为对应的计算函数为 $f(x) = \dfrac{1}{99+70x}$,这时 $f'(x) = -\dfrac{70}{(99+70x)^2}$,从而

$$\varepsilon^*(y) = \frac{70}{99+70x^*} y^* \varepsilon(x^*) \approx 0.3553 y^* \varepsilon(x^*).$$

13. $f(x) = \ln(x - \sqrt{x^2 - 1})$,求 $f(30)$ 的值. 若开平方用 6 位有效数字的函数表,问求对数时误差有多大? 若改用另一等价公式

$$\ln(x - \sqrt{x^2 - 1}) = -\ln(x + \sqrt{x^2 - 1})$$

计算,求对数时误差有多大?

解 因为 $f(x) = \ln(x - \sqrt{x^2 - 1})$,所以 $f(30) = \ln(30 - \sqrt{899})$.

设 $u = \sqrt{899}$,$y = f(30)$,则由 6 位函数表 $u^* = 29.9833$,因而

$$\varepsilon(u^*) = \frac{1}{2} \times 10^{-4}.$$

对于 $f(u) = \ln(30 - u)$,有 $f'(u) = \dfrac{-1}{30-u}$. 由 $\varepsilon(f(u^*)) \approx |f'(u^*)| \varepsilon(u^*)$,得

$$\varepsilon(y^*) \approx \frac{1}{|30 - u^*|} \cdot \varepsilon(u^*) = \frac{1}{0.0167} \cdot \varepsilon(u^*) \approx 3 \times 10^{-3}.$$

若改用另一等价公式

$$\ln(x - \sqrt{x^2 - 1}) = -\ln(x + \sqrt{x^2 - 1}),$$

则 $f(30) = -\ln(30 + \sqrt{899})$. 此时 $f(u) = -\ln(30 + u)$,故 $f'(u) = -\dfrac{1}{30+u}$. 于是

$$\varepsilon(y^*) = \left| -\frac{1}{30 + u^*} \right| \cdot \varepsilon(u^*) = \frac{1}{59.9833} \cdot \varepsilon(u^*) \approx 8 \times 10^{-7}.$$

所以用等价公式 $\ln(x - \sqrt{x^2 - 1}) = -\ln(x + \sqrt{x^2 - 1})$ 计算误差较小.

14. 用秦九韶算法求多项式 $p(x) = 3x^5 - 2x^3 + x + 7$ 在 $x = 3$ 处的值.

解 由秦九韶算法,有

$$p(x) = 3x^5 - 2x^3 + x + 7 = ((3x^2 - 2)x^2 + 1)x + 7.$$

当 $x = 3$ 时

$$p(3) = ((3 \times 3^2 - 2) \times 3^2 + 1) \times 3 + 7 = 685.$$

15. 用迭代法 $x_{k+1}=\dfrac{1}{1+x_k}(k=0,1,\cdots)$ 求方程 $x^2+x-1=0$ 的正根 $x^*=\dfrac{-1+\sqrt{5}}{2}$，取 $x_0=1$，计算到 x_5，问 x_5 有几位有效数字.

解　取 $x_0=1$，利用迭代公式 $x_{k+1}=\dfrac{1}{1+x_k}(k=0,1,2,\cdots)$，有

$$x_1=0.5,\quad x_2=0.666\,667,\quad x_3=0.6,\quad x_4=0.625,\quad x_5=0.615\,385.$$

由于

$$x^*=\frac{-1+\sqrt{5}}{2}=0.618\,033\cdots,$$

$$|x^*-x_5|=0.002\,65\cdots<\frac{1}{2}\times10^{-2},$$

所以 x_5 有两位有效数字.

第2章 插 值 法

2.1 内 容 概 述

对于函数表达式不清楚,但已知其在一些点处的函数值的情形,如何求在其他点处的函数值? 我们利用通过这些已知点(插值节点)的多项式曲线来近似原来的函数,用所得多项式在此点(插值点)的值来近似原来函数在插值点的函数值,这就是插值问题.

设函数 $y=f(x)$ 在区间 $[a,b]$ 上有定义,且已知在点 $a \leqslant x_0 < x_1 < \cdots < x_n \leqslant b$ 上的函数值 $y_0, y_1, \cdots, y_n$,若存在一简单函数 $p(x)$,使

$$p(x_i) = y_i, \quad i = 0, 1, \cdots, n$$

成立,就称 $p(x)$ 为 $f(x)$ 的**插值函数**,点 $x_0, x_1, \cdots, x_n$ 称为**插值节点**,包含插值节点的区间 $[a,b]$ 称为**插值区间**,求插值函数 $p(x)$ 的方法称为**插值法**.

若 $p(x)$ 是次数不超过 n 的代数多项式,即 $p(x) = a_0 + a_1 x + \cdots + a_n x^n$,其中 $a_i (i = 0, 1, \cdots, n)$ 为实数,就称 $p(x)$ 为**插值多项式**,相应的插值法称为**多项式插值**.

先从代数的视角出发,通过线性方程组解的讨论,得出在插值节点互异的条件下此多项式是存在唯一的结论.

定理 2.1 满足条件 $p(x_i) = y_i (i = 0, 1, \cdots, n)$ 的插值多项式 $p(x)$ 是存在唯一的.

但解方程组的方法并不可取,实际上是从几何的视角直接构造插值多项式.受两点式直线方程的启发,引入拉格朗日插值基函数的概念.

定义 2.1 若 n 次多项式 $l_j(x)(j = 0, 1, \cdots, n)$ 在 $n+1$ 个节点 $x_0 < x_1 < \cdots < x_n$ 上满足条件

$$l_j(x_k) = \begin{cases} 1, & k = j, \\ 0, & k \neq j, \end{cases} \quad j, k = 0, 1, \cdots, n,$$

则称这 $n+1$ 个 n 次多项式 $l_0(x), l_1(x), \cdots, l_n(x)$ 为节点 $x_0, x_1, \cdots, x_n$ 上的 **n 次插值基函数**,其中

$$l_k(x) = \frac{(x - x_0) \cdots (x - x_{k-1})(x - x_{k+1}) \cdots (x - x_n)}{(x_k - x_0) \cdots (x_k - x_{k-1})(x_k - x_{k+1}) \cdots (x_k - x_n)}, \quad k = 0, 1, \cdots, n.$$

利用 n 次插值基函数构造的多项式 $L_n(x) = \sum_{k=0}^{n} y_k l_k(x)$,称为**拉格朗日插值多项式**. 引入记号

$$\omega_{n+1}(x) = (x - x_0)(x - x_1) \cdots (x - x_n), \quad n = 0, 1, 2, \cdots,$$

则有

$$L_n(x) = \sum_{k=0}^{n} y_k \frac{\omega_{n+1}(x)}{(x - x_k)\omega'_{n+1}(x_k)}.$$

进一步给出插值的余项公式(即截断误差).

定理 2.2 设 $f^{(n)}(x)$ 在 $[a,b]$ 上连续,$f^{(n+1)}(x)$ 在 (a,b) 内存在,节点 $a \leqslant x_0 < x_1 < \cdots <$

$x_n \leqslant b$，$L_n(x)$是满足$L_n(x_j) = y_j (j = 0, 1, \cdots, n)$的插值多项式，则对任何$x \in [a, b]$，插值余项

$$R_n(x) = f(x) - L_n(x) = \frac{f^{(n+1)}(\xi)}{(n+1)!} \omega_{n+1}(x)，\text{其中} \xi \in (a, b) \text{且依赖于} x.$$

利用余项公式，可以得到插值基函数的下列性质：

(1) $\sum_{i=0}^{n} x_i^k l_i(x) = x^k, k = 0, 1, \cdots, n$，

(2) $\sum_{i=0}^{n} l_i(x) = 1$.

受点斜式直线方程的启发，可以得到求插值多项式的另一种方法，为此，引入均差的概念并讨论其性质.

定义 2.2　称$f[x_0, x_k] = \dfrac{f(x_k) - f(x_0)}{x_k - x_0}$为函数$f(x)$关于点$x_0, x_k$的**一阶均差**.

$f[x_0, x_1, x_k] = \dfrac{f[x_0, x_k] - f[x_0, x_1]}{x_k - x_1}$称为$f(x)$关于点$x_0, x_1$和$x_k$的**二阶均差**.

一般地，称

$$f[x_0, x_1, \cdots, x_k] = \frac{f[x_0, \cdots, x_{k-2}, x_k] - f[x_0, x_1, \cdots, x_{k-1}]}{x_k - x_{k-1}}$$

为$f(x)$关于点$x_0, x_1, \cdots, x_k$的 **k 阶均差**（均差也称为**差商**）.

均差基本性质：

(1) k 阶均差可表示为函数值$f(x_0), f(x_1), \cdots, f(x_k)$的线性组合，即

$$f[x_0, x_1, \cdots, x_k] = \sum_{j=0}^{k} \frac{f(x_j)}{(x_j - x_0)\cdots(x_j - x_{j-1})(x_j - x_{j+1})\cdots(x_j - x_k)}.$$

这个性质也表明均差与节点的排列次序无关，称为均差的对称性，即

$$f[x_0, x_1, \cdots, x_k] = f[x_1, x_0, \cdots, x_k] = \cdots = f[x_1, \cdots, x_k, x_0].$$

(2) 由性质(1)及$f[x_0, x_1, \cdots, x_k] = \dfrac{f[x_0, \cdots, x_{k-2}, x_k] - f[x_0, x_1, \cdots, x_{k-1}]}{x_k - x_{k-1}}$可得

$$f[x_0, x_1, \cdots, x_k] = \frac{f[x_0, x_2, \cdots, x_k] - f[x_0, x_1, \cdots, x_{k-1}]}{x_k - x_0}.$$

(3) 若$f(x)$在$[a, b]$上存在 n 阶导数，且节点$x_0, x_1, \cdots, x_n \in [a, b]$，则 n 阶均差与 n 阶导数的关系为

$$f[x_0, x_1, \cdots, x_n] = \frac{f^{(n)}(\xi)}{n!}, \quad \xi \in (a, b).$$

依此可以直接构造出牛顿插值多项式

$$p_n(x) = f(x_0) + f[x_0, x_1](x - x_0) + f[x_0, x_1, x_2](x - x_0)(x - x_1) + \cdots +$$
$$f[x_0, x_1, \cdots, x_n](x - x_0)\cdots(x - x_{n-1}).$$

余项

$$R_n(x) = f(x) - p_n(x) = f[x, x_0, x_1, \cdots, x_n]\omega_{n+1}(x).$$

这里的$1, \omega_1(x), \omega_2(x), \cdots, \omega_n(x)$构成**牛顿插值基函数**.

在插值节点等距排列时,引入差分的概念并进一步讨论牛顿插值多项式.

设 $x_k = x_0 + kh(k=0,1,\cdots,n)$,$h$ 称为**步长**,记 x_k 点的函数值为 f_k,称 $\Delta f_k = f_{k+1} - f_k$ 为 x_k 处以 h 为步长的**一阶(向前)差分**. 类似地称 $\Delta^2 f_k = \Delta f_{k+1} - \Delta f_k$ 为 x_k 处的**二阶差分**. 一般地,称 $\Delta^n f_k = \Delta^{n-1} f_{k+1} - \Delta^{n-1} f_k$ 为 x_k 处的 **n 阶差分**.

牛顿前插公式

$$p_n(x_0 + th) = f_0 + t\Delta f_0 + \frac{t(t-1)}{2!}\Delta^2 f_0 + \cdots + \frac{t(t-1)\cdots(t-n-1)}{n!}\Delta^n f_0.$$

余项

$$R_n(x) = \frac{t(t-1)\cdots(t-n)}{(n+1)!}h^{n+1}f^{(n+1)}(\xi), \quad \xi \in (x_0, x_n).$$

基于对均差性质的认识(定理 2.3),可以得出插值节点重合或趋于一点时的各阶均差与对应阶的导数成比例,由此得出泰勒插值多项式,即埃尔米特插值多项式;进一步,按照构造牛顿插值多项式和拉格朗日插值多项式的思路,利用插值基函数分别构造出两个典型的埃尔米特插值多项式,给出余项公式(定理 2.4).

定理 2.3 设 $f(x) \in C^2[a,b]$,$x_0, x_1, \cdots, x_n$ 为 $[a,b]$ 上的相异节点,则 $f[x_0, x_1, \cdots, x_n]$ 是其变量的连续函数.

泰勒插值多项式

$$p_n(x) = f(x_0) + f'(x_0)(x - x_0) + \cdots + \frac{f^{(n)}(x_0)}{n!}(x - x_0)^n.$$

泰勒插值多项式是一个埃尔米特插值多项式,插值条件为

$$p_n^{(k)}(x_0) = f^{(k)}(x_0), \quad k = 0, 1, \cdots, n.$$

余项

$$R_n(x) = \frac{f^{(n+1)}(\xi)}{(n+1)!}(x - x_0)^{n+1}, \quad \xi \in (a, b),$$

它与拉格朗日插值余项中令 $x_i \to x_0 (i=1,2,\cdots,n)$ 的结果一致.

仿照牛顿插值多项式的构造方法,可以求出满足各种条件的埃尔米特插值多项式. 例如,在区间 $[x_k, x_{k+1}]$ 上满足条件

$$\begin{cases} H_3(x_k) = y_k, & H_3(x_{k+1}) = y_{k+1}, \\ H_3'(x_k) = m_k, & H_3'(x_{k+1}) = m_{k+1}. \end{cases}$$

的两点三次埃尔米特插值多项式为

$$H_3(x) = \left(1 + 2\frac{x - x_k}{x_{k+1} - x_k}\right)\left(\frac{x - x_{k+1}}{x_k - x_{k+1}}\right)^2 y_k + \left(1 + 2\frac{x - x_{k+1}}{x_k - x_{k+1}}\right)\left(\frac{x - x_k}{x_{k+1} - x_k}\right)^2 y_{k+1} +$$

$$(x - x_k)\left(\frac{x - x_{k+1}}{x_k - x_{k+1}}\right)^2 m_k + (x - x_{k+1})\left(\frac{x - x_k}{x_{k+1} - x_k}\right)^2 m_{k+1}.$$

定理 2.4 设 $f^{(3)}(x)$ 在 $[x_k, x_{k+1}]$ 上连续,$f^{(4)}(x)$ 在 (x_k, x_{k+1}) 内存在,$H_3(x)$ 是满足条件

$$\begin{cases} H_3(x_k) = y_k, & H_3(x_{k+1}) = y_{k+1}, \\ H_3'(x_k) = m_k, & H_3'(x_{k+1}) = m_{k+1} \end{cases}$$

的插值多项式,则对任何 $x \in (x_k, x_{k+1})$,插值余项

$$R_3(x) = f(x) - H_3(x) = \frac{1}{4!} f^{(4)}(\xi)(x-x_k)^2(x-x_{k+1})^2, \quad \xi \in (x_k, x_{k+1}).$$

对于有些函数,当插值节点增加,插值多项式的次数也增加时,所得到的插值多项式在某些区域内与被插值函数的差距会比较大,即出现了龙格现象,因此为了降低误差,提出分段低次插值的策略.

设已知节点 $a = x_0 < x_1 < \cdots < x_n = b$ 上的函数值 $f_0, f_1, \cdots, f_n$,记 $h_k = x_{k+1} - x_k$,$h = \max\limits_{k} h_k$,求一折线函数 $I_h(x)$ 满足:

(1) $I_h(x) \in C[a,b]$;

(2) $I_h(x) = f_k (k=0,1,\cdots,n)$;

(3) $I_h(x)$ 在每个小区间 $[x_k, x_{k+1}]$ 上是线性函数.

则称 $I_h(x)$ 为**分段线性插值函数**. $I_h(x)$ 在每个小区间 $[x_k, x_{k+1}]$ 上可表示为

$$I_h(x) = \frac{x-x_{k+1}}{x_k - x_{k+1}} f_k + \frac{x-x_k}{x_{k+1}-x_k} f_{k+1}, \quad x_k \leqslant x \leqslant x_{k+1}, \quad k=0,1,\cdots,n-1.$$

分段线性插值的误差估计

$$\max_{x_k \leqslant x \leqslant x_{k+1}} |f(x) - I_h(x)| \leqslant \frac{M_2}{2} \max_{x_k \leqslant x \leqslant x_{k+1}} |(x-x_k)(x-x_{k+1})|$$

或

$$\max_{a \leqslant x \leqslant b} |f(x) - I_h(x)| \leqslant \frac{M_2}{8} h^2,$$

其中 $M_2 = \max\limits_{a \leqslant x \leqslant b} |f''(x)|$,由此还可得到 $\lim\limits_{h \to 0} I_h(x) = f(x)$ 在 $[a,b]$ 上一致成立,故 $I_h(x)$ 在 $[a,b]$ 上一致收敛到 $f(x)$.

满足条件

(1) $I_h(x) \in C^1[a,b]$;

(2) $I_h(x_k) = f_k, I_h'(x_k) = f_k' (k=0,1,\cdots,n)$;

(3) $I_h(x)$ 在每个小区间 $[x_k, x_{k+1}]$ 上是三次多项式

的 $I_h(x)$ 称为**分段三次埃尔米特插值多项式**.

$I_h(x)$ 在每个小区间 $[x_k, x_{k+1}]$ 上的表达式为

$$I_h(x) = \left(\frac{x-x_{k+1}}{x_k-x_{k+1}}\right)^2 \left(1 + 2\frac{x-x_k}{x_{k+1}-x_k}\right) f_k + \left(\frac{x-x_k}{x_{k+1}-x_k}\right)^2 \left(1 + 2\frac{x-x_{k+1}}{x_k-x_{k+1}}\right) f_{k+1} +$$

$$\left(\frac{x-x_{k+1}}{x_k-x_{k+1}}\right)^2 (x-x_k) f_k' + \left(\frac{x-x_k}{x_{k+1}-x_k}\right)^2 (x-x_{k+1}) f_{k+1}', \quad k=0,1,\cdots,n-1.$$

分段三次埃尔米特插值的误差估计

$$|f(x) - I_h(x)| \leqslant \frac{h_k^4}{384} \max_{x_k \leqslant x \leqslant x_{k+1}} |f^{(4)}(x)|, \quad x_k \leqslant x \leqslant x_{k+1},$$

进一步得

$$\max_{a \leqslant x \leqslant b} |f(x) - I_h(x)| \leqslant \frac{h^4}{384} \max_{a \leqslant x \leqslant b} |f^{(4)}(x)|.$$

受工程实践的推动,引出了三次样条插值函数的概念.

定义 2.3 若函数 $S(x) \in C^2[a,b]$,且在每个小区间 $[x_j, x_{j+1}] (j=0,1,\cdots,n-1)$ 上

是三次多项式,其中 $a=x_0<x_1<\cdots<x_n=b$ 是给定节点,则称 $S(x)$ 是节点 $x_0,x_1,\cdots,x_n$ 上的**三次样条函数**.

若在节点 x_i 上给出函数值 $y_i=f(x_i)(i=0,1,\cdots,n)$,并成立

$$S(x_i)=y_i, \quad i=0,1,\cdots,n.$$

则称 $S(x)$ 为**三次样条插值函数**.

确定区间 $[a,b]$ 上的三次样条插值函数需要附加两个条件(边界条件),通常在区间端点 $a=x_0,b=x_n$ 给出边界条件,这里主要讨论了两种边界条件:

(1) 已知两端的一阶导数值,即

$$S'(x_0)=f'_0, \quad S'(x_n)=f'_n,$$

相当于在区间端点处的斜率取给定值.

(2) 两端的二阶导数已知,即

$$S''(x_0)=f''_0, \quad S''(x_n)=f''_n,$$

其特殊情况为 $S''(x_0)=S''(x_n)=0$,即函数在端点处变为直线,称为**自然边界条件**.

构造满足插值条件 $S(x_i)=y_i(i=0,1,\cdots,n)$ 及相应边界条件的三次样条函数 $S(x)$ 的表达式可以有多种方法,其中以利用 $S(x)$ 的二阶导数值 $S''(x_i)=M_i(i=0,1,\cdots,n)$ 表达 $S(x)$ 的方式较为简捷.利用三次样条插值的连续性条件及相应边界条件,可得到关于 $M_i(i=0,1,\cdots,n)$ 的三对角线性方程组,求出 M_i 即可得到三次样条函数 $S(x)$.

关于三次样条函数的收敛性与误差估计,有下列结果.

定理 2.5 设 $f(x)\in C^4[a,b]$,$S(x)$ 为满足第一种或第二种边界条件的三次样条函数,令 $h_j=x_{j+1}-x_j(j=0,1,\cdots,n-1)$,$h=\max\limits_{0\leqslant j\leqslant n-1}h_j$,则有估计式

$$\max_{a\leqslant x\leqslant b}|f^{(k)}(x)-S^{(k)}(x)|\leqslant C_k\max_{a\leqslant x\leqslant b}|f^{(4)}(x)|h^{4-k}, \quad k=0,1,2,$$

其中 $C_0=\dfrac{5}{384},C_1=\dfrac{1}{24},C_2=\dfrac{3}{8}$.

该定理不但给出了三次样条插值函数 $S(x)$ 的误差估计,还说明了当 $h\to0$ 时 $S(x),S'(x)$ 和 $S''(x)$ 均分别一致收敛于 $f(x),f'(x)$ 及 $f''(x)$.

2.2 主 要 算 法

第 2 章算法

1. 拉格朗日插值

算法原理

首先判断插值条件中节点个数 x 和函数值个数 y 数量是否一致,通过累乘计算得到所要计算的插值点处的基函数值 l_k,将函数值 y 和 l_k 累加得到插值多项式,最后输出插值点处的函数值.

算法步骤

a. 判断输入的数据 x,y 是否数量一致,若一致执行下一步;

b. 内循环计算基函数 l_k,外循环计算 $y_k l_k$ 的和 L;

c. 计算并输出 L 在插值点处的值.

MATLAB 程序

```
function yt = LagInterp(x,y,xt)
```

```
% 拉格朗日插值,x,y:插值条件
% x 为插值节点,y 为插值节点对应的函数值
% xt:插值点,可以是多个;yt:由拉格朗日插值计算出的 xt 对应的函数值
nx = length(x);   ny = length(y);
if nx~ = ny  error('插值节点与函数值个数不一致');   end
m = length(xt);   yt = zeros(1,m);
for k = 1:nx
    lk = ones(1,m);
    for j = 1:nx;
        if j~ = k  lk = lk. * (xt - x(j))/(x(k) - x(j));   end
    end
    yt = yt + y(k) * lk;
end
```

数值实验

例 1　绘制关于节点 $x = 1,2,4,5$ 的 4 次插值基函数的图像.

M 文件：

```
x = [1,2,4,5];   y = eye(4);   xt = 1:0.1:5;
yt1 = LagInterp(x,y(1,:),xt);   yt2 = LagInterp(x,y(2,:),xt);
yt3 = LagInterp(x,y(3,:),xt);   yt4 = LagInterp(x,y(4,:),xt);
plot(xt,yt1,xt,yt2,xt,yt3, xt,yt4)
grid on;   box on;   xlabel('x');   ylabel('y');
```

运行结果：

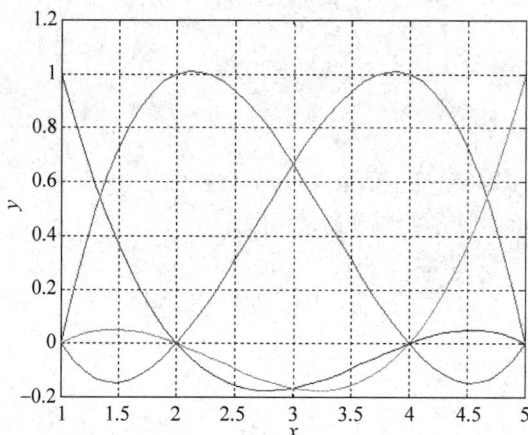

例 2　在区间 $[-5,5]$ 上分别取 $n = 4,10$,用两组等距节点对函数 $f(x) = \mathrm{e}^{-x^2}$ 做拉格朗日插值,画出插值函数及被插函数 $f(x)$ 的图形.

解　首先考虑 $n = 4$ 和 $n = 10$ 的插值

M 文件：

```
xt = - 5:0.01:5;   yt = exp( - xt.^2);   plot(xt,yt,'k - ');
x = linspace( - 5,5,5);   y = exp( - x.^2);   yt_1 = LagInterp(x,y,xt);
hold on;   plot(xt,yt_1,' -- b') % n = 4;
x = - 5:1:5;   y = exp( - x.^2);   yt_2 = LagInterp(x,y,xt);
plot(xt,yt_2,' - .r') % n = 10;
legend('exp( - x^2)','n = 4','n = 10')   xlabel('x');   ylabel('y');
```

运行结果:

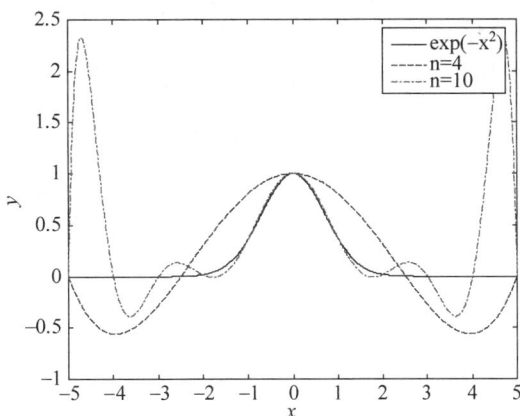

2. 牛顿插值

算法原理

首先判断插值条件中节点数 x 和函数值 y 数量是否一致,根据插值条件计算各阶差商,以 $\omega_k(x)=(x-x_0)\cdots(x-x_{k-1})$ 为基底,各阶差商为组合系数得到牛顿插值多项式.

算法步骤

a. 判断输入的数据节点 x,y 是否数量一致,若一致执行下一步;

b. 用二重循环按列计算均差表,结果存入二维数组 B;

c. 通过乘积求和计算牛顿插值多项式在插值点处的函数值,结果存入数组 yt.

MATLAB 程序

```
function yt = NewtInterp(x,y,xt)
% 牛顿插值,x,y:插值条件
% x 为插值节点,y 为插值节点对应的函数值,xt:插值点,可以是多个
% yt:牛顿插值计算出的 xt 对应的函数值数组
nx = length(x);
if nx ~= length(y)  error('插值节点与函数值个数不一致');  end
B(:,1) = y(:);          % B:差商表
for j = 2:nx
   for i = j:nx
     B(i,j) = (B(i,j-1) - B(i-1,j-1))/(x(i) - x(i-j+1));
   end
end
m = length(xt);  nk = ones(1,m);  yt = B(1,1);
for i = 1:nx-1
   nk = nk.*(xt - x(i));  yt = yt + B(i+1,i+1)*nk;
end
```

数值实验

例 3 在区间 $[-5,5]$ 上分别取 $n=6,10$,用两组等距节点对函数 $f(x)=e^{-x^2}$ 做牛顿插值,画出插值函数及被插函数 $f(x)$ 的图形.

M 文件:

```
xt = -5:0.01:5;  yt = exp(-xt.^2);  plot(xt,yt,'k-');
```

```
x = linspace( - 5,5,7);　y = exp( - x.^2);　yt_1 = NewtInterp(x,y,xt);
hold on,　plot(xt,yt_1,' - - b')　% n = 6;
x = - 5:1:5;　y = exp( - x.^2);　yt_2 = NewtInterp(x,y,xt);
hold on,　plot(xt,yt_2,' - . r')　% n = 10;
legend('exp( - x^2)','n = 6','n = 10'),　xlabel('x');　ylabel('y');
```

运行结果：

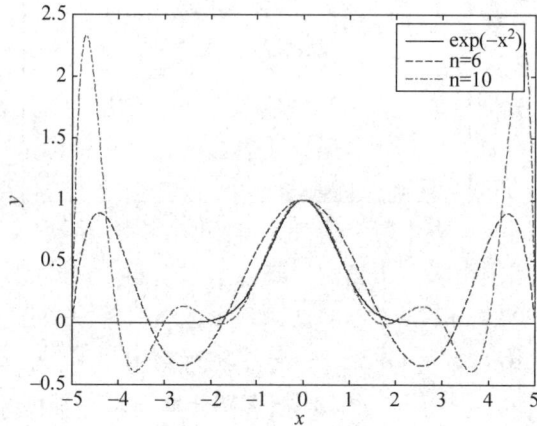

从相同插值条件的运行结果看,拉格朗日插值和牛顿插值的结果相同,因为两种插值本质上是相同的,但由于牛顿插值具有承袭性,所以如果插值节点有增加,牛顿插值更有优势.

3. 三次样条插值

算法原理

以各插值节点的二阶导数为参数,根据三次样条函数的光滑性及边界条件建立三对角线性方程组(三弯矩方程),追赶法求解得到三次样条函数的二阶导数表达式. 对三次样条函数的二阶导数积分两次并利用插值条件,完成三次样条函数插值.

算法步骤

a. 判断输入的数据节点 x,y 是否数量一致,一致则执行下一步;

b. 根据边界条件类型形成关于各节点二阶导数的三弯矩方程,用追赶法求解;

c. 利用三次样条插值计算公式计算插值点处的函数值,结果存入数组 yt.

MATLAB 程序

```
function yt = spline_12(x,y,xt,number)
% 三次样条插值,x:插值节点,y:节点处的函数值(包括边界条件)
% number = 1 对应第 1 种边界条件,即给定端点的一阶导数值;
% number = 2 对应第 2 种边界条件,即给定端点的二阶导数值
% xt:插值点(或向量),yt:三次样条插值计算出的 xt 对应的函数值
n = length(x);
if length(y)~ = n + 2,
error('y 应比 x 多两个数据,分别表示端点处的导数值及二阶导数值');
end
m = length(xt);　A = zeros(n);
for i = 1:n
    A(i,i) = 2;
end
h = diff(x);　df = diff(y(2:n + 1))./h;
for i = 2:n - 1
```

```
    temp = h(i - 1) + h(i);   A(i, i - 1) = h(i - 1)/temp;
    A(i, i + 1) = h(i)/temp;   d(i) = 6 * (df(i) - df(i - 1))/temp;
end
if number == 1
  A(1,2) = 1;   A(n, n - 1) = 1;
  d(1) = 6 * (df(1) - y(1))/h(1);   d(n) = 6 * (y(n + 2) - df(n - 1))/h(n - 1);
  elseif  number == 2
    A(1,2) = 0;   A(n, n - 1) = 0;   d(1) = 2 * y(1);   d(n) = 2 * y(n + 2);
else
  error('非法参数');
end
a = diag(A, - 1)';   b = diag(A)';   c = diag(A,1)';
my = zgf(a, b, c, d);                 % 用追赶法求解
for j = 1:m
  for i = 1:n - 1
    if xt(j) >= x(i)&xt(j) <= x(i + 1)
      tp1 = 6 * h(i); tp2 = h(i)^2/6; tp3 = x(i + 1) - xt(j); tp4 = xt(j) - x(i);
      yt(j) = my(i) * tp3^3/tp1 + my(i + 1) * tp4^3/tp1 + (y(i + 1) - my(i) * tp2) * tp3/h(i) + …
      (y(i + 2) - my(i + 1) * tp2) * tp4/h(i);
      break;
    end
  end
end
```

数值实验

例 4 在区间 $[-5,5]$ 上分别取 $n = 6, 10$,用两组等距节点对函数 $f(x) = e^{-x^2}$ 做三次样条插值,画出样条函数及被插函数 $f(x)$ 的图形.

M 文件:

```
xt = - 5:0.01:5;   yt = exp( - xt.^2);
plot(xt, yt, 'k - ');        % 被插函数
x = linspace( - 5,5,7);   y = exp( - x.^2);   yt_1 = spline_12(x,[0 y 0],xt,1);
hold on,   plot(xt, yt_1, '-- b');   % n = 6 样条插值
x = - 5:1:5;   y = exp( - x.^2);   yt_2 = spline_12(x,[0 y 0],xt,1);
hold on,   plot(xt, yt_2, '- . r');   % n = 10 样条插值
legend('exp( - x^2)', 'n = 6', 'n = 10');   xlabel('x');   ylabel('y');
```

运行结果:

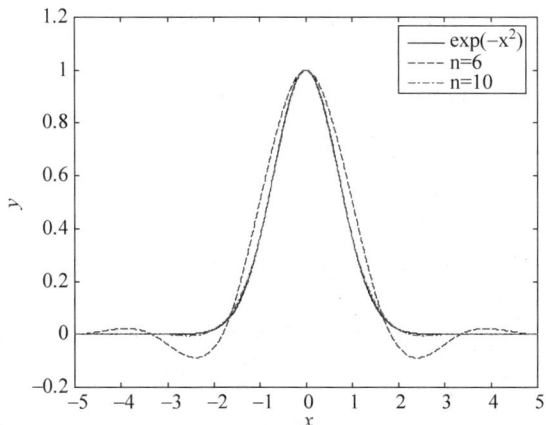

2.3　复习与思考题解析

1. 什么是拉格朗日插值基函数? 它们是如何构造的? 有何重要性质?

答　若 n 次多项式 $l_j(x)(j=0,1,\cdots,n)$ 在 $n+1$ 个节点 $x_0<x_1<\cdots<x_n$ 上满足条件

$$l_j(x_k)=\begin{cases}1, & k=j,\\0, & k\neq j,\end{cases}\quad j,k=0,1,\cdots,n,$$

则称这 $n+1$ 个 n 次多项式 $l_0(x),l_1(x),\cdots,l_n(x)$ 为节点 $x_0,x_1,\cdots,x_n$ 上的 n 次拉格朗日插值基函数.

以 $l_k(x)$ 为例,由 $l_k(x)$ 所满足的条件知 $l_k(x)$ 以 $x_0,\cdots,x_{k-1},x_{k+1},\cdots,x_n$ 为零点. 考虑到 $l_k(x)$ 为 n 次多项式,可设

$$l_k(x)=A(x-x_0)\cdots(x-x_{k-1})(x-x_{k+1})\cdots(x-x_n),$$

其中 A 为常数,利用 $l_k(x_k)=1$ 有

$$1=A(x_k-x_0)\cdots(x_k-x_{k-1})(x_k-x_{k+1})\cdots(x_k-x_n),$$

故

$$A=\frac{1}{(x_k-x_0)\cdots(x_k-x_{k-1})(x_k-x_{k+1})\cdots(x_k-x_n)},$$

即

$$l_k(x)=\frac{(x-x_0)\cdots(x-x_{k-1})(x-x_{k+1})\cdots(x-x_n)}{(x_k-x_0)\cdots(x_k-x_{k-1})(x_k-x_{k+1})\cdots(x_k-x_n)}=\prod_{\substack{j=0\\j\neq k}}^{n}\frac{x-x_j}{x_k-x_j}.$$

对于 $l_i(x)(i=0,1,\cdots,n)$,有 $\sum_{i=0}^{n}x_i^k l_i(x)=x^k\ (k=0,1,\cdots,n)$,特别当 $k=0$ 时,有

$$\sum_{i=0}^{n}l_i(x)=1.$$

2. 什么是牛顿基函数? 它与单项式基 $\{1,x,\cdots,x^n\}$ 有何不同?

答　称 $\{1,x-x_0,(x-x_0)(x-x_1),\cdots,(x-x_0)\cdots(x-x_{n-1})\}$ 为节点 $x_0,x_1,\cdots,x_n$ 上的牛顿基函数,它是单项式基 $\{1,x,\cdots,x^n\}$ 的线性组合. 利用牛顿基函数,节点 $x_0,x_1,\cdots,x_n$ 上函数 $f(x)$ 的 n 次牛顿插值多项式 $p_n(x)$ 可以表示为

$$p_n(x)=a_0+a_1(x-x_0)+\cdots+a_n(x-x_0)\cdots(x-x_{n-1}),$$

其中 $a_k=f[x_0,x_1,\cdots,x_k](k=0,1,\cdots,n)$. 与拉格朗日插值多项式不同,牛顿插值多项式在增加节点时可以通过递推逐步得到高次的插值多项式,例如

$$p_{k+1}(x)=p_k(x)+a_{k+1}(x-x_0)\cdots(x-x_k),$$

其中 a_{k+1} 是节点 $x_0,x_1,\cdots,x_{k+1}$ 上的 $k+1$ 阶均差,这一点要比使用单项式基 $\{1,x,\cdots,x^n\}$ 方便得多.

3. 什么是函数的 n 阶均差? 它有何重要性质?

答　称 $f[x_0,x_k]=\dfrac{f(x_k)-f(x_0)}{x_k-x_0}$ 为函数 $f(x)$ 关于点 x_0,x_k 的一阶均差,称 $f[x_0,$
$x_1,x_k]=\dfrac{f[x_0,x_k]-f[x_0,x_1]}{x_k-x_1}$ 为 $f(x)$ 关于点 x_0,x_1,x_k 的二阶均差. 一般地,称

$$f[x_0, x_1, \cdots, x_n] = \frac{f[x_0, \cdots, x_{n-2}, x_n] - f[x_0, x_1, \cdots, x_{n-1}]}{x_n - x_{n-1}}$$

为 $f(x)$ 关于点 $x_0, x_1, \cdots, x_n$ 的 n 阶均差.

均差具有如下基本性质:

(1) n 阶均差可以表示为函数值 $f(x_0), f(x_1), \cdots, f(x_n)$ 的线性组合,即

$$f[x_0, x_1, \cdots, x_n] = \sum_{j=0}^{n} \frac{f(x_j)}{(x_j - x_0) \cdots (x_j - x_{j-1})(x_j - x_{j+1}) \cdots (x_j - x_n)},$$

该性质说明均差与节点的排列次序无关,即均差具有对称性.

(2) $f[x_0, x_1, \cdots, x_n] = \dfrac{f[x_1, x_2, \cdots, x_n] - f[x_0, x_1, \cdots, x_{n-1}]}{x_n - x_0}$.

(3) 若 $f(x)$ 在 $[a, b]$ 上存在 n 阶导数,且节点 $x_0, x_1, \cdots, x_n \in [a, b]$,则 n 阶均差与 n 阶导数的关系为

$$f[x_0, x_1, \cdots, x_n] = \frac{f^{(n)}(\xi)}{n!}, \quad \xi \in [a, b].$$

4. 写出 $n+1$ 个点的拉格朗日插值多项式与牛顿均差插值多项式,它们有何异同?

答 给定区间 $[a, b]$ 上 $n+1$ 个点

$$a \leqslant x_0 < x_1 < \cdots < x_n \leqslant b$$

上的函数值 $y_i = f(x_i)(i = 0, 1, \cdots, n)$,则这 $n+1$ 个节点上的拉格朗日插值多项式为

$$L_n(x) = \sum_{k=0}^{n} y_k l_k(x),$$

其中

$$l_k(x) = \prod_{\substack{j=0 \\ j \neq k}}^{n} \left(\frac{x - x_j}{x_k - x_j} \right), \quad k = 0, 1, \cdots, n.$$

这 $n+1$ 个节点上的牛顿插值多项式为

$$p_n(x) = a_0 + a_1(x - x_0) + \cdots + a_n(x - x_0) \cdots (x - x_{n-1}),$$

其中 $a_k = f[x_0, x_1, \cdots, x_k](k = 0, 1, \cdots, n)$ 为 $f(x)$ 在点 $x_0, x_1, \cdots, x_k$ 上的 k 阶均差.

由插值多项式的唯一性,$L_n(x)$ 与 $p_n(x)$ 是相同的多项式,其差别只是使用的基底不同,牛顿插值多项式具有承袭性,可以写成递推式,便于编程,当增加节点时只需增加一项,前面的工作依然有效,因而牛顿插值比较方便计算,而拉格朗日插值没有这个优点.

5. 插值多项式的确定相当于求解线性方程组 $\boldsymbol{A}x = \boldsymbol{y}$,其中系数矩阵 $\boldsymbol{A}$ 与使用的基函数有关. $\boldsymbol{y}$ 包含的是要满足的函数值 $(y_0, y_1, \cdots, y_n)^{\mathrm{T}}$. 用下列基函数作多项式插值时,试描述矩阵 $\boldsymbol{A}$ 中非零元素的分布.

(1)单项式基函数;(2)拉格朗日基函数;(3)牛顿基函数.

答 (1)若使用单项式基函数,则可设 $p_n(x) = a_0 + a_1 x + \cdots + a_n x^n$,其中 $a_0, a_1, \cdots, a_n$ 为待定系数. 利用插值条件,有

$$\begin{cases} a_0 + a_1 x_0 + \cdots + a_n x_0^n = y_0, \\ a_0 + a_1 x_1 + \cdots + a_n x_1^n = y_1, \\ \vdots \\ a_0 + a_1 x_n + \cdots + a_n x_n^n = y_n. \end{cases}$$

因此,线性方程组 $Ax = y$ 的系数矩阵

$$A = \begin{bmatrix} 1 & x_0 & \cdots & x_0^n \\ 1 & x_1 & \cdots & x_1^n \\ \vdots & \vdots & & \vdots \\ 1 & x_n & \cdots & x_n^n \end{bmatrix}$$

为范德蒙德矩阵,矩阵的各个元素均为非零元素.

(2) 若使用拉格朗日基函数,则设 $L_n(x) = a_0 l_0(x) + a_1 l_1(x) + \cdots + a_n l_n(x)$,其中 $l_k(x)$ 为拉格朗日插值基函数,$a_0, a_1, \cdots, a_n$ 为待定系数.利用插值条件,有

$$\begin{cases} a_0 l_0(x_0) + a_1 l_1(x_0) + \cdots + a_n l_n(x_0) = y_0, \\ a_0 l_0(x_1) + a_1 l_1(x_1) + \cdots + a_n l_n(x_1) = y_1, \\ \qquad\qquad\qquad\qquad \vdots \\ a_0 l_0(x_n) + a_1 l_1(x_n) + \cdots + a_n l_n(x_n) = y_n. \end{cases}$$

由拉格朗日插值基函数的性质,线性方程组 $Ax = y$ 的系数矩阵

$$A = \begin{bmatrix} 1 & 0 & \cdots & 0 \\ 0 & 1 & \cdots & 0 \\ \vdots & \vdots & \ddots & \vdots \\ 0 & 0 & \cdots & 1 \end{bmatrix}$$

为 n 阶单位矩阵,矩阵的非零元素只分布在主对角线上.

(3) 若使用牛顿基函数,则设 $p_n(x) = a_0 + a_1(x - x_0) + \cdots + a_n(x - x_0)\cdots(x - x_{n-1})$,其中 $a_0, a_1, \cdots, a_n$ 为待定系数.由插值条件,有

$$\begin{cases} a_0 + a_1(x_0 - x_0) + \cdots + a_n(x_0 - x_0)\cdots(x_0 - x_{n-1}) = y_0, \\ a_0 + a_1(x_1 - x_0) + \cdots + a_n(x_1 - x_0)\cdots(x_1 - x_{n-1}) = y_1, \\ \qquad\qquad\qquad\qquad \vdots \\ a_0 + a_1(x_n - x_0) + \cdots + a_n(x_n - x_0)\cdots(x_n - x_{n-1}) = y_n, \end{cases}$$

即

$$\begin{cases} a_0 = y_0, \\ a_0 + a_1(x_1 - x_0) = y_1, \\ \qquad \vdots \\ a_0 + a_1(x_n - x_0) + \cdots + a_n(x_n - x_0)\cdots(x_n - x_{n-1}) = y_n. \end{cases}$$

故线性方程组 $Ax = y$ 的系数矩阵

$$A = \begin{bmatrix} 1 & & & & \\ 1 & x_1 - x_0 & & & \\ 1 & x_2 - x_0 & (x_2 - x_0)(x_2 - x_1) & & \\ \vdots & \vdots & \vdots & \ddots & \\ 1 & x_n - x_0 & (x_n - x_0)(x_n - x_1) & \cdots & (x_n - x_0)(x_n - x_1)\cdots(x_n - x_{n-1}) \end{bmatrix},$$

为 n 阶下三角矩阵,矩阵的非零元素分布在其下三角矩阵内.

6. 用上题给出的三种不同基函数构造插值多项式的方法确定基函数系数,试按工作量

由低到高给出排序.

答 若用上述三种构造插值多项式的方法确定基函数系数,则工作量由低到高分别为拉格朗日基函数,牛顿基函数,单项式基函数.因为它们所对应的系数矩阵分别为单位矩阵、下三角矩阵和基本上各元素非零的范德蒙德矩阵.

7. 给出插值多项式的余项表达式,如何用它估计截断误差?

答 设 $f^{(n)}(x)$ 在 $[a,b]$ 上连续,$f^{(n+1)}(x)$ 在 (a,b) 内存在,节点 $a \leqslant x_0 < x_1 < \cdots < x_n \leqslant b$,$L_n(x)$ 是满足条件 $L_n(x_j) = y_j (j=0,1,\cdots,n)$ 的插值多项式,则对任何 $x \in [a,b]$,插值余项

$$R_n(x) = f(x) - L_n(x) = \frac{f^{(n+1)}(\xi)}{(n+1)!} \omega_{n+1}(x),$$

这里 $\xi \in (a,b)$ 且与 x 有关,$\omega_{n+1}(x) = (x-x_0)(x-x_1)\cdots(x-x_n)$.

若有 $\max\limits_{a \leqslant x \leqslant b} |f^{(n+1)}(x)| = M_{n+1}$,则 $L_n(x)$ 逼近 $f(x)$ 的截断误差

$$|R_n(x)| \leqslant \frac{M_{n+1}}{(n+1)!} |\omega_{n+1}(x)|.$$

8. 埃尔米特插值与一般函数插值区别是什么?什么是泰勒多项式?它是什么条件下的插值多项式?

答 一般函数插值要求插值多项式与被插函数在插值节点上函数值相等,而埃尔米特插值除要求插值多项式与被插值函数在插值节点上函数值相等之外,还要求插值多项式与被插值函数在节点上的一阶导数值甚至高阶导数值也相等.

称

$$p_n(x) = f(x_0) + f'(x_0)(x-x_0) + \cdots + \frac{f^{(n)}(x_0)}{n!}(x-x_0)^n$$

为 $f(x)$ 在点 x_0 的泰勒插值多项式,泰勒插值是一个埃尔米特插值,插值条件为

$$p_n^{(k)}(x_0) = f^{(k)}(x_0), \quad k=0,1,\cdots,n.$$

泰勒插值实际上是牛顿插值的极限形式,是只在一点 x_0 处给出 $n+1$ 个插值条件得到的 n 次埃尔米特插值多项式.

9. 为什么高次多项式插值不能令人满意?分段低次插值与单个高次多项式插值相比有何优点?

答 多项式插值的余项为 $\frac{f^{(n+1)}(\xi)}{(n+1)!} \omega_{n+1}(x)$,当次数(即 n)增加时,$f^{(n+1)}(\xi)$ 和 $\omega_{n+1}(x)$ 都可能增加,如对函数 $f(x) = \frac{1}{1+x^2}$ 做高次插值时所出现的龙格振荡现象.因而插值多项式的次数升高后,插值效果并不一定能令人满意.

分段低次插值是将插值区间分成若干个小区间,降低区间的长度,在每个小区间上进行低次插值,这样在整个插值区间,插值多项式为分段低次多项式,其插值余项是可控的,可以避免单个高次插值的振荡现象.

10. 三次样条插值与三次分段埃尔米特插值有何区别?哪一个更优越?请说明理由.

答 三次样条插值要求插值函数 $S(x)$ 在整个区间上是二次连续可微的,即 $S(x) \in C^2[a,b]$,在每个小区间 $[x_j, x_{j+1}]$ 上是三次多项式,插值条件为

$$S(x_j) = y_j, \quad j = 0, 1, \cdots, n.$$

三次分段埃尔米特插值多项式 $I_h(x)$ 是插值区间 $[a, b]$ 上的分段三次多项式, $I_h(x)$ 在整个区间上是一次连续可微的, 即 $I_h(x) \in C^1[a, b]$, 插值条件为

$$I_h(x_k) = f(x_k), \quad I_h'(x_k) = f'(x_k), \quad k = 0, 1, \cdots, n.$$

分段三次埃尔米特插值多项式不仅要使用被插函数在节点处的函数值, 而且还需要节点处的导数值, 插值多项式在整个插值区间是一次连续可微的. 三次样条函数只需给出节点处的函数值, 但插值多项式的光滑性较高, 在整个插值区间上二次连续可微, 所以相比之下, 三次样条插值更优越一些 (注意要添加边界条件).

11. 确定 $n+1$ 个节点的三次样条插值函数需要多少个参数? 为确定这些参数, 需加上什么条件?

答 由于三次样条函数 $S(x)$ 在每个小区间 $[x_j, x_{j+1}]$ $(j = 0, 1, \cdots, n-1)$ 上是三次多项式, 其形式为 $a_j + b_j x + c_j x^2 + d_j x^3$, 所以在每个小区间上要确定 4 个待定参数, $n+1$ 个节点共有 n 个小区间, 故应确定 $4n$ 个参数, 而根据插值条件, $S(x_j) = y_j$ $(j = 0, 1, \cdots, n)$ 和二阶导数连续所隐含的条件 $S(x_i - 0) = S(x_i + 0)$, $S'(x_i - 0) = S'(x_i + 0)$, $S''(x_i - 0) = S''(x_i + 0)$ $(i = 1, 2, \cdots, n-1)$, 共有 $4n - 2$ 个条件, 因此还需要加上两个条件, 通常可在区间 $[a, b]$ 的端点 $a = x_0, b = x_n$ 上各加一个边界条件, 常用的边界条件有两种:

(1) 已知两端的一阶导数值, 即

$$S'(x_0) - f_0', \quad S'(x_n) = f_n'.$$

(2) 已知两端的二阶导数值, 即

$$S''(x_0) = f_0'', \quad S''(x_n) = f_n''.$$

特殊情况为自然边界条件

$$S''(x_0) = 0, \quad S''(x_n) = 0.$$

12. 判断下列命题是否正确?

(1) 对给定的数据作插值, 插值函数的个数可以有许多.

(2) 如果给定点集的多项式插值是唯一的, 则其多项式表达式也是唯一的.

(3) $l_i(x)$ $(i = 0, 1, \cdots, n)$ 是关于节点 x_i $(i = 0, 1, \cdots, n)$ 的拉格朗日插值基函数, 则对任何次数不大于 n 的多项式 $p(x)$ 都有 $\sum_{i=0}^{n} l_i(x) p(x_i) = p(x)$.

(4) 当 $f(x)$ 为连续函数, 节点 x_i $(i = 0, 1, \cdots, n)$ 为等距节点, 构造拉格朗日插值多项式 $L_n(x)$, 则 n 越大 $L_n(x)$ 越接近 $f(x)$.

(5) 当 $f(x)$ 满足一定的连续可微条件时, 若构造三次样条插值函数 $S_n(x)$, 则 n 越大得到的三次样条函数 $S_n(x)$ 越接近 $f(x)$.

(6) 高次拉格朗日插值是很常用的.

(7) 函数 $f(x)$ 的牛顿插值多项式 $p_n(x)$, 如果 $f(x)$ 的各阶导数均存在, 则当 $x_i \to x_0$ $(i = 0, 1, \cdots, n)$ 时, $p_n(x)$ 就是 $f(x)$ 在 x_0 点的泰勒多项式.

答 (1) 对. 因为可以取不同的数据构造不同次数的插值多项式.

(2) 错. $n+1$ 个节点上的拉格朗日插值和牛顿插值就是表示形式不同的两种插值多项式.

(3) 对. 因为这时插值余项为零.

（4）错. 当 $n \to \infty$ 时, $L_n(x)$ 并不一定收敛到 $f(x)$. 如对函数 $f(x) = \dfrac{1}{1+x^2}$ 做高次插值时所出现的龙格振荡现象.

（5）对. 因为有结论: 设 $f(x) \in C^4[a,b]$, $S(x)$ 为满足第一种或第二种边界条件的三次样条函数. 若令 $h_i = x_{i+1} - x_i (i=0,1,\cdots,n-1)$, $h = \max\limits_{0 \leqslant i \leqslant n-1} h_i$, 则

$$\max_{a \leqslant x \leqslant b} |f^{(k)}(x) - S^{(k)}(x)| \leqslant C_k \max_{a \leqslant x \leqslant b} |f^{(4)}(x)| h^{4-k}, \quad k = 0,1,2$$

其中 C_k 为常数.

（6）错. 高次拉格朗日插值不一定具有收敛性, 因而并不常用.

（7）对. 这可由牛顿插值及差商的性质得出.

2.4 习 题 解 答

第 2 章解答

1. 当 $x = 1, -1, 2$ 时, $f(x) = 0, -3, 4$, 求 $f(x)$ 的二次插值多项式.

（1）用单项式基函数.

（2）用拉格朗日插值基函数.

（3）用牛顿基函数.

证明三种方法得到的多项式是相同的.

证明 插值条件为 $x_0 = 1, y_0 = 0$; $x_1 = -1, y_1 = -3$; $x_2 = 2, y_2 = 4$. 三个插值点可以确定次数不超过二次的插值多项式.

用单项式基函数, 设 $p_2(x) = a_0 + a_1 x + a_2 x^2$, 由插值条件, 有

$$\begin{cases} a_0 + a_1 + a_2 = 0, \\ a_0 - a_1 + a_2 = -3, \\ a_0 + 2a_1 + 4a_2 = 4, \end{cases}$$

解之得 $a_0 = -\dfrac{7}{3}$, $a_1 = \dfrac{3}{2}$, $a_2 = \dfrac{5}{6}$, 故

$$p_2(x) = -\frac{7}{3} + \frac{3}{2}x + \frac{5}{6}x^2.$$

若用拉格朗日基函数, 则

$$l_0(x) = \frac{(x-x_1)(x-x_2)}{(x_0-x_1)(x_0-x_2)} = \frac{(x+1)(x-2)}{(1+1)(1-2)} = -\frac{1}{2}(x+1)(x-2),$$

$$l_1(x) = \frac{(x-x_0)(x-x_2)}{(x_1-x_0)(x_1-x_2)} = \frac{(x-1)(x-2)}{(-1-1)(-1-2)} = \frac{1}{6}(x-1)(x-2),$$

$$l_2(x) = \frac{(x-x_0)(x-x_1)}{(x_2-x_0)(x_2-x_1)} = \frac{(x-1)(x+1)}{(2-1)(2+1)} = \frac{1}{3}(x-1)(x+1),$$

故

$$p_2(x) = y_0 l_0(x) + y_1 l_1(x) + y_2 l_2(x) = -\frac{1}{2}(x-1)(x-2) + \frac{4}{3}(x-1)(x+1).$$

若用牛顿基函数, 则

$$f(x_0)=y_0=0,$$

$$f[x_0,x_1]=\frac{y_1-y_0}{x_1-x_0}=\frac{-3-0}{-1-1}=\frac{3}{2},$$

$$f[x_1,x_2]=\frac{y_2-y_1}{x_2-x_1}=\frac{4+3}{2+1}=\frac{7}{3},$$

$$f[x_0,x_1,x_2]=\frac{f[x_1,x_2]-f[x_0,x_1]}{x_2-x_0}=\frac{\frac{7}{3}-\frac{3}{2}}{2-1}=\frac{5}{6},$$

故

$$p_2(x)=f(x_0)+f[x_0,x_1](x-x_0)+f[x_0,x_1,x_2](x-x_0)(x-x_1)$$

$$=\frac{3}{2}(x-1)+\frac{5}{6}(x-1)(x+1).$$

整理可知三种方法得到的是同一个多项式 $p_2(x)=-\frac{7}{3}+\frac{3}{2}x+\frac{5}{6}x^2$.

2. 给出 $f(x)=\ln x$ 的数值表:

x	0.4	0.5	0.6	0.7	0.8
$\ln x$	$-0.916\,291$	$-0.693\,147$	$-0.510\,826$	$-0.356\,675$	$-0.223\,144$

用线性插值及二次插值计算 $\ln 0.54$ 的近似值.

解　线性插值. 由于 $x=0.54$,介于 0.5 和 0.6 之间,故取 $x_0=0.5,x_1=0.6$,这时插值余项中的 $\omega(x)=(x-x_0)(x-x_1)$ 的绝对值最小. 于是 $y_0=-0.693\,147,y_1=-0.510\,826$. 代入拉格朗日线性插值多项式,得

$$L_1(0.54)=\frac{x-x_1}{x_0-x_1}\cdot y_0+\frac{x-x_0}{x_1-x_0}\cdot y_1$$

$$=\frac{0.54-0.6}{0.5-0.6}\times(-0.693\,147)+\frac{0.54-0.5}{0.6-0.5}\times(-0.510\,826)$$

$$\approx-0.620\,219,$$

所以 $\ln 0.54\approx L_1(0.54)\approx-0.620\,219$.

当然还可以按其他方式取 x_0,x_1,但近似程度可能差些.

二次插值. 由于 $x=0.54$ 与 0.5,0.6 及 0.4 的距离较近,故取 $x_0=0.4,x_1=0.5,x_2=0.6$,这时插值余项中的 $\omega(x)=(x-x_0)(x-x_1)(x-x_2)$ 的绝对值最小. 于是 $y_0=-0.916\,291,$ $y_1=-0.693\,147,y_2=-0.510\,826$. 代入拉格朗日二次插值多项式,得

$$L_2(0.54)=\frac{(x-x_1)(x-x_2)}{(x_0-x_1)(x_0-x_2)}\cdot y_0+\frac{(x-x_0)(x-x_2)}{(x_1-x_0)(x_1-x_2)}\cdot y_1+$$

$$\frac{(x-x_0)(x-x_1)}{(x_2-x_0)(x_2-x_1)}\cdot y_2$$

$$=\frac{(0.54-0.5)(0.54-0.6)}{(0.4-0.5)(0.4-0.6)}\times(-0.916\,291)+$$

$$\frac{(0.54-0.4)(0.54-0.6)}{(0.5-0.4)(0.5-0.6)} \times (-0.693\,147)+$$

$$\frac{(0.54-0.4)(0.54-0.5)}{(0.6-0.4)(0.6-0.5)} \times (-0.510\,826)$$

$$\approx -0.615\,320$$

所以 $\ln 0.54 \approx L_2(0.54) \approx -0.615\,320$.

当然还可以按其他方式取 x_0, x_1, x_2, 但近似程度可能差些.

3. 给出 $\cos x (0° \leqslant x \leqslant 90°)$ 的函数表, 步长 $h=1'=(1/60)°$, 若函数表具有 5 位有效数字, 研究用线性插值求 $\cos x$ 近似值时的总误差界.

解 由于步长 $h=1'=(1/60)°$, 而整个区间为 $0°$ 至 $90°$, 故应将整个区间分成 $90 \times 60 = 5400$ 个小区间, 小区间长度

$$h = x_{i+1} - x_i = \frac{1}{60} \cdot \frac{\pi}{180}, \quad i = 0,1,2,\cdots,5399.$$

用函数值和近似值所建立的线性插值多项式分别为

$$L_1(x) = \frac{x-x_{i+1}}{x_i - x_{i+1}} f(x_i) + \frac{x-x_i}{x_{i+1}-x_i} f(x_{i+1}),$$

$$L_1^*(x) = \frac{x-x_{i+1}}{x_i - x_{i+1}} f^*(x_i) + \frac{x-x_i}{x_{i+1}-x_i} f^*(x_{i+1}),$$

这里 $x \in [x_i, x_{i+1}]$. 从而

$$|\cos x - L_1^*(x)| = |\cos x - L_1(x) + L_1(x) - L_1^*(x)|$$

$$\leqslant |\cos x - L_1(x)| + |L_1(x) - L_1^*(x)|.$$

由插值余项公式, 截断误差

$$|\cos x - L_1(x)| = \left| \frac{1}{2!}(-\cos\xi)(x-x_i)(x-x_{i+1}) \right|$$

$$\leqslant \frac{1}{2} |(x-x_i)(x-x_{i+1})|$$

$$\leqslant \frac{1}{2} \max_{x_i \leqslant x \leqslant x_{i+1}} |(x-x_i)(x-x_{i+1})|$$

$$\leqslant \frac{1}{2} \left[\frac{1}{2} \cdot \frac{\pi}{60 \times 180} \right]^2 \approx 1.06 \times 10^{-8},$$

舍入误差

$$|L_1(x) - L_1^*(x)| = \left| (f(x_i) - f^*(x_i)) \frac{x-x_{i+1}}{x_i - x_{i+1}} + \right.$$

$$\left. (f(x_{i+1}) - f^*(x_{i+1})) \frac{x-x_i}{x_{i+1}-x_i} \right|$$

$$\leqslant |e(f^*(x_i))| \cdot \left| \frac{x_{i+1}-x}{x_i - x_{i+1}} \right| + |e(f^*(x_{i+1}))| \cdot \left| \frac{x-x_i}{x_{i+1}-x_i} \right|$$

$$\leqslant \max\{|e(f^*(x_i))|, |e(f^*(x_{i+1}))|\} \left(\frac{x_{i+1}-x}{x_{i+1}-x_i} + \frac{x-x_i}{x_{i+1}-x_i} \right)$$

$$= \max\{|e(f^*(x_i))|, |e(f^*(x_{i+1}))|\}.$$

由给定条件

$$| e(f^*(x_i)) | \leqslant \frac{1}{2} \times 10^{-5}, \quad | e(f^*(x_{i+1})) | \leqslant \frac{1}{2} \times 10^{-5},$$

故

$$| \cos x - L_1^*(x) | \leqslant 1.06 \times 10^{-8} + \frac{1}{2} \times 10^{-5}.$$

在 $\left[0, \frac{\pi}{2}\right]$ 上的总误差界

$$| \cos x - L_1^*(x) | \leqslant 1.06 \times 10^{-8} + \frac{1}{2} \times 10^{-5} = 0.501\,06 \times 10^{-5}.$$

4. 设 x_j 为互异节点 $(j=0,1,\cdots,n)$，求证：

(1) $\displaystyle\sum_{j=0}^{n} x_j^k l_j(x) \equiv x^k \ (k=0,1,\cdots,n)$.

(2) $\displaystyle\sum_{j=0}^{n} (x_j - x)^k l_j(x) \equiv 0 \ (k=1,2,\cdots,n)$.

证明　(1) 对 $k=0,1,\cdots,n$，令 $f(x)=x^k$，则函数 $f(x)$ 的 n 次插值多项式为

$$L_n(x) = \sum_{j=0}^{n} x_j^k l_j(x),$$

插值余项

$$R_n(x) = f(x) - L_n(x) = \frac{1}{(n+1)!} f^{(n+1)}(\xi) \omega_{n+1}(x).$$

因为 $k \leqslant n$，所以 $f^{(n+1)}(x) = \dfrac{\mathrm{d}^{n+1}}{\mathrm{d}x^{n+1}} x^k = 0$，故 $f^{(n+1)}(\xi)=0$，于是 $R_n(x)=0$，即

$$f(x) - L_n(x) = 0,$$

亦即

$$x^k = \sum_{j=0}^{n} x_j^k l_j(x), \quad k=0,1,\cdots,n.$$

(2) 对 $k=0,1,\cdots,n$，由二项式定理

$$(x_j - x)^k = \sum_{i=0}^{k} \binom{k}{i} x_j^{k-i} (-x)^i,$$

其中二项式系数

$$\binom{k}{i} = \frac{k(k-1)\cdots(k-i+1)}{i!}.$$

于是，由(1)有

$$\begin{aligned}
\sum_{j=0}^{n} (x_j - x)^k l_j(x) &= \sum_{j=0}^{n} \left(\sum_{i=0}^{k} \binom{k}{i} x_j^i (-x)^{k-i} \right) l_j(x) \\
&= \sum_{i=0}^{k} \binom{k}{i} (-x)^{k-i} \left(\sum_{j=0}^{n} x_j^i l_j(x) \right) \\
&= \sum_{i=0}^{k} \binom{k}{i} (-x)^{k-i} x^i \\
&= (x - x)^k = 0.
\end{aligned}$$

5. 设 $f(x)\in C^2[a,b]$ 且 $f(a)=f(b)=0$,求证:

$$\max_{a\leqslant x\leqslant b}|f(x)|\leqslant\frac{1}{8}(b-a)^2\max_{a\leqslant x\leqslant b}|f''(x)|.$$

证明 以 $x_0=a,x_1=b$ 为节点作线性插值多项式 $p_1(x)$,则

$$p_1(x)=\frac{x-b}{a-b}f(a)+\frac{x-a}{b-a}f(b).$$

因为 $f(a)=f(b)=0$,所以 $p_1(x)=0$. 而由插值余项公式有

$$f(x)-p_1(x)=\frac{1}{2!}f''(\xi)(x-a)(x-b),\quad\xi\in(a,b),$$

故

$$\max_{a\leqslant x\leqslant b}|f(x)|\leqslant\max_{a\leqslant x\leqslant b}\frac{|f''(x)|}{2!}|(x-a)(x-b)|$$

$$\leqslant\max_{a\leqslant x\leqslant b}\frac{|f''(x)|}{2}\cdot\left(\frac{b-a}{2}\right)^2$$

$$=\frac{1}{8}(b-a)^2\max_{a\leqslant x\leqslant b}|f''(x)|.$$

6. 在 $-4\leqslant x\leqslant4$ 上给出 $f(x)=e^x$ 的等距节点函数表,若用二次插值求 e^x 的近似值,要使截断误差不超过 10^{-6},问使用函数表的步长 h 应取多少?

解 记函数 $f(x)=e^x$ 在区间 $[-4,4]$ 上以 h 为步长的等距节点的二次插值函数为 $L_h(x)$,余项为 $R_h(x)$.

对任意 $x\in[-4,4]$,不妨设 $x\in[x_{i-1},x_{i+1}]$,则插值余项

$$R_h(x)=\frac{1}{3!}f'''(\xi)(x-x_{i-1})(x-x_i)(x-x_{i+1}).$$

令 $x=x_i+th$,则 x_{i-1},x_i,x_{i+1} 分别对应 $t=-1,0,1$,且

$$(x-x_{i-1})(x-x_i)(x-x_{i+1})=(t-1)t(t+1)h^3.$$

记 $\varphi(t)=(t-1)t(t+1)$,则 $\varphi'(t)=3t^2-1$,$\varphi(t)$ 的驻点是 $t=\pm\frac{1}{\sqrt{3}}$. 当 $t=-1,0,1$ 时,$\varphi(t)$ 之值为零,所以 $|\varphi(t)|$ 在 $[-1,1]$ 上最大值为 $\left|\varphi\left(\frac{1}{\sqrt{3}}\right)\right|=\frac{2\sqrt{3}}{9}$,即

$$|R_h(x)|=\frac{|f'''(\xi)|}{6}|(x-x_{i-1})(x-x_i)(x-x_{i+1})|$$

$$\leqslant\frac{M_3}{6}\cdot\frac{2\sqrt{3}}{9}h^3=\frac{\sqrt{3}h^3M_3}{27},$$

其中 $M_3=\max_{-4\leqslant x\leqslant4}|f'''(x)|$.

由 $f(x)=e^x,x\in[-4,4]$,知 $M_3=\max_{-4\leqslant x\leqslant4}|f'''(x)|=\max_{-4\leqslant x\leqslant4}|e^x|=|e^4|=54.60$,故

$$|R_h(x)|\leqslant\frac{\sqrt{3}h^3}{27}\cdot54.60.$$

若使二次插值的截断误差不超过 10^{-6},只需

$$|R_h(x)|\leqslant\frac{\sqrt{3}h^3}{27}\cdot54.60\leqslant10^{-6},$$

即 $h \leqslant 0.0066$.

7. 证明 n 阶均差有下列性质:

(1) 若 $F(x) = cf(x)$,则 $F[x_0, x_1, \cdots, x_n] = cf[x_0, x_1, \cdots, x_n]$;

(2) 若 $F(x) = f(x) + g(x)$,则 $F[x_0, x_1, \cdots, x_n] = f[x_0, x_1, \cdots, x_n] + g[x_0, x_1, \cdots, x_n]$.

证明 (1) 由差商的性质,n 阶差商可以表示为函数值 $f(x_j)(j = 0, 1, \cdots, n)$ 的线性组合,即

$$f[x_0, x_1, \cdots, x_n] = \sum_{j=0}^{n} \frac{f(x_j)}{\omega'_{n+1}(x_j)},$$

这样,若 $F(x) = cf(x)$,则

$$F[x_0, x_1, \cdots, x_n] = \sum_{j=0}^{n} \frac{F(x_j)}{\omega'_{n+1}(x_j)} = \sum_{j=0}^{n} \frac{cf(x_j)}{\omega'_{n+1}(x_j)}$$

$$= c \sum_{j=0}^{n} \frac{f(x_j)}{\omega'_{n+1}(x_j)} = cf[x_0, x_1, \cdots, x_n].$$

(2) 若 $F(x) = f(x) + g(x)$,则

$$F[x_0, x_1, \cdots, x_n] = \sum_{j=0}^{n} \frac{F(x_j)}{\omega'_n(x_j)} = \sum_{j=0}^{n} \frac{f(x_j) + g(x_j)}{\omega'_n(x_j)}$$

$$= \sum_{j=0}^{n} \frac{f(x_j)}{\omega'_n(x_j)} + \sum_{j=0}^{n} \frac{g(x_j)}{\omega'_n(x_j)}$$

$$= f[x_0, x_1, \cdots, x_n] + g[x_0, x_1, \cdots, x_n].$$

8. $f(x) = x^7 + x^4 + 3x + 1$,求 $f[2^0, 2^1, \cdots, 2^7]$ 及 $f[2^0, 2^1, \cdots, 2^8]$.

解 根据差商与微商的关系式

$$f[x_0, x_1, \cdots, x_n] = \frac{f^{(n)}(\xi)}{n!}, \quad \xi \in [x_0, x_n],$$

有

$$f[2^0, 2^1, \cdots, 2^7] = \frac{f^{(7)}(\xi)}{7!}, \quad \xi \in [2^0, 2^7];$$

$$f[2^0, 2^1, \cdots, 2^8] = \frac{f^{(8)}(\eta)}{8!}, \quad \eta \in [2^0, 2^8].$$

若 $f(x) = x^7 + x^4 + 3x + 1$,则 $f^{(7)}(x) = 7!, f^{(8)}(x) = 0$,故

$$f[2^0, 2^1, \cdots, 2^7] = 1, \quad f[2^0, 2^1, \cdots, 2^8] = 0.$$

9. 证明 $\Delta(f_k g_k) = f_k \Delta g_k + g_{k+1} \Delta f_k$.

证明 $\Delta(f_k g_k) = f_{k+1} g_{k+1} - f_k g_k = f_{k+1} g_{k+1} - g_{k+1} f_k + g_{k+1} f_k - f_k g_k$

$$= g_{k+1}(f_{k+1} - f_k) + f_k(g_{k+1} - g_k) = g_{k+1} \Delta f_k + f_k \Delta g_k.$$

10. 证明 $\sum_{k=0}^{n-1} f_k \Delta g_k = f_n g_n - f_0 g_0 - \sum_{k=0}^{n-1} g_{k+1} \Delta f_k$.

证明 左边 $= \sum_{k=0}^{n-1} f_k \Delta g_k = f_0 \Delta g_0 + f_1 \Delta g_1 + \cdots + f_{n-1} \Delta g_{n-1}$

$$= f_0(g_1 - g_0) + f_1(g_2 - g_1) + \cdots + f_{n-1}(g_n - g_{n-1})$$

$$= f_0 g_1 - f_0 g_0 + f_1 g_2 - f_1 g_1 + \cdots + f_{n-1} g_n - f_{n-1} g_{n-1},$$

右边 $= f_n g_n - f_0 g_0 - \sum_{k=0}^{n-1} g_{k+1} \Delta f_k$

$$= f_n g_n - f_0 g_0 - g_1(f_1 - f_0) - g_2(f_2 - f_1) - \cdots - g_n(f_n - f_{n-1})$$

$$= f_0 g_1 - f_0 g_0 + f_1 g_2 - f_1 g_1 + \cdots + f_{n-1} g_n - f_{n-1} g_{n-1},$$

左边 = 右边,所证成立.

11. 证明 $\sum_{j=0}^{n-1} \Delta^2 y_j = \Delta y_n - \Delta y_0$.

证明 $\sum_{j=0}^{n-1} \Delta^2 y_j = \sum_{j=0}^{n-1} (\Delta y_{j+1} - \Delta y_j)$

$$= \Delta y_1 - \Delta y_0 + \Delta y_2 - \Delta y_1 + \cdots + \Delta y_n - \Delta y_{n-1}$$

$$= \Delta y_n - \Delta y_0.$$

12. 若 $f(x) = a_0 + a_1 x + \cdots + a_{n-1} x^{n-1} + a_n x^n$ 有 n 个不同实根 $x_1, x_2, \cdots, x_n$,
证明:

$$\sum_{j=1}^{n} \frac{x_j^k}{f'(x_j)} = \begin{cases} 0, & 0 \leqslant k \leqslant n-2; \\ a_n^{-1}, & k = n-1. \end{cases}$$

证明 由给定条件知 $f(x) = a_n(x - x_1)(x - x_2) \cdots (x - x_n)$.

记 $g(x) = x^k, \omega(x) = \prod_{j=1}^{n}(x - x_j)$,则

$$f(x) = a_n \omega(x), \quad f'(x_j) = a_n \omega'(x_j),$$

由差商的性质可得 $g[x_1, x_2, \cdots, x_k] = \sum_{j=1}^{k} \frac{g(x_j)}{\omega_k'(x_j)}$ 及 $g[x_1, x_2, \cdots, x_k] = \frac{g^{(k-1)}(\xi)}{(k-1)!}$, ξ 介
于 $x_1, x_2, \cdots, x_k$ 之间知

$$\sum_{j=1}^{n} \frac{x_j^k}{f'(x_j)} = \sum_{j=1}^{n} \frac{x_j^k}{a_n \omega'(x_j)} = \frac{1}{a_n} \sum_{j=1}^{n} \frac{x_j^k}{\omega'(x_j)}$$

$$= \frac{1}{a_n} g[x_1, x_2, \cdots, x_n]$$

$$= \frac{1}{a_n} \frac{g^{(n-1)}(\xi)}{(n-1)!},$$

其中 ξ 介于 $x_1, x_2, \cdots, x_n$ 之间.

当 $0 \leqslant k \leqslant n-2$ 时,$g^{(n-1)}(x) = \dfrac{\mathrm{d}^{n-1}}{\mathrm{d}x^{n-1}} x^k = 0$,故 $g^{(n-1)}(\xi) = 0$;

当 $k = n-1$ 时,$g^{(n-1)}(x) = \dfrac{\mathrm{d}^{n-1}}{\mathrm{d}x^{n-1}} x^{n-1} = (n-1)!$,故 $g^{(n-1)}(\xi) = (n-1)!$,从而得

$$\sum_{j=1}^{n} \frac{x_j^k}{f'(x_j)} = \frac{1}{a_n} \frac{g^{(n-1)}(\xi)}{(n-1)!} = \begin{cases} 0, & 0 \leqslant k \leqslant n-2; \\ a_n^{-1}, & k = n-1. \end{cases}$$

13. 求次数小于等于 3 的多项式 $p(x)$,使之满足条件

$$p(x_0) = f(x_0), \quad p'(x_0) = f'(x_0),$$

$$p''(x_0) = f''(x_0), \quad p(x_1) = f(x_1).$$

解　由插值条件 $p(x_0)=f(x_0),p'(x_0)=f'(x_0),p''(x_0)=f''(x_0)$ 及 $p(x)$ 的次数小于等于 3,则可设 $p(x)=f(x_0)+f'(x_0)(x-x_0)+\dfrac{1}{2}f''(x_0)(x-x_0)^2+A(x-x_0)^3$,其中 A 为常数.

利用 $p(x_1)=f(x_1)$,有

$$f(x_1)=f(x_0)+f'(x_0)(x_1-x_0)+\frac{1}{2}f''(x_0)(x_1-x_0)^2+A(x_1-x_0)^3,$$

所以

$$A=\frac{f(x_1)-f(x_0)-f'(x_0)(x_1-x_0)-\dfrac{1}{2}f''(x_0)(x_1-x_0)^2}{(x_1-x_0)^3}$$

$$=\left[\frac{f[x_0,x_1]-f'(x_0)}{x_1-x_0}-\frac{1}{2}f''(x_0)\right]\frac{1}{x_1-x_0},$$

故

$$p(x)=f(x_0)+f'(x_0)(x-x_0)+\frac{1}{2}f''(x_0)(x-x_0)^2+$$

$$\left[\frac{f[x_0,x_1]-f'(x_0)}{x_1-x_0}-\frac{1}{2}f''(x_0)\right]\frac{(x-x_0)^3}{x_1-x_0}.$$

14. 求次数小于等于 3 的多项式 $p(x)$,使其满足条件 $p(0)=0,p'(0)=1,p(1)-1,$ $p'(1)=2$.

解　本题是标准的埃尔米特插值问题,可直接套用公式.

记 $x_0=0,x_1=1$,由题设知 $f(x_0)=0,f(x_1)=1,f'(x_0)=1,f'(x_1)=2$,利用两点的埃尔米特插值公式,有

$$p(x)=\alpha_0(x)f(x_0)+\alpha_1(x)f(x_1)+\beta_0(x)f'(x_0)+\beta_1(x)f'(x_1)$$

$$=\alpha_1(x)+\beta_0(x)+2\beta_1(x),$$

其中 $\alpha_0(x),\alpha_1(x),\beta_0(x),\beta_1(x)$ 是埃尔米特插值基函数,即

$$\alpha_1(x)=\left(1+2\frac{x-x_1}{x_0-x_1}\right)\left(\frac{x-x_0}{x_1-x_0}\right)^2=(1+2(1-x))x^2=x^2(3-2x),$$

$$\beta_0(x)=(x-x_0)\left(\frac{x-x_1}{x_0-x_1}\right)^2=x(x-1)^2,$$

$$\beta_1(x)=(x-x_1)\left(\frac{x-x_0}{x_1-x_0}\right)^2=(x-1)x^2,$$

所以

$$p(x)=x^2(3-2x)+x(x-1)^2+2x^2(x-1)=x^3-x^2+x.$$

15. 证明两点三次埃尔米特插值余项是

$$R_3(x)=f^{(4)}(\xi)(x-x_k)^2(x-x_{k+1})^2/4!,\quad \xi\in(x_k,x_{k+1}),$$

并由此求出分段三次埃尔米特插值的误差限.

证明　设插值余项为

$$R_3(x)=k(x)(x-x_k)^2(x-x_{k+1})^2,$$

对任意 $x \in [x_k, x_{k+1}]$，构造函数
$$\varphi(t) = f(t) - H_3(t) - k(x)(t - x_k)^2(t - x_{k+1})^2,$$
其中 $H_3(t)$ 是 $f(t)$ 的两点三次埃尔米特插值多项式.

由插值条件易见，$\varphi(x)$ 在 $[x_k, x_{k+1}]$ 上至少有 5 个零点，即 $t = x, x_k, x_{k+1}$（包括重数），对 $\varphi(t)$ 应用 4 次罗尔定理，知必存在 $\xi \in (x_k, x_{k+1})$，使 $\varphi^{(4)}(\xi) = 0$，而
$$\varphi^{(4)}(t) = f^{(4)}(t) - k(x)4!,$$
故
$$f^{(4)}(\xi) - k(x)4! = 0, \quad 即 \quad k(x) = \frac{f^{(4)}(\xi)}{4!},$$
亦即
$$R_3(x) = \frac{f^{(4)}(\xi)}{4!}(x - x_k)^2(x - x_{k+1})^2, \quad \xi \in (x_k, x_{k+1}).$$

将整个插值区间 $[a, b]$ 插入节点 $a = x_0 < x_1 < \cdots < x_n = b$，记 $h_k = x_{k+1} - x_k, h = \max_k h_k$，则分段三次埃尔米特插值的误差
$$|R(x)| \leqslant \max_k \frac{1}{4!} \max_{x_k \leqslant x \leqslant x_{k+1}} \{|f^{(4)}(x)| \cdot |(x - x_k)^2(x - x_{k+1})^2|\}$$
$$\leqslant \max_k \frac{1}{4!} \max_{x_k \leqslant x \leqslant x_{k+1}} |f^{(4)}(x)| \cdot \left(\frac{h}{2}\right)^2 \left(\frac{h}{2}\right)^2$$
$$= \frac{h^4}{384} \max_{a \leqslant x \leqslant b} |f^{(4)}(x)|.$$

16. 求一个次数不高于 4 次的多项式 $p(x)$，使它满足 $p(0) = p'(0) = 0, p(1) = p'(1) = 1, p(2) = 1$.

解 方法 1 由题意 $p(0) = p'(0) = 0$ 知 $p(x)$ 以 $x = 0$ 为二重零点，故可设
$$p(x) = x^2(ax^2 + bx + c),$$
由插值条件 $p(1) = p'(1) = 1$ 及 $p(2) = 1$，有
$$\begin{cases} a + b + c = 1, \\ 4a + 3b + 2c = 1, \\ 4(4a + 2b + c) = 1, \end{cases}$$
解之，得 $a = \frac{1}{4}, b = -\frac{3}{2}, c = \frac{9}{4}$，故
$$p(x) = x^2\left(\frac{1}{4}x^2 - \frac{3}{2}x + \frac{9}{4}\right) = \frac{1}{4}x^2(x - 3)^2.$$

方法 2 由 $p(0) = p'(0) = 0, p(1) = p'(1) = 1$，可得两点三次埃尔米特插值多项式
$$H_3(x) = x^2(2 - x).$$
而 $p(x)$ 是不高于 4 次的多项式，故可设 $p(x) = H_3(x) + Ax^2(x-1)^2$，由 $p(2) = 1$，得 $A = \frac{1}{4}$，故
$$p(x) = x^2(2 - x) + \frac{1}{4}x^2(x - 1)^2 = \frac{1}{4}x^2(x - 3)^2.$$

17. 设 $f(x)=1/(1+x^2)$,在 $-5 \leqslant x \leqslant 5$ 上取 $n=10$,按等距节点求分段线性插值函数 $I_h(x)$,计算各节点间中点处的 $I_h(x)$ 与 $f(x)$ 的值,并估计误差.

解　因 $n=10$,故 $h=\dfrac{5-(-5)}{10}=1$. 由分段线性插值公式,有

$$I_h(x)=\sum_{i=-5}^{5}\frac{1}{1+i^2}l_i(x),$$

其中

$$l_i(x)=\begin{cases}\dfrac{x-x_{i-1}}{x_i-x_{i-1}}=x-x_{i-1}, & x_{i-1}\leqslant x<x_i, \\[2mm] \dfrac{x-x_{i+1}}{x_i-x_{i+1}}=x_{i+1}-x, & x_i\leqslant x<x_{i+1}, \\[2mm] 0, & \text{其他}.\end{cases}$$

将各节点间中点 $x_{pi}=\dfrac{x_i+x_{i+1}}{2}$ 代入 $f(x)$ 及 $I_h(x)$ 中,可得各节点间中点处的值 $I_h(x_{pi})$,$f(x_{pi})(i=-5,-4,\cdots,3,4)$. 余项

$$R_1(x)=f(x)-I_h(x)=\frac{f''(\xi)}{2}(x-x_i)(x-x_{i+1}),\quad \xi\in(x_i,x_{i+1}),$$

故

$$|R_1(x_{pi})|=|f(x_{pi})-I_h(x_{pi})|=\frac{1}{2}f''(\xi)\cdot\frac{h}{2}\cdot\frac{h}{2},$$

而 $f''(x)=-\dfrac{2(1-3x^2)}{(1+x^2)^3}$,$f'''(x)=\dfrac{24x(1-x^2)}{(1+x^2)^4}$,故 $\max\limits_{-5\leqslant x\leqslant 5}|f''(x)|=|f''(0)|=2$,从而

$$|R_1(x)|\leqslant\frac{h^2}{8}\times 2=\frac{h^2}{4}=\frac{1}{16}.$$

18. 求 $f(x)=x^2$ 在 $[a,b]$ 上的分段线性插值函数 $I_h(x)$,并估计误差.

解　设插值节点为 $a=x_0<x_1<\cdots<x_n=b$,$h_k=x_{k+1}-x_k$,$h=\max\limits_{k}h_k$,则分段线性插值函数

$$I_h(x)=\sum_{i=0}^{n}f(x_i)l_i(x)=\sum_{i=0}^{n}x_i^2l_i(x),$$

其中

$$l_i(x)=\begin{cases}\dfrac{x-x_{i-1}}{x_i-x_{i-1}}, & x_{i-1}\leqslant x<x_i, \\[2mm] \dfrac{x-x_{i+1}}{x_i-x_{i+1}}, & x_i\leqslant x<x_{i+1}, \\[2mm] 0, & \text{其他}.\end{cases}$$

插值误差 $R_1(x)$ 满足

$$|R_1(x)|=|f(x)-I_h(x)|=\left|\frac{f''(\xi)}{2}(x-x_i)(x-x_{i+1})\right|,\quad \xi\in(x_i,x_{i+1}).$$

由于 $f(x)=x^2$,所以 $f''(x)=2$,故

$$|R_1(x)| \leqslant \frac{2}{2} \cdot \frac{h}{2} \cdot \frac{h}{2} = \frac{h^2}{4}.$$

19. 求 $f(x) = x^4$ 在 $[a,b]$ 上的分段埃尔米特插值,并估计误差.

解 设插值节点为 $a = x_0 < x_1 < \cdots < x_n = b, h_k = x_{k+1} - x_k, h = \max\limits_{k} h_k$,则由分段三次埃尔米特插值公式,有

$$I_h(x) = \sum_{i=0}^{n} [\alpha_i(x) f(x_i) + \beta_i(x) f'(x_i)] = \sum_{i=0}^{n} [x_i^4 \alpha_i(x) + 4x_i^3 \beta_i(x)],$$

其中

$$\alpha_i(x) = \begin{cases} \left(\dfrac{x - x_{i-1}}{x_i - x_{i-1}}\right)^2 \left(1 + 2\dfrac{x - x_i}{x_{i-1} - x_i}\right), & x_{i-1} \leqslant x < x_i, i \neq 0, \\[3mm] \left(\dfrac{x - x_{i+1}}{x_i - x_{i+1}}\right)^2 \left(1 + 2\dfrac{x - x_i}{x_{i+1} - x_i}\right), & x_i \leqslant x < x_{i+1}, i \neq n, \\[3mm] 0, & \text{其他}, \end{cases}$$

$$\beta_i(x) = \begin{cases} \left(\dfrac{x - x_{i-1}}{x_i - x_{i-1}}\right)^2 (x - x_i), & x_{i-1} \leqslant x < x_i, i \neq 0, \\[3mm] \left(\dfrac{x - x_{i+1}}{x_i - x_{i+1}}\right)^2 (x - x_i), & x_i \leqslant x < x_{i+1}, i \neq n, \\[3mm] 0, & \text{其他}. \end{cases}$$

由于 $f(x) = x^4$,所以 $f^{(4)}(x) = 4!$,利用插值余项 $R_3(x)$ 的结果得

$$|R_3(x)| = |f(x) - I_h(x)| \leqslant \max_{a \leqslant x \leqslant b} |f(x) - I_h(x)|$$

$$\leqslant \frac{h^4}{384} \cdot \max_{a \leqslant x \leqslant b} |f^{(4)}(x)| = \frac{h^4}{384} \cdot 4! = \frac{h^4}{16}.$$

20. 给定数据表如下:

x_j	0.25	0.30	0.39	0.45	0.53
y_j	0.5000	0.5477	0.6245	0.6708	0.7280

试求三次样条插值 $S(x)$,并满足条件:

(1) $S'(0.25) = 1.0000, S'(0.53) = 0.6868$;   (2) $S''(0.25) = S''(0.53) = 0$.

解 由给定数据知

$$h_0 = x_1 - x_0 = 0.05, \quad h_1 = x_2 - x_1 = 0.09,$$

$$h_2 = x_3 - x_2 = 0.06, \quad h_3 = x_4 - x_3 = 0.08.$$

由

$$\mu_j = \frac{h_{j-1}}{h_{j-1} + h_j}, \quad \lambda_j = \frac{h_j}{h_{j-1} + h_j},$$

有

$$\mu_1 = \frac{5}{14}, \quad \lambda_1 = \frac{9}{14}, \quad \mu_2 = \frac{3}{5}, \quad \lambda_2 = \frac{2}{5}, \quad \mu_3 = \frac{3}{7}, \quad \lambda_3 = \frac{4}{7}, \quad \mu_4 = 1, \quad \lambda_0 = 1.$$

均差

$$f[x_0,x_1]=\frac{f(x_1)-f(x_0)}{x_1-x_0}=0.9540, \quad f[x_1,x_2]=0.8533,$$

$$f[x_2,x_3]=0.7717, \quad f[x_3,x_4]=0.7150.$$

（1）若边界条件 $S'(0.25)=1.0000, S'(0.53)=0.6868$，则

$$d_0=\frac{6}{h_0}(f[x_0,x_1]-f'_0)=-5.52,$$

$$d_1=6\frac{f[x_1,x_2]-f[x_0,x_1]}{h_0+h_1}=-4.3157, \quad d_2=6\frac{f[x_2,x_3]-f[x_1,x_2]}{h_1+h_2}=-3.2640,$$

$$d_3=6\frac{f[x_3,x_4]-f[x_2,x_3]}{h_2+h_3}=-2.4300, \quad d_4=\frac{6}{h_3}(f'_4-f[x_3,x_4])=-2.1150.$$

由此得矩阵形式的三弯矩方程为

$$\begin{bmatrix} 2 & 1 & & & \\ \frac{5}{14} & 2 & \frac{9}{14} & & \\ & \frac{3}{5} & 2 & \frac{2}{5} & \\ & & \frac{3}{7} & 2 & \frac{4}{7} \\ & & & 1 & 2 \end{bmatrix} \begin{bmatrix} M_0 \\ M_1 \\ M_2 \\ M_3 \\ M_4 \end{bmatrix} = \begin{bmatrix} -5.5200 \\ -4.3157 \\ -3.2640 \\ -2.4300 \\ -2.1150 \end{bmatrix},$$

解得 $M_0=-2.0278, M_1=-1.4643, M_2=-1.0313, M_3=-0.8072, M_4=-0.6539.$

利用三次样条表达式

$$S(x)=M_j\frac{(x_{j+1}-x)^3}{6h_j}+M_{j+1}\frac{(x-x_j)^3}{6h_j}+\left(y_j-\frac{M_jh_j^2}{6}\right)\frac{x_{j+1}-x}{h_j}+$$

$$\left(y_{j+1}-\frac{M_{j+1}h_j^2}{6}\right)\frac{x-x_j}{h_j}, \quad j=0,1,2,$$

将 M_j, x_j, y_j 代入并整理，得

$$S(x)=\begin{cases} 1.8783x^3-2.4227x^2+1.8591x+0.1573, & x\in[0.25,0.30], \\ 0.8019x^3-1.4538x^2+1.5685x+0.1863, & x\in[0.30,0.39], \\ 0.6225x^3-1.2440x^2+1.4866x+0.1970, & x\in[0.39,0.45], \\ 0.3194x^3-0.8348x^2+1.3025x+0.2246, & x\in[0.45,0.53]. \end{cases}$$

（2）若边界条件为，$S''(0.25)=S''(0.53)=0$，则 $M_0=M_4=0$，三弯矩方程为

$$\begin{bmatrix} 2 & \frac{9}{14} & 0 \\ \frac{3}{5} & 2 & \frac{2}{5} \\ 0 & \frac{3}{7} & 2 \end{bmatrix} \begin{bmatrix} M_1 \\ M_2 \\ M_3 \end{bmatrix} = 6\times \begin{bmatrix} -0.7193 \\ -0.5440 \\ -0.4050 \end{bmatrix},$$

解得

$$M_1=-1.8809, \quad M_2=-0.8616, \quad M_3=-1.0314.$$

代入三次样条表达式并整理,得

$$
S(x) = \begin{cases}
-6.2697x^3 + 4.7023x^2 - 0.2059x + 0.3555, & x \in [0.25, 0.30], \\
1.8876x^3 - 2.6393x^2 + 1.9966x + 0.1353, & x \in [0.30, 0.39], \\
-0.4689x^3 + 0.1178x^2 + 0.9213x + 0.2751, & x \in [0.39, 0.45], \\
2.1467x^3 - 3.4132x^2 + 2.5103x + 0.0367, & x \in [0.45, 0.53].
\end{cases}
$$

21. 若 $f(x) \in C^2[a,b]$,$S(x)$ 是三次样条函数,证明:

(1) $\displaystyle\int_a^b [f''(x)]^2 dx - \int_a^b [S''(x)]^2 dx$

$\displaystyle = \int_a^b [f''(x) - S''(x)]^2 dx + 2\int_a^b S''(x)[f''(x) - S''(x)] dx$;

(2) 若 $f(x_i) = S(x_i)\,(i=0,1,\cdots,n)$,插值节点 x_i 满足 $a = x_0 < x_1 < \cdots < x_n = b$,则

$\displaystyle\int_a^b S''(x)[f''(x) - S''(x)] dx = S''(b)[f'(b) - S'(b)] - S''(a)[f'(a) - S'(a)]$.

证明 (1) 右边 $= \displaystyle\int_a^b [f''(x) - S''(x)]^2 dx + 2\int_a^b S''(x)[f''(x) - S''(x)] dx$

$\displaystyle = \int_a^b [f''^2(x) - 2f''(x)S''(x) + S''^2(x) + 2S''(x)f''(x) - 2S''^2(x)] dx$

$\displaystyle = \int_a^b [f''^2(x) - S''^2(x)] dx$

$\displaystyle = \int_a^b [f''(x)]^2 dx - \int_a^b [S''(x)]^2 dx$

$=$ 左边.

(2) 左边 $= \displaystyle\int_a^b S''(x)[f''(x) - S''(x)] dx$

$\displaystyle = S''(x)(f'(x) - S'(x))\Big|_a^b - \int_a^b (f'(x) - S'(x))S'''(x) dx$

$= S''(b)(f'(b) - S'(b)) - S''(a)(f'(a) - S'(a))$

$=$ 右边.

此处利用了 $S(x)$ 是三次多项式,故 $S'''(x)$ 是常数,于是

$$\int_a^b (f'(x) - S'(x))S'''(x) dx = S'''(x)(f(x) - S(x))\Big|_a^b = 0.$$

第 3 章　函数逼近与快速傅里叶变换

3.1　内 容 概 述

插值解决了函数在插值节点附近的局部近似问题,但在一个稍大一点的区间上近似的效果未必理想,比如龙格现象所反映的问题. 因此有必要考虑在一个区间上,函数之间的近似问题. 首先面临的问题是对函数的表述,这里就不适合谈论具体的函数,而应当对各类函数进行讨论,这引导我们回到线性空间中来讨论问题. 另一个问题,就是如何界定函数间的近似程度等问题,为此在线性代数中的线性空间的基础上讲述范数、内积等知识,为度量函数间的近似程度提供标准.

设集合 S 是数域 F 上的线性空间,元素 $x_1,x_2,\cdots,x_n \in S$,如果存在不全为零的数 $\alpha_1,\alpha_2,\cdots,\alpha_n \in F$,使得

$$\alpha_1 x_1 + \alpha_2 x_2 + \cdots + \alpha_n x_n = 0,$$

则称 $x_1,x_2,\cdots,x_n$ **线性相关**. 否则,若等式只对 $\alpha_1=\alpha_2=\cdots=\alpha_n=0$ 成立,则称 $x_1,x_2,\cdots,x_n$ **线性无关**.

若线性空间 V 是由 n 个线性无关元素 $x_1,x_2,\cdots,x_n$ 生成的,即 $\forall x \in V$,都有

$$x = \alpha_1 x_1 + \alpha_2 x_2 + \cdots + \alpha_n x_n,$$

则 $x_1,x_2,\cdots,x_n$ 称为空间 V 的一组**基**,记为 $V=\mathrm{span}\{x_1,x_2,\cdots,x_n\}$,并称空间 V 为 **n 维线性空间**,系数 $\alpha_1,\alpha_2,\cdots,\alpha_n$ 称为 x 在基 $x_1,x_2,\cdots,x_n$ 下的**坐标**,记作 $(\alpha_1,\alpha_2,\cdots,\alpha_n)$. 如果 V 中有无限多个线性无关元素 $x_1,x_2,\cdots,x_n,\cdots$,则称 V 为**无限维线性空间**.

n 维向量构成的线性空间 $\mathbb{R}^n$ 中的一组向量

$$e_1 = (1,0,\cdots,0),\quad e_2 = (0,1,0,\cdots,0),\quad \cdots,\quad e_n = (0,\cdots,0,1)$$

构成 $\mathbb{R}^n$ 的一组基,它们显然是线性无关的,且对任意的 $x \in \mathbb{R}^n$,存在 $x_1,x_2,\cdots,x_n$,使得

$$x = x_1 e_1 + x_2 e_2 + \cdots + x_n e_n,$$

故 $(x_1,x_2,\cdots,x_n)$ 为 x 在基 $\{e_1,e_2,\cdots,e_n\}$ 下的坐标,$\mathbb{R}^n=\mathrm{span}\{e_1,e_2,\cdots,e_n\}$,其维数为 n.

次数不超过 n 的一元多项式构成的线性空间 P_n 中的一组元素 $1,x,\cdots,x^n$ 构成 P_n 的一组基,它们显然是线性无关的,且对任意的 $p(x) \in P_n$,存在 $(a_0,a_1,a_2,\cdots,a_n)$,使得

$$p(x) = a_0 + a_1 x + \cdots + a_n x^n,$$

即 $P_n=\mathrm{span}\{1,x,\cdots,x^n\}$,且 $(a_0,a_1,a_2,\cdots,a_n)$ 是 $p(x)$ 在基 $\{1,x,\cdots,x^n\}$ 下的坐标,P_n 的维数是 $n+1$.

对于 $[a,b]$ 上连续函数构成的线性空间 $C[a,b]$,若 $f(x) \in C[a,b]$,它不能用有限个线性无关的函数表示,故 $C[a,b]$ 是无限维的,但任意元素 $f(x) \in C[a,b]$ 均可用有限维的 $p(x) \in P_n$ 逼近,使误差 $\max\limits_{a \leqslant x \leqslant b} |f(x)-p(x)|$ 任意小,这就是著名的**魏尔斯特拉斯定理**.

定理 3.1　设 $f(x) \in C[a,b]$,则对任何 $\varepsilon > 0$,总存在一个代数多项式 $p(x)$,使

$$\max_{a \leqslant x \leqslant b} | f(x) - p(x) | < \varepsilon.$$

下面引入线性空间中的度量标准.

定义 3.1 设 V 为数域 F 上的线性空间,对任意的 $x \in V$,若存在唯一实数 $\| \cdot \|$ 与之对应,且满足条件:

(1) $\| x \| \geqslant 0$,当且仅当 $x = 0$ 时,$\| x \| = 0$;(正定性)

(2) $\| \alpha x \| = | \alpha | \| x \|$,$\alpha \in F$;(齐次性)

(3) $\| x + y \| \leqslant \| x \| + \| y \|$,$x, y \in V$,(三角不等式)

则称 $\| \cdot \|$ 为线性空间 V 上的**范数**,V 与 $\| \cdot \|$ 一起称为**赋范线性空间**.

对于 $\mathbb{R}^n$ 上的向量 $\boldsymbol{x} = (x_1, x_2, \cdots, x_n)^{\mathrm{T}} \in \mathbb{R}^n$,有三种常用范数:

$\| \boldsymbol{x} \|_\infty = \max_{1 \leqslant i \leqslant n} | x_i |$,称为 ∞-范数或最大范数,

$\| \boldsymbol{x} \|_1 = \sum_{i=1}^{n} | x_i |$,称为 1-范数,

$\| \boldsymbol{x} \|_2 = \left(\sum_{i=1}^{n} x_i^2 \right)^{\frac{1}{2}}$,称为 2-范数,也称为向量的欧几里得范数.

这三种常用范数实际上是 p-范数 $\| \boldsymbol{x} \|_p = \left(\sum_{i=1}^{n} | x_i |^p \right)^{1/p}$ 在 $p = \infty, 1, 2$ 时的特例,其中 $p \in [1, \infty)$.

对连续函数空间 $C[a, b]$,若 $f(x) \in C[a, b]$ 可定义三种常用范数:

$\| f(x) \|_\infty = \max_{a \leqslant x \leqslant b} | f(x) |$,称为 ∞-范数,

$\| f(x) \|_1 = \int_a^b | f(x) | \mathrm{d}x$,称为 1-范数,

$\| f(x) \|_2 = \left(\int_a^b f^2(x) \mathrm{d}x \right)^{\frac{1}{2}}$,称为 2-范数.

范数具有一些性质,而且有限维空间中的范数具有特殊的性质.

定理 3.2 设非负函数 $N(\boldsymbol{x}) = \| \boldsymbol{x} \|$ 为 $\mathbb{R}^n$ 上任一向量范数,则 $N(\boldsymbol{x})$ 是 $\boldsymbol{x}$ 的分量 $x_1, x_2, \cdots, x_n$ 的连续函数.

定理 3.3(向量范数的等价性) 设 $\| \boldsymbol{x} \|_s$,$\| \boldsymbol{x} \|_t$ 为 $\mathbb{R}^n$ 上向量的任意两种范数,则存在常数 $c_1, c_2 > 0$,使得对一切 $\boldsymbol{x} \in \mathbb{R}^n$ 有
$$c_1 \| \boldsymbol{x} \|_s \leqslant \| \boldsymbol{x} \|_t \leqslant c_2 \| \boldsymbol{x} \|_s.$$

定理 3.3 不能推广到无穷维空间.

定义 3.2 设 $\{\boldsymbol{x}^{(k)}\}$ 为 $\mathbb{R}^n$ 中一向量序列,$\boldsymbol{x}^* \in \mathbb{R}^n$,记 $\boldsymbol{x}^{(k)} = (x_1^{(k)}, x_2^{(k)}, \cdots, x_n^{(k)})^{\mathrm{T}}$,$\boldsymbol{x}^* = (x_1^*, x_2^*, \cdots, x_n^*)^{\mathrm{T}}$. 如果 $\lim_{k \to \infty} x_i^{(k)} = x_i^*$ $(i = 1, 2, \cdots, n)$,则称 $\boldsymbol{x}^{(k)}$ **收敛**于向量 $\boldsymbol{x}^*$,记为
$$\lim_{k \to \infty} \boldsymbol{x}^{(k)} = \boldsymbol{x}^*, \quad \text{或} \quad \boldsymbol{x}^{(k)} \to \boldsymbol{x}^*.$$

定理 3.4 $\lim_{k \to \infty} \boldsymbol{x}^{(k)} = \boldsymbol{x}^* \Leftrightarrow \lim_{k \to \infty} \| \boldsymbol{x}^{(k)} - \boldsymbol{x}^* \| = 0$,其中 $\| \cdot \|$ 为向量的任一种范数.

将平面向量和空间向量间角度的概念推广到线性空间中,得到内积的概念.

定义 3.3 设 V 是数域 F($\mathbb{R}$ 或 $\mathbb{C}$)上的线性空间,$\forall u, v \in V$,有 F 中一个数与之对应,

记为 (u,v),它满足以下条件:

(1) $(u,v)=\overline{(v,u)},\forall u,v\in V$;

(2) $(\alpha u,v)=\alpha(u,v),\alpha\in F,\forall u,v\in V$;

(3) $(u+v,w)=(u,w)+(v,w),\forall u,v,w\in V$;

(4) $(u,u)\geqslant 0$,当且仅当 $u=0$ 时,$(u,u)=0$.

则称 (u,v) 为 V 上 u 与 v 的**内积**.定义了内积的线性空间称为**内积空间**,当 F 为复数域时,条件(1)的右端 $\overline{(u,v)}$ 为 (u,v) 的**共轭**,当 F 为实数域 $\mathbb{R}$ 时,条件(1)为 $(u,v)=(v,u)$.

如果 $(u,v)=0$,则称 u 与 v **正交**,这是三维空间中向量相互垂直概念的推广.

定理 3.5　设 V 为一个内积空间,$\forall u,v\in V$,有
$$|(u,v)|^2\leqslant(u,u)(v,v),$$
称其为**柯西-施瓦茨不等式**.

在内积空间 V 上可以由内积导出一种范数,即对于 $u\in V$,记 $\|u\|=\sqrt{(u,u)}$,容易验证它满足范数定义的 3 条性质.

设 $\boldsymbol{x},\boldsymbol{y}\in\mathbb{R}^n$,且 $\boldsymbol{x}=(x_1,x_2,\cdots,x_n)^{\mathrm{T}}$,$\boldsymbol{y}=(y_1,y_2,\cdots,y_n)^{\mathrm{T}}$,则其内积定义为
$$(\boldsymbol{x},\boldsymbol{y})=\sum_{i=1}^n x_i y_i=\boldsymbol{y}^{\mathrm{T}}\boldsymbol{x}.$$

由此导出的向量 2-范数 $\|\boldsymbol{x}\|_2=(\boldsymbol{x},\boldsymbol{x})^{\frac{1}{2}}=\left(\sum_{i-1}^n x_i^2\right)^{\frac{1}{2}}$.

若给定实数 $\omega_i>0(i=1,2,\cdots,n)$,称 $\{\omega_i\}$ 为权系数,则在 $\mathbb{R}^n$ 上可定义带权内积为 $(\boldsymbol{x},\boldsymbol{y})=\sum_{i=1}^n\omega_i x_i y_i$,相应的范数为 $\|\boldsymbol{x}\|_2=\left(\sum_{i=1}^n\omega_i x_i^2\right)^{\frac{1}{2}}$.当 $\omega_i=1(i=1,2,\cdots,n)$ 时,就是普通内积.

如果 $\boldsymbol{x},\boldsymbol{y}\in\mathbb{C}^n$,带权内积定义为 $(\boldsymbol{x},\boldsymbol{y})=\sum_{i=1}^n\omega_i x_i\bar{y}_i$.

在 $C[a,b]$ 上也可类似定义权函数及带权内积.

定义 3.4　设 $[a,b]$ 是有限或无限区间,在 $[a,b]$ 上的非负函数 $\rho(x)$ 满足条件:

(1) $\int_a^b x^k\rho(x)\mathrm{d}x$ 存在且为有限值 $(k=0,1,\cdots)$;

(2) 对 $[a,b]$ 上的非负连续函数 $g(x)$,如果 $\int_a^b g(x)\rho(x)\mathrm{d}x=0$,则 $g(x)\equiv 0$.

则称 $\rho(x)$ 为 $[a,b]$ 上的一个**权函数**.

设 $f(x),g(x)\in C[a,b]$,$\rho(x)$ 是 $[a,b]$ 上给定的权函数,则可定义内积
$$(f(x),g(x))=\int_a^b\rho(x)f(x)g(x)\mathrm{d}x.$$

由此内积导出的范数为
$$\|f(x)\|_2=(f(x),f(x))^{\frac{1}{2}}=\left[\int_a^b\rho(x)f^2(x)\mathrm{d}x\right]^{\frac{1}{2}}.$$

常用的是 $\rho(x)\equiv 1$ 的情形,即
$$(f(x),g(x))=\int_a^b f(x)g(x)\mathrm{d}x,\quad\|f(x)\|_2=(f(x),f(x))^{\frac{1}{2}}=\left[\int_a^b f^2(x)\mathrm{d}x\right]^{\frac{1}{2}}.$$

定理 3.6 设 $\{u_1, u_2, \cdots, u_k\}$ 是内积空间 V 中的一组线性无关的元素,若取

$$
\begin{cases}
v_1 = u_1, \\
v_i = u_i - \displaystyle\sum_{l=1}^{i-1} \frac{(u_i, u_l)}{(v_l, v_l)} v_l, \quad i = 2, 3, \cdots, k,
\end{cases}
$$

则 $\{v_1, v_2, \cdots, v_k\}$ 是两两正交的一组元素.

定理 3.6 中由 $\{u_1, u_2, \cdots, u_k\}$ 到 $\{v_1, v_2, \cdots, v_k\}$ 的过程称为**格拉姆-施密特正交化方法**. 若 $\{u_1, u_2, \cdots, u_k\}$ 是 V 的一组基,则按格拉姆-施密特正交化方法得到的 $\{v_1, v_2, \cdots, v_k\}$ 是 V 的一组正交基.

给定 $f(x) \in C[a, b]$,若 $p^*(x) \in P_n$ 使误差

$$
\| f(x) - p^*(x) \| = \min_{p \in P_n} \| f(x) - p(x) \|,
$$

则称 $p^*(x)$ 是 $f(x)$ 在 $[a, b]$ 上的**最佳逼近多项式**. 若 $p(x) \in \Phi = \mathrm{span}\{\varphi_0, \varphi_1, \cdots, \varphi_n\}$,则称相应的 $p^*(x)$ 为**最佳逼近函数**. 通常范数 $\| \cdot \|$ 取为 $\| \cdot \|_\infty$ 或 $\| \cdot \|_2$. 若取 $\| \cdot \|_\infty$,即

$$
\| f(x) - p^*(x) \|_\infty = \min_{p \in P_n} \| f(x) - p(x) \|_\infty = \min_{p \in P_n} \max_{a \leqslant x \leqslant b} | f(x) - p(x) |,
$$

则称 $p^*(x)$ 是 $f(x)$ 在 $[a, b]$ 上的**最佳一致逼近多项式**. 如果范数 $\| \cdot \|$ 取为 $\| \cdot \|_2$,即

$$
\| f(x) - p^*(x) \|_2^2 = \min_{p \in P_n} \| f(x) - p(x) \|_2^2 = \min_{p \in P_n} \int_a^b \rho(x) [f(x) - p(x)]^2 \mathrm{d}x,
$$

则称 $p^*(x)$ 是 $f(x)$ 在 $[a, b]$ 上的**最佳平方逼近多项式**.

若在 $a \leqslant x_0 < x_1 < \cdots < x_m \leqslant b$ 上给出 $f(x)$ 是 $[a, b]$ 上的一个列表近似值 $f_i (i = 0, 1, \cdots, m)$,要求 $P^* \in \Phi$ 使

$$
\| f - P^* \|_2^2 = \min_{P \in \Phi} \| f - P \|_2^2 = \min_{P \in \Phi} \sum_{i=0}^m [f_i - P(x_i)]^2,
$$

则称 $P^*(x)$ 是 $f(x)$ 的**最小二乘拟合**.

定义 3.5 若 $f(x), g(x) \in C[a, b]$,$\rho(x)$ 为 $[a, b]$ 上的权函数且满足

$$
(f(x), g(x)) = \int_a^b \rho(x) f(x) g(x) \mathrm{d}x = 0.
$$

则称 $f(x), g(x)$ 在 $[a, b]$ 上带权 $\rho(x)$ **正交**.

若函数族 $\varphi_0(x), \varphi_1(x), \cdots, \varphi_n(x), \cdots$ 满足关系

$$
(\varphi_i, \varphi_k) = \int_a^b \rho(x) \varphi_i(x) \varphi_k(x) \mathrm{d}x = \begin{cases} 0, & j \neq k, \\ A_k > 0, & j = k, \end{cases}
$$

则称 $\{\varphi_k(x)\}_0^\infty$ 是 $[a, b]$ 上带权 $\rho(x)$ 的**正交函数族**;若 $A_k \equiv 1$,则称 $\{\varphi_k(x)\}_0^\infty$ 为**标准正交函数族**.

定义 3.6 设 $\varphi_n(x)$ 为 $[a, b]$ 上首项系数 $a_n \neq 0$ 的 n 次多项式,$\rho(x)$ 为 $[a, b]$ 上的权函数. 如果多项式序列 $\{\varphi_n(x)\}_0^\infty$ 满足关系式

$$
(\varphi_j, \varphi_k) = \int_a^b \rho(x) \varphi_j(x) \varphi_k(x) \mathrm{d}x = \begin{cases} 0, & j \neq k, \\ A_k > 0, & j = k. \end{cases}
$$

则称多项式序列 $\{\varphi_n(x)\}_0^\infty$ 为在 $[a, b]$ 上带权 $\rho(x)$ **正交**,称 $\varphi_n(x)$ 为 $[a, b]$ 上带权 $\rho(x)$ 的 **n 次正交多项式**.

定理 3.7　设 $\{\varphi_n(x)\}_0^\infty$ 是 $[a,b]$ 上带权 $\rho(x)$ 的正交多项式,对 $n=0,1,2,\cdots$ 成立递推关系

$$\varphi_{n+1}(x)=(x-\alpha_n)\varphi_n(x)-\beta_n\varphi_{n-1}(x),\quad n=0,1,\cdots,$$

其中

$$\varphi_0(x)=1,\quad \varphi_{-1}(x)=0,$$
$$\alpha_n=(x\varphi_n(x),\varphi_n(x))/(\varphi_n(x),\varphi_n(x)),$$
$$\beta_n=(\varphi_n(x),\varphi_n(x))/(\varphi_{n-1}(x),\varphi_{n-1}(x)),\quad n=1,2,\cdots,$$

这里 $(x\varphi_n,\varphi_n(x))=\displaystyle\int_a^b x\varphi_n^2(x)\rho(x)\mathrm{d}x$.

定理 3.8　设 $\{\varphi_n(x)\}_0^\infty$ 是 $[a,b]$ 上带权 $\rho(x)$ 的正交多项式,则 $\varphi_n(x)(n=1,2,\cdots)$ 在区间 (a,b) 内有 n 个不同的零点.

当取区间为 $[-1,1]$,权函数 $\rho(x)\equiv1$ 时,由 $\{1,x,\cdots,x^n,\cdots\}$ 正交化得到的多项式称为**勒让德多项式**,并用 $\mathrm{P}_0(x),\mathrm{P}_1(x),\cdots,\mathrm{P}_n(x)$ 表示.

勒让德多项式的简单表达式是

$$\mathrm{P}_0(x)=1,\quad \mathrm{P}_n(x)=\frac{1}{2^n n!}\frac{\mathrm{d}^n}{\mathrm{d}x^n}(x^2-1)^n,\quad n=1,2,\cdots.$$

勒让德多项式性质:

性质 1(正交性)

$$\int_{-1}^1 \mathrm{P}_n(x)\mathrm{P}_m(x)\mathrm{d}x=\begin{cases}0,&m\neq n,\\[2mm]\dfrac{2}{2n+1},&m=n.\end{cases}$$

性质 2(奇偶性)

$$\mathrm{P}_n(-x)=(-1)^n\mathrm{P}_n(x).$$

性质 3(递推关系)

$$(n+1)\mathrm{P}_{n+1}(x)=(2n+1)x\mathrm{P}_n(x)-n\mathrm{P}_{n-1}(x),\quad n=1,2,\cdots.$$

性质 4　$\mathrm{P}_n(x)$ 在区间 $(-1,1)$ 内有 n 个不同的实零点.

当取权函数 $\rho(x)=\dfrac{1}{\sqrt{1-x^2}}$,区间为 $[-1,1]$ 时,由序列 $\{1,x,\cdots,x^n,\cdots\}$ 正交化得到的正交多项式就是**切比雪夫多项式**,它可以表示为

$$\mathrm{T}_n(x)=\cos(n\arccos x),\quad |x|\leqslant1.$$

切比雪夫多项式性质:

性质 1(递推关系)

$$\begin{cases}\mathrm{T}_0(x)=1,\quad \mathrm{T}_1(x)=x,\\ \mathrm{T}_{n+1}(x)=2x\mathrm{T}_n(x)-\mathrm{T}_{n-1}(x),\quad n=1,2,\cdots.\end{cases}$$

性质 2　切比雪夫多项式 $\{\mathrm{T}_k(x)\}$ 在区间 $[-1,1]$ 上带权 $\rho(x)=\dfrac{1}{\sqrt{1-x^2}}$ 正交,且

$$\int_{-1}^1 \frac{\mathrm{T}_n(x)\mathrm{T}_m(x)\mathrm{d}x}{\sqrt{1-x^2}}=\begin{cases}0,&n\neq m;\\[2mm]\dfrac{\pi}{2},&n=m\neq0;\\[2mm]\pi,&n=m=0.\end{cases}$$

性质 3　$\mathrm{T}_{2k}(x)$ 只含 x 的偶次幂,$\mathrm{T}_{2k+1}(x)$ 只含 x 的奇次幂.

性质 4　$T_n(x)$ 在区间 $(-1,1)$ 内有 n 个不同的实零点,且

$$x_k = \cos\frac{2k-1}{2n}\pi, \quad k = 1,2,\cdots,n.$$

性质 5　$T_n(x)$ 的首项 x^n 的系数为 $2^{n-1}(n = 1,2,\cdots)$.

定理 3.9　设 $\widetilde{T}_n(x)$ 是首项系数为 1 的切比雪夫多项式,则

$$\max_{-1\leqslant x\leqslant 1}|\widetilde{T}_n(x)| \leqslant \max_{-1\leqslant x\leqslant 1}|p(x)|, \quad \forall\, p(x) \in \widetilde{P}_n, \quad \text{且} \max_{-1\leqslant x\leqslant 1}|\widetilde{T}_n(x)| = \frac{1}{2^{n-1}}.$$

切比雪夫多项式 $T_n(x)$ 在区间 $[-1,1]$ 上的 n 个零点

$$x_k = \cos\frac{2k-1}{2n}\pi, \quad k = 1,2,\cdots,n$$

和 $n+1$ 个极值点(包括端点)

$$x_k = \cos\frac{k\pi}{n}, \quad k = 0,1,\cdots,n.$$

这两组点称为**切比雪夫点**.

定理 3.10　设插值节点 $x_0, x_1,\cdots,x_n$ 为切比雪夫多项式 $T_{n+1}(x)$ 的零点,被插函数 $f \in C^{n+1}[-1,1]$,$L_n(x)$ 为相应的插值多项式,则

$$\max_{-1\leqslant x\leqslant 1}|f(x) - L_n(x)| = \frac{1}{2^n(n+1)!}\|f^{(n+1)}(x)\|_\infty.$$

对于一般区间 $[a,b]$ 上的插值只要利用变换 $x = \frac{1}{2}[(b-a)t + a + b]$ 则可得到相应的结果,此时插值节点为

$$x_k = \frac{b-a}{2}\cos\frac{2k+1}{2(n+1)}\pi + \frac{a+b}{2}, \quad k = 0,1,\cdots,n.$$

其他常用正交多项式:

1. 第二类切比雪夫多项式

在区间 $[-1,1]$ 上带权 $\rho(x) = \sqrt{1-x^2}$ 的正交多项式称为**第二类切比雪夫多项式**,其表达式为

$$U_n(x) = \frac{\sin[(n+1)\arccos x]}{\sqrt{1-x^2}}.$$

令 $x = \cos\theta$,可得

$$\int_{-1}^{1} U_n(x) U_m(x)\sqrt{1-x^2}\,dx = \int_0^\pi (n+1)\theta\sin(m+1)\theta\,d\theta = \begin{cases} 0, & m \neq n, \\ \dfrac{\pi}{2}, & m = n, \end{cases}$$

还可以得到递推关系式

$$\begin{cases} U_0(x) = 1, \quad U_1(x) = 2x, \\ U_{n+1}(x) = 2x U_n(x) - U_{n-1}(x), \quad n = 1,2,\cdots. \end{cases}$$

2. 拉盖尔多项式

在区间 $[0,+\infty)$ 上带权 e^{-x} 的正交多项式称为**拉盖尔多项式**,其表达式为

$$L_n(x) = e^x\frac{d^n}{dx^n}(x^n e^{-x}).$$

正交性表示为

$$\int_0^{+\infty} \mathrm{e}^{-x} \mathrm{L}_n(x) \mathrm{L}_m(x) \mathrm{d}x = \begin{cases} 0, & m \neq n, \\ (n!)^2, & m = n. \end{cases}$$

递推关系为

$$\begin{cases} \mathrm{L}_0(x) = 1, & \mathrm{L}_1(x) = 1 - x, \\ \mathrm{L}_{n+1}(x) = (1 + 2n - x)\mathrm{L}_n(x) - n^2 \mathrm{L}_{n-1}(x), & n = 1, 2, \cdots. \end{cases}$$

3. 埃尔米特多项式

在区间 $(-\infty, +\infty)$ 上带权 e^{-x^2} 的正交多项式称为**埃尔米特多项式**，其表达式为

$$\mathrm{H}_n(x) = (-1)^n \mathrm{e}^{x^2} \frac{\mathrm{d}^n}{\mathrm{d}x^n}(\mathrm{e}^{-x^2}).$$

正交性表示为

$$\int_{-\infty}^{+\infty} \mathrm{e}^{-x^2} \mathrm{H}_m(x) \mathrm{H}_n(x) \mathrm{d}x = \begin{cases} 0, & m \neq n, \\ 2^n n! \sqrt{\pi}, & m = n. \end{cases}$$

递推关系为

$$\begin{cases} \mathrm{H}_0(x) = 1, & \mathrm{H}_1(x) = 2x, \\ \mathrm{H}_{n+1}(x) = 2x \mathrm{H}_n(x) - 2n \mathrm{H}_{n-1}(x), & n = 1, 2, \cdots. \end{cases}$$

对 $f(x) \in C[a,b]$ 及 $C[a,b]$ 中的一个子集 $\varphi = \mathrm{span}\{\varphi_0(x), \varphi_1(x), \cdots, \varphi_n(x)\}$. 若存在 $S^*(x) \in \varphi$ 使

$$\| f(x) - S^*(x) \|_2^2 = \min_{S(x) \in \varphi} \| f(x) - S(x) \|_2^2 = \min_{S(x) \in \varphi} \int_a^b \rho(x)[f(x) - S(x)]^2 \mathrm{d}x.$$

则称 $S^*(x)$ 是 $f(x)$ 在子集 $\varphi \in C[a,b]$ 中的**最佳平方逼近函数**. 求 $S^*(x)$ 的问题，等价于求多元函数

$$I(a_0, a_1, \cdots, a_n) = \int_a^b \rho(x) \left[\sum_{j=0}^n a_j \varphi_j(x) - f(x) \right]^2 \mathrm{d}x$$

的最小值. 利用多元函数求极值的必要条件，有

$$\frac{\partial I}{\partial a_k} = 0, \quad k = 0, 1, \cdots, n$$

即

$$\frac{\partial I}{\partial a_k} = 2 \int_a^b \rho(x) \left[\sum_{j=0}^n a_j \varphi_j(x) - f(x) \right] \varphi_k(x) \mathrm{d}x = 0, \quad k = 0, 1, \cdots, n$$

于是有

$$\sum_{j=0}^n (\varphi_k(x), \varphi_j(x)) a_j = (f(x), \varphi_k(x)), \quad k = 0, 1, \cdots, n.$$

这是关于 $a_0, a_1, \cdots, a_n$ 的线性方程组，称为**法方程**. 法方程的系数矩阵为

$$\begin{bmatrix} (\varphi_0, \varphi_0) & (\varphi_0, \varphi_1) & \cdots & (\varphi_0, \varphi_n) \\ (\varphi_1, \varphi_0) & (\varphi_1, \varphi_1) & \cdots & (\varphi_1, \varphi_n) \\ \vdots & \vdots & & \vdots \\ (\varphi_n, \varphi_0) & (\varphi_n, \varphi_1) & \cdots & (\varphi_n, \varphi_n) \end{bmatrix}$$

称为格拉姆矩阵,记为 $G(\varphi_0,\varphi_1\cdots\varphi_n)$.

定理 3.11 设 V 为一个内积空间,$u_1,u_2,\cdots,u_n\in V$,格拉姆矩阵

$$G=G(u_1,u_2,\cdots,u_n)=\begin{bmatrix}(u_1,u_1) & (u_2,u_1) & \cdots & (u_n,u_1)\\(u_1,u_2) & (u_2,u_2) & \cdots & (u_n,u_2)\\\vdots & \vdots & & \vdots\\(u_1,u_n) & (u_2,u_n) & \cdots & (u_n,u_n)\end{bmatrix}$$

非奇异的充分必要条件是 $u_1,u_2,\cdots,u_n$ 线性无关.

由于 $\varphi_0(x),\varphi_1(x),\cdots,\varphi_n(x)$ 线性无关,故 $\det G(\varphi_0,\varphi_1\cdots\varphi_n)\neq 0$,于是法方程有唯一解 $a_k=a_k^*\,(k=0,1,\cdots,n)$,从而得到

$$S^*(x)=a_0^*\varphi_0(x)+\cdots+a_n^*\varphi_n(x).$$

可以证明,对任何 $S(x)\in\varphi$,有

$$\int_a^b\rho(x)[f(x)-S^*(x)]^2\mathrm{d}x\leqslant\int_a^b\rho(x)[f(x)-S(x)]^2\mathrm{d}x,$$

因而 $S^*(x)$ 是 $f(x)$ 在 φ 中的最佳平方逼近函数.

若取 $\varphi_k(x)=x^k,\rho(x)\equiv 1,f(x)\in C[0,1]$,则要在 P_n 中求 n 次最佳平方逼近多项式

$$S^*(x)=a_0^*+a_1^*x+\cdots+a_n^*x^n,$$

此时

$$(\varphi_j(x),\varphi_k(x))=\int_0^1 x^{j+k}\mathrm{d}x=\frac{1}{k+j+1},\quad(f(x),\varphi_k(x))=\int_0^1 f(x)x^k\mathrm{d}x\equiv d_k.$$

用 H 表示 $G_n=G(1,x,\cdots,x^n)$ 对应的格拉姆矩阵,即

$$H=\begin{pmatrix}1 & 1/2 & \cdots & 1/(n+1)\\1/2 & 1/3 & \cdots & 1/(n+2)\\\vdots & \vdots & & \vdots\\1/(n+1) & 1/(n+2) & \cdots & 1/(2n+1)\end{pmatrix}$$

称 H 为希尔伯特矩阵. 记 $\boldsymbol{a}=(a_0,a_1,\cdots,a_n)^{\mathrm{T}},\boldsymbol{d}=(d_0,d_1,\cdots,d_n)^{\mathrm{T}}$,则 $H\boldsymbol{a}=\boldsymbol{d}$ 的解 $a_k=a_k^*\,(k=0,1,\cdots,n)$ 即为所求.

用 $\{1,x,\cdots,x^n\}$ 作基求最佳平方逼近多项式,当 n 较大时法方程系数矩阵,即希尔伯特矩阵是高度病态的,因此直接求解法方程相当困难,克服此困难的方法是采用正交多项式作基.

设 $f(x)\in C[a,b],\varphi=\mathrm{span}\{\varphi_0(x),\varphi_1(x),\cdots,\varphi_n(x)\}$. 若 $\varphi_0(x),\varphi_1(x),\cdots,\varphi_n(x)$ 是满足条件

$$(\varphi_j,\varphi_k)=\int_a^b\rho(x)\varphi_j(x)\varphi_k(x)\mathrm{d}x=\begin{cases}0, & j\neq k,\\A_k>0, & j=k\end{cases}$$

的正交函数族,则 $(\varphi_i(x),\varphi_j(x))=0,i\neq j$,而 $(\varphi_j(x),\varphi_j(x))>0$,故法方程系数矩阵为非奇异对角矩阵,法方程解为

$$a_k^*=(f(x),\varphi_k(x))/(\varphi_k(x),\varphi_k(x)),\quad k=0,1,\cdots,n.$$

于是 $f(x)\in C[a,b]$ 在 φ 中的最佳平方逼近函数为

$$S^*(x)=\sum_{k=0}^n\frac{(f(x),\varphi_k(x))}{\|\varphi_k(x)\|_2^2}\varphi_k(x).$$

平方逼近的误差为

$$\| \delta_n(x) \|_2 = \| f(x) - S_n^*(x) \|_2 = \left(\| f(x) \|_2^2 - \sum_{k=0}^n \left[\frac{(f(x), \varphi_k(x))}{\| \varphi_k(x) \|_2} \right]^2 \right)^{\frac{1}{2}}.$$

由此得**贝塞尔不等式**

$$\sum_{k=0}^n (a_k^* \| \varphi_k(x) \|_2)^2 \leqslant \| f(x) \|_2^2.$$

若 $f(x) \in C[a, b]$，按正交函数族 $\{\varphi_k(x)\}_0^\infty$ 展开，系数按

$$a_k^* = (f(x), \varphi_k(x))/(\varphi_k(x), \varphi_k(x)), \quad k = 0, 1, \cdots$$

计算，得级数 $\sum_{k=0}^\infty a_k^* \varphi_k(x)$，称其为 $f(x)$ 的**广义傅里叶级数**，系数 a_k^* 称为广义傅里叶系数，它是傅里叶级数的直接推广。

定理 3.12　设 $f(x) \in C[a, b]$，$S^*(x)$ 是由

$$S^*(x) = \sum_{k=0}^n \frac{(f(x), \varphi_k(x))}{\| \varphi_k(x) \|_2^2} \varphi_k(x)$$

给出的 $f(x)$ 的最佳平方逼近多项式，其中 $\{\varphi_k(x)\}_0^n$ 是正交多项式族，则有

$$\lim_{n \to \infty} \| f(x) - S_n^*(x) \|_2 = 0.$$

考虑函数 $f(x) \in C[-1, 1]$，按勒让德多项式 $\{P_0(x), P_1(x), \cdots, P_n(x)\}$ 展开，则有

$$S_n^*(x) = a_0^* P_0(x) + a_1^* P_1(x) + \cdots + a_n^* P_n(x),$$

其中

$$a_k^* = \frac{(f(x), P_k(x))}{(P_k(x), P_k(x))} = \frac{2k+1}{2} \int_{-1}^1 f(x) P_k(x) \mathrm{d}x.$$

平方逼近误差

$$\| \delta_n(x) \|_2^2 = \int_{-1}^1 f^2(x) \mathrm{d}x - \sum_{k=0}^n \frac{2}{2k+1} a_k^{*2}.$$

由定理 3.12 可得 $\lim_{n \to \infty} \| f(x) - S_n^*(x) \|_2 = 0$。

如果 $f(x)$ 满足光滑性条件还可得到 $S_n^*(x)$ 一致收敛于 $f(x)$ 的结论。

定理 3.13　设 $f(x) \in C^2[-1, 1]$，则对任意 $x \in [-1, 1]$ 和 $\forall \varepsilon > 0$，当 n 充分大时有

$$| f(x) - S_n^*(x) | \leqslant \frac{\varepsilon}{\sqrt{n}}.$$

对于首项系数为 1 的勒让德多项式 $\widetilde{P}_n$ 有以下性质。

定理 3.14　在所有首项系数为 1 的 n 次多项式中，勒让德多项式 $\widetilde{P}_n(x)$ 在 $[-1, 1]$ 上与零的平方逼近误差最小。

用勒让德展开不用解线性方程组，不存在病态问题，计算公式比较方便，因此通常都用这种方法求最佳平方逼近多项式。

如果 $f(x) \in C[-1, 1]$，按 $\{T_k(x)\}_0^\infty$ 展开成广义傅里叶级数，有

$$C_k^* = \frac{2}{\pi} \int_{-1}^1 \frac{f(x) T_k(x)}{\sqrt{1 - x^2}} \mathrm{d}x, \quad k = 0, 1, \cdots,$$

其中

$$T_k(x) = \cos(k\arccos x), \quad |x| \leqslant 1.$$

级数 $\dfrac{C_0^*}{2} + \sum\limits_{k=1}^{\infty} C_k^* T_k(x)$，称为 $f(x)$ 在 $[-1,1]$ 上的 **切比雪夫级数**.

若令 $x = \cos\theta, 0 \leqslant \theta \leqslant \pi$，则 $\dfrac{C_0^*}{2} + \sum\limits_{k=1}^{\infty} C_k^* T_k(x)$ 就是 $f(\cos\theta)$ 的傅里叶级数，其中

$$C_k^* = \frac{2}{\pi} \int_0^{\pi} f(\cos\theta)\cos k\theta \, d\theta, \quad k = 0, 1, \cdots.$$

根据傅里叶级数理论，只要 $f''(x)$ 在 $[-1,1]$ 上分段连续，则 $f(x)$ 在 $[-1,1]$ 上的切比雪夫级数一致收敛于 $f(x)$，从而可表示为 $f(x) = \dfrac{C_0^*}{2} + \sum\limits_{k=1}^{\infty} C_k^* T_k(x)$. 取它的部分和

$$S_n^*(x) = \frac{C_0^*}{2} + \sum_{k=1}^{n} C_k^* T_k(x),$$

其误差为 $f(x) - S_n^*(x) \approx C_{n+1}^* T_{n+1}(x)$. $T_{n+1}(x)$ 在 $[-1,1]$ 上的函数值是波动的，它的最大值 $\max\limits_{-1\leqslant x \leqslant 1} |T_{n+1}(x)|$ 最小，因此 $S_n^*(x)$ 可作为 $f(x)$ 在 $[-1,1]$ 上的近似最佳一致逼近多项式.

若只在一组离散点集 $\{x_i\}(i=0,1,\cdots,m)$ 上给出实验数据 $\{x_i, y_i\}(i=0,1,\cdots,m)$，在 $\varphi = \text{span}\{\varphi_0(x), \varphi_1(x), \cdots, \varphi_n(x)\}$ 中找一个函数 $S^*(x)$，使误差平方和

$$\|\boldsymbol{\delta}\|_2^2 = \sum_{i=0}^{m} \delta_i^2 = \sum_{i=0}^{m} [S^*(x_i) - y_i]^2 = \min_{s(x) \in \varphi} \sum_{i=0}^{m} [S(x_i) - y_i]^2,$$

这里

$$\delta_i = S^*(x_i) - y_i(i=0,1,\cdots,m), \quad \boldsymbol{\delta} = (\delta_0, \delta_1, \cdots, \delta_m)^{\mathrm{T}},$$
$$S(x) = a_0\varphi_0(x) + a_1\varphi_1(x) + \cdots + a_n\varphi_n(x), \quad n < m.$$

这就是一般的最小二乘逼近，几何上称为曲线拟合的最小二乘法.

若 $\varphi_k(x)$ 是 k 次多项式，$S(x)$ 就是 n 次多项式. 考虑加权平方和

$$\|\boldsymbol{\delta}\|_2^2 = \sum_{i=0}^{m} \omega(x_i)[S(x_i) - y_i]^2$$

这里 $\omega(x) \geqslant 0$ 是 $[a,b]$ 上的权函数，表示不同点 (x_i, y_i) 处数据比重不同.

用最小二乘法求拟合曲线的问题，可以转化为求多元函数

$$I(a_0, a_1, \cdots, a_n) = \sum_{i=0}^{m} \omega(x_i) \left[\sum_{j=0}^{n} a_j \varphi_j(x_i) - y_i \right]^2$$

的极小值点 $(a_0^*, a_1^*, \cdots, a_n^*)$ 的问题.

与最佳平方逼近的讨论类似，曲线拟合的最小二乘法最终归结为法方程 $\boldsymbol{Ga} = \boldsymbol{d}$ 的求解问题. 这里 $\boldsymbol{a} = (a_0, a_1, \cdots, a_n)^{\mathrm{T}}, \boldsymbol{d} = (d_0, d_1, \cdots, d_n)^{\mathrm{T}}$，

$$\boldsymbol{G} = \begin{pmatrix} (\boldsymbol{\varphi}_0, \boldsymbol{\varphi}_0) & (\boldsymbol{\varphi}_0, \boldsymbol{\varphi}_1) & \cdots & (\boldsymbol{\varphi}_0, \boldsymbol{\varphi}_n) \\ (\boldsymbol{\varphi}_1, \boldsymbol{\varphi}_0) & (\boldsymbol{\varphi}_1, \boldsymbol{\varphi}_1) & \cdots & (\boldsymbol{\varphi}_1, \boldsymbol{\varphi}_n) \\ \vdots & \vdots & & \vdots \\ (\boldsymbol{\varphi}_n, \boldsymbol{\varphi}_0) & (\boldsymbol{\varphi}_n, \boldsymbol{\varphi}_1) & \cdots & (\boldsymbol{\varphi}_n, \boldsymbol{\varphi}_n) \end{pmatrix},$$

而

$$(\boldsymbol{\varphi}_j,\boldsymbol{\varphi}_k)=\sum_{i=0}^m \omega(x_i)\varphi_j(x_i)\varphi_k(x_i),$$

$$(\boldsymbol{f},\boldsymbol{\varphi}_k)=\sum_{i=0}^m \omega(x_i)y_i\varphi_k(x_i)\equiv d_k,\quad j,k=0,1,\cdots,n.$$

这里 $\boldsymbol{f}=(y_0,y_1,\cdots,y_m)^{\mathrm{T}}$,

要使法方程有唯一解,需矩阵 $\boldsymbol{G}$ 非奇异,为保证矩阵 $\boldsymbol{G}$ 非奇异,需要加上另外的条件.

定义 3.7　设 $\varphi_0(x),\varphi_1(x),\cdots,\varphi_n(x)\in C[a,b]$ 的任意线性组合在点集 $\{x_i\}(i=0,1,\cdots,m,m\geqslant n)$ 上至多只有 n 个不同的零点,则称 $\varphi_0(x),\varphi_1(x),\cdots,\varphi_n(x)$ 在点集 $\{x_i\}(i=0,1,\cdots,m)$ 上满足**哈尔**条件.

$1,x,\cdots,x^n$ 在任意 $m(m\geqslant n)$ 个点上满足哈尔条件.

如果 $\varphi_0(x),\varphi_1(x),\cdots,\varphi_n(x)\in C[a,b]$ 在 $\{x_i\}_0^m$ 上满足哈尔条件,则法方程系数矩阵 $\boldsymbol{G}$ 非奇异,于是法方程存在唯一解 $S^*(x)$,同时还可以证明对任何形如 $S(x)=a_0\varphi_0(x)+a_1\varphi_1(x)+\cdots+a_n\varphi_n(x)$ 的 $S(x)$,都有

$$\sum_{i=0}^m \omega(x_i)[S^*(x_i)-y_i]^2\leqslant\sum_{i=0}^m \omega(x_i)[S(x_i)-y_i]^2,$$

故 $S^*(x)$ 确为所求的最小二乘解.

为解决法方程的病态性,可以用正交函数族或正交多项式的线性组合作最小二乘拟合,此时法方程系数矩阵为对角矩阵,求解更为方便.

一般可取 $\varphi=\mathrm{span}\{1,x,\cdots,x^n\}$,但这样做当 $n\geqslant3$ 时,与连续情形一样,会出现法方程系数矩阵 $\boldsymbol{G}$ 病态的问题,通常对 $n=1$ 的简单情形可以用求解法方程的方法得到 $S^*(x)$,这时称为线性最小二乘拟合.

有时根据给定数据图形,其拟合函数 $y=S(x)$ 表面上不是 $S(x)=a_0\varphi_0(x)+a_1\varphi_1(x)+\cdots+a_n\varphi_n(x)$ 的形式,但通过变换仍可化为线性模型. 如 $S(x)=a\mathrm{e}^{bx}$,两边取对数得 $\ln S(x)=\ln a+bx$,再通过变量替换,即为线性模型.

用最小二乘法得到的法方程,其系数矩阵 $\boldsymbol{G}$ 是病态的,但如果 $\varphi_0(x),\varphi_1(x),\cdots,\varphi_n(x)$ 关于点集 $\{x_i\}(i=0,1,\cdots,m)$ 带权 $\omega(x_i)(i=0,1,\cdots,m)$ 正交的函数族,即

$$(\boldsymbol{\varphi}_j,\boldsymbol{\varphi}_k)=\sum_{i=0}^m \omega(x_i)\varphi_j(x_i)\varphi_k(x_i)=\begin{cases}0,&j\neq k,\\A_k>0,&j=k.\end{cases}$$

则法方程的解为

$$a_k^*=\frac{(\boldsymbol{y},\boldsymbol{\varphi}_k)}{(\boldsymbol{\varphi}_k,\boldsymbol{\varphi}_k)}=\frac{\displaystyle\sum_{i=0}^m \omega(x_i)y_i\varphi_k(x_i)}{\displaystyle\sum_{i=0}^m \omega(x_i)\varphi_k^2(x_i)},\quad k=0,1,\cdots,n,$$

平方误差为 $\|\boldsymbol{\delta}\|_2^2=\|\boldsymbol{y}\|_2^2-\displaystyle\sum_{k=0}^n A_k(a_k^*)^2$.

多项式是一种计算简便的函数类,但当函数在某点附近无界或者当时趋近某个定值时,用多项式逼近效果不会很理想,用有理函数逼近则可得到较好的效果.

有理函数逼近是指用形如

$$R_{nm}(x) = \frac{p_n(x)}{q_m(x)} = \frac{\sum\limits_{k=0}^{n} a_k x^k}{\sum\limits_{k=0}^{m} b_k x^k}$$

的函数逼近 $f(x)$，其中 $p_n(x)$ 与 $q_m(x)$ 无公因子. 取 $\| f(x) - R_{nm}(x) \|_\infty$ 最小为最佳有理一致逼近，取 $\| f(x) - R_{nm}(x) \|_2$ 最小为最佳有理平方逼近.

利用函数 $f(x)$ 的泰勒展开可以得到它的有理逼近. 设 $f(x)$ 在 $x=0$ 的泰勒展开为

$$f(x) = \sum_{k=0}^{N} \frac{1}{k!} f^{(k)}(0) x^k + \frac{f^{(N+1)}(\xi)}{(N+1)!} x^{N+1}.$$

它的部分和记作 $p(x) = \sum\limits_{k=0}^{N} \frac{1}{k!} f^{(k)}(0) x^k = \sum\limits_{k=0}^{N} c_k x^k$.

定义 3.8 设 $f(x) \in C^{N+1}(-a, a)$，$N = n + m$，如果有理函数

$$R_{nm}(x) = \frac{a_0 + a_1 x + \cdots + a_n x^n}{1 + b_1 x + \cdots + b_m x^m} = \frac{p_n(x)}{q_m(x)},$$

其中 $p_n(x)$ 与 $q_m(x)$ 无公因子，且满足条件

$$R_{nm}^{(k)}(0) = f^{(k)}(0), \quad k = 0, 1, \cdots, N,$$

则称 $R_{nm}(x)$ 为函数 $f(x)$ 在 $x=0$ 处的 (n, m) 阶**帕德逼近**，记作 $R(n, m)$，简称 $R(n, m)$ 的帕德逼近.

定理 3.15 设 $f(x) \in C^{N+1}(-a, a)$，$N = n + m$，形如

$$R_{nm}(x) = \frac{a_0 + a_1 x + \cdots + a_n x^n}{1 + b_1 x + \cdots + b_m x^m} = \frac{p_n(x)}{q_m(x)}$$

的有理函数 $R_{nm}(x)$ 是 $f(x)$ 的 (n, m) 阶帕德逼近的充分必要条件是多项式 $p_n(x)$ 及 $q_m(x)$ 的系数 $a_0, a_1, \cdots, a_n$ 及 $b_1, b_2, \cdots, b_m$ 满足线性方程组

$$a_k = \sum_{j=0}^{k-1} c_j b_{k-j} + c_k, \quad k = 0, 1, \cdots, n$$

及

$$-\sum_{j=0}^{k-1} c_j b_{k-j} = c_k, \quad k = n+1, \cdots, n+m.$$

这里 $c_j = \frac{1}{j!} f^{(j)}(0)$，并且 $b_0 = 1$，$b_j = 0 (j > m)$.

求 $f(x)$ 的帕德逼近时，先解出 $q_m(x)$ 的系数 $b_1, b_2, \cdots, b_m$，再直接算出 $p_n(x)$ 的系数 $a_0, a_1, \cdots, a_n$ 即可. 帕德逼近的误差

$$f(x) - R_{nm}(x) = \frac{x^{n+m+1} \sum\limits_{l=0}^{\infty} r_l x^l}{q_m(x)},$$

其中 $r_l = \sum\limits_{k=0}^{m} b_k c_{n+m+l+1-k}$. 当 $|x| < 1$ 时误差近似表达式

$$f(x) - R_{nm}(x) \approx r_0 x^{n+m+1}, \quad r_0 = \sum_{k=0}^{m} b_k c_{n+m+1-k}.$$

当模型数据具有周期性时,用三角函数特别是正弦函数和余弦函数作为基函数是合适的.由此得到傅里叶级数.用计算机分析主要用到三角函数逼近给定样本函数的最小二乘拟合及插值,称为离散傅氏变换(DFT),由于 DFT 计算量很大,应用上受到限制,直到 1965 年以后使用了快速傅氏变换(FFT),才使 DFT 得到更广泛的应用.

设 $f(x)$ 是以 2π 为周期的平方可积函数,用三角多项式

$$S_n(x) = \frac{1}{2}a_0 + a_1\cos x + b_1\sin x + \cdots + a_n\cos nx + b_n\sin nx$$

做最佳平方逼近函数.由于三角函数族

$$1, \cos x, \sin x, \cdots, \cos kx, \sin kx, \cdots$$

在 $[0,2\pi]$ 上是正交函数族,于是 $f(x)$ 在 $[0,2\pi]$ 上的最佳平方三角逼近多项式 $S_n(x)$ 的系数是

$$\begin{cases} a_k = \dfrac{1}{\pi}\displaystyle\int_0^{2\pi} f(x)\cos kx\,\mathrm{d}x, & k=0,1,\cdots,n, \\ b_k = \dfrac{1}{\pi}\displaystyle\int_0^{2\pi} f(x)\sin kx\,\mathrm{d}x, & k=0,1,\cdots,n, \end{cases}$$

a_k, b_k 称为傅里叶系数,函数 $f(x)$ 按傅里叶系数展开得到的级数

$$\frac{1}{2}a_0 + \sum_{k=1}^{\infty}(a_k\cos kx + b_k\sin kx)$$

称为傅里叶级数.只要 $f'(x)$ 在 $[0,2\pi]$ 上分段连续,则级数一致收敛到 $f(x)$.

当 $f(x)$ 在给定的点数为 N 的离散点集 $\left\{x_j = \dfrac{2\pi}{N}j, j=0,1,\cdots,N-1\right\}$ 上已知时,可类似地得到离散点集上的正交性与相应的离散傅里叶系数.

对于奇数个点($N=2m+1$)的情形,令

$$x_j = \frac{2\pi j}{2m+1}, \quad j=0,1,\cdots,2m,$$

可以证明对任何 $k,l=0,1,\cdots,m$ 成立

$$\begin{cases} \displaystyle\sum_{j=0}^{2m}\sin kx_j\sin kx_j = \begin{cases} 0, & l\neq k, \ l=k=0, \\ \dfrac{2m+1}{2}, & l=k\neq 0; \end{cases} \\ \displaystyle\sum_{j=0}^{2m}\cos kx_j\cos kx_j = \begin{cases} 0, & l\neq k, \\ \dfrac{2m+1}{2}, & l=k\neq 0 \\ 2m+1, & l=k=0; \end{cases} \\ \displaystyle\sum_{j=0}^{2m}\cos kx_j\sin kx_j = 0, \quad 0\leqslant k,j\leqslant m. \end{cases}$$

这表明函数族 $\{1,\cos x,\sin x,\cdots,\cos mx,\sin mx\}$ 在点集 $\left\{x_j = \dfrac{2\pi j}{2m+1}\right\}$ 上正交,若令 $f_j = f(x_j)(j=0,1,\cdots,2m)$,则 $f(x)$ 的**最小二乘三角逼近**为

$$S_n(x) = \frac{1}{2}a_0 + \sum_{k=1}^{n}(a_k\cos kx + b_k\sin kx), \quad n < m,$$

其中

$$\begin{cases} a_k = \dfrac{2}{2m+1}\sum_{j=0}^{2m}f_j\cos\dfrac{2\pi jk}{2m+1}, & k=0,1,\cdots,n, \\ b_k = \dfrac{2}{2m+1}\sum_{j=0}^{2m}f_j\sin\dfrac{2\pi jk}{2m+1}, & k=0,1,\cdots,n. \end{cases}$$

当 $n=m$ 时,有

$$S_m(x_j) = f_j, \quad j=0,1,\cdots,2m,$$

于是 $S_m(x) = \dfrac{1}{2}a_0 + \sum_{k=1}^{m}(a_k\cos kx + b_k\sin kx)$ 就是**三角插值多项式**.

假定 $f(x)$ 是以 2π 为周期的复函数,给定 $f(x)$ 在 N 个等分点 $x_j = \dfrac{2\pi}{N}j(j=0,1,\cdots,N-1)$ 上的值 $f_j = f\left(\dfrac{2\pi}{N}j\right)$,由于

$$e^{ijx} = \cos(jx) + i\sin(jx), \quad j=0,1,\cdots,N-1, i=\sqrt{-1},$$

函数族 $\{1,e^{ix},\cdots,e^{i(N-1)x}\}$ 在区间 $[0,2\pi]$ 上是正交的,函数 e^{ijx} 在等距点集 $x_k = \dfrac{2\pi}{N}k(k=0,1,\cdots,N-1)$ 上的值 e^{ijx_k} 组成的向量记作

$$\boldsymbol{\phi}_j = (1, e^{ij\frac{2\pi}{N}}, \cdots, e^{ij\frac{2\pi}{N}(N-1)})^{\mathrm{T}}.$$

当 $j=0,1,\cdots,N-1$ 时,N 个复向量 $\boldsymbol{\phi}_0, \boldsymbol{\phi}_1, \cdots, \boldsymbol{\phi}_{N-1}$ 具有下面所定义的正交性:

$$(\boldsymbol{\phi}_l, \boldsymbol{\phi}_s) = \sum_{k=0}^{N-1}e^{il\frac{2\pi}{N}k}e^{-is\frac{2\pi}{N}k} = e^{i(l-s)\frac{2\pi}{N}k} = \begin{cases} 0, & l \neq s; \\ N, & l=s. \end{cases}$$

因此,在 N 个点 $\left\{x_j = \dfrac{2\pi}{N}j, j=0,1,\cdots,N-1\right\}$ 上的最小二乘傅里叶逼近为

$$S(x) = \sum_{k=0}^{n-1}c_k e^{ikx}, \quad n \leqslant N,$$

其中

$$c_k = \frac{1}{N}\sum_{j=0}^{N-1}f_j e^{-ikj\frac{2\pi}{N}}, \quad k=0,1,\cdots,N-1.$$

若 $n=N$,则 $S(x)$ 为 $f(x)$ 在点 $x_j(j=0,1,\cdots,N-1)$ 上的插值函数,即 $S(x_j)=f(x_j)$,于是得

$$f_j = \sum_{k=0}^{N-1}c_k e^{ik\frac{2\pi}{N}j}, \quad j=0,1,\cdots,N-1.$$

由 $\{f_j\}$ 求 $\{c_k\}$ 的过程称为 $f(x)$ 的**离散傅里叶变换**,简称 DFT,而由 $\{c_k\}$ 求 $\{f_j\}$ 的过程,称为反变换.

当 $N=2^p$ 时,N 次单位根(数 1 在复数范围内的 N 次方根)具有周期性及对称性,利用此性质,可以将

$$c_k = \frac{1}{N}\sum_{j=0}^{N-1} f_j \mathrm{e}^{-\mathrm{i}kj\frac{2\pi}{N}}, \quad k=0,1,\cdots,N-1, \quad \text{及 } f_j = \sum_{k=0}^{N-1} c_k \mathrm{e}^{\mathrm{i}k\frac{2\pi}{N}j}, \quad j=0,1,\cdots,N-1$$

的计算过程简化,以减少其中乘法的计算次数,由此得到快速傅里叶变换.

第 3 章算法

3.2　主　要　算　法

1. 最佳平方逼近

算法原理

根据被逼近函数及逼近空间基函数表达式,计算法方程系数矩阵及右端向量,求解法方程得出最佳平方逼近函数的组合系数,完成最佳平方逼近.

算法步骤

a. 计算法方程的系数矩阵 G;

b. 计算法方程的右端向量 d;

c. 计算最佳逼近多项式的系数向量 a.

MATLAB 程序(最佳平方多项式逼近)

```
function y = obj(x)                    % 被逼近函数的 M 文件
y = exp(x);
function y = rho(x)                    % 权函数的 M 文件
y = 1;
function y = rho_phi(x)                % 法方程系数矩阵元素的 M 文件
        y = (rho(x). * x.^(i-1)). * x.^(j-1);
function y = obj_phi(x)                % 法方程右端元素的 M 文件
        y = (rho(x). * x.^(i-1)). * obj(x);
% 基函数为 1,x,x^2,…,x^n 时的最佳平方逼近函数文件:
function S = Approx_Square(a,b,n)
% a,b 为积分区间的左、右端点,n 为逼近次数,rho 为权函数
G = zeros(n + 1);
for i = 1:n + 1                        % 矩阵 G 对称,只计算下半部分即可
    for j = 1:i
        G(i,j) = quad(@rho_phi,a,b);
    end
end
for i = 1:n                            % 赋值得到矩阵 G 的上部分
    for j = i + 1:n + 1
        G(I,j) = G(j,i);
    End
end
d = zeros(n + 1,1);
for i = 1:n + 1
    d(i) = quad(@obj_phi,a,b);
end
S = G\d; S = flipud(S)';               % 由升幂次序排列改为降幂次序排列
```

数值实验

例 1　求函数 $f(x)=\mathrm{e}^x$ 在 $[-1,5]$ 上的 $2,3$ 次最佳平方逼近,绘图比较.

程序：

```
xt = - 1:0.05:5;   y = exp(xt);
S1 = Approx_Square( - 1,5,2)          % 二次最佳平方逼近多项式的系数
S2 = Approx_Square( - 1,5,3)          % 三次最佳平方逼近多项式的系数
yt1 = polyval(S1,xt);   yt2 = polyval(S2,xt);
plot(xt,y,'k - ', xt,yt1,'r - .', xt,yt2,'b -- ')
legend('y = e^x','二次最佳平方逼近','三次最佳平方逼近','Location','northwest')
xlabel('x');   ylabel('y');
```

运行结果：

```
S1 =
    6.7518   - 10.4349   - 1.7182
S2 =
    1.9889   - 5.1816   2.6918   3.8507
```

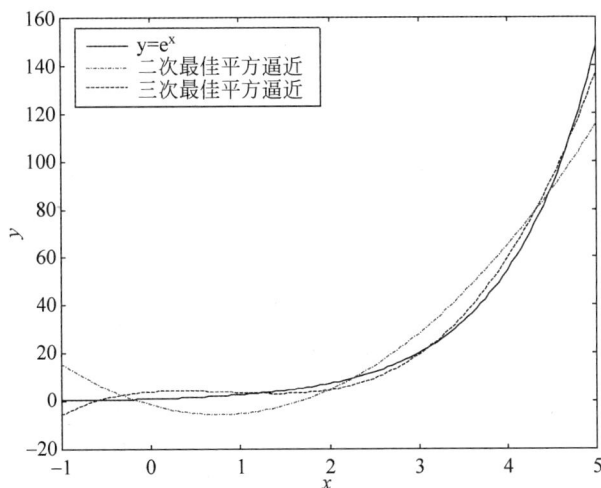

2. 多项式拟合

算法原理

根据拟合数据及拟合要求(拟合多项式次数),计算法方程系数矩阵和右端向量,求解法方程得拟合多项式系数.

算法步骤

a. 检查数据节点 x,y 是否数量一致,若一致执行下一步；

b. 计算法方程系数矩阵和右端向量；

c. 求解法方程得拟合多项式系数向量 a .

MATLAB 程序

```
function a = multifit(x,y,m)
% 多项式拟合,(x,y)为数据点,m 为拟合多项式次数,a 为拟合多项式系数
N = length(x);   M = length(y);
if (N ~= M)   error('x,y 维数不一致');   end
c(1:(2 * m + 1)) = 0;   b(1:(m + 1)) = 0;
for j = 1:(2 * m + 1)
```

```
        for k = 1:N
            c(j) = c(j) + x(k)^(j - 1);
            if (j < (m + 2))  b(j) = b(j) + y(k) * x(k)^(j - 1); end
        end
    end
D(1, :) = c(1:(m + 1));
for s = 2:(m + 1)
    D(s, :) = c(s:(m + s));
end
a = D\b';   a = flipud(a)';          % 由升幂次序排列改为降幂次序排列
```

数值实验

例 2　对于给定函数 $f(x) = \dfrac{1}{1 + 25x^2}$，在区间 $[-1, 1]$ 上取 $x_i = -1 + 0.2i\,(i = 0, 1, \cdots, 10)$，求 3 次曲线拟合，画出拟合曲线.

程序：

```
x = -1:0.2:1;   y = 1./(1 + 25 * x.^2);   a = multifit(x, y, 3)
xt = -1:0.05:1;       yt = polyval(a, xt);
plot(xt, yt, 'k - ', x, y, 'o')
legend('拟合曲线', '原始数据点');   xlabel('x');   ylabel('y');
```

运行结果：

```
a =
    -0.0000   -0.5752   0.0000   0.4841
```

拟合多项式为

$$P(x) = 0.4841 - 0.5752x^2.$$

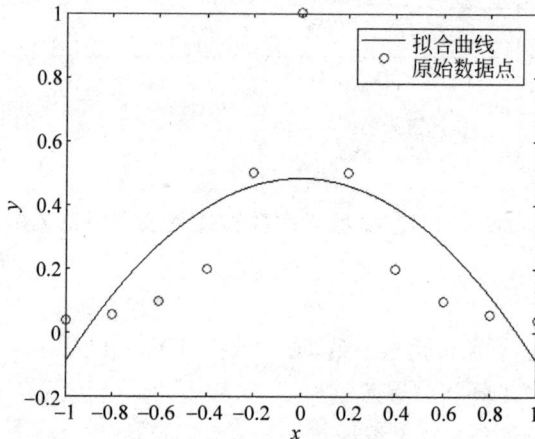

与第 2 章插值相比，对龙格函数做多项式拟合的整体效果要好于多项式插值，并且 3 次多项式拟合在区间端点没有出现振荡现象，但在个别节点（如原点）拟合的效果相对较差.

3. 帕德逼近

算法原理

给定有理逼近函数形式 $R_{nm}(x) = \dfrac{a_0 + a_1 x + \cdots + a_n x^n}{1 + b_1 x + \cdots + b_m x^m} = \dfrac{p_n(x)}{q_m(x)}$，利用被逼近函数 $f(x)$

的泰勒展开系数 $c_j = \dfrac{1}{j!}f^{(j)}(0), j=0,1,\cdots,N$ 及逼近所满足条件 $R_{nm}^{(k)}(0)=f^{(k)}(0), k=0,1,\cdots,N, N=m+n$，通过求解线性方程组得到 $P_n(x), Q_m(x)$ 系数 $a_0,a_1,\cdots,a_n,b_0,b_1,\cdots,b_m$.

算法步骤

a. 根据有理逼近条件，求出被逼近函数的各阶($m+n$ 阶)泰勒展开系数 c；

b. 建立并求解关于向量 b 的线性方程组；

c. 建立并求解关于向量 a 的下三角线性方程组；

d. 得到有理逼近多项式系数 a,b.

MATLAB 程序

```
function [a,b,c] = pade(f,m,n)
% a,b为逼近多项式系数,c为泰勒展开系数,皆为升幂排列
format rat
syms x;   s = m + n;
for i = 1:s
    diff_1(i) = diff(f,x,i)/factorial(i);
end
c = subs(diff_1,x,0);   c = [subs(f,x,0) c];
c = double(c);   k = n - m;
for i = 1:m
    H(i,1:m) = - c(k + i + 1:n + i);
end
d(1:m) = c(n + 2:n + m + 1);   b = H\d';
b = flip(b);   len = length(b);
if len < n
    b(1 + 1:n) = 0;
else
    b = b';
end
L = zeros(n + 1);   L(n + 1,n + 1) = 1;
for j = 1:n
    L(j,j) = 1;   L(j + 1:n + 1,j) = b(1:n + 1 - j)';
end
a = L * c(1:n + 1)';   a = a';   b = [1,b];
```

数值实验

例 3 求 $f(x)=\tan x$ 在 $x=0$ 处的 $(3,2)$ 阶帕德逼近 $R_{32}(x)$.

程序

```
m = 3;   n = 2;   f = @(x) tan(x);
[a,b,c] = pade(f,m,n)
x = linspace( - 1.4,1.4,41);   y = tan (x);
y1 = polyval(c(m + n + 1: - 1:1),x);
y2 = polyval(a(n + 1: - 1:1),x)./polyval(b(m + 1: - 1:1),x);
plot(x,y, x,y1,'r - .',x,y2,'b -- ')
```

```
legend('y = tan(x)','泰勒展开','帕德逼近','Location', 'northwest')
xlabel('x');  ylabel('y');
```

运行结果

```
a =
    0      1      0     - 1/15
b =
    1      0    - 2/5
c =
    0      1      0     1/3      0     2/15
```

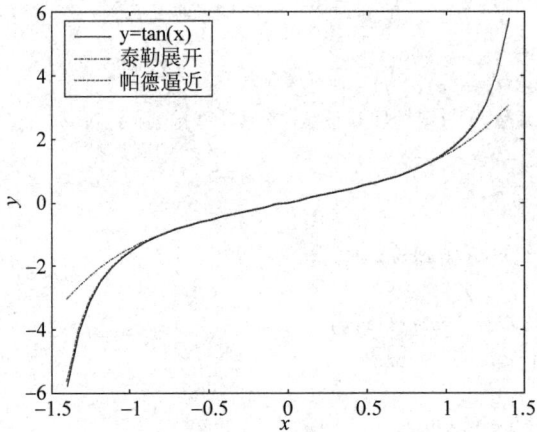

4. 快速傅氏变换（FFT）

算法原理

N 点的离散傅里叶变换（DFT）可归结为计算

$$c_j = \sum_{k=0}^{N-1} x_k \omega_N^{kj}, \quad j = 0, 1, \cdots, N-1,$$

其中 $\{x_k\}_0^{N-1}$ 为已知的输入数据，$\{c_j\}_0^{N-1}$ 为输出数据，而

$$\omega_N = e^{i\frac{2\pi}{N}} = \cos\frac{2\pi}{N} + i\sin\frac{2\pi}{N}, \quad i = \sqrt{-1}.$$

快速傅里叶变换（FFT）的基本思想就是在 $N = 2^p$，p 为正整数时，利用单位根 ω_N 幂次的周期性和对称性反复施行二分手续，减少乘法次数，提高计算效率.

算法步骤

a. 输入数据点 $\{x_k\}$，并检查数据点个数 N 是否为 2 的幂次 p；

b. 计算 $\omega^m = \exp\left(i\frac{2\pi}{N}m\right)$，　$m = 0, \cdots, N/2 - 1$；

c. q 循环从 $1 \sim p$，若 q 为奇数，执行步骤 d，否则执行步骤 e；

d. k 循环从 $0 \sim 2^{p-q} - 1$，j 循环从 $0 \sim 2^{q-1} - 1$，计算

$$A_2(k2^q + j) = A_1(k2^{q-1} + j) + A_1(k2^{q-1} + j + 2^{p-1}),$$

$$A_2(k2^q + j + 2^{q-1}) = [A_1(k2^{q-1} + j) - A_1(k2^{q-1} + j + 2^{p-1})]\omega(k2^{q-1});$$

e. k 循环从 $0 \sim 2^{p-q} - 1$，j 循环从 $0 \sim 2^{q-1} - 1$，计算

$$A_1(k2^q+j)=A_2(k2^{q-1}+j)+A_2(k2^{q-1}+j+2^{p-1}),$$

$$A_1(k2^q+j+2^{q-1})=[A_2(k2^{q-1}+j)-A_2(k2^{q-1}+j+2^{p-1})]\omega(k2^{q-1});$$

f. q 循环结束,若 p 为偶数,将 $A_1 \to A_2$;

g. $C=A_2$,算法结束.

MATLAB 程序

```
function C = FFT_1(A)
m = length(A)                        % 数据点个数应为 2 的幂次
p = log2(m);
if p~ = fix(p)   error('数据点个数不规范'); end
n = 2^p;   t = n/2;   a1 = A;
w1 = exp(2 * pi * i/n);   w = w1.^(0:1:n/2 - 1);
for q = 1:p
    s = 2^(q); t = 2^(p - 1); u = 2^(p - q) - 1; v = 2^(q - 1);
    if mod(q, 2) == 0
      for k = 0:1:u
        a1(k * s + 1:k * s + v) = a2(k * v + 1:k * v + v) + a2(k * v + t + 1:k * v + t + v);
        a1(k * s + v + 1:k * s + 2 * v) = (a2(k * v + 1:k * v + v) - …
        a2(k * v + t + 1:k * v + t + v)) * w(k * v + 1);
      end
    else
      for k = 0:1:u
        a2(k * s + 1:k * s + v) = a1(k * v + 1:k * v + v) + a1(k * v + t + 1:k * v + t + v);
        a2(k * s + v + 1:k * s + 2 * v) = (a1(k * v + 1:k * v + v) - …
        a1(k * v + t + 1:k * v + t + v)) * w(k * v + 1);
      end
    end
end
if mod(p, 2) == 0   a2 = a1;   end
C = a2
```

数值实验

例 4 使用 FFT 算法,求函数 $f(x)=\begin{cases}\dfrac{1}{3}x+1, & -3\leqslant x<0,\\ -x+1, & 0\leqslant x<1\end{cases}$ 在 $[-3,1]$ 上的 4 次三角插值多项式 $S_4(x)$.

先用 $y=\dfrac{\pi}{2}x+\dfrac{3\pi}{2}$,将区间 $[-3,1]$ 变换为 $[0,2\pi]$,于是等距插值节点 $x_i=-3+\dfrac{i}{2}$,$i=0,1,2,\cdots,7$ 变为 $y_i=\dfrac{\pi}{2}\left(-3+\dfrac{1}{2}i\right)+\dfrac{3\pi}{2}=\dfrac{\pi}{4}i$,$y_i$ 恰为快速傅里叶变换中所取的节点,利用给定的 8 个点 $\{y_i,f_i\}_{i=0}^{7}$,其中,$f_i=f(x_i)=f\left(\dfrac{2y_i}{\pi}-3\right)$ 可确定 8 个参数的 4 次三角插值多项式,这时的 MATLAB 程序如下:

```
s = -3;   t = 1;   x = linspace(s,t,9);   x = x(1:8);
for i = 1:8
```

```
    if x(i)> = - 3 & x(i)< 0
       f(i) = x(i)/3 + 1;
else
        f(i) = - x(i) + 1;
    end
end
C = FFT_1(f);
a = real(C(1:5))/4,   b = imag(C(1:4))/4,
xi = s:0.05:t;   yi = 2 * pi * (xi - s)/(t - s);   % 将区间[s,t]变换为区间[0,2 * pi]
s4 = a(1)/2 + a(2) * cos(yi) + b(2) * sin(yi) + a(3) * cos(2 * yi) + …
b(3) * sin(2 * yi) + a(4) * cos(3 * yi) + b(4) * sin(3 * yi) + a(5) * cos(4 * yi);
plot([ - 3,0,1],[0,1,0],xi,s4,'-- ',[s,t],[0,0])
legend('y = f(x)','y = S4(x)','Location','northwest');   xlabel('x');ylabel('y')
```

运行结果：

```
c =
  Columns 1 through 4
  4.0000      - 1.1381 - 1.1381i   - 0.6667        - 0.1953 + 0.1953i
  Columns 5 through 8
      0       - 0.1953 - 0.1953i   - 0.6667        - 1.1381 + 1.1381i

a =
  1.0000   - 0.2845   - 0.1667   - 0.0488        0

b =
  0   - 0.2845        0      0.0488        0
```

从而得$[0,2\pi]$上的 4 次三角插值多项式

$$S_4(y) = a(1)/2 + \sum_{i=1}^{3}(a(i+1)\sin iy + b(i+1)\cos iy) + b(5)\cos 4y.$$

在$[-3,1]$上的三角多项式$S_4(x)$可通过将$y = \frac{\pi}{2}x + \frac{3\pi}{2}$代入$S_4(y)$中获得,图中给出了$y = f(x)$及$y = S_4(x)$在区间$[-3,1]$上的图像.

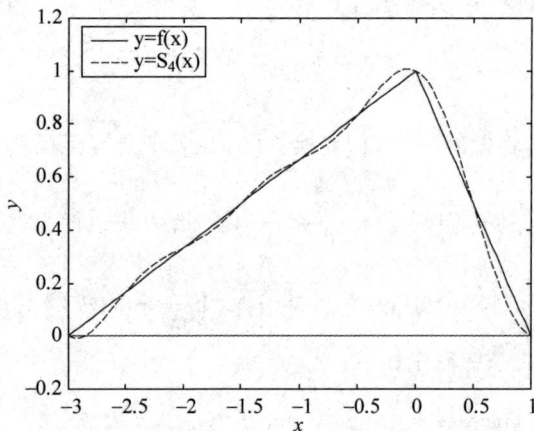

还可以用 $y=\dfrac{\pi}{2}(x+1)$，将区间 $[-3,1]$ 变换为 $[-\pi,\pi]$，于是等距插值节点 $x_i=-3+\dfrac{i}{2}$，$i=0,1,2,\cdots,7$ 变为 $y_i=\dfrac{\pi}{2}\left(-3+\dfrac{1}{2}i+1\right)=-\pi+\dfrac{\pi}{4}i$，$y_i$ 恰为快速傅里叶变换中所取的节点集体向左移 π，这时只需将上段程序中调用 FFT_1 后至计算 s4 前的程序替换为如下程序即可：

```
for k = 1:5
  a(k) = ( -1)^(k-1) * real(C(k))/4; b(k) = ( -1)^(k-1) * imag(C(k))/4;
end
a,      b,     xi = s:0.05:t;
yi = pi * (2 * xi - s - t)/(t - s);         % 将区间[s,t]变换为区间[ - pi,pi]
```

运行的结果是完全一致的.

3.3　复习与思考题解析

1. 何谓向量范数？给出三种常用的向量范数.

答　如果向量 $\boldsymbol{x}\in\mathbb{R}^n$（或 $\boldsymbol{x}\in\mathbb{C}^n$）的某个实值函数 $N(\boldsymbol{x})=\|\boldsymbol{x}\|$，满足条件：

(1) $\|\boldsymbol{x}\|\geqslant 0$，且 $\|\boldsymbol{x}\|=0\Leftrightarrow\boldsymbol{x}=\boldsymbol{0}$；

(2) $\|\alpha\boldsymbol{x}\|=|\alpha|\cdot\|\boldsymbol{x}\|$，$\forall\alpha\in\mathbb{R}$（或 $\alpha\in\mathbb{C}$）；

(3) $\|\boldsymbol{x}+\boldsymbol{y}\|\leqslant\|\boldsymbol{x}\|+\|\boldsymbol{y}\|$，

则称 $N(\boldsymbol{x})$ 是 $\mathbb{R}^n$（或 $\mathbb{C}^n$）上的一个向量范数（或模）.

常用的向量范数有
$$\|\boldsymbol{x}\|_\infty=\max_{1\leqslant i\leqslant n}|x_i|\quad(\infty\text{-范数}),$$
$$\|\boldsymbol{x}\|_1=\sum_{i=1}^n|x_i|\quad(1\text{-范数}),$$
$$\|\boldsymbol{x}\|_2=\left(\sum_{i=1}^n x_i^2\right)^{1/2}\quad(2\text{-范数}).$$

2. 设 $f\in C[a,b]$，写出三种常用范数 $\|f\|_1$，$\|f\|_2$ 及 $\|f\|_\infty$.

答　若 $f(x)\in C[a,b]$，则
$$\|f\|_1=\int_a^b|f(x)|\mathrm{d}x,\quad \|f\|_2=\left(\int_a^b|f^2(x)|\mathrm{d}x\right)^{\frac{1}{2}},\quad \|f\|_\infty=\max_{a\leqslant x\leqslant b}|f(x)|.$$

3. $f,g\in C[a,b]$，它们的内积是什么？如何判断函数族 $\{\varphi_0,\varphi_1,\cdots,\varphi_n\}\in C[a,b]$ 在 $[a,b]$ 上线性无关？

答　若 $f(x),g(x)\in C[a,b]$，$\rho(x)$ 是 $[a,b]$ 上给定的权函数，定义 f 与 g 的内积为
$$(f(x),g(x))=\int_a^b\rho(x)f(x)g(x)\mathrm{d}x,$$
特别常用的是 $\rho(x)\equiv 1$ 的情形，即
$$(f(x),g(x))=\int_a^b f(x)g(x)\mathrm{d}x.$$

可用线性无关的定义来判断函数族 $\{\varphi_0,\varphi_1,\cdots,\varphi_n\}\in C[a,b]$ 在 $[a,b]$ 上线性无关. 另外，设

$\{\varphi_0,\varphi_1,\cdots,\varphi_n\}\in C[a,b]$,定义其格拉姆矩阵为

$$G=G(\varphi_0,\varphi_1,\cdots,\varphi_n)=\begin{bmatrix}(\varphi_0,\varphi_0) & (\varphi_0,\varphi_1) & \cdots & (\varphi_0,\varphi_n) \\ (\varphi_1,\varphi_0) & (\varphi_1,\varphi_1) & \cdots & (\varphi_1,\varphi_n) \\ \vdots & \vdots & & \vdots \\ (\varphi_n,\varphi_0) & (\varphi_n,\varphi_1) & \cdots & (\varphi_n,\varphi_n)\end{bmatrix},$$

$\varphi_0,\varphi_1,\cdots,\varphi_n$ 在$[a,b]$上线性无关的充要条件是 $\det G(\varphi_0,\varphi_1,\cdots,\varphi_n)\neq 0$.

　　4. 什么是函数 $f\in C[a,b]$ 在区间 $[a,b]$ 上的 n 次最佳一致逼近多项式？

　　答　设 $f(x)\in C[a,b]$,若 $p^*(x)\in \mathcal{P}_n$(次数不超过 n 次多项式构成的集合)使误差

$$\|f(x)-p^*(x)\|_\infty =\min_{p\in \mathcal{P}_n}\|f(x)-p(x)\|_\infty=\min_{p\in \mathcal{P}_n}\max_{a\leqslant x\leqslant b}|f(x)-p(x)|,$$

则称 $p^*(x)$ 为 $f(x)$ 在$[a,b]$上的 n 次最佳一致逼近多项式.

　　5. 什么是 f 在$[a,b]$上的 n 次最佳平方逼近多项式？什么是数据 $\{f_i\}_0^m$ 的最小二乘曲线拟合？

　　答　设 $f(x)\in C[a,b]$,若 $p^*(x)\in \mathcal{P}_n$(次数不超过 n 次多项式构成的集合)使

$$\|f(x)-p^*(x)\|_2^2=\min_{p\in \mathcal{P}_n}\|f(x)-p(x)\|_2^2=\min_{p\in \mathcal{P}_n}\int_a^b[f(x)-p(x)]^2\mathrm{d}x,$$

则称 $p^*(x)$ 为 $f(x)$ 在$[a,b]$上的 n 次最佳平方逼近多项式.

　　若 $\varphi_0,\varphi_1,\cdots,\varphi_n$ 是 $C[a,b]$中的线性无关函数族,在 $a\leqslant x_0<x_1<\cdots<x_m\leqslant b$ 上给出 $f(x)$是$[a,b]$上的一个列表近似值 $f_i(i=0,1,\cdots,m)$,要求 $P^*\in \Phi=\mathrm{span}\{\varphi_0,\varphi_1,\cdots,\varphi_n\}$,使

$$\|f-P^*\|_2^2=\min_{P\in \Phi}\|f-P\|_2^2=\min_{P\in \Phi}\sum_{i=0}^m[f_i-P(x_i)]^2,$$

则称 $P^*(x)$ 为 $f(x)$ 的最小二乘拟合.

　　6. 什么是$[a,b]$上带权 $\rho(x)$ 的正交多项式？什么是$[-1,1]$上的勒让德多项式？它有什么重要性质？

　　答　设 $\varphi_n(x)$是$[a,b]$上首项系数 $a_n\neq 0$ 的 n 次多项式,$\rho(x)$为$[a,b]$上的权函数,如果多项式序列$\{\varphi_n(x)\}_0^\infty$满足

$$(\varphi_j,\varphi_k)=\int_a^b\rho(x)\varphi_j(x)\varphi_k(x)\mathrm{d}x=\begin{cases}0, & j\neq k, \\ A_k>0, & j=k,\end{cases}$$

则称多项式序列$\{\varphi_k(x)\}_0^\infty$ 在$[a,b]$上带权 $\rho(x)$正交,称 $\varphi_n(x)$为$[a,b]$上带权 $\rho(x)$的 n 次正交多项式.

　　当区间$[a,b]$为$[-1,1]$,权函数 $\rho(x)=1$ 时,由$\{1,x,\cdots,x^n,\cdots\}$正交化得到的多项式称为勒让德多项式,通常用 $P_0(x),P_1(x),\cdots,P_n(x),\cdots$表示,其性质如下:

　　(1) 正交性

$$\int_{-1}^1 P_n(x)P_m(x)\mathrm{d}x=\begin{cases}0, & m\neq n; \\ \dfrac{2}{2n+1}, & m=n.\end{cases}$$

　　(2) 奇偶性

$$P_n(-x)=(-1)^n P_n(x).$$

（3）递推关系
$$\begin{cases} P_0(x)=1, \quad P_1(x)=x, \\ (n+1)P_{n+1}(x)=(2n+1)xP_n(x)-nP_{n-1}(x), \quad n=1,2,\cdots. \end{cases}$$

（4）$P_n(x)$ 在区间 $[-1,1]$ 上有 n 个不同的实零点.

7. 什么是切比雪夫多项式？它有什么重要性质？

答　当权函数 $\rho(x)=\dfrac{1}{\sqrt{1-x^2}}$，区间为 $[-1,1]$ 时，由序列 $\{1,x,\cdots,x^n,\cdots\}$ 正交化得到的正交多项式称为切比雪夫多项式，可表示为
$$T_n(x)=\cos(n\arccos x), \quad |x|\leqslant 1,$$
其重要性质如下：

（1）递推关系
$$\begin{cases} T_0(x)=1, \quad T_1(x)=x, \\ T_{n+1}(x)=2xT_n(x)-T_{n-1}(x), \quad n=1,2,\cdots. \end{cases}$$

（2）正交性
$$\int_{-1}^{1} \frac{T_n(x)T_m(x)}{\sqrt{1-x^2}}\mathrm{d}x = \begin{cases} 0, & n\neq m; \\ \dfrac{\pi}{2}, & n=m\neq 0; \\ \pi, & n=m=0. \end{cases}$$

（3）$T_{2k}(x)$ 只含 x 的偶次幂，$T_{2k+1}(x)$ 只含 x 的奇次幂.

（4）$T_n(x)$ 在区间 $[-1,1]$ 上有 n 个零点
$$x_k=\cos\frac{2k-1}{2n}\pi, \quad k=1,2,\cdots,n.$$

（5）$T_n(x)$ 的首项系数为 $2^{n-1}(n=1,2,\cdots)$.

（6）设 $\widetilde{T}_n(x)$ 是首项系数为 1 的切比雪夫多项式，$\widetilde{\mathcal{P}}_n$ 为首项系数为 1 的次数不超过 n 次多项式构成的集合，则
$$\max_{-1\leqslant x\leqslant 1}|\widetilde{T}_n(x)| \leqslant \max_{-1\leqslant x\leqslant 1}|p(x)|, \quad \forall p(x)\in\widetilde{\mathcal{P}}_n,$$
且
$$\max_{-1\leqslant x\leqslant 1}|\widetilde{T}_n(x)|=\frac{1}{2^{n-1}}.$$

8. 用切比雪夫多项式零点做插值点得到的插值多项式与等距节点上的插值多项式有何不同？

答　切比雪夫多项式零点（切比雪夫点）是单位圆周上等距分布点的横坐标，这些点的横坐标在接近区间 $[-1,1]$ 的端点处是密集的，利用切比雪夫点做插值多项式，可使插值区间最大误差最小化，同时还可以避免等距节点上的高次插值多项式所出现的龙格现象，在一定条件下可以保证插值多项式在整个区间上收敛于被插值函数.

9. 什么是最小二乘拟合的法方程？用多项式做拟合曲线时，当次数 n 较大时为什么不直接求解法方程？

答　在最小二乘拟合中，利用多元函数取极值的必要条件并记

$$(\varphi_j,\varphi_k)=\sum_{i=0}^{m}\omega(x_i)\varphi_j(x_i)\varphi_k(x_i),$$

$$(y,\varphi_k)=\sum_{i=0}^{m}\omega(x_i)y_i\varphi_k(x_i)\equiv d_k,\quad k=0,1,\cdots,n,$$

则称关于 $a_j(j=0,1,\cdots,n)$ 的线性方程组

$$\sum_{j=0}^{n}(\varphi_k,\varphi_j)a_j=d_k,\quad k=0,1,\cdots,n$$

为法方程,也可以写成矩阵形式

$$Ga=d,$$

其中 $a=(a_0,a_1,\cdots,a_n)^{\mathrm{T}}, d=(d_0,d_1,\cdots,d_n)^{\mathrm{T}},$

$$G=\begin{bmatrix}(\varphi_0,\varphi_0)&(\varphi_0,\varphi_1)&\cdots&(\varphi_0,\varphi_n)\\(\varphi_1,\varphi_0)&(\varphi_1,\varphi_1)&\cdots&(\varphi_1,\varphi_n)\\\vdots&\vdots&&\vdots\\(\varphi_n,\varphi_0)&(\varphi_n,\varphi_1)&\cdots&(\varphi_n,\varphi_n)\end{bmatrix}.$$

当拟合多项式的次数 n 较大时,法方程的系数矩阵 G 一般是病态的,数值求解法方程不稳定,因此通常不直接求解法方程.

10. 计算有理分式 $R_{mn}(x)$ 为什么要化为连分式?

答　计算有理分式 $R_{mn}(x)$ 的值时,通常将其化为连分式,这样便于在计算机上进行计算,节省乘除法的计算次数. 例如对一般的有理函数 $R_{mn}(x)=\dfrac{P_n(x)}{Q_m(x)}$,若转化成连分式

$$R_{mn}(x)=P_1(x)+\frac{c_2}{x+d_1}+\cdots+\frac{c_l}{x+d_l},$$

则乘除法运算只需 $\max\{m,n\}$ 次,而直接计算则需 $m+n$ 次乘除法计算.

11. 哪种类型函数用三角插值比用多项式插值或分段多项式插值更合适?

答　当模型数据具有周期性时,用三角函数特别是正弦函数和余弦函数作为基函数作三角插值比用多项式插值或分段多项式插值更合适. 这时三角插值可以保持原有的周期性.

12. 对序列作 DFT 时,给定数据要有哪些性质? 对 DFT 用 FFT 计算时数据长度有何要求?

答　若对序列作 DFT,则要求给定数据是以 2π 为周期的复函数. 对 DFT 用 FFT 计算时要求数据长度 $N=2^p$.

13. 判断下列命题是否正确?

(1) 任何 $f(x)\in C[a,b]$ 都能找到 n 次多项式 $p_n(x)\in \mathcal{P}_n$,使 $\max\limits_{x\in[a,b]}|f(x)-p_n(x)|\leqslant$ $\varepsilon(\varepsilon$ 为任给的误差限).

(2) $p_n^*(x)\in \mathcal{P}_n$ 是连续函数 $f(x)$ 在 $[a,b]$ 上的最佳一致逼近多项式,则 $\lim\limits_{n\to\infty}p_n^*(x)=f(x)$ 对 $\forall x\in[a,b]$ 成立.

(3) 若 $f(x)\in C[a,b]$ 在 $[a,b]$ 上的最佳平方逼近多项式 $p_n(x)\in \mathcal{P}_n$,则 $\lim\limits_{n\to\infty}p_n(x)=f(x)$.

(4) $\widetilde{P}_n(x)\in \mathcal{P}_n$ 是首项系数为 1 的勒让德多项式,$q_n(x)\in \mathcal{P}_n$ 是任一首项系数为 1 的

多项式,则$\int_{-1}^{1}\left[\widetilde{P}_n(x)\right]^2\mathrm{d}x\leqslant\int_{-1}^{1}q_n^2(x)\mathrm{d}x$.

(5) $\widetilde{T}_n(x)$是$[-1,1]$上首项系数为 1 的切比雪夫多项式,$q_n(x)\in\mathcal{P}_n$是任一首项系数为 1 的多项式,则

$$\max_{-1\leqslant x\leqslant 1}|\widetilde{T}_n(x)|\leqslant\max_{-1\leqslant x\leqslant 1}|q_n(x)|.$$

(6) 函数的有理逼近(如帕德逼近)总比多项式逼近好.

(7) 当数据量很大时用最小二乘拟合比用插值好.

(8) 三角最小平方逼近与三角插值都要计算 N 点 DFT,所以它们没任何区别.

(9) 只有点数 $N=2^p$ 的 DFT 才能用 FFT 算法,所以 FFT 算法意义不大.

(10) FFT 算法计算 DFT 和它的逆变换效率相同.

答 (1) 对.这个结论就是魏尔斯特拉斯定理.

(2) 对.因为$p_n^*(x)$满足$\|f(x)-p^*(x)\|_\infty=\min_{p\in\mathcal{P}_n}\|f(x)-p(x)\|_\infty=\min_{p\in\mathcal{P}_n}\max_{a\leqslant x\leqslant b}|f(x)-p(x)|$.而当 $n\to\infty$ 时,由魏尔斯特拉斯定理知存在多项式 $p_n(x)\in\mathcal{P}_n$,使得 $|f(x)-p_n(x)|<\varepsilon$.从而得 $\|f(x)-p^*(x)\|_\infty\leqslant\varepsilon$.

(3) 对.因为对于任意的$\varepsilon>0$,由魏尔斯特拉斯定理知存在,多项式$\tilde{p}_n(x)\in\mathcal{P}_n$,使得$|f(x)-\tilde{p}_n(x)|<\varepsilon$.而 $p_n(x)\in\mathcal{P}_n$ 为最佳平方逼近多项式,故

$$\|f(x)-p_n(x)\|=\min_{\bar{p}\in\mathcal{P}_n}\|f(x)-\bar{p}(x)\|_2^2=\min_{\bar{p}\in\mathcal{P}_n}\int_a^b\left[f(x)-\bar{p}(x)\right]^2\mathrm{d}x$$

$$\leqslant\int_a^b\left[f(x)-\tilde{p}_n(x)\right]^2\mathrm{d}x\leqslant(b-a)\varepsilon^2.$$

(4) 对.因为$q_n(x)=\widetilde{P}_n(x)+p_{n-1}(x)$,其中$p_{n-1}(x)\in\mathcal{P}_{n-1}$.由勒让德多项式的正交性得$\int_{-1}^{1}\widetilde{P}_n(x)p_{n-1}(x)\mathrm{d}x=0$.于是

$$\int_{-1}^{1}q_n^2(x)\mathrm{d}x=\int_{-1}^{1}\left[\widetilde{P}_n(x)+p_{n-1}(x)\right]^2\mathrm{d}x$$

$$=\int_{-1}^{1}\left[\widetilde{P}_n(x)\right]^2\mathrm{d}x+2\int_{-1}^{1}\widetilde{P}_n(x)p_{n-1}(x)\mathrm{d}x+\int_{-1}^{1}p_{n-1}^2(x)\mathrm{d}x$$

$$=\int_{-1}^{1}\left[\widetilde{P}_n(x)\right]^2\mathrm{d}x+\int_{-1}^{1}p_{n-1}^2(x)\mathrm{d}x\geqslant\int_{-1}^{1}\left[\widetilde{P}_n(x)\right]^2\mathrm{d}x.$$

(5) 对.这是首项系数为 1 的切比雪夫多项式的一个性质,而且 $\max_{-1\leqslant x\leqslant 1}|\widetilde{T}_n(x)|=\dfrac{1}{2^{n-1}}$.

(6) 错.多项式是一种计算简便的函数类,通常用多项式逼近比较多,但当函数在某点附近无界时用多项式逼近效果很差,而用有理函数逼近可得到较好的效果.

(7) 错.当一个函数由给定的一组可能不精确表示函数的数据来确定时,使用最小二乘的曲线拟合是最合适的.而当一个函数由给定的一组函数值的数据来确定时,使用插值是最适合的,即决定用最小二乘还是插值所依据的不是数据量的多少,而是数据是近似地表示函数,还是准确地表示函数.

(8) 错.逼近和插值是两个不同的概念,只有当 $m=n$ 时,三角最小平方逼近和三角插

值才是相同的.

　　(9) 错. 因为 $N = 2^p$ 不是本质条件.

　　(10) 对. 因二者所处理问题的形式一致.

3.4　习 题 解 答

　　1. 设 $\boldsymbol{P} \in \mathbb{R}^{n \times n}$ 且非奇异,又 $\| \boldsymbol{x} \|$ 设为 $\mathbb{R}^n$ 上一向量范数,定义

$$\| \boldsymbol{x} \|_{\boldsymbol{P}} = \| \boldsymbol{P} \boldsymbol{x} \| ,$$

试证明 $\| \boldsymbol{x} \|_{\boldsymbol{P}}$ 是 $\mathbb{R}^n$ 上向量的一种范数.

　　证明　只需证明 $\| \boldsymbol{x} \|_{\boldsymbol{P}}$ 满足向量范数的三个条件.

　　(1) 因 $\boldsymbol{P}$ 非奇异,故对任意 $\boldsymbol{x} \neq \boldsymbol{0}$,有 $\boldsymbol{P} \boldsymbol{x} \neq \boldsymbol{0}$,故 $\| \boldsymbol{x} \|_{\boldsymbol{P}} = \| \boldsymbol{P} \boldsymbol{x} \| \geqslant 0$,当且仅当 $\boldsymbol{x} = \boldsymbol{0}$ 时,有 $\| \boldsymbol{x} \|_{\boldsymbol{P}} = \| \boldsymbol{P} \boldsymbol{x} \| = 0$.

　　(2) 对任意 $\alpha \in \mathbb{R}$,有

$$\| \alpha \boldsymbol{x} \|_{\boldsymbol{P}} = \| \boldsymbol{P} \alpha \boldsymbol{x} \| = | \alpha | \| \boldsymbol{P} \boldsymbol{x} \| = | \alpha | \| \boldsymbol{x} \|_{\boldsymbol{P}} .$$

　　(3) 对任意 $\boldsymbol{x}, \boldsymbol{y} \in \mathbb{R}^n$,有

$$\| \boldsymbol{x} + \boldsymbol{y} \|_{\boldsymbol{P}} = \| \boldsymbol{P} (\boldsymbol{x} + \boldsymbol{y}) \| = \| \boldsymbol{P} \boldsymbol{x} + \boldsymbol{P} \boldsymbol{y} \| \leqslant \| \boldsymbol{P} \boldsymbol{x} \| + \| \boldsymbol{P} \boldsymbol{y} \| = \| \boldsymbol{x} \|_{\boldsymbol{P}} + \| \boldsymbol{y} \|_{\boldsymbol{P}} ,$$

故 $\| \boldsymbol{x} \|_{\boldsymbol{P}}$ 是 $\mathbb{R}^n$ 上的向量范数.

　　2. $f(x) = \sin \dfrac{\pi}{2} x$,给出 $[0,1]$ 上的伯恩斯坦多项式 $B_1(f, x)$ 及 $B_3(f, x)$.

　　解　利用

$$B_n(f, x) = \sum_{k=0}^{n} f\left(\frac{k}{n}\right) p_k(x), \quad p_k(x) = \binom{n}{k} x^k (1-x)^{n-k},$$

有

$$B_1(f, x) = \sum_{k=0}^{1} f(k) p_k(x),$$

$$p_0(x) = \binom{1}{0} x^0 (1-x)^1 = 1 - x, \quad p_1(x) = \binom{1}{1} x^1 (1-x)^0 = x,$$

故

$$B_1(f, x) = f(0) p_0(x) + f(1) p_1(x) = x.$$

而

$$B_3(f, x) = \sum_{k=0}^{3} f\left(\frac{k}{3}\right) p_k(x),$$

$$p_0(x) = \binom{3}{0} x^0 (1-x)^3 = (1-x)^3, \quad p_1(x) = \binom{3}{1} x (1-x)^2 = 3x(1-x)^2,$$

$$p_2(x) = \binom{3}{2} x^2 (1-x) = 3x^2 (1-x), \quad p_3(x) = \binom{3}{3} x^3 (1-x)^0 = x^3,$$

故

$$B_3(f, x) = 0 + 3x(1-x)^2 \sin\left(\frac{\pi}{6}\right) + 3x^2(1-x)\sin\left(\frac{\pi}{3}\right) + x^3 \sin\left(\frac{\pi}{2}\right)$$

$$= \frac{3}{2}x(1-x)^2 + \frac{3\sqrt{3}}{2}x^2(1-x) + x^3$$

$$= \frac{3}{2}x(1-2x+x^2) + \frac{3\sqrt{3}}{2}x^2 - \frac{3\sqrt{3}}{2}x^3 + x^3$$

$$= \left(1 - \frac{3\sqrt{3}}{2} + \frac{3}{2}\right)x^3 + \left(\frac{3\sqrt{3}}{2} - 3\right)x^2 + \frac{3}{2}x$$

$$= -0.098x^3 - 0.402x^2 + 1.5x.$$

3. 当 $f(x)=x$ 时,求证 $B_n(f,x)=x$.

证明 当 $f(x)=x$ 时,其伯恩斯坦多项式为

$$B_n(f,x) = \sum_{k=0}^{n} \frac{k}{n} \binom{n}{k} x^k (1-x)^{n-k} = \sum_{k=1}^{n} \frac{k}{n} \binom{n}{k} x^k (1-x)^{n-k}$$

$$= \sum_{k=1}^{n} \binom{n-1}{k-1} x^k (1-x)^{n-k} = \sum_{k=0}^{n-1} \binom{n-1}{k} x^{k+1} (1-x)^{n-k-1}$$

$$= x \sum_{k=0}^{n-1} \binom{n-1}{k} x^k (1-x)^{(n-1)-k} = x[x+(1-x)]^{n-1}$$

$$= x.$$

4. 证明函数 $1,x,\cdots,x^n$ 线性无关.

证明 用数学归纳法证明.

当 $n=0$ 时,由 $a_0 \times 1 = 0$,得 $a_0 = 0$,显然线性无关.

假设当 $n=k$ 时,结论成立,即 $1,x,\cdots,x^k$ 线性无关.下面证明 $1,x,\cdots,x^k,x^{k+1}$ 线性无关.

设

$$a_0 + a_1 x + \cdots + a_k x^k + a_{k+1} x^{k+1} = 0, \quad \forall x \in \mathbb{R}.$$

由 x 的任意性,取 $x=0$ 得 $a_0 = 0$,从而得

$$a_1 x + \cdots + a_k x^k + a_{k+1} x^{k+1} = x(a_1 + a_2 x + \cdots + a_{k+1} x^k) = 0$$

再由 x 的任意性得

$$a_1 + a_2 x + \cdots + a_{k+1} x^k = 0.$$

而由归纳假设,$1,x,\cdots,x^k$ 线性无关,故 $a_1 = a_2 = \cdots = a_{k+1} = 0$.

综上得 $1,x,\cdots,x^k,x^{k+1}$ 线性无关.

5. 计算下列函数 $f(x)$ 关于 $C[0,1]$ 的 $\|f\|_\infty$,$\|f\|_1$ 与 $\|f\|_2$:

(1) $f(x) = (x-1)^3$; (2) $f(x) = \left|x - \frac{1}{2}\right|$;

(3) $f(x) = x^m(1-x)^n$,m 与 n 为正整数.

解 (1) $f(x) = (x-1)^3$,

$$\|f\|_\infty = \max_{0 \leqslant x \leqslant 1} |f(x)| = \max_{0 \leqslant x \leqslant 1} |(x-1)^3| = 1,$$

$$\|f\|_1 = \int_0^1 |f(x)| \, \mathrm{d}x = \int_0^1 (1-x)^3 \mathrm{d}x = \frac{1}{4},$$

$$\|f\|_2 = \left(\int_0^1 f^2(x)\,\mathrm{d}x\right)^{1/2} = \left(\int_0^1 (x-1)^6\,\mathrm{d}x\right)^{1/2} = \frac{1}{\sqrt{7}}.$$

(2) $f(x) = \left|x - \dfrac{1}{2}\right|$,

$$\|f\|_\infty = \max_{0 \leqslant x \leqslant 1} \left|x - \frac{1}{2}\right| = \frac{1}{2},$$

$$\|f\|_1 = \int_0^1 |f(x)|\,\mathrm{d}x = \int_0^{1/2}\left(\frac{1}{2} - x\right)\mathrm{d}x + \int_{1/2}^1\left(x - \frac{1}{2}\right)\mathrm{d}x = \frac{1}{8} + \frac{1}{8} = \frac{1}{4},$$

$$\|f\|_2 = \left(\int_0^1 f^2(x)\,\mathrm{d}x\right)^{1/2} = \left(\int_0^1\left(x - \frac{1}{2}\right)^2\mathrm{d}x\right)^{1/2} = \frac{1}{\sqrt{12}}.$$

(3) 由 $f(x) = x^m(1-x)^n$，知当 $x \in [0,1]$ 时，$f(x) \geqslant 0$，

$$f'(x) = mx^{m-1}(1-x)^n + x^m n(1-x)^{n-1}(-1)$$
$$= x^{m-1}(1-x)^{n-1}m\left(1 - \frac{n+m}{m}x\right).$$

故当 $x \in \left(0, \dfrac{m}{n+m}\right)$ 时，$f'(x) > 0$，$f(x)$ 在 $\left(0, \dfrac{m}{n+m}\right)$ 内单调递增；当 $x \in \left(\dfrac{m}{n+m}, 1\right)$ 时，$f'(x) < 0$，$f(x)$ 在 $\left(\dfrac{m}{n+m}, 1\right)$ 内单调递减. 因此

$$\|f\|_\infty = \max_{0 \leqslant x \leqslant 1}|f(x)| = \max\left\{|f(0)|, \left|f\left(\frac{m}{n+m}\right)\right|, |f(1)|\right\} = \frac{m^m n^n}{(n+m)^{m+n}},$$

$$\|f\|_1 = \int_0^1 |f(x)|\,\mathrm{d}x = \int_0^{\frac{\pi}{2}} (\sin^2 t)^m (1-\sin^2 t)^n\,\mathrm{d}(\sin^2 t)$$

$$= \int_0^{\frac{\pi}{2}} \sin^{2m} t \cdot \cos^{2n} t \cdot \cos t \cdot 2 \cdot \sin t\,\mathrm{d}t = \frac{n!\,m!}{(n+m+1)!},$$

$$\|f\|_2 = \left(\int_0^1 x^{2m}(1-x)^{2n}\,\mathrm{d}x\right)^{1/2} = \left[\int_0^{\frac{\pi}{2}}\sin^{4m} t \cdot \cos^{4n} t\,\mathrm{d}(\sin^2 t)\right]^{\frac{1}{2}}$$

$$= \left[\int_0^{\frac{\pi}{2}} 2\sin^{4m+1} t \cdot \cos^{4n+1} t\,\mathrm{d}t\right]^{\frac{1}{2}} = \sqrt{\frac{(2n)!\,(2m)!}{[2(n+m)+1]!}}.$$

6. 证明 $\|f - g\| \geqslant \|f\| - \|g\|$.

证明　由三角不等式，有

$$\|f + g\| \leqslant \|f\| + \|g\|,$$

因而

$$\|f\| = \|f - g + g\| \leqslant \|f - g\| + \|g\|,$$

即

$$\|f - g\| \geqslant \|f\| - \|g\|.$$

7. 对 $f(x), g(x) \in C^1[a,b]$，定义

(1) $(f,g) = \displaystyle\int_a^b f'(x)g'(x)\,\mathrm{d}x$;　　　　(2) $(f,g) = \displaystyle\int_a^b f'(x)g'(x)\,\mathrm{d}x + f(a)g(a)$;

问它们是否构成内积.

解　(1) 因为 $(f,g) = \displaystyle\int_a^b f'(x)g'(x)\,\mathrm{d}x$，所以有

$$(f,g) = (g,f),$$
$$(cf,g) = c(f,g), \quad c \text{ 为常数},$$
$$(f_1 + f_2, g) = (f_1, g) + (f_2, g).$$

但当 $(f,f) = \int_a^b (f'(x))^2 \mathrm{d}x = 0$ 时，有 $f'(x) = 0$，即 $f(x)$ 为常数，但不一定为零，所以 $(f,g) = \int_a^b f'(x) g'(x) \mathrm{d}x$ 不能构成内积.

(2) 因为 $(f,g) = \int_a^b f'(x) g'(x) \mathrm{d}x + f(a) g(a)$，所以有

$$(f,g) = (g,f),$$
$$(cf,g) = c(f,g), \quad c \text{ 为常数},$$
$$(f_1 + f_2, g) = (f_1, g) + (f_2, g),$$

而

$$(f,f) = \int_a^b (f'(x))^2 \mathrm{d}x + f^2(a).$$

若 $f = 0$，则必有 $(f,f) = 0$；反之，若 $(f,f) = 0$，则必有 $f'(x) = 0$ 且 $f^2(a) = 0$，由此可知 $f(x) = 0$，故 $(f,g) = \int_a^b f'(x) g'(x) \mathrm{d}x + f(a) g(a)$ 构成内积.

8. 令 $T_n^*(x) = T_n(2x-1)$, $x \in [0,1]$，试证 $\{T_n^*(x)\}$ 是在 $[0,1]$ 上带权 $\rho = \dfrac{1}{\sqrt{x - x^2}}$ 的正交多项式，并求 $T_0^*(x), T_1^*(x), T_2^*(x), T_3^*(x)$.

证明 由于

$$\int_0^1 \frac{1}{\sqrt{x - x^2}} T_n^*(x) T_m^*(t) \mathrm{d}x = \int_0^1 \frac{1}{\sqrt{x - x^2}} T_n(2x-1) T_m(2x-1) \mathrm{d}x$$

$$\xlongequal{t = 2x - 1} \int_{-1}^1 \frac{1}{\sqrt{1 - t^2}} T_n(t) T_m(t) \mathrm{d}t$$

$$= \begin{cases} 0, & m \neq n, \\ \pi, & m = n = 0, \\ \dfrac{\pi}{2}, & m = n \neq 0. \end{cases}$$

所以 $T_n^*(x)$ 是 $[0,1]$ 上带权 $\rho(x) = \dfrac{1}{\sqrt{x - x^2}}$ 的正交多项式.

当 $x \in [0,1]$ 时，$2x - 1 \in [-1,1]$，所以

$T_0^*(x) = T_0(2x-1) = 1,$

$T_1^*(x) = T_1(2x-1) = 2x - 1,$

$T_2^*(x) = T_2(2x-1) = 2(2x-1)^2 - 1 = 8x^2 - 8x + 1,$

$T_3^*(x) = T_3(2x-1) = 4(2x-1)^3 - 3(2x-1) = 32x^3 - 48x^2 + 18x - 1.$

9. 对权函数 $\rho(x) = 1 + x^2$，区间 $[-1,1]$，试求首项系数为 1 的正交多项式 $\varphi_n(x)$, $n = 0, 1, 2, 3$.

解　利用递推关系

$$\varphi_0(x)=1,\quad \varphi_1(x)=(x-\alpha_0)\varphi_0(x),$$

$$\varphi_{n+1}(x)=(x-\alpha_n)\varphi_n(x)-\beta_n\varphi_{n-1}(x),\quad n=0,1,\cdots$$

其中

$$\varphi_0(x)=1,\quad \varphi_{-1}(x)=0,$$

$$\alpha_n=(x\varphi_n(x),\varphi_n(x))/(\varphi_n(x),\varphi_n(x)),$$

$$\beta_n=(\varphi_n(x),\varphi_n(x))/(\varphi_{n-1}(x),\varphi_{n-1}(x)),\quad n=1,2,\cdots$$

可得

$$\alpha_0=\frac{(x\varphi_0,\varphi_0)}{(\varphi_0,\varphi_0)}=\frac{\int_{-1}^{1}(1+x^2)x\,\mathrm{d}x}{\int_{-1}^{1}(1+x^2)\,\mathrm{d}x}=0,$$

故 $\varphi_1(x)=x$.

又

$$\varphi_2(x)=(x-\alpha_1)\varphi_1(x)-\beta_1\varphi_0(x),$$

$$\alpha_1=\frac{(x\varphi_1,\varphi_1)}{(\varphi_1,\varphi_1)}=\frac{\int_{-1}^{1}(1+x^2)x^3\,\mathrm{d}x}{\int_{-1}^{1}(1+x^2)x^2\,\mathrm{d}x}=0,\quad \beta_1=\frac{(\varphi_1,\varphi_1)}{(\varphi_0,\varphi_0)}=\frac{\int_{-1}^{1}x^2(1+x^2)\,\mathrm{d}x}{\int_{-1}^{1}(1+x^2)\,\mathrm{d}x}=\frac{2}{5},$$

故 $\varphi_2(x)=x^2-\dfrac{2}{5}$.

又

$$\varphi_3(x)=(x-\alpha_2)\varphi_2(x)-\beta_2\varphi_1(x),$$

$$\alpha_2=\frac{(x\varphi_2,\varphi_2)}{(\varphi_2,\varphi_2)}=\frac{\int_{-1}^{1}x(1+x^2)\left(x^2-\dfrac{2}{5}\right)^2\mathrm{d}x}{\int_{-1}^{1}(1+x^2)\left(x^2-\dfrac{2}{5}\right)^2\mathrm{d}x}=0,$$

$$\beta_2=\frac{(\varphi_2,\varphi_2)}{(\varphi_1,\varphi_1)}=\frac{\int_{-1}^{1}(1+x^2)\left(x^2-\dfrac{2}{5}\right)^2\mathrm{d}x}{\int_{-1}^{1}(1+x^2)x^2\,\mathrm{d}x}=\frac{17}{70},$$

故 $\varphi_3(x)=x\left(x^2-\dfrac{2}{5}\right)-\dfrac{17}{70}x=x^3-\dfrac{9}{14}x$.

10. 试证明由 $U_n(x)=\dfrac{\sin[(n+1)\arccos x]}{\sqrt{1-x^2}}$ 给出的第二类切比雪夫多项式族 $\{U_n(x)\}$ 是 $[-1,1]$ 上带权 $\rho=\sqrt{1-x^2}$ 的正交多项式.

证明　因

$$U_n=\frac{\sin[(n+1)\arccos x]}{\sqrt{1-x^2}},$$

令 $x=\cos\theta$，则当 $m=n$ 时，有

$$\int_{-1}^{1} \sqrt{1-x^2} \, U_n^2(x) \mathrm{d}x = \int_0^\pi \sin^2[(n+1)\theta] \mathrm{d}\theta = \frac{\pi}{2},$$

当 $m \neq n$ 时,有

$$\int_{-1}^{1} \sqrt{1-x^2} \, U_n(x) U_m(x) \mathrm{d}x = \int_0^\pi \sin(n+1)\theta \cdot \sin(m+1)\theta \mathrm{d}\theta$$

$$= \int_0^\pi \frac{1}{2} [\cos(n+m+2)\theta - \cos(n-m)\theta] \mathrm{d}\theta = 0.$$

从而证得 $U_n(x)$ 是 $[-1,1]$ 上带权 $\rho = \sqrt{1-x^2}$ 的正交多项式.

11. 证明对每一个切比雪夫多项式 $T_n(x)$,有 $\displaystyle\int_{-1}^{1} \frac{[T_n(x)]^2}{\sqrt{1-x^2}} \mathrm{d}x = \frac{\pi}{2}$.

证明 因

$$T_n(x) = \cos(n \arccos x), \quad |x| \leqslant 1,$$

令 $\cos\theta = x$,则 $T_n(x) = \cos n\theta$,故

$$\int_{-1}^{1} \frac{[T_n(x)]^2}{\sqrt{1-x^2}} \mathrm{d}x = \int_0^\pi \cos^2 n\theta \mathrm{d}\theta = \int_0^\pi \frac{1+\cos 2n\theta}{2} \mathrm{d}\theta = \frac{\pi}{2}.$$

12. 用 $T_3(x)$ 的零点做插值点,求 $f(x) = \mathrm{e}^x$ 在区间 $[-1,1]$ 上的二次插值多项式,并估计其最大误差界.

解 由 $T_3(x) = 4x^3 - 3x$,知其零点 $x_0 = \dfrac{\sqrt{3}}{2} = 0.866\,025$,$x_1 = 0$,$x_2 = -\dfrac{\sqrt{3}}{2} = -0.866\,025$,从而得插值条件为

$$x_0 = 0.866\,025, \quad f(x_0) = 2.377\,443, \quad x_1 = 0, \quad f(x_1) = 1,$$
$$x_2 = -0.866\,025, \quad f(x_2) = 0.420\,620.$$

利用牛顿插值公式,有

$$p_2(x) = f(x_0) + f[x_0, x_1](x - x_0) + f[x_0, x_1, x_2](x - x_0)(x - x_1),$$

而

$$f[x_0, x_1] = \frac{f(x_1) - f(x_0)}{x_1 - x_0} = 1.590\,535,$$

$$f[x_1, x_2] = \frac{f(x_2) - f(x_1)}{x_2 - x_1} = \frac{-0.579\,38}{-0.866\,025} = 0.669\,011,$$

$$f[x_0, x_1, x_2] = \frac{f[x_1, x_2] - f[x_0, x_1]}{x_2 - x_0} = \frac{-0.921\,524}{-1.732\,050} = 0.532\,042,$$

故

$$p_2(x) = 2.377\,443 + 1.590\,535(x - 0.866\,025) + 0.532\,042(x - 0.866\,025)x.$$

又

$$\max_{-1 \leqslant x \leqslant 1} [\mathrm{e}^x - p_2(x)] \leqslant \frac{M_3}{3!} \cdot \frac{1}{2^2},$$

而

$$M_3 = \max_{-1 \leqslant x \leqslant 1} [f^{(3)}(x)] = \max_{-1 \leqslant x \leqslant 1} [\mathrm{e}^x] \leqslant \mathrm{e}^1 < 2.72,$$

故

$$\max_{-1\leqslant x\leqslant 1}[e^x-p_2(x)]\leqslant\frac{2.72}{3!\cdot 2^2}<1.13\times 10^{-1}.$$

13. 设 $f(x)=x^2+3x+2,x\in[0,1]$,试求 $f(x)$ 在 $[0,1]$ 上关于 $\rho(x)=1,\Phi=\mathrm{span}\{1,x\}$ 的最佳平方逼近多项式. 若取 $\Phi=\mathrm{span}\{1,x,x^2\}$,那么最佳平方逼近多项式是什么?

解　若 $\Phi=\mathrm{span}\{1,x\}$,则 $\varphi_0(x)=1,\varphi_1(x)=x$,因逼近多项式的幂次小 $(n=1)$,故可以用法方程求解,这时

$$(\varphi_0,\varphi_0)=\int_0^1 1\mathrm{d}x=1,\quad(\varphi_1,\varphi_1)=\int_0^1 x^2\mathrm{d}x=\frac{1}{3},\quad(\varphi_0,\varphi_1)=(\varphi_1,\varphi_0)=\int_0^1 x\mathrm{d}x=\frac{1}{2},$$

$$(f,\varphi_0)=\int_0^1(x^2+3x+2)\mathrm{d}x=\frac{23}{6},\quad(f,\varphi_1)=\int_0^1 x(x^2+3x+2)\mathrm{d}x=\frac{9}{4},$$

所以法方程为

$$\begin{bmatrix}1&\dfrac{1}{2}\\[2mm]\dfrac{1}{2}&\dfrac{1}{3}\end{bmatrix}\begin{bmatrix}a_0\\[2mm]a_1\end{bmatrix}=\begin{bmatrix}\dfrac{23}{6}\\[2mm]\dfrac{9}{4}\end{bmatrix},$$

解出 $a_0=\dfrac{11}{6},a_1=4$,所以 $S_1(x)=\dfrac{11}{6}+4x$.

若取 $\Phi=\mathrm{span}\{1,x,x^2\}$,继续计算

$$(\varphi_2,\varphi_2)=\int_0^1 x^4\mathrm{d}x=\frac{1}{5},\quad(\varphi_1,\varphi_2)=(\varphi_2,\varphi_1)=\int_0^1 x^3\mathrm{d}x=\frac{1}{4},$$

$$(\varphi_0,\varphi_2)=(\varphi_2,\varphi_0)=\int_0^1 x^2\mathrm{d}x=\frac{1}{3},\quad(f,\varphi_2)=\int_0^1 x^2(x^2+3x+2)\mathrm{d}x=\frac{97}{60},$$

得法方程为

$$\begin{bmatrix}1&\dfrac{1}{2}&\dfrac{1}{3}\\[2mm]\dfrac{1}{2}&\dfrac{1}{3}&\dfrac{1}{4}\\[2mm]\dfrac{1}{3}&\dfrac{1}{4}&\dfrac{1}{5}\end{bmatrix}\begin{bmatrix}a_0\\[2mm]a_1\\[2mm]a_2\end{bmatrix}=\begin{bmatrix}\dfrac{23}{6}\\[2mm]\dfrac{9}{4}\\[2mm]\dfrac{97}{60}\end{bmatrix},$$

解得 $a_0=2,a_1=3,a_2=1$,所以 $S_2(x)=2+3x+x^2$.

事实上,若 $\Phi=\mathrm{span}\{1,x,x^2\}$,则 Φ 为二次多项式构成的线性空间,而 $f(x)$ 本身即为二次多项式,故其二次最佳平方逼近多项式就是其自身.

14. 求 $f(x)=x^3$ 在区间 $[-1,1]$ 上关于 $\rho(x)=1$ 的最佳平方逼近二次多项式.

解　先计算 $(f(x),\mathrm{P}_k(x))(k=0,1,2)$,其中 $\mathrm{P}_k(x)$ 为勒让德多项式.

$$(f(x),\mathrm{P}_0(x))=\int_{-1}^1 x^3\mathrm{d}x=0,\quad(f(x),\mathrm{P}_1(x))=\int_{-1}^1 x^3\cdot x\mathrm{d}x=\frac{2}{5},$$

$$(f(x),\mathrm{P}_2(x))=\int_{-1}^1 x^3\left(\frac{3}{2}x^2-\frac{1}{2}\right)\mathrm{d}x=0,$$

所以,由 $a_k^*=\dfrac{2k+1}{2}\displaystyle\int_{-1}^1 f(x)\mathrm{P}_k(x)\mathrm{d}x$ 得

$$a_0^* = (f(x), P_0(x))/2 = 0, \quad a_1^* = 3(f(x), P_1(x))/2 = \frac{3}{5},$$

$$a_2^* = 5(f(x), P_2(x))/2 = 0,$$

故 $S_2^*(x) = \frac{3}{5}x$.

15. 求函数 $f(x)$ 在指定区间上对于 $\Phi = \mathrm{span}\{1, x\}$ 的最佳平方逼近多项式:

(1) $f(x) = \dfrac{1}{x}, [1, 3]$;　　　　　　　(2) $f(x) = \mathrm{e}^x, [0, 1]$;

(3) $f(x) = \cos \pi x, [0, 1]$;　　　　　　(4) $f(x) = \ln x, [1, 2]$.

解　因逼近多项式的幂次小 $(n = 1)$, 故可以用法方程求解.

(1) 这里 $\varphi_0(x) = 1, \varphi_1(x) = x, f(x) = \dfrac{1}{x}, [a, b] = [1, 3]$, 因而

$$(\varphi_0, \varphi_0) = \int_1^3 1 \mathrm{d}x = 2, \quad (\varphi_0, \varphi_1) = (\varphi_1, \varphi_0) = \int_1^3 x \mathrm{d}x = 4,$$

$$(\varphi_1, \varphi_1) = \int_1^3 x^2 \mathrm{d}x = \frac{26}{3}, \quad (f, \varphi_0) = \int_1^3 \frac{1}{x} \mathrm{d}x = \ln 3, \quad (f, \varphi_1) = \int_1^3 \frac{1}{x} \cdot x \mathrm{d}x = 2,$$

从而得法方程为

$$\begin{bmatrix} 2 & 4 \\ 4 & \dfrac{26}{3} \end{bmatrix} \begin{bmatrix} a_0 \\ a_1 \end{bmatrix} = \begin{bmatrix} \ln 3 \\ 2 \end{bmatrix},$$

解得 $a_0 = 1.1410, a_1 = -0.2958$, 即 $S_1^*(x) = -0.2958x + 1.1410$.

(2) 这里 $f(x) = \mathrm{e}^x, [a, b] = [0, 1]$, 因而

$$(\varphi_0, \varphi_0) = \int_0^1 1 \mathrm{d}x = 1, \quad (\varphi_0, \varphi_1) = (\varphi_1, \varphi_0) = \int_0^1 x \mathrm{d}x = \frac{1}{2}, \quad (\varphi_1, \varphi_1) = \int_0^1 x^2 \mathrm{d}x = \frac{1}{3},$$

$$(f, \varphi_0) = \int_0^1 \mathrm{e}^x \mathrm{d}x = \mathrm{e} - 1 = 1.7183, \quad (f, \varphi_1) = \int_0^1 \mathrm{e}^x \cdot x \mathrm{d}x = 1,$$

从而得法方程为

$$\begin{bmatrix} 1 & \dfrac{1}{2} \\ \dfrac{1}{2} & \dfrac{1}{3} \end{bmatrix} \begin{bmatrix} a_0 \\ a_1 \end{bmatrix} = \begin{bmatrix} 1.7183 \\ 1 \end{bmatrix},$$

解得 $a_0 = 0.8731, a_1 = 1.6903$, 即 $S_1^*(x) = 1.6903x + 0.8731$.

(3) $f(x) = \cos \pi x, [a, b] = [0, 1]$, 则

$$(\varphi_0, \varphi_0) = \int_0^1 1 \mathrm{d}x = 1, \quad (\varphi_1, \varphi_1) = \int_0^1 x^2 \mathrm{d}x = \frac{1}{3},$$

$$(\varphi_0, \varphi_1) = (\varphi_1, \varphi_0) = \int_0^1 x \mathrm{d}x = \frac{1}{2},$$

$$(f, \varphi_0) = \int_0^1 \cos \pi x \mathrm{d}x = 0, \quad (f, \varphi_1) = \int_0^1 (\cos \pi x) x \mathrm{d}x = -\frac{2}{\pi^2},$$

从而得法方程为

$$\begin{bmatrix} 1 & \dfrac{1}{2} \\ \dfrac{1}{2} & \dfrac{1}{3} \end{bmatrix} \begin{bmatrix} a_0 \\ a_1 \end{bmatrix} = \begin{bmatrix} 0 \\ -\dfrac{2}{\pi^2} \end{bmatrix},$$

解得 $a_1 = -2.4312, a_0 = 1.2156$，即 $S_1^*(x) = -2.4312x + 1.2156$.

(4) $f(x) = \ln x, [a,b] = [1,2]$,

$(\varphi_0, \varphi_0) = \int_1^2 1 \mathrm{d}x = 1$,　$(\varphi_1, \varphi_1) = \int_1^2 x^2 \mathrm{d}x = \dfrac{7}{3}$,　$(\varphi_0, \varphi_1) = (\varphi_1, \varphi_0) = \int_1^2 x \mathrm{d}x = \dfrac{3}{2}$,

$(f, \varphi_0) = \int_1^2 \ln x \mathrm{d}x = 2\ln 2 - 1$,　$(f, \varphi_1) = \int_1^2 x \ln x \mathrm{d}x = 2\ln 2 - \dfrac{3}{4}$,

从而得法方程为

$$\begin{bmatrix} 1 & \dfrac{3}{2} \\ \dfrac{3}{2} & \dfrac{7}{3} \end{bmatrix} \begin{bmatrix} a_0 \\ a_1 \end{bmatrix} = \begin{bmatrix} 2\ln 2 - 1 \\ 2\ln 2 - \dfrac{3}{4} \end{bmatrix},$$

解得 $a_1 = 0.6822, a_0 = -0.6371$，即 $S_1^*(x) = 0.6822x - 0.6371$.

16. $f(x) = \sin \dfrac{\pi}{2}x$，在 $[-1,1]$ 上按勒让德多项式展开求三次最佳平方逼近多项式.

解　由勒让德多项式展开公式得

$$f(x) \sim a_0^* \mathrm{P}_0(x) + a_1^* \mathrm{P}_1(x) + a_2^* \mathrm{P}_2(x) + a_3^* \mathrm{P}_3(x),$$

其中

$$a_k^* = \dfrac{(f, \mathrm{P}_k)}{(\mathrm{P}_k, \mathrm{P}_k)} = \dfrac{2k+1}{2} \int_{-1}^1 f(x) \mathrm{P}_k(x) \mathrm{d}x, \quad k = 0,1,2,3.$$

由 $\mathrm{P}_0(x) = 1$，得 $a_0^* = 0$；

由 $\mathrm{P}_1(x) = x$，得 $a_1^* = \dfrac{3}{2} \int_{-1}^1 \sin \dfrac{\pi}{2}x \cdot x \mathrm{d}x = \dfrac{12}{\pi^2} \approx 1.2158542$；

由 $\mathrm{P}_2(x) = \dfrac{1}{2}(3x^2 - 1)$，得 $a_2^* = \dfrac{5}{2} \int_{-1}^1 \sin \dfrac{\pi}{2}x \cdot \mathrm{P}_2(x) \mathrm{d}x = 0$；

由 $\mathrm{P}_3(x) = \dfrac{1}{2}(5x^3 - 3x)$，得 $a_3^* = \dfrac{7}{2} \int_{-1}^1 \sin \dfrac{\pi}{2}x \cdot \mathrm{P}_3(x) \mathrm{d}x = \dfrac{168}{\pi^2}\left(1 - \dfrac{10}{\pi^2}\right) \approx -0.2248914$.

因此所求三次最佳平方逼近多项式为

$$S_3^*(x) = a_1^* \mathrm{P}_1(x) + a_3^* \mathrm{P}_3(x)$$

$$= 1.2158542x - 0.2248914 \cdot \dfrac{1}{2}(5x^3 - 3x)$$

$$= 1.5531913x - 0.5622285x^3.$$

17. 观测物体的直线运动，得出以下数据：

时间 t/s	0	0.9	1.9	3.0	3.9	5.0
距离 s/m	0	10	30	50	80	110

求运动方程.

解 设直线运动的方程为 $S=at+b$, 逼近多项式的幂次小($n=1$), 故可以用法方程求解. 由给定数据得

$$\sum_{i=1}^{6}1=6, \quad \sum_{i=1}^{6}x_i=14.7, \quad \sum_{i=1}^{6}x_i^2=53.63, \quad \sum_{i=1}^{6}y_i=280, \quad \sum_{i=1}^{6}x_iy_i=1078,$$

于是得法方程

$$\begin{cases} 6b+14.7a=280, \\ 14.7b+53.63a=1078, \end{cases}$$

解得 $b=-7.8550478$, $a=22.25376$, 所以运动方程为

$$S=22.25376t-7.8550478.$$

18. 已知实验数据如下:

x_i	19	25	31	38	44
y_i	19.0	32.3	49.0	73.3	97.8

用最小二乘法求形如 $y=a+bx^2$ 的经验公式, 并计算均方误差.

解 由题意 $\Phi=\mathrm{span}\{1,x^2\}$, $\varphi_0(x)=1$, $\varphi_1(x)=x^2$, 因逼近多项式的幂次小($n=2$), 故可以用法方程求解. 因而

$$(\boldsymbol{\varphi}_0,\boldsymbol{\varphi}_0)=\sum_{i=1}^{5}1^2=5, \quad (\boldsymbol{\varphi}_1,\boldsymbol{\varphi}_1)=\sum_{i=1}^{5}x_i^4=7\,277\,699,$$

$$(\boldsymbol{\varphi}_0,\boldsymbol{\varphi}_1)=(\boldsymbol{\varphi}_1,\boldsymbol{\varphi}_0)=\sum_{i=1}^{5}x_i^2=5327,$$

$$(\boldsymbol{\varphi}_0,\boldsymbol{y})=\sum_{i=1}^{5}y_i=271.4, \quad (\boldsymbol{\varphi}_1,\boldsymbol{y})=\sum_{i=1}^{5}x_i^2y_i=369\,321.5,$$

从而得法方程

$$\begin{cases} 5a+5327b=271.4, \\ 5327a+7\,277\,699b=369\,321.5, \end{cases}$$

解得 $a=0.9726046$, $b=0.0500351$, 所以经验公式为

$$y=0.9726046+0.0500351x^2,$$

均方误差为

$$\|\delta\|_2=[\|\boldsymbol{y}\|_2^2-a(\boldsymbol{\varphi}_0,\boldsymbol{y})-b(\boldsymbol{\varphi}_1,\boldsymbol{y})]^{1/2}=0.1226.$$

19. 在某化学反应中, 由实验得分解物浓度与时间关系如下:

时间 t/s	0	5	10	15	20	25	35	40	45	50	55
浓度 $y/(\times 10^{-4})$	0	1.27	2.16	2.85	3.44	3.87	4.15	4.58	4.58	4.62	4.64

用最小二乘法求 $y=f(t)$.

解 将给定数据点画出散点图如下, 可见曲线近似指数函数, 故设 $y=a\mathrm{e}^{b/t}$, 两边取对数得

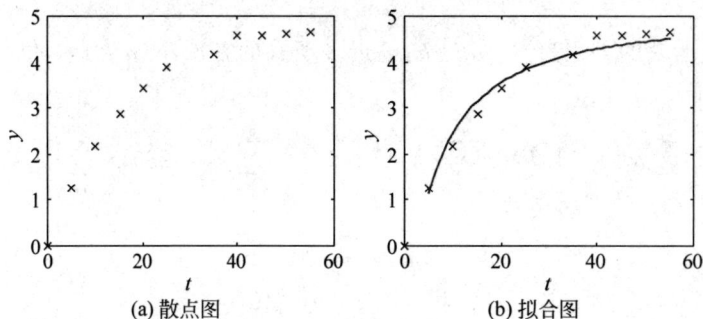

(a) 散点图　　　　　　　　(b) 拟合图

$$\ln y = \ln a + \frac{b}{t},$$

记 $\bar{y} = \ln y, A = \ln a$，则有

$$\bar{y} = A + b \frac{1}{t},$$

即 $\Phi = \mathrm{span}\left\{1, \dfrac{1}{t}\right\}, \varphi_0(x) = 1, \varphi_1(x) = \dfrac{1}{t}$. 逼近多项式的幂次小 $(n=1)$，故可以用法方程求解. 由于 0 的倒数及对数都不存在，所以我们在计算时将第一个节点的数据排除. 计算

$$(\boldsymbol{\varphi}_0, \boldsymbol{\varphi}_0) = \sum_{i=2}^{11} 1^2 = 10, \quad (\boldsymbol{\varphi}_1, \boldsymbol{\varphi}_1) = \sum_{i=2}^{11} \frac{1}{t_i^2} = 0.061\,210\,18.$$

$$(\boldsymbol{\varphi}_0, \boldsymbol{\varphi}_1) = (\boldsymbol{\varphi}_1, \boldsymbol{\varphi}_0) = \sum_{i=2}^{11} \frac{1}{t_i} = 0.570\,642\,14,$$

$$(\boldsymbol{\varphi}_0, \bar{\boldsymbol{y}}) = \sum_{i=2}^{11} \bar{y}_i = 12.176\,785\,50, \quad (\boldsymbol{\varphi}_1, \bar{\boldsymbol{y}}) = \sum_{i=2}^{11} \frac{\bar{y}_i}{t_i} = 0.481\,569\,26,$$

从而得法方程为

$$\begin{cases} 10A + 0.570\,642\,14b = 12.176\,785\,50, \\ 0.570\,642\,14A + 0.061\,210\,18b = 0.481\,569\,26, \end{cases}$$

解得 $b = -7.445\,454\,74, A = 1.642\,547\,55$，从而得 $a = 5.168\,319\,33$，故

$$y = 5.168\,319\,33\mathrm{e}^{\frac{-7.445\,454\,74}{t}}.$$

20. 用辗转相除法将 $R_{22}(x) = \dfrac{3x^2 + 6x}{x^2 + 6x + 6}$ 化为连分式.

解　$R_{22}(x) = \dfrac{3x^2 + 6x}{x^2 + 6x + 6} = 3 - \dfrac{12x + 18}{x^2 + 6x + 6} = 3 - \dfrac{12}{\dfrac{x^2 + 6x + 6}{x + \dfrac{3}{2}}}$

$$= 3 - \cfrac{12}{x + \dfrac{9}{2} - \cfrac{\dfrac{3}{4}}{x + \dfrac{3}{2}}} = 3 - \cfrac{12}{x + 4.5 - \cfrac{0.75}{x + 1.5}}.$$

21. 求 $f(x)=\sin x$ 在 $x=0$ 处的 $(3,3)$ 阶帕德逼近 $R_{33}(x)$.

解 $f(x)=\sin x$ 在 $x=0$ 处的泰勒展开为

$$\sin x = x - \frac{x^3}{3!} + \frac{x^5}{5!} - \frac{x^7}{7!} + \cdots,$$

因而有

$$c_0=0, \quad c_1=1, \quad c_2=0, \quad c_3=-\frac{1}{3!}=-\frac{1}{6}, \quad c_4=0, \quad c_5=\frac{1}{5!}=\frac{1}{120}, \quad c_6=0.$$

当 $m=n=3$ 时,所求解的线性方程组为

$$\begin{cases} -c_1 b_3 - c_2 b_2 - c_3 b_1 = c_4, \\ -c_2 b_3 - c_3 b_2 - c_4 b_1 = c_5, \\ -c_3 b_3 - c_4 b_2 - c_5 b_1 = c_6, \end{cases}$$

即

$$-\begin{bmatrix} 1 & 0 & \dfrac{-1}{6} \\ 0 & \dfrac{-1}{6} & 0 \\ \dfrac{-1}{6} & 0 & \dfrac{1}{120} \end{bmatrix} \begin{bmatrix} b_3 \\ b_2 \\ b_1 \end{bmatrix} = \begin{bmatrix} 0 \\ \dfrac{1}{120} \\ 0 \end{bmatrix},$$

解得 $b_3=0, b_2=\dfrac{1}{20}, b_1=0$. 又由

$$a_k = \sum_{j=0}^{k-1} c_j b_{k-j} + c_k, \quad k=0,1,2,3,$$

有

$$a_0 = c_0 = 0, \quad a_1 = c_0 b_1 + c_1 = 1, \quad a_2 = c_0 b_2 + c_1 b_1 + c_2 = 0,$$

$$a_3 = c_0 b_3 + c_1 b_2 + c_2 b_1 + c_3 = \frac{1}{20} - \frac{1}{6} = -\frac{7}{60},$$

所以

$$R_{33}(x) = \frac{a_0 + a_1 x + a_2 x^2 + a_3 x^3}{1 + b_1 x + b_2 x^2 + b_3 x^3} = \frac{x - \dfrac{7}{60} x^3}{1 + \dfrac{1}{20} x^2} = \frac{60x - 7x^3}{60 + 3x^2}.$$

22. 求 $f(x)=e^x$ 在 $x=0$ 处的 $(2,1)$ 阶帕德逼近 $R_{21}(x)$.

解 $f(x)=e^x$ 在 $x=0$ 处的泰勒展开为

$$e^x = 1 + x + \frac{x^2}{2!} + \frac{x^3}{3!} + \cdots,$$

因而,有 $c_0=1, c_1=1, c_2=\dfrac{1}{2}, c_3=\dfrac{1}{3!}=\dfrac{1}{6}$.

当 $n=2, m=1$ 时,所求解的方程组为 $-c_2 b_1 = c_3$, 即 $-\dfrac{1}{2} b_1 = \dfrac{1}{6}$, 解得 $b_1 = -\dfrac{1}{3}$.

因 $m=1$, 故令 $b_2=0$, 由

$$a_k = \sum_{j=0}^{k-1} c_j b_{k-j} + c_k, \quad k=0,1,2,$$

有

$$a_0 = c_0 = 1, \quad a_1 = c_0 b_1 + c_1 = -\frac{1}{3} + 1 = \frac{2}{3}, \quad a_2 = c_0 b_2 + c_1 b_1 + c_2 = -\frac{1}{3} + \frac{1}{2} = \frac{1}{6},$$

所以

$$R_{21}(x) = \frac{a_0 + a_1 x + a_2 x^2}{1 + b_1 x} = \frac{1 + \frac{2}{3}x + \frac{1}{6}x^2}{1 - \frac{1}{3}x} = \frac{6 + 4x + x^2}{6 - 2x}.$$

23. 求 $f(x) = \frac{1}{x}\ln(1+x)$ 在 $x=0$ 处的 $(1,1)$ 阶帕德逼近 $R_{11}(x)$.

解　由 $\ln(1+x) = x - \frac{1}{2}x^2 + \frac{1}{3}x^3 - \frac{1}{4}x^4 + \cdots$ 得 $f(x) = \frac{1}{x}\ln(1+x)$ 在 $x=0$ 处的泰勒展开为

$$\frac{1}{x}\ln(1+x) = 1 - \frac{1}{2}x + \frac{1}{3}x^2 - \frac{1}{4}x^3 + \cdots,$$

因而,有 $c_0 = 1, c_1 = -\frac{1}{2}, c_2 = \frac{1}{3}, c_3 = -\frac{1}{4}$.

当 $n = m = 1$ 时,所求解的方程组为 $-c_1 b_1 = c_2$,即 $\frac{1}{2}b_1 = \frac{1}{3}$,于是 $b_1 = \frac{2}{3}$.

由

$$a_k = \sum_{j=0}^{k-1} c_j b_{k-j} + c_k, \quad k=0,1,$$

有

$$a_0 = c_0 = 1, \quad a_1 = c_0 b_1 + c_1 = \frac{2}{3} - \frac{1}{2} = \frac{1}{6},$$

所以

$$R_{11}(x) = \frac{a_0 + a_1 x}{1 + b_1 x} = \frac{1 + \frac{1}{6}x}{1 + \frac{2}{3}x} = \frac{6 + x}{6 + 4x}.$$

24. 给定 $f(x) = \cos 2x, m=4, n=2$,求 $[-\pi,\pi]$ 上的离散最小二乘三角多项式 $S_2(x)$.

解　先求 $f(x) = \cos 2x$ 在 $[0,2\pi]$ 上的最小二乘三角逼近多项式 $S_2(x)$.

由 $m=4, n=2$,有

$$x_j = \frac{2\pi j}{9}, \quad j=0,1,\cdots,8,$$

$$S_2(x) = \frac{1}{2}a_0 + \sum_{k=1}^{2}(a_k \cos kx + b_k \sin kx),$$

$$a_k = \frac{2}{9}\sum_{j=0}^{8} f_j \cos\frac{2\pi jk}{9}, \quad k=0,1,2,$$

$$b_k = \frac{2}{9} \sum_{j=0}^{8} f_j \sin \frac{2\pi jk}{9}, \quad k = 1, 2,$$

由函数族 $\{1, \cos x, \sin x, \cdots, \cos 4x, \sin 4x\}$ 在点集 $\left\{x_j = \frac{2\pi j}{9}\right\}$ 上的正交性,有

$$a_k = \frac{2}{9} \sum_{j=0}^{8} \cos 2 \cdot \frac{2\pi j}{9} \cos k \, \frac{2\pi j}{9} = \begin{cases} \dfrac{2}{9} \cdot \dfrac{9}{2} = 1, & k = 2, \\ 0, & k \neq 2; \end{cases}$$

$$b_k = \frac{2}{9} \sum_{j=0}^{8} \sin 2 \cdot \frac{2\pi j}{9} \cos k \, \frac{2\pi j}{9} = 0, \quad k = 1, 2.$$

故 $f(x) = \cos 2x$ 在 $[0, 2\pi]$ 上的离散最小二乘三角逼近多项式为 $S_2(x) = \cos 2x$.

由 $f(x) = \cos 2x$ 的周期性,知 $f(x)$ 在 $[-\pi, \pi]$ 上的离散最小二乘三角逼近多项式为 $S_2(x) = \cos 2x$.

事实上,$f(x) = \cos 2x$ 本身为周期函数,故其最小二乘三角逼近多项式 $S_2(x)$ 即为其自身.

25. 使用 FFT 算法,求函数 $f(x) = |x|$ 在 $[-\pi, \pi]$ 上的 4 次三角插值多项式 $S_4(x)$.

解 由于函数 $f(x) = |x|$ 为偶函数,所以插值三角多项式中余弦函数对应的系数 $b_k = 0, k = 1, 2, 3, \cdots$. 设 $S_4(x) = \frac{1}{2} a_0 + \sum_{k=1}^{4} (a_k \cos kx + b_k \sin kx)$,则可在 $[-\pi, \pi]$ 上取 8 个点 $x_j = -\pi + \frac{\pi}{4} j, j = 0, 1, \cdots, 7$,即 $N = 8, f_j = |x_j|$. 由 FFT 算法,先计算

$$c_k = \sum_{j=0}^{7} f_j \omega^{jk},$$

这里 $\omega = e^{i\frac{2}{8}\pi} = e^{i\frac{\pi}{4}}$,由 FFT 算法计算过程(教材中表 3-5),有

$$c_0 = 4\pi, \quad c_1 = \pi + \frac{1}{2}\pi\omega - \frac{1}{2}\pi\omega^3 = 5.363\,034,$$

$$c_2 = 0, \quad c_3 = \pi + \frac{1}{2}\pi\omega^3 + \frac{1}{2}\pi\omega^5 = 0.920\,151, \quad c_4 = 0.$$

故由 $a_k = \frac{1}{4} \text{Re} (c_k e^{-i\pi k})$,有

$$a_0 = \frac{1}{4} \text{Re} (c_0) = \pi = 3.141\,592\,6,$$

$$a_1 = \frac{1}{4} \text{Re} (c_1 e^{-i\pi}) = -1.340\,759, \quad a_2 = 0,$$

$$a_3 = \frac{1}{4} \text{Re} (c_3 e^{-i\pi 3}) = -0.230\,037, \quad a_4 = 0,$$

即

$$S_4(x) = 1.570\,796 - 1.340\,759 \cos x - 0.230\,037 \cos 3x.$$

第4章 数值积分与数值微分

4.1 内容概述

由微积分的知识可知,不是所有的函数都可以求出其不定积分的,自然不是所有的积分都可以用牛顿-莱布尼茨公式求得的.前面我们学习了函数的插值及逼近理论,自然会想到将它们应用到函数的积分的近似计算中.

在积分区间$[a,b]$上给定一组节点$a \leqslant x_0 < x_1 < x_2 < \cdots < x_n \leqslant b$,且已知$f(x)$在这些节点上的值$f(x_i)(i=0,1,\cdots,n)$,用$n$次拉格朗日插值多项式

$$L_n(x) = \sum_{k=0}^{n} f(x_k) l_k(x)$$

近似被积函数$f(x)$,则

$$f(x) = L_n(x) + R_n(x),$$

$$\int_a^b f(x)\mathrm{d}x = \int_a^b L_n(x)\mathrm{d}x + \int_a^b R_n(x)\mathrm{d}x.$$

取 $I_n = \int_a^b L_n(x)\mathrm{d}x = \int_a^b \sum_{k=0}^{n} f(x_k) l_k(x)\mathrm{d}x = \sum_{k=0}^{n} f(x_k) \int_a^b l_k(x)\mathrm{d}x$,作为积分 $I[f] = \int_a^b f(x)\mathrm{d}x$ 的近似值,这样构造出的求积公式

$$\int_a^b f(x)\mathrm{d}x \approx I_n = \sum_{k=0}^{n} A_k f(x_k),$$

称为**插值型求积公式**.其中,x_k 称为**求积节点**;$A_k = \int_a^b l_k(x)\mathrm{d}x (k=0,1,\cdots,n)$ 为插值基函数的积分,称为**求积系数**,亦称为伴随节点 x_k 的**权**.A_k 仅与求积区间$[a,b]$及节点 x_k 的选取有关,与被积函数 $f(x)$ 无关.

用$[a,b]$上的线性插值函数$L_1(x)$来近似被积函数$f(x)$,取插值节点为$x_0=a,x_1=b$,则

$$L_1(x) = l(x_0)f(x_0) + l(x_1)f(x_1) = \frac{x-b}{a-b}f(a) + \frac{x-a}{b-a}f(b),$$

$$\int_a^b f(x)\mathrm{d}x \approx \int_a^b L_1(x)\mathrm{d}x = \frac{b-a}{2}[f(a)+f(b)].$$

此式称为梯形公式,其几何意义就是用梯形面积$\frac{b-a}{2}[f(a)+f(b)]$近似曲线$f(x)$在$[a,b]$上的面积$\int_a^b f(x)\mathrm{d}x$.由插值余项公式得求积公式的余项

$$R[f] = \int_a^b R_n(x)\mathrm{d}x = \frac{1}{(n+1)!}\int_a^b f^{(n+1)}(\xi)\omega_{n+1}(x)\mathrm{d}x,$$

其中ξ依赖于$x,\omega_{n+1}(x) = (x-x_0)(x-x_1)\cdots(x-x_n)$.

如果被积函数 $f(x)$ 为次数小于或等于 n 的多项式,则求积公式余项为零,从而 $\int_a^b f(x)\mathrm{d}x = \sum_{k=0}^n A_k f(x_k)$,即求积公式是准确成立的.这给我们判断一个求积公式所求得的值的精确程度提供了一个衡量的尺度.

定义 4.1 如果某个求积公式对于次数不超过 m 的多项式均准确成立,但对于 $m+1$ 次多项式不准确成立,则称该求积公式具有 m 次**代数精度**(或**代数精确度**).

代数精度越高,求积公式的近似效果越好.

定理 4.1 $n+1$ 个求积节点的插值型求积公式的代数精度至少为 n.

也可以通过代数精度的要求确定求积节点和求积系数.

若求积公式的代数精度为 m,可以证明其余项可表示为

$$R[f] = \int_a^b f(x)\mathrm{d}x - \sum_{k=0}^n A_k f(x_k) = K f^{(m+1)}(\eta),$$

其中,K 为不依赖于 $f(x)$ 的待定参数,$\eta \in (a,b)$.

该结果表明,当 $f(x)$ 是次数小于或等于 m 的多项式时,$R[f]=0$,求积公式精确成立,而当 $f(x) = x^{m+1}$ 时,$f^{(m+1)}(x) = (m+1)!$,$R[f] \neq 0$,故 $f(x) = x^{m+1}$ 将代入余项公式可得

$$K = \frac{1}{(m+1)!}\left[\int_a^b x^{m+1}\mathrm{d}x - \sum_{k=0}^n A_k x_k^{m+1}\right] = \frac{1}{(m+1)!}\left[\frac{1}{m+2}(b^{m+2}-a^{m+2}) - \sum_{k=0}^n A_k x_k^{m+1}\right].$$

对于梯形公式,其代数精度为 1,故

$$K = \frac{1}{2}\left[\frac{1}{3}(b^3-a^3) - \frac{b-a}{2}(a^2+b^2)\right] = -\frac{1}{12}(b-a)^3.$$

于是梯形公式的余项为

$$R[f] = -\frac{1}{12}(b-a)^3 f''(\eta), \quad \eta \in (a,b).$$

随后讲述求积公式收敛、稳定的概念,并论证在什么条件下,求积公式是稳定的.

定义 4.2 在求积公式 $\int_a^b f(x)\mathrm{d}x \approx \sum_{k=0}^n A_k f(x_k)$ 中,若

$$\lim_{\substack{n\to\infty \\ h\to 0}} \sum_{k=0}^n A_k f(x_k) = \int_a^b f(x)\mathrm{d}x,$$

其中 $h = \max_{1\leqslant i\leqslant n}(x_i - x_{i-1})$,则称求积公式是**收敛**的.

求积公式中,计算 $f(x_k)$ 可能产生误差 δ_k,实际得到的是 $\widetilde{f}_k$,即 $f(x_k) = \widetilde{f}_k + \delta_k$,记 $I_n[f] = \sum_{k=0}^n A_k f(x_k)$,$I_n[\widetilde{f}] = \sum_{k=0}^n A_k \widetilde{f}_k$.

定义 4.3 对任给 $\varepsilon > 0$,若 $\exists \delta > 0$,只要 $|f(x_k) - \widetilde{f}_k| \leqslant \delta\, (k=0,1,\cdots,n)$,就有

$$|I_n[f] - I_n[\widetilde{f}]| = \left|\sum_{k=0}^n A_k(f(x_k) - \widetilde{f}_k)\right| \leqslant \varepsilon$$

成立,则称求积公式 $\int_a^b f(x)\mathrm{d}x \approx I_n = \sum_{k=0}^n A_k f(x_k)$ 是**稳定**的.

定理 4.2　若求积公式 $\int_a^b f(x)\mathrm{d}x \approx \sum_{k=0}^n A_k f(x_k)$ 中系数 $A_k > 0 (k=0,1,\cdots,n)$，则此求积公式是稳定的.

再后，讲述在插值节点等间距的情况下，对应的求积公式——牛顿-柯特斯公式.

设将积分区间 $[a,b]$ 划分为 n 等份，步长 $h=\dfrac{b-a}{n}$，选取等距节点 $x_k = a + kh$，构造出的插值型求积公式

$$I_n = (b-a)\sum_{k=0}^n C_k^{(n)} f(x_k)$$

称为**牛顿-柯特斯公式**，式中 $C_k^{(n)}$ 称为**柯特斯系数**.引进变换 $x = a + th$，可简化柯特斯系数的计算，即

$$C_k^{(n)} = \frac{1}{b-a}\int_a^b l_k(x)\mathrm{d}x = \frac{h}{b-a}\int_0^n \prod_{\substack{j=0\\j\neq k}}^n \frac{t-j}{k-j}\mathrm{d}t = \frac{(-1)^{n-k}}{nk!(n-k)!}\int_0^n \prod_{\substack{j=0\\j\neq k}}^n (t-j)\mathrm{d}t.$$

当 $n=1$ 时，即为梯形公式.当 $n=2$ 时，$C_0^{(2)}=C_2^{(2)}=\dfrac{1}{6}$，$C_1^{(2)}=\dfrac{4}{6}$，为辛普森公式

$$S = \frac{b-a}{6}\left[f(a) + 4f\left(\frac{a+b}{2}\right) + f(b)\right],$$

代数精度 $m=3$，余项

$$R[f] = -\frac{b-a}{180}\left(\frac{b-a}{2}\right)^4 f^{(4)}(\eta), \quad \eta \in (a,b).$$

当 $n=4$ 时称为柯特斯公式

$$S = \frac{b-a}{90}[7f(x_0) + 32f(x_1) + 12f(x_2) + 32f(x_3) + 7f(x_4)],$$

代数精度 $m=5$，余项

$$R[f] = -\frac{2(b-a)}{945}\left(\frac{b-a}{2}\right)^6 f^{(6)}(\eta), \quad \eta \in (a,b).$$

当 $n=8$ 时，柯特斯系数 $C_k^{(n)}$ 出现负值，从计算稳定性角度看，计算不稳定，故 $n \geqslant 8$ 时的牛顿-柯特斯公式是不适合使用的.当 $n=2,4$ 时求积公式的代数精度为 $n+1$，这不是特例，而是一个普遍的结果.

定理 4.3　当阶 n 为偶数时，牛顿-柯特斯公式至少具有 $n+1$ 次代数精度.

牛顿-柯特斯公式在 $n \geqslant 8$ 时不具有稳定性，因此不能通过提高代数精度的阶的方法来提高求积精度.注意求积公式的余项与积分区间的长度密切相关，缩短积分区间的长度也可以减小余项.为了提高近似精度，利用分段低次插值的思想，把积分区间分成若干子区间(通常是等分)，再在每个子区间上运用低阶代数精度的求积公式，这种方法称为**复合求积法**.

复合梯形公式：对应于等间距的分段线性插值的求积公式

$$T_n = \frac{h}{2}\sum_{k=0}^{n-1}[f(x_k) + f(x_{k+1})] = \frac{h}{2}\left[f(a) + 2\sum_{k=1}^{n-1} f(x_k) + f(b)\right],$$

若 $f(x) \in C^2[a,b]$，则余项

$$R_n[f] = I - T_n = -\frac{b-a}{12}h^2 f''(\eta), \quad \eta \in (a,b),$$

误差阶为 h^2,当 $f(x) \in C[a,b]$ 时,复合梯形公式收敛,T_n 的求积系数为正,复合梯形公式是稳定的.

复合辛普森公式:对应于等间距的分段二次插值的求积公式

$$S_n = \frac{h}{6}\sum_{k=0}^{n-1}\left[f(x_k) + 4f(x_{k+1/2}) + f(x_{k+1})\right]$$

$$= \frac{h}{6}\left[f(a) + 4\sum_{k=0}^{n-1}f(x_{k+1/2}) + 2\sum_{k=1}^{n-1}f(x_k) + f(b)\right],$$

若 $f(x) \in C^4[a,b]$,则余项

$$R_n[f] = I - S_n = -\frac{b-a}{180}\left(\frac{h}{2}\right)^4 f^{(4)}(\eta), \quad \eta \in (a,b),$$

误差阶为 h^4,当 $f(x) \in C[a,b]$ 时,复合辛普森公式收敛,S_n 的求积系数为正,复合辛普森公式是稳定的.

在用复合求积法实际计算时,若精度不够可将步长逐次分半以提高求积精度.将区间 $[a,b]$ 分为 n 等分,共有 $n+1$ 个分点,如果将求积区间再二分一次,则分点增至 $2n+1$ 个,将二分前后两个积分值联系起来加以考察,可以得到**梯形法的递推公式**

$$T_{2n} = \frac{1}{2}T_n + \frac{h}{2}\sum_{k=0}^{n-1}f(x_{k+1/2}).$$

当区间 $[a,b]$ 分为 n 等份时,有

$$I - T_n = -\frac{b-a}{12}h^2 f''(\eta), \quad \eta \in (a,b), \quad h = \frac{b-a}{n}.$$

若记 $T_n = T(h)$,当区间 $[a,b]$ 分为 $2n$ 等份时,则有 $T_{2n} = T\left(\frac{h}{2}\right)$,并且有

$$T(h) = I + \frac{b-a}{12}h^2 f''(\eta), \quad \lim_{h \to 0}T(h) = T(0) = I,$$

梯形公式的余项可展成级数形式,即定理 4.4 的结果.

定理 4.4　设 $f(x) \in C^{\infty}[a,b]$,则有
$$T(h) = I + \alpha_1 h^2 + \alpha_2 h^4 + \cdots + \alpha_l h^{2l} + \cdots,$$
其中系数 $\alpha_l (l=1,2,\cdots)$ 与 h 无关.

定理 4.4 表明 $T(h) \approx I$ 是 $O(h^2)$ 阶,用 $h/2$ 代替 h,有

$$T\left(\frac{h}{2}\right) = I + \alpha_1\frac{h^2}{4} + \alpha_2\frac{h^4}{16} + \cdots + \alpha_l\left(\frac{h}{2}\right)^{2l} + \cdots.$$

将 $T(h)$ 和 $T(h/2)$ 做线性组合,有

$$S(h) = \frac{4T(h/2) - T(h)}{3} = I + \beta_1 h^4 + \beta_2 h^6 + \cdots$$

这里 $\beta_1, \beta_2, \cdots$ 是与 h 无关的系数.用 $S(h)$ 近似积分值 I,误差阶为 $O(h^4)$,比复合梯形公式的误差阶 $O(h^2)$ 提高了.事实上 $S(h) = S_n$,即为将 $[a,b]$ 分为 n 等份得到的复合辛普森公式,这种将计算 I 的近似值的误差阶由 $O(h^2)$ 提高到 $O(h^4)$ 的方法称为**外推算法**,也称为**理查森外推算法**,是数值分析中一个重要的技巧.只要真值与近似值的误差能表示成 h

的幂级数,都可以使用外推算法提高精度.

类似地,有

$$S_n = \frac{4T_{2n} - T_n}{3}, \quad C_n = \frac{1}{15}(16S_{2n} - S_n),$$

进一步外推,可以得到误差阶为 $O(h^8)$ 的算法公式

$$R(h) = \frac{1}{63}[64C_{2n} - C_n].$$

一般地,引入记号 $T_0(h) = T(h), T_1(h) = S(h), T_2(h) = C(h), T_3(h) = R(h)$,外推公式统一写成

$$T_m(h) = \frac{4^m}{4^m - 1} T_{m-1}\left(\frac{h}{2}\right) - \frac{1}{4^m - 1} T_{m-1}(h),$$

经过 $m(m=1,2,\cdots)$ 次加速后,余项便取下列形式

$$T_m(h) = I + \delta_1 h^{2(m+1)} + \delta_2 h^{2(m+2)} + \cdots,$$

这种处理方法称为**理查森外推加速方法**.

以 $T_0^{(k)}$ 表示二分 k 次后求得的梯形值,且以 $T_m^{(k)}$ 表示序列 $\{T_0^{(k)}\}$ 的 m 次加速值,则依递推公式可得

$$T_m^{(k)} = \frac{4^m}{4^m - 1} T_{m-1}^{(k+1)} - \frac{1}{4^m - 1} T_{m-1}^{(k)}, \quad k = 1, 2, \cdots.$$

这就是**龙贝格求积算法**.

复合求积算法通常适用于被积函数在积分区间上变化不大的情形,如果在求积区间中被积函数变化很大,有的部分函数值变化剧烈,另一部分变化平缓,这时统一将区间等分用复合求积公式计算积分工作量大,因为要达到误差要求对变化剧烈部分必须将区间细分,而平缓部分则可用大步长.针对被积函数在区间上不同情形采用不同步长,使得在满足精度前提下积分计算工作量尽可能小.这类问题的算法技巧是在不同区间上预测被积函数变化的剧烈程度确定相应步长,这类方法称为**自适应积分方法**.

回过头来,再次探究插值型求积公式

$$\int_a^b f(x)\rho(x)\mathrm{d}x \approx \sum_{k=0}^n A_k f(x_k),$$

其中 $\rho(x)$ 为权函数,看是否可以提高近似精度.当 $x_k(k=0,1,\cdots,n)$ 确定后,A_k 也确定了,实际参数变为 $n+1$ 个,此时求积公式的代数精度至少为 n.进一步,如果放开对插值节点(求积节点)x_k 及求积系数的限制,则含有 $2n+2$ 个待定参数 $x_k, A_k(k=0,1,\cdots,n)$,有望使求积公式具有 $2n+1$ 次代数精度.

定义 4.4　如果求积公式

$$\int_a^b f(x)\rho(x)\mathrm{d}x \approx \sum_{k=0}^n A_k f(x_k)$$

具有 $2n+1$ 次代数精度,则称其节点 $x_k(k=0,1,\cdots,n)$ 为**高斯点**,相应的求积公式为**高斯型求积公式**.

定理 4.5　插值型求积公式

$$\int_a^b f(x)\rho(x)\mathrm{d}x \approx \sum_{k=0}^n A_k f(x_k)$$

的节点 $a \leqslant x_0 < x_1 < \cdots < x_n \leqslant b$ 是高斯点的充分必要条件是以这些节点为零点的多项式 $\omega_{n+1}(x) = (x-x_0)(x-x_1)\cdots(x-x_n)$ 与任何次数不超过 n 的多项式 $p(x)$ 带权 $\rho(x)$ 正交,即

$$\int_a^b p(x)\omega_{n+1}(x)\rho(x)\mathrm{d}x = 0.$$

进一步还可以得出 $n+1$ 个节点的数值积分公式的代数精度最高为 $2n+1$,因此定理 4.5 将求积公式代数精度的最大化与正交多项式联系在一起.

定理 4.6 高斯求积公式

$$\int_a^b f(x)\rho(x)\mathrm{d}x \approx \sum_{k=0}^n A_k f(x_k)$$

的求积系数 $A_k(k=0,1,\cdots,n)$ 全是正的.

推论 高斯求积公式是稳定的.

定理 4.7 设 $f(x) \in C[a,b]$,则高斯求积公式是收敛的,即

$$\lim_{n\to\infty} \sum_{k=0}^n A_k f(x_k) = \int_a^b f(x)\rho(x)\mathrm{d}x.$$

在高斯型求积公式中,取权函数 $\rho(x)=1$,积分区间 $[-1,1]$,求积节点为 $n+1$ 次勒让德多项式 $P_{n+1}(x)$ 的零点,则

$$\int_{-1}^1 f(x)\mathrm{d}x \approx \sum_{k=0}^n A_k f(x_k)$$

为**高斯-勒让德求积公式**. 求积公式的余项

$$R_n[f] = \frac{2^{2n+3}[(n+1)!]^4}{(2n+3)[(2n+2)!]^3} f^{(2n+2)}(\eta), \quad \eta \in (-1,1).$$

一点高斯-勒让德求积公式即为中点公式

$$\int_{-1}^1 f(x)\mathrm{d}x \approx 2f(0).$$

两点高斯-勒让德求积公式为

$$\int_{-1}^1 f(x)\mathrm{d}x \approx f\left(-\frac{1}{\sqrt{3}}\right) + f\left(\frac{1}{\sqrt{3}}\right).$$

三点高斯-勒让德求积公式为

$$\int_{-1}^1 f(x)\mathrm{d}x \approx \frac{5}{9}f\left(-\frac{\sqrt{15}}{5}\right) + \frac{8}{9}f(0) + \frac{5}{9}f\left(\frac{\sqrt{15}}{5}\right).$$

当积分区间为一般的区间 $[a,b]$ 时,可通过变换 $x = \frac{b-a}{2}t + \frac{a+b}{2}$ 将 $[a,b]$ 化为 $[-1,1]$,这时

$$\int_a^b f(x)\mathrm{d}x = \frac{b-a}{2}\int_{-1}^1 f\left(\frac{b-a}{2}t + \frac{a+b}{2}\right)\mathrm{d}t,$$

然后对等式右端的积分使用高斯-勒让德求积公式即可.

取权函数 $\rho(x) = \frac{1}{\sqrt{1-x^2}}$,积分区间 $[-1,1]$ 所建立的高斯求积公式

$$\int_{-1}^{1} \frac{f(x)}{\sqrt{1-x^2}} \mathrm{d}x \approx \sum_{k=0}^{n} A_k f(x_k)$$

称为**高斯-切比雪夫求积公式**.

求积节点即高斯点是 $n+1$ 次切比雪夫多项式的零点, 即

$$x_k = \cos\left(\frac{2k+1}{2n+2}\pi\right), \quad k=0,1,\cdots,n$$

求积系数

$$A_k = \frac{\pi}{n+1}, \quad k=0,1,\cdots,n,$$

使用时将 $n+1$ 个节点公式改为 n 个节点, 高斯-切比雪夫求积公式可写成

$$\int_{-1}^{1} \frac{f(x)}{\sqrt{1-x^2}} \mathrm{d}x \approx \frac{\pi}{n} \sum_{k=1}^{n} f(x_k), \quad x_k = \cos\left(\frac{2k-1}{2n}\pi\right), \quad k=1,2,\cdots,n,$$

求积公式的余项

$$R[f] = \frac{2\pi}{2^{2n}(2n)!} f^{(2n)}(\eta), \quad \eta \in (-1,1).$$

带权的高斯求积公式可用于计算奇异积分. 比如, 取权函数 $\rho(x) = \mathrm{e}^{-x}$, 积分区间 $[0,+\infty)$, 求积节点为拉盖尔多项式

$$\mathrm{L}_n(x) = \mathrm{e}^x \frac{\mathrm{d}^n}{\mathrm{d}x^n}(x^n \mathrm{e}^{-x})$$

的零点, 对应的高斯型求积公式为**高斯-拉盖尔求积公式**

$$\int_0^{+\infty} \mathrm{e}^{-x} f(x) \mathrm{d}x \approx \sum_{k=0}^{n} A_k f(x_k),$$

其中

$$A_k = \frac{[(n+1)!]^2}{x_k [L'_{n+1}(x_k)]^2}, \quad k=0,1,\cdots,n,$$

求积公式的余项

$$R[f] = \frac{[(n+1)!]^2}{[2(n+1)]!} f^{(2n+2)}(\xi), \quad \xi \in [0,+\infty).$$

取权函数 $\rho(x) = \mathrm{e}^{-x^2}$, 积分区间 $(-\infty,+\infty)$, 求积节点为埃尔米特多项式

$$\mathrm{H}_n(x) = (-1)^n \mathrm{e}^{x^2} \frac{\mathrm{d}^n}{\mathrm{d}x^n} \mathrm{e}^{-x^2}, \quad n=0,1,\cdots$$

的零点, 对应的高斯型求积公式为**高斯-埃尔米特求积公式**

$$\int_{-\infty}^{+\infty} \mathrm{e}^{-x^2} f(x) \mathrm{d}x \approx \sum_{k=0}^{n} A_k f(x_k),$$

其中

$$A_k = 2^{n+2}(n+1)! \frac{\sqrt{\pi}}{[H'_{n+1}(x_k)]^2}, \quad k=0,1,\cdots,n.$$

求积公式的余项

$$R[f] = \frac{(n+1)!\ \sqrt{\pi}}{2^{n+1}(2n+2)!} f^{(2n+2)}(\xi), \quad \xi \in (-\infty, +\infty).$$

前面所讨论的方法也可用于计算多重积分.计算时将多重积分化成累次积分,然后对每个积分分别使用求积公式即可.

如果函数形式比较简单,那么可以给出其解析形式的导函数.然而,当函数本身很复杂,那么给出其解析形式的导函数会变得很困难甚至不可能,另外,函数表达式常常是未知的,而知道的仅仅是其在离散点上的测量值,针对这两种情形,都需要利用数值方法获得导数的近似值.

数值微分的基本思想是用函数值的线性组合近似函数在某点的导数值.

按导数定义可以用差商近似导数,有

$$f'(a) \approx \frac{f(a+h)-f(a)}{h}, \quad f'(a) \approx \frac{f(a)-f(a-h)}{h}, \quad f'(a) \approx \frac{f(a+h)-f(a-h)}{2h},$$

其中 h 为增量,称为**步长**.后一种方法称为**中点法**,相当于对前两种方法做算术平均.

对于列表函数 $y=f(x)$,可以建立插值多项式 $y=p_n(x)$ 作为它的近似,取 $p_n'(x)$ 的值作为 $f'(x)$ 的近似值,这样建立的数值公式 $f'(x) \approx p_n'(x)$ 称为**插值型求导公式**.

根据插值余项定理,求导公式的余项为

$$f'(x) - p_n'(x) = \frac{f^{(n+1)}(\xi)}{(n+1)!}\omega_{n+1}'(x) + \frac{\omega_{n+1}(x)}{(n+1)!}\frac{\mathrm{d}}{\mathrm{d}x}f^{(n+1)}(\xi),$$

其中 $\omega_{n+1}(x) = \prod\limits_{i=0}^{n}(x-x_i)$. 求导公式的余项中,$\xi$ 是 x 的未知函数,因而无法对余项公式中的第二项进行估计,但如果限定求某个节点 x_k 上的导数,则余项公式中的第二项变为零,这时有余项公式

$$f'(x_k) - p_n'(x_k) = \frac{f^{(n+1)}(\xi)}{(n+1)!}\omega_{n+1}'(x_k).$$

因而我们通常只考虑节点处的导数值并假定所给节点是等距的.

给定两个节点 x_0, x_1 上的函数值 $f(x_0), f(x_1)$,用线性插值多项式的导数近似函数的导数,得到带余项的两点公式

$$f'(x_0) = \frac{1}{h}[f(x_1)-f(x_0)] - \frac{h}{2}f''(\xi_0), \quad f'(x_1) = \frac{1}{h}[f(x_1)-f(x_0)] + \frac{h}{2}f''(\xi_1).$$

给定三个节点 $x_0, x_1=x_0+h, x_2=x_0+2h$ 上的函数值,用二次插值多项式的导数近似函数的导数,得到带余项的三点求导公式

$$f'(x_0) = \frac{1}{2h}[-3f(x_0)+4f(x_1)-f(x_2)] + \frac{h^2}{3}f'''(\xi_0),$$

$$f'(x_1) = \frac{1}{2h}[-f(x_0)+f(x_2)] - \frac{h^2}{6}f'''(\xi_1),$$

$$f'(x_2) = \frac{1}{2h}[f(x_0)-4f(x_1)+3f(x_2)] + \frac{h^2}{3}f'''(\xi_2).$$

用插值多项式 $p_n(x)$ 作为 $f(x)$ 的近似函数,还可以建立高阶微分公式

$$f^{(k)}(x) \approx p_n^{(k)}(x), \quad k=1,2,\cdots.$$

其中带余项的二阶三点求导公式为

$$f''(x_1) = \frac{1}{h^2}[f(x_1-h) - 2f(x_1) + f(x_1+h)] - \frac{h^2}{12}f^{(4)}(\xi).$$

三次样条函数 $S(x)$ 作为 $f(x)$ 的近似,不但函数值很接近,导数值也很接近,并有

$$\| f^{(k)}(x) - S^{(k)}(x) \|_{\infty} \leqslant C_k \| f^{(4)}(x) \|_{\infty} h^{4-k}, \quad k = 0,1,2,$$

利用三次样条函数 $S(x)$ 直接得到

$$f^{(k)}(x) \approx S^{(k)}(x), \quad k = 0,1,2.$$

根据样条函数性质,可求得

$$f'(x_k) \approx S'(x_k) = -\frac{h_k}{3}M_k - \frac{h_k}{6}M_{k+1} + f[x_k, x_{k+1}], \quad f''(x_k) = M_k.$$

这里 $f[x_k, x_{k+1}]$ 为一阶均差. 误差

$$\| f'(x) - S'(x) \|_{\infty} \leqslant \frac{1}{24} \| f^{(4)}(x) \|_{\infty} h^3, \quad \| f''(x) - S''(x) \|_{\infty} \leqslant \frac{3}{8} \| f^{(4)}(x) \|_{\infty} h^2.$$

利用中点公式计算导数时

$$f'(x) \approx G(h) = \frac{1}{2h}[f(x+h) - f(x-h)].$$

对 $f(x)$ 在点 x 做泰勒级数展开,有

$$f'(x) = G(h) + \alpha_1 h^2 + \alpha_2 h^4 + \cdots,$$

其中 $\alpha_i (i=1,2,\cdots)$ 与 h 无关,利用的理查森外推对 h 逐次分半,若记 $G_0(h) = G(h)$,则有数值微分的外推算法

$$G_m(h) = \frac{4^m G_{m-1}\left(\dfrac{h}{2}\right) - G_{m-1}(h)}{4^m - 1}, \quad m = 1,2,\cdots.$$

根据理查森外推方法,$G_m(h)$ 的误差为

$$f'(x) - G_m(h) = O(h^{2(m+1)}).$$

由此看出 m 越大,截断误差越小,但考虑到舍入误差,一般 m 不能取太大.

4.2　主要算法

第 4 章算法

1. 复化求积(变步长梯形求积法)

算法原理

变步长梯形求积法的基本思想是以梯形公式为基础,逐步改变步长,以达到所需精度. 前后两次二分过程中,只需计算新增加的分点上的函数值,避免了老节点上函数值的重复计算.

算法步骤

a. 输入初值(被积函数 $f(x)$,积分区间 $[a,b]$,计算误差 err,区间最大二分次数 m);

b. $n=1$,$h=b-a$,计算 $T_1 = \dfrac{h}{2}[f(a) + f(b)]$;

c. 将积分区间二等分,对 $k=0,1,\cdots,n-1$,计算

$$x_{k+\frac{1}{2}} = a + \left(k + \frac{1}{2}\right)h, \quad T_2 = \frac{1}{2}T_1 + \frac{h}{2}\sum_{k=0}^{n-1} f(x_{k+\frac{1}{2}});$$

d. 若 $|T_2 - T_1| < \varepsilon$，输出 T_2，n，结束. 否则 $T_1 = T_2$，$n = 2n$，$h = \dfrac{h}{2}$，转 c.

MATLAB 程序

```
function [T,n] = tixing(f,a,b,err,m)
% m 为积分区间最大分割数；                % err 为误差限
n = 1;  h = b - a;  T1 = h * (f(a) + f(b))/2;  T2 = T1;
while n <= m
    for k = 0:n - 1
      T2 = T2 + h * f(a + (k + 1/2) * h);
    end
    T2 = T2/2;
    if abs(T2 - T1) < err
        break
    else
        T1 = T2;  n = 2 * n;  h = h/2;        % 进一步二分
    end
end
if n >= m
  T = T2, n/2
else
  T = T2, n
end
```

数值实验

例 1 计算高斯积分 $I = \displaystyle\int_0^1 e^{-x^2}\,dx$，误差 err $= 10^{-5}$，积分区间最大分割数 $m = 2^{10}$.

```
>> f = inline('exp( - x^2)','x');      T = tixing(f,0,1,1e - 5,2^10);
T =  0.746823197246153
n =  128
```

2. 龙贝格求积

算法原理

龙贝格求积的基本思想为逐次折半加速，是在梯形公式、辛普森公式和柯特斯公式之间的关系的基础上，构造出一种加速计算积分的方法. 作为一种外推算法，它在不增加计算量的前提下提高了误差的精度.

算法步骤

a. 输入 a，b，ε，先用梯形公式计算积分近似值 $T_1 = \dfrac{b-a}{2}[f(a) + f(b)]$；

b. 将区间逐次分半，按变步长梯形公式计算积分近似值，其中 $h = \dfrac{b-a}{2^i}$，$i = 0, 1, 2, \cdots$，计算

$$x_{i+\frac{1}{2}} = a + \left(i + \frac{1}{2}\right)h, \quad T_{2n} = \frac{1}{2}T_n + \frac{h}{2}\sum_{i=0}^{n-1} f(x_{i+\frac{1}{2}}), \quad n = 2^i;$$

c. 用三个外推公式求积分

$$S_n = \frac{4T_{2n} - T_n}{4 - 1}, \quad C_n = \frac{4^2 S_{2n} - S_n}{4^2 - 1}, \quad R_n = \frac{4^3 C_{2n} - C_n}{4^3 - 1};$$

d. 若 $\left| \dfrac{R_{2n} - R_n}{R_{2n}} \right| < \varepsilon$，输出 R_{2n}，结束. 否则 $i = i + 1$，转 b.

MATLAB 程序

```
function z = romberg(f,a,b,err)
h = b - a;    TT(1,1) = h. * (f(b) + f(a))/2;
TT(1,2) = TT(1,1). /2 + h/2. * f(a + h/2);
TT(2,1) = TT(1,2). * 4/3 - TT(1,1). /3;
z = TT(2,1);   k = 2;
while abs((TT(k,1) - TT(k - 1,1)). /TT(k,1)) >= err
    k = k + 1;   h = h. /2;
    for j2 = 1:2. ^(k - 2)
        ff(1,j2) = f(a + h * (j2 - 1/2));
    end
    fff = sum(ff). * h/2;   TT(1,k) = TT(1,k - 1). /2 + fff;
    for j1 = 2:k
      TT(j1,k - j1 + 1) = 4^(j1 - 1). * TT(j1 - 1,k - j1 + 2). /(4^(j1 - 1) - 1) - …
      TT(j1 - 1,k - j1 + 1)/(4^(j1 - 1) - 1);
      z = TT(j1,k - j1 + 1);
    end
end
end
```

数值实验

例 2　计算高斯积分 $I = \displaystyle\int_0^1 \mathrm{e}^{-x^2} \, \mathrm{d}x$，误差 $e = 10^{-5}$.

```
>> f = inline('exp( - x^2)','x');      z = romberg(f,0,1,1e - 5)
z =  0.74682413309509
```

3. 高斯求积（高斯-勒让德求积）
算法原理

在求积公式 $\displaystyle\int_a^b f(x)\mathrm{d}x \approx \sum_{k=0}^n A_k f(x_k)$ 中，去掉插值求积公式中求积节点为等距节点的限制，适当选取求积节点（高斯点）$x_k (k = 0,1,\cdots,n)$，可以使求积公式具有 $2n + 1$ 次代数精度. 高斯-勒让德求积公式中，高斯点为勒让德多项式 $P_{n+1}(x)$ 的零点.

算法步骤

a. 输入标准区间 $[a,b]$ 上的被积函数 fun，节点个数 n；
b. 提取保存的勒让德多项式的根作为求积公式的节点，提取保存的求积系数；
c. 利用变量替换将求积区间 $[a,b]$ 转化为标准区间 $[-1,1]$；
d. 计算积分值.

MATLAB 程序

```
function I = gausslegen(fun,a,b,n)
% fun 为定义在[a,b]上的被积函数,n 为所采用求积公式的节点个数,取值 1~6
XJ = zeros(6); A = zeros(6);                    % XJ 存放求积节点,A 存放求积系数
```

```
XJ(2,1) = - 0.5773503;XJ(2,2) = - XJ(2,1);
A(1,1) = 2.0;A(2,1) = 1.0;A(2,2) = A(2,1);
XJ(3,1) = - 0.7745967;XJ(3,3) = - XJ(3,1);
A(3,1) = 0.5555556;A(3,2) = 0.8888889;A(3,3) = A(3,1);
XJ(4,1) = - 0.8611363;XJ(4,2) = - 0.3399810;
XJ(4,3) = - XJ(4,2);XJ(4,4) = - XJ(4,1);
A(4,1) = 0.3478548;A(4,2) = 0.6521452;A(4,3) = A(4,2);A(4,4) = A(4,1);
XJ(5,1) = - 0.9061798;XJ(5,2) = - 0.5384693;
XJ(5,4) = - XJ(5,2);XJ(5,5) = - XJ(5,1);
A(5,1) = 0.2369269;A(5,2) = 0.4786287;A(5,3) = 0.5688889;
A(5,4) = A(5,2);A(5,5) = A(5,1);
XJ(6,1) = - 0.93224695;XJ(6,2) = - 0.6612094;XJ(6,3) = - 0.2386192;
XJ(6,4) = - XJ(6,3);XJ(6,5) = - XJ(6,2);XJ(6,6) = - XJ(6,1);
A(6,1) = 0.1713245;A(6,2) = 0.3607616;A(6,3) = 0.4679139;
A(6,4) = A(6,3);A(6,5) = A(6,2);A(6,6) = A(6,1);
xk = (b - a) * XJ(n,1:n)/2 + (b + a)/2;y = fun(xk) * (b - a)/2;    % 区间变换
I = A(n,1:n) * y';
```

数值实验

例 3 用 4 点$(n=3)$的高斯-勒让德求积公式计算正弦积分 $I = \int_0^{2\pi} \dfrac{\sin x}{x} \mathrm{d}x$.

```
>> fun = inline('sin(x)./x', 'x');
>> I = gausslegen(fun,0,2 * pi,4)
   I =   1.41886213710328
```

4.3 复习与思考题解析

1. 给出计算积分的梯形公式及中矩形公式. 说明它们的几何意义.

答 梯形公式：$\int_a^b f(x)\mathrm{d}x \approx \dfrac{b-a}{2}[f(a)+f(b)]$，其几何意义是用上底为 $f(a)$，下底为 $f(b)$，高为 $b-a$ 的梯形面积近似曲边梯形的面积(积分值).

中矩阵公式：$\int_a^b f(x)\mathrm{d}x \approx (b-a)f\left(\dfrac{a+b}{2}\right)$，其几何意义是用长为 $b-a$，宽为 $f\left(\dfrac{a+b}{2}\right)$ 的矩形面积近似曲边梯形面积(积分值).

2. 什么是求积公式的代数精确度？梯形公式及中矩形公式的代数精确度是多少？

答 若某个求积公式对于次数不超过 m 的多项式均能准确成立，但对于 $m+1$ 次多项式不准确成立，则称该求积公式具有 m 次代数精度，梯形公式的代数精度为 1，中矩形公式的代数精度也为 1.

3. 对给定求积公式的节点，给出两种计算求积系数的方法.

答 给定求积公式的节点($n+1$ 个)，可取代数精度 $m=n$，令求积公式对 $f(x)=1,x,\cdots,x^m$ 都精确成立，然后求解关于 $m+1$ 个求积系数的线性方程组，确定求积系数.

也可以利用求积节点构造关于被积函数的拉格朗日插值多项式，用插值多项式的积分作为积分的近似值，从而构造出插值型求积公式，事实上这种方法中的求积系数就是拉格朗日插值基函数的积分.

4. 什么是牛顿-柯特斯求积？它的求积节点如何分布？它的代数精确度是多少？

答 将积分区间作等分，由等距节点构造出的插值型求积公式称为牛顿-柯特斯公式，

由于是插值型的,所以 n 阶牛顿-柯特斯公式至少具有 n 次代数精度.但实际上,当 n 为偶数时,牛顿-柯特斯公式至少具有 $n+1$ 次代数精度.

5. 什么是辛普森求积公式?它的余项是什么?它的代数精确度是多少?

答　$n=2$ 时的牛顿-柯特斯公式为辛普森公式,即

$$S = \frac{b-a}{6}\left[f(a) + 4f\left(\frac{a+b}{2}\right) + f(b)\right],$$

其余项

$$R[f] = -\frac{b-a}{180}\left(\frac{b-a}{2}\right)^4 f^{(4)}(\eta), \quad \eta \in (a,b),$$

辛普森求积公式的代数精度为 3.

6. 什么是复合求积法?给出复合梯形公式及其余项表达式.

答　为了提高精度,通常可把积分区间分成若干子区间(通常是等分),在每个子区间上用低阶求积公式,这种方法称为复合求积法.若将积分区间 $[a,b]$ 分成 n 个小区间,在每个小区间上使用梯形公式,则为复合梯形公式,即

$$T_n = \frac{h}{2}\left[f(a) + 2\sum_{k=1}^{n-1}f(x_k) + f(b)\right],$$

余项

$$R_n[f] = -\frac{b-a}{12}h^2 f''(\eta), \quad \eta \in (a,b).$$

7. 给出复合辛普森公式及其余项表达式.如何估计它的截断误差?

答　复合辛普森公式

$$S_n = \frac{h}{6}\left[f(a) + 4\sum_{k=0}^{n-1}f(x_{k+1/2}) + 2\sum_{k=1}^{n-1}f(x_k) + f(b)\right],$$

余项表达式

$$R_n[f] = -\frac{b-a}{180}\left(\frac{h}{2}\right)^4 f^{(4)}(\eta), \quad \eta \in (a,b).$$

若 $f(x) \in C^4[a,b]$,则复合辛普森公式的截断误差

$$\left|\int_a^b f(x)\mathrm{d}x - S_n\right| \leqslant \frac{b-a}{2880}\left(\frac{b-a}{n}\right)^4 \max_{a \leqslant x \leqslant b}|f^{(4)}(x)|.$$

8. 什么是龙贝格求积?它有什么优点?

答　龙贝格求积是从梯形公式出发,将区间逐次二分,通过外推算法,逐步提高求积公式的精度,其优点在于通过一次次的二分,用阶数较低的求积公式得到高精度的结果,便于编程计算.

9. 什么是高斯型求积公式?它的求积节点是如何确定的?它的代数精确度是多少?为何称它是具有最高代数精确度的求积公式?

答　高斯型求积公式是适当选取求积节点和求积系数 $x_k, A_k(k=0,1,\cdots,n)$,使求积公式具有 $2n+1$ 次代数精度,高斯求积公式的求积节点称为高斯点.节点 $x_0, x_1, \cdots, x_n$ 是高斯点的充分必要条件是以这些节点为零点的多项式

$$\omega_{n+1}(x) = (x-x_0)(x-x_1)\cdots(x-x_n)$$

与任何次数不超过 n 的多项式 $p(x)$ 带权 $\rho(x)$ 正交,即

$$\int_a^b p(x)\omega_{n+1}(x)\rho(x)\mathrm{d}x = 0,$$

所以通常将求积节点取为 $n+1$ 次带权正交多项式的零点.

由于 $n+1$ 个节点求积公式的代数精度不可能超过 $2n+1$,所以高斯型求积公式是具有最高代数精度的求积公式.

10. 牛顿-柯特斯求积和高斯求积的节点分布有什么不同? 对同样数目的节点,两种求积方法哪个更精确? 为什么?

答 牛顿-柯特斯公式的求积节点是等距的,而高斯求积公式的求积节点通常是不等距的.对于同样数目的求积节点,如 $n+1$ 个,牛顿-柯特斯公式至少具有 n 次代数精度,n 为偶数时至少具有 $n+1$ 次代数精度,但通常达不到 $2n+1$ 次,而高斯型求积公式则可以达到 $2n+1$ 次代数精度,所以对同样数目的节点,高斯型求积公式更精确一些.

11. 描述自适应求积的一般步骤.怎样得到所需的误差估计?

答 如果在求积区间中被积函数变化很大,有的部分函数值变化剧烈,另一部分变化平缓,这时统一将区间等分用复合求积计算积分工作量就会很大,若针对被积函数在区间上不同情形采用不同的步长,对变化剧烈部分进行细分,平缓部分则加大步长,这样就可以在满足精度的前提下减少积分计算的工作量,其技巧是在不同的区间上预测被积函数变化的剧烈程度确定相应步长,这就是自适应积分方法.

12. 怎样利用标准的一维求积公式计算矩形域上的二重积分?

答 对于矩形区域 $R = \{(x,y) \mid a \leqslant x \leqslant b, c \leqslant y \leqslant d\}$,可以将二重积分

$$\iint\limits_R f(x,y)\mathrm{d}A$$

写成累次积分

$$\iint\limits_R f(x,y)\mathrm{d}A = \int_a^b \left(\int_c^d f(x,y)\mathrm{d}y \right) \mathrm{d}x,$$

然后分别将 $[a,b]$,$[c,d]$ 分成 N,M 等份,步长 $h = \dfrac{b-a}{N}$,$k = \dfrac{d-c}{M}$.先对积分

$$\int_c^d f(x,y)\mathrm{d}y$$

使用关于 y 的复合求积公式,如使用复合辛普森公式

$$\int_c^d f(x,y)\mathrm{d}y = \frac{k}{6}\left[f(x,y_0) + 4\sum_{i=0}^{M-1} f(x,y_{i+1/2}) + 2\sum_{i=1}^{M-1} f(x,y_i) + f(x,y_M) \right],$$

从而

$$\int_a^b \int_c^d f(x,y)\mathrm{d}y\,\mathrm{d}x = \frac{k}{6}\left[\int_a^b f(x,y_0)\mathrm{d}x + 4\sum_{i=0}^{M-1} \int_a^b f(x,y_{i+1/2})\mathrm{d}x + \right.$$

$$\left. 2\sum_{i=1}^{M-1} \int_a^b f(x,y_i)\mathrm{d}x + \int_a^b f(x,y_M)\mathrm{d}x \right],$$

然后再对每个积分使用关于 x 的复合求积公式,如复合辛普森公式,即可完成二重积分的计算,当然在计算上述积分时也可以使用其他求积公式.

13. 对给定函数,给出两种近似求导的方法.若给定函数值有扰动,在你的方法中如何处理这个问题?

答 如果给定的函数有解析表达式,而且此解析表达式的导函数比较容易求得,那么可

以求出其导函数的解析表达式,然后由此解析表达式在某点的值来作为导数的近似值.反之,就是说函数的解析表达式的导函数比较复杂,或给定的函数无解析表达式,这时可以通过一些点上的函数值来求所给函数的插值多项式,然后用插值多项式在某点的导数来作为导数的近似值.

若给定函数值有扰动,可以先由给定的函数值做最小二乘拟合,然后用拟合函数的导数作为给定函数导数的近似值.

14. 判断下列命题是否正确.

(1) 如果被积函数在区间$[a,b]$上连续,则它的黎曼(Riemann)积分一定存在.

(2) 数值求积公式计算总是稳定的.

(3) 代数精确度是衡量算法稳定性的一个重要指标.

(4) $n+1$ 个点的插值型求积公式的代数精确度至少是 n 次,最多可达到 $2n+1$ 次.

(5) 高斯求积公式只能计算区间$[-1,1]$上的积分.

(6) 求积公式的阶数与所依据的插值多项式的次数一样.

(7) 梯形公式与两点高斯公式精度一样.

(8) 高斯求积公式系数都是正数,故计算总是稳定的.

(9) 由于龙贝格求积节点与牛顿-柯特斯求积节点相同,因此它们的精度相同.

(10) 阶数不同的高斯求积公式没有公共节点.

答　(1) 对.这是微积分中的一个基本结论.

(2) 错.当 $n \geqslant 8$ 时的牛顿-柯特斯公式的求积系数出现负值,就是不稳定的.

(3) 错.代数精度是衡量求积公式精度的一个指标.

(4) 对.对于一般 $n+1$ 个节点的情形,插值型求积公式的代数精确度至少是 n 次的;当节点取为相应正交多项式的零点或高斯点时,求积公式的代数精确度可以达到 $2n+1$ 次.

(5) 错.高斯求积公式可以计算任何区间上的积分,只要做适当的区间变换即可.

(6) 错.对于高斯型求积公式,插值多项式为 n 次时,求积公式的阶数是 $2n+1$ 阶的.

(7) 错.梯形公式的代数精度为 1,两点高斯求积公式的代数精度为 3.

(8) 对.这可由 $A_k = \int_a^b l_k^2(x)\rho(x)\mathrm{d}x$ (其中 $l_k(x)$ 为拉格朗日插值基函数) 得出.

(9) 错.龙贝格求积公式对被积函数的连续性要求比较高.当被积函数的连续性不太高时,用复合牛顿-柯特斯求积公式求得的积分值的精度可能会比用龙贝格求积公式求得的积分值的精度高些.

(10) 错.因为不同次数正交多项式有可能具有公共的零点.如 3 次,5 次勒让德多项式有共同的零点 $x=0$.

4.4　习题解答

第 4 章解答　　1. 确定下列求积公式中的待定参数,使其代数精度尽量高,并指明所构造出的求积公式具有的代数精度:

(1) $\displaystyle\int_{-h}^h f(x)\mathrm{d}x \approx A_{-1}f(-h) + A_0 f(0) + A_1 f(h)$;

(2) $\int_{-2h}^{2h} f(x)\mathrm{d}x \approx A_{-1}f(-h) + A_0 f(0) + A_1 f(h)$;

(3) $\int_{-1}^{1} f(x)\mathrm{d}x \approx [f(-1) + 2f(x_1) + 3f(x_2)]/3$;

(4) $\int_{0}^{h} f(x)\mathrm{d}x \approx h[f(0) + f(h)]/2 + ah^2[f'(0) - f'(h)]$.

解 (1) 将 $f(x)=1,x,x^2$ 分别代入公式两端并令其左右相等,得

$$\begin{cases} A_{-1} + A_0 + A_1 = 2h, \\ -hA_{-1} + hA_1 = 0, \\ h^2 A_{-1} + h^2 A_1 = \dfrac{2}{3}h^3. \end{cases}$$

解得 $A_{-1}=A_1=\dfrac{h}{3}, A_0=\dfrac{4h}{3}$, 所求公式至少具有 2 次代数精度.

又由于

$$\int_{-h}^{h} x^3 \mathrm{d}x = \frac{1}{4}x^4 \Big|_{-h}^{h} = 0 = \frac{h}{3}(-h)^3 + \frac{h}{3}(h)^3,$$

$$\int_{-h}^{h} x^4 \mathrm{d}x = \frac{1}{5}x^5 \Big|_{-h}^{h} = \frac{2}{5}h^5 \neq \frac{2}{3}h^5 = \frac{h}{3}(-h)^4 + \frac{h}{3}(h)^4,$$

故 $\int_{-h}^{h} f(x)\mathrm{d}x \approx \dfrac{h}{3}f(-h) + \dfrac{4h}{3}f(0) + \dfrac{h}{3}f(h)$ 具有 3 次代数精度.

(2) 将 $f(x)=1,x,x^2$ 分别代入公式两端并令其左右相等,得

$$\begin{cases} A_{-1} + A_0 + A_1 = 4h, \\ -hA_{-1} + hA_1 = 0, \\ h^2 A_{-1} + h^2 A_1 = \dfrac{2}{3}(2h)^3. \end{cases}$$

解得 $A_{-1}=A_1=\dfrac{8h}{3}, A_0=-\dfrac{4h}{3}$, 所求公式至少具有 2 次代数精度.

又由于

$$\int_{-2h}^{2h} x^3 \mathrm{d}x = \frac{1}{4}x^4 \Big|_{-2h}^{2h} = 0 = \frac{8}{3}h[(-h)^3 + (h)^3],$$

$$\int_{-2h}^{2h} x^4 \mathrm{d}x = \frac{1}{5}x^5 \Big|_{-2h}^{2h} = \frac{64}{5}h^5 \neq \frac{16}{3}h^5 = \frac{8}{3}h[(-h)^4 + (h)^4],$$

故 $\int_{-2h}^{2h} f(x)\mathrm{d}x \approx \dfrac{8h}{3}f(-h) - \dfrac{4h}{3}f(0) + \dfrac{8h}{3}f(h)$ 具有 3 次代数精度.

(3) 将 $f(x)=1$ 代入公式,有

$$2 = \int_{-1}^{1} 1\mathrm{d}x = [f(-1) + 2f(x_1) + 3f(x_2)]/3 = 2;$$

令公式对 $f(x)=x,x^2$ 准确成立, 即

$$\begin{cases} -1 + 2x_1 + 3x_2 = 0, \\ 1 + 2x_1^2 + 3x_2^2 = 2, \end{cases}$$

解得

$$\begin{cases} x_1 = -0.289\,897\,9, \\ x_2 = 0.526\,598\,6 \end{cases} \quad \text{或} \quad \begin{cases} x_1 = 0.689\,897\,9, \\ x_2 = -0.126\,598\,6. \end{cases}$$

将 $f(x) = x^3$ 代入已确定的求积公式,有

$$\int_{-1}^{1} x^3 \mathrm{d}x \, \frac{1}{4} x^4 \Big|_{-1}^{1} = \frac{1}{2} \neq \frac{1}{3} [f(-1) + 2f(x_1) + 3f(x_2)],$$

故求积公式具有 2 次代数精度. 求积公式为

$$\int_{-1}^{1} f(x) \mathrm{d}x \approx \frac{1}{3} [f(-1) + 2f(-0.289\,897\,9) + 3f(0.526\,598\,6)],$$

或

$$\int_{-1}^{1} f(x) \mathrm{d}x \approx \frac{1}{3} [f(-1) + 2f(0.689\,897\,9) + 3f(-0.126\,598\,6)].$$

(4) 将 $f(x) = 1, x$ 代入公式,有

$$h = \int_{0}^{h} 1 \mathrm{d}x = \frac{h}{2} [1 + 1] + 0 = h,$$

$$\frac{h^2}{2} = \int_{0}^{h} x \mathrm{d}x = \frac{h}{2} [0 + h] + ah^2 [1 - 1] = \frac{h^2}{2},$$

令公式对 $f(x) = x^2$ 准确成立,即

$$\frac{h^3}{3} = \int_{0}^{h} x^2 \mathrm{d}x = \frac{h}{2} [0 + h^2] + ah^2 [2 \times 0 - 2h],$$

解得 $a = \dfrac{1}{12}$.

将 $f(x) = x^3, x^4$ 代入已确定的求积公式,有

$$\frac{h^4}{4} = \int_{0}^{h} x^3 \mathrm{d}x = \frac{h}{2} [0 + h^3] + \frac{h^2}{12} [0 - 3h^2] = \frac{h^4}{4},$$

$$\frac{h^5}{5} = \int_{0}^{h} x^4 \mathrm{d}x \neq \frac{1}{6} h^5 = \frac{h}{2} [0 + h^4] + \frac{h^2}{12} [0 - 4h^3],$$

故求积公式具有 3 次代数精度.

2. 分别用梯形公式和辛普森公式计算下列积分:

(1) $\displaystyle\int_{0}^{1} \frac{x}{4 + x^2} \mathrm{d}x, n = 8$;　　　(2) $\displaystyle\int_{1}^{9} \sqrt{x}\, \mathrm{d}x, n = 4$;　　　(3) $\displaystyle\int_{0}^{\pi/6} \sqrt{4 - \sin^2 \varphi}\, \mathrm{d}\varphi, n = 6$.

解　(1) 用复合梯形公式,$h = \dfrac{1}{8}, f(x) = \dfrac{x}{4 + x^2}, x_k = \dfrac{1}{8} k (k = 0, 1, 2, \cdots, 8)$,

$$T_8 = \frac{h}{2} \left[f(0) + 2 \sum_{k=1}^{7} f(x_k) + f(1) \right] = 0.111\,402\,4,$$

用复合辛普森公式,$h = \dfrac{1}{8}, f(x) = \dfrac{x}{4 + x^2}, x_k = \dfrac{1}{8} k (k = 0, 1, 2, \cdots, 8)$,

$$x_{k+\frac{1}{2}} = \frac{1}{8} k + \frac{1}{16}, \quad k = 0, 1, \cdots, 7,$$

$$S_4 = \frac{h}{6} \left[f(0) + 4 \sum_{k=0}^{7} f(x_{k+1/2}) + 2 \sum_{k=1}^{7} f(x_k) + f(1) \right] = 0.111\,571\,8.$$

准确的积分值为 $\dfrac{1}{2}\ln(4+x^2)\big|_0^1=0.111\,571\,775\,657.$

(2) 用复合梯形公式, $h=2$, $f(x)=\sqrt{x}$, $x_k=1+2k(k=0,1,2,3,4)$,

$$T_4=\frac{h}{2}\left[f(1)+2\sum_{k=1}^3 f(x_k)+f(9)\right]=17.227\,74,$$

用复合辛普森公式, $h=2$, $f(x)=\sqrt{x}$, $x_k=1+2k(k=0,1,2,3,4)$,

$$x_{k+\frac{1}{2}}=2+2k,\quad k=0,1,2,3,$$

$$S_2=\frac{h}{6}\left[f(1)+4\sum_{k=0}^3 f(x_{k+1/2})+2\sum_{k=1}^3 f(x_k)+f(9)\right]=17.332\,087\,3.$$

准确的积分值为 $\dfrac{2}{3}x^{3/2}\big|_1^9=17.333\,333\,333.$

(3) 用复合梯形公式, $h=\dfrac{\pi}{36}$, $f(x)=\sqrt{4-\sin^2\varphi}$, $x_k=\dfrac{\pi}{36}k(k=0,1,2,\cdots,6)$,

$$T_6=\frac{h}{2}\left[f(0)+2\sum_{k=1}^5 f(x_k)+f(\pi/6)\right]=1.035\,621\,9,$$

用复合辛普森公式, $h=\dfrac{\pi}{36}$, $f(x)=\sqrt{4-\sin^2\varphi}$, $x_k=\dfrac{\pi}{36}k(k=0,1,2,\cdots,6)$,

$$x_{k+\frac{1}{2}}=\frac{\pi}{36}k+\frac{\pi}{72},\quad k=0,1,\cdots,5$$

$$S_3=\frac{h}{6}\left[f(0)+4\sum_{k=0}^5 f(x_{k+1/2})+2\sum_{k=1}^5 f(x_k)+f(\pi/6)\right]=1.035\,763\,9.$$

此积分为第二类椭圆积分的变形, 被积函数的原函数不能用初等函数表示.

3. 直接验证柯特斯公式(4.11)具有 5 次代数精度.

证明 柯特斯公式(4.11)为

$$\int_a^b f(x)\mathrm{d}x\approx\frac{b-a}{90}\left[7f(x_0)+32f(x_1)+12f(x_2)+32f(x_3)+7f(x_4)\right],$$

其中 $h=\dfrac{b-a}{4}$, $x_k=a+kh(k=0,1,2,3,4)$.

分别将 $f(x)=1,x,x^2,x^3,x^4,x^5,x^6$ 代入公式, 有

$$\int_a^b 1\mathrm{d}x=b-a,$$

$$\frac{b-a}{90}\left[7f(a)+32f(x_1)+12f(x_2)+32f(x_3)+7f(b)\right]$$

$$=\frac{b-a}{90}(7+32+12+32+7)=b-a;$$

$$\int_a^b x\mathrm{d}x=\frac{1}{2}(b^2-a^2),$$

$$\frac{b-a}{90}\left[7f(a)+32f(x_1)+12f(x_2)+32f(x_3)+7f(b)\right]$$

$$=\frac{b-a}{90}\left[7a+32\left(a+\frac{b-a}{4}\right)+12\left(a+\frac{b-a}{2}\right)+32\left(a+\frac{3(b-a)}{4}\right)+7b\right]$$

$$=\frac{b-a}{90}(45b+45a)=\frac{1}{2}(b^2-a^2);$$

$$\int_a^b x^2 \, \mathrm{d}x = \frac{1}{3}(b^3 - a^3),$$

$$\frac{b-a}{90}[7f(a) + 32f(x_1) + 12f(x_2) + 32f(x_3) + 7f(b)]$$

$$= \frac{b-a}{90}\left[7a^2 + 32\left(a + \frac{b-a}{4}\right)^2 + 12\left(a + \frac{b-a}{2}\right)^2 + 32\left(a + \frac{3(b-a)^2}{4}\right) + 7b^2\right]$$

$$= \frac{b-a}{90}(30a^2 + 30ab + 30b^2) = \frac{b^3 - a^3}{3};$$

$$\int_a^b x^3 \, \mathrm{d}x = \frac{1}{4}(b^4 - a^4),$$

$$\frac{b-a}{90}[7f(a) + 32f(x_1) + 12f(x_2) + 32f(x_3) + 7f(b)]$$

$$= \frac{b-a}{90}\left[7a^3 + 32\left(a + \frac{b-a}{4}\right)^3 + 12\left(a + \frac{b-a}{2}\right)^3 + 32\left(a + \frac{3(b-a)}{4}\right)^3 + 7b^3\right]$$

$$= \frac{b-a}{90} \cdot \frac{45(a^3 + a^2 b + ab^2 + b^3)}{2} = \frac{1}{4}(b^4 - a^4);$$

$$\int_a^b x^4 \, \mathrm{d}x = \frac{1}{5}(b^5 - a^5),$$

$$\frac{b-a}{90}[7f(a) + 32f(x_1) + 12f(x_2) + 32f(x_3) + 7f(b)]$$

$$= \frac{b-a}{90}\left[7a^4 + 32\left(a + \frac{b-a}{4}\right)^4 + 12\left(a + \frac{b-a}{2}\right)^4 + 32\left(a + \frac{3(b-a)}{4}\right)^4 + 7b^4\right]$$

$$= \frac{b-a}{90} \cdot 18(a^4 + a^3 b + a^2 b^2 + ab^3 + b^4) = \frac{1}{5}(b^5 - a^5);$$

$$\int_a^b x^5 \, \mathrm{d}x = \frac{1}{6}(b^6 - a^6),$$

$$\frac{b-a}{90}[7f(a) + 32f(x_1) + 12f(x_2) + 32f(x_3) + 7f(b)]$$

$$= \frac{b-a}{90}\left[7a^5 + 32\left(a + \frac{b-a}{4}\right)^5 + 12\left(a + \frac{b-a}{2}\right)^5 + 32\left(a + \frac{3(b-a)}{4}\right)^5 + 7b^5\right]$$

$$= \frac{b-a}{90} \cdot 15(a^5 + a^4 b + a^3 b^2 + a^2 b^3 + ab^4 + b^5) = \frac{1}{6}(b^6 - a^6);$$

$$\int_a^b x^6 \, \mathrm{d}x = \frac{1}{7}(b^7 - a^7),$$

$$\frac{b-a}{90}[7f(a) + 32f(x_1) + 12f(x_2) + 32f(x_3) + 7f(b)]$$

$$= \frac{b-a}{90}\left[7a^6 + 32\left(a + \frac{b-a}{4}\right)^6 + 12\left(a + \frac{b-a}{2}\right)^6 + 32\left(a + \frac{3(b-a)}{4}\right)^6 + 7b^6\right]$$

$$= \frac{b-a}{90} \cdot \frac{825a^6 + 810a^5 b + 855a^4 b^2 + 780a^3 b^3 + 855a^2 b^4 + 810ab^5 + 825b^6}{64}$$

$$\neq \frac{1}{7}(b^7 - a^7).$$

故求积公式具有 5 次代数精度.

4. 用辛普森公式求积分 $\int_0^1 e^{-x} dx$ 并估计误差.

解 由辛普森公式

$$S = \frac{b-a}{6}\left[f(a) + 4f\left(\frac{a+b}{2}\right) + f(b)\right],$$

在此 $f(x) = e^{-x}$,$f^{(4)}(x) = e^{-x}$,故有

$$S = \frac{1-0}{6}\left[e^0 + 4e^{-\frac{1}{2}} + e^{-1}\right] = 0.632\,333\,7,$$

误差

$$|R[f]| = \left| -\frac{b-a}{180}\left(\frac{b-a}{2}\right)^4 f^{(4)}(\eta) \right| \leqslant \frac{1}{180} \times \frac{1}{2^4} \times e^0 = 0.000\,347\,2.$$

5. 推导下列三种矩形求积公式:

$$\int_a^b f(x)dx = (b-a)f(a) + \frac{f'(\eta)}{2}(b-a)^2;$$

$$\int_a^b f(x)dx = (b-a)f(b) - \frac{f'(\eta)}{2}(b-a)^2;$$

$$\int_a^b f(x)dx = (b-a)f\left(\frac{a+b}{2}\right) + \frac{f''(\eta)}{24}(b-a)^3.$$

证明 假设 $f(x)$ 在 $[a,b]$ 上连续可微. 将 $f(x)$ 在 $x=a$ 处做泰勒展开,有

$$f(x) = f(a) + f'(\xi)(x-a), \quad \xi \in (a,x),$$

两边同时在 $[a,b]$ 上积分,得

$$\int_a^b f(x)dx = \int_a^b f(a)dx + \int_a^b f'(\xi)(x-a)dx$$

$$= (b-a)f(a) + \int_a^b f'(\xi)(x-a)dx.$$

由于 $x-a$ 在 $[a,b]$ 上不变号,并注意 $f'(\xi)$ 是 x 的函数,由积分中值定理得存在 $\eta \in (a,b)$,使

$$\int_a^b f'(\xi)(x-a)dx = f'(\eta)\int_a^b (x-a)dx = \frac{f'(\eta)}{2}(b-a)^2,$$

从而

$$\int_a^b f(x)dx = (b-a)f(a) + \frac{f'(\eta)}{2}(b-a)^2, \quad \eta \in (a,b).$$

将 $f(x)$ 在 $x=b$ 处做泰勒展开,有

$$f(x) = f(b) + f'(\xi)(x-b), \quad \xi \in (x,b).$$

两边同时在 $[a,b]$ 上积分,得

$$\int_a^b f(x)dx = \int_a^b f(b)dx + \int_a^b f'(\xi)(x-b)dx$$

$$= (b-a)f(b) + \int_a^b f'(\xi)(x-b)dx,$$

由于 $x-b$ 在 $[a,b]$ 上不变号,并注意 $f'(\xi)$ 是 x 的函数,由积分中值定理得存在 $\eta \in (a,b)$,使

$$\int_a^b f'(\xi)(x-b)dx = f'(\eta)\int_a^b (x-b)dx = -\frac{f'(\eta)}{2}(b-a)^2,$$

从而

$$\int_a^b f(x)\mathrm{d}x = (b-a)f(b) - \frac{f'(\eta)}{2}(b-a)^2, \quad \eta \in (a,b).$$

假设 $f(x)$ 在 $[a,b]$ 上二次连续可微. 将 $f(x)$ 在 $x=\dfrac{a+b}{2}$ 处做泰勒展开,有

$$f(x) = f\left(\frac{a+b}{2}\right) + f'\left(\frac{a+b}{2}\right)\left(x - \frac{a+b}{2}\right) + \frac{1}{2}f''(\xi)\left(x - \frac{a+b}{2}\right)^2, \quad \xi \in (a,b),$$

注意到 $f''(\xi)$ 是 x 的函数, $\left(x-\dfrac{a+b}{2}\right)^2$ 在 $[a,b]$ 上非负,两边同时在 $[a,b]$ 上积分并利用积分中值定理,得

$$\int_a^b f(x)\mathrm{d}x = f\left(\frac{a+b}{2}\right)(b-a) + f'\left(\frac{a+b}{2}\right)\int_a^b \left(x - \frac{a+b}{2}\right)\mathrm{d}x +$$

$$\frac{1}{2}\int_a^b f''(\xi)\left(x - \frac{a+b}{2}\right)^2 \mathrm{d}x$$

$$= (b-a)f\left(\frac{a+b}{2}\right) + \frac{1}{2}f''(\eta)\int_a^b \left(x - \frac{a+b}{2}\right)^2 \mathrm{d}x$$

$$= (b-a)f\left(\frac{a+b}{2}\right) + \frac{1}{24}f''(\eta)(b-a)^3, \quad \eta \in (a,b).$$

6. 若用复合梯形公式计算积分 $\int_1^2 \ln x\,\mathrm{d}x$,问区间 $[1,2]$ 应分为多少等份才能使截断误差不超过 $\frac{1}{2}\times10^{-5}$? 若改用复合辛普森公式,要达到同样精度区间 $[1,2]$ 应分为多少等份?

解　由于 $f(x)=\ln x$,则 $f''(x)=-\dfrac{1}{x^2}, f^{(4)}(x)=-\dfrac{6}{x^4}$ 在 $[1,2]$ 上为单调增函数. $b-a=1$,设将区间 n 等分,则 $h=\dfrac{1}{n}$,故对复合梯形公式,要求

$$|R_T[f]| = \left| -\frac{b-a}{12}h^2 f''(\eta) \right| \leqslant \frac{1}{12}\left(\frac{1}{n}\right)^2 6 \leqslant \frac{1}{2}\times10^{-5}, \quad \eta \in (1,2),$$

即 $n^2 \geqslant 10^5, n \geqslant 316.23$,因此取 $n=317$,即将区间 $[1,2]$ 分为 317 等份时,用复合梯形公式计算,截断误差不超过 $\frac{1}{2}\times10^{-5}$.

若用复合辛普森公式,则要求

$$|R_S[f]| = \left| -\frac{b-a}{180}\left(\frac{h}{2}\right)^4 f^{(4)}(\eta) \right| \leqslant \frac{1}{180\times2^4}\left(\frac{1}{n}\right)^4 6 \leqslant \frac{1}{2}\times10^{-5}, \quad \eta \in (1,2),$$

即 $n^4 \geqslant \dfrac{1}{24}\times10^4, n \geqslant 4.5181$,因此取 $n=5$,即将区间 $[1,2]$ 分为 10 等份时,用复合辛普森公式计算,截断误差不超过 $\frac{1}{2}\times10^{-5}$.

准确的积分值为 $[x\ln x - x]_1^2 = 0.386\,294\,361\,119\,89$,按上面的等分后的计算结果满足要求.

7. 如果 $f''(x)>0$,证明用梯形公式计算积分 $\int_a^b f(x)\mathrm{d}x$ 所得结果比准确值 I 大,并说明其几何意义.

证明 由梯形公式的余项

$$R_T[f]=-\frac{b-a}{12}h^2 f''(\eta),\quad \eta\in(a,b),$$

若 $f''(x)>0$,则 $R_T[f]<0$,因而

$$I=\int_a^b f(x)\mathrm{d}x=T+R_T[f]<T,$$

即用梯形公式得到的结果比准确值大.

从几何上看,$f''(x)>0$,$f(x)$ 为下凸函数,曲线位于对应弦的下方,此时梯形面积大于曲边梯形的面积.

8. 用龙贝格求积方法计算下列积分,使误差不超过 10^{-5}.

(1) $\dfrac{2}{\sqrt{\pi}}\int_0^1 \mathrm{e}^{-x}\mathrm{d}x$;   (2) $\int_0^{2\pi} x\sin x\,\mathrm{d}x$;   (3) $\int_0^3 x\sqrt{1+x^2}\,\mathrm{d}x$.

解 (1) 将计算结果列成下表:

k	h	$T_0^{(k)}$	$T_1^{(k)}$	$T_2^{(k)}$
0	1	0.771 743 3		
1	$\dfrac{1}{2}$	0.728 069 9	0.713 512 2	
2	$\dfrac{1}{4}$	0.716 982 8	0.713 287 0	0.713 272 0

因此 $I\approx 0.713\,272\,0$. 准确的积分值为 $-\dfrac{2}{\sqrt{\pi}}\mathrm{e}^{-x}\Big|_0^1 = 0.713\,271\,669\,67$.

(2) 计算结果如下表:

k	h	$T_0^{(k)}$	$T_1^{(k)}$	$T_2^{(k)}$	$T_3^{(k)}$	$T_4^{(k)}$	$T_5^{(k)}$
0	2π	$-0.000\,000\,0$					
1	π	$-0.000\,000\,0$	0				
2	$\dfrac{\pi}{2}$	$-4.934\,802\,2$	$-6.579\,736\,3$	$-7.018\,385\,4$			
3	$\dfrac{\pi}{4}$	$-5.956\,833\,2$	$-6.297\,510\,2$	$-6.278\,695\,1$	$-6.266\,954\,0$		
4	$\dfrac{\pi}{8}$	$-6.202\,231\,5$	$-6.284\,030\,9$	$-6.283\,132\,3$	$-6.283\,202\,7$	$-6.283\,266\,5$	
5	$\dfrac{\pi}{16}$	$-6.262\,986\,0$	$-6.283\,237\,4$	$-6.283\,184\,5$	$-6.283\,185\,4$	$-6.283\,185\,3$	$-6.283\,185\,2$

因此 $I\approx -4.446\,923\,0\times 10^{-21}\approx 0$. 准确的积分值为 $[\sin x-x\cos x]_0^{2\pi}=-2\pi=-6.283\,185\,307\,179\,59$.

（3）计算结果如下表：

k	h	$T_0^{(k)}$	$T_1^{(k)}$	$T_2^{(k)}$	$T_3^{(k)}$	$T_4^{(k)}$
0	3	14.230 249 5				
1	$\dfrac{3}{2}$	11.171 369 9	10.151 743 4			
2	$\dfrac{3}{4}$	10.443 796 8	10.201 272 5	10.204 574 4		
3	$\dfrac{3}{8}$	10.266 367 2	10.207 224 0	10.207 620 7	10.207 669 1	
4	$\dfrac{3}{16}$	10.222 270 2	10.207 571 2	10.207 594 3	10.207 593 9	10.207 593 6

因此 $I \approx 10.207\ 592\ 2$. 准确的积分值为 $\frac{1}{3}(1+x^2)^{\frac{3}{2}}\big|_0^3 = 10.207\ 592\ 200\ 56$.

9. 用辛普森公式的自适应积分计算 $\int_1^{1.5} x^2 \ln x\,\mathrm{d}x$，允许误差 10^{-3}.

解　取 $h=b-a=1.5-1=0.5, \varepsilon=10^{-3}$，用辛普森公式计算

$$S_1(1,1.5)=\frac{0.5}{6}\times(1^2\times\ln 1+4\times1.25^2\times\ln 1.25+1.5^2\times\ln 1.5)$$
$$=0.192\ 245\ 307,$$

取 $h=h/2=0.25$，计算

$$S(1,1.25)=\frac{0.25}{6}\times(1^2\times\ln 1+4\times1.125^2\times\ln 1.125+1.25^2\times\ln 1.25)$$
$$=0.039\ 372\ 434$$

$$S(1.25,1.5)=\frac{0.25}{6}\times(1.25^2\times\ln 1.25+4\times1.375^2\times\ln 1.375+1.5^2\times\ln 1.5)$$
$$=0.152\ 886\ 026$$

故

$$S_2(1,1.5)=S(1,1.25)+S(1.25,1.5)=0.192\ 258\ 46,$$

由于

$$|S_1(1,1.5)-S_2(1,1.5)|=1.3153\times10^{-5}<\varepsilon,$$

所以积分值为 $0.192\ 258\ 46$. 准确的积分值为 $\frac{1}{3}\left[x^3\ln x-\frac{1}{3}x^3\right]_1^{1.5}=0.192\ 259\ 358$.

10. 试构造高斯型求积公式

$$\int_0^1 \frac{1}{\sqrt{x}}f(x)\mathrm{d}x \approx A_0 f(x_0)+A_1 f(x_1).$$

解　令公式对 $f(x)=1,x,x^2,x^3$ 准确成立，得

$$\begin{cases} A_0+A_1=2, & (1)\\[2mm] x_0 A_0+x_1 A_1=\dfrac{2}{3}, & (2)\\[2mm] x_0^2 A_0+x_1^2 A_1=\dfrac{2}{5}, & (3)\\[2mm] x_0^3 A_0+x_1^3 A_1=\dfrac{2}{7}. & (4)\end{cases}$$

由于
$$x_0 A_0 + x_1 A_1 = x_0(A_0 + A_1) + (x_1 - x_0)A_1,$$

利用方程(1),方程(2)可化为
$$2x_0 + (x_1 - x_0)A_1 = \frac{2}{3}. \tag{5}$$

同样,用方程(2)化方程(3),方程(3)化方程(4),分别得
$$\frac{2}{3}x_0 + (x_1 - x_0)x_1 A_1 = \frac{2}{5}, \tag{6}$$

$$\frac{2}{5}x_0 + (x_1 - x_0)x_1^2 A_1 = \frac{2}{7}. \tag{7}$$

用方程(5)消去方程(6)中的$(x_1 - x_0)A_1$,即将$(x_1 - x_0)A_1$用$\frac{2}{3} - 2x_0$代替,得
$$\frac{2}{3}x_0 + \left(\frac{2}{3} - 2x_0\right)x_1 = \frac{2}{5}, \tag{8}$$

用方程(6)消去方程(7)中的$(x_1 - x_0)x_1 A_1$,即将$(x_1 - x_0)x_1 A_1$用$\frac{2}{5} - \frac{2}{3}x_0$代替,得
$$\frac{2}{5}x_0 + \left(\frac{2}{5} - \frac{2}{3}x_0\right)x_1 = \frac{2}{7}. \tag{9}$$

整理方程(8)和方程(9),得
$$\begin{cases} \frac{2}{3}(x_0 + x_1) - 2x_0 x_1 = \frac{2}{5}, \\ \frac{2}{5}(x_0 + x_1) - \frac{2}{3}x_0 x_1 = \frac{2}{7}. \end{cases}$$

解得
$$\begin{cases} x_0 + x_1 = \frac{6}{7}, \\ x_0 x_1 = \frac{3}{35}. \end{cases}$$

从而(注意 $x_0 < x_1$)
$$x_0 = \frac{1}{7}\left(3 - 2\sqrt{\frac{6}{5}}\right), \quad x_1 = \frac{1}{7}\left(3 + 2\sqrt{\frac{6}{5}}\right),$$

代回方程(1)和方程(2)可得
$$A_0 = 1 + \frac{1}{3}\sqrt{\frac{5}{6}}, \quad A_1 = 1 - \frac{1}{3}\sqrt{\frac{5}{6}}.$$

得求积公式为
$$\int_0^1 \frac{1}{\sqrt{x}}f(x)\mathrm{d}x \approx \left(1 + \frac{1}{3}\sqrt{\frac{5}{6}}\right)f\left(\frac{3}{7} - \frac{2}{7}\sqrt{\frac{6}{5}}\right) + \left(1 - \frac{1}{3}\sqrt{\frac{5}{6}}\right)f\left(\frac{3}{7} + \frac{2}{7}\sqrt{\frac{6}{5}}\right).$$

11. 用 $n=2,3$ 的高斯-勒让德公式计算积分 $\int_1^3 \mathrm{e}^x \sin x \,\mathrm{d}x$.

解　作变换 $x = \dfrac{3-1}{2}t + \dfrac{1+3}{2} = t + 2$，则 $\mathrm{d}x = \mathrm{d}t$，故

$$\int_1^3 \mathrm{e}^x \sin x \,\mathrm{d}x = \int_{-1}^1 \mathrm{e}^{t+2} \sin(t+2)\,\mathrm{d}t = \int_{-1}^1 f(t)\,\mathrm{d}t,$$

其中 $f(t) = \mathrm{e}^{t+2} \sin(t+2)$.

当 $n=2$ 时，利用高斯-勒让德求积公式得

$$\int_1^3 \mathrm{e}^x \sin x \,\mathrm{d}x \approx 0.555\,555\,6 \times \left[f(-0.774\,596\,7) + f(0.774\,596\,7) \right] +$$

$$0.888\,888\,9 \times f(0) = 10.948\,402\,6.$$

当 $n=3$ 时，利用高斯-勒让德求积公式得

$$\int_1^3 \mathrm{e}^x \sin x \,\mathrm{d}x \approx 0.347\,854\,8 \times \left[f(-0.861\,136\,3) + f(0.861\,136\,3) \right] +$$

$$0.652\,145\,2 \times \left[f(-0.339\,981\,0) + f(0.339\,981\,0) \right]$$

$$= 10.950\,140\,1.$$

准确的积分值为 $\dfrac{1}{2}\mathrm{e}^x(\sin x - \cos x)\big|_1^3 = 10.950\,170\,315$.

12. 地球卫星轨道是一个椭圆，椭圆周长的计算公式是

$$S = 4a \int_0^{\pi/2} \sqrt{1 - \left(\frac{c}{a}\right)^2 \sin^2\theta}\,\mathrm{d}\theta,$$

这里 a 是椭圆的半长轴，c 是地球中心与轨道中心（椭圆中心）的距离，记 h 为近地点距离，H 为远地点距离，$R = 6371(\mathrm{km})$ 为地球半径，则

$$a = (2R + H + h)/2, \quad c = (H - h)/2.$$

我国第一颗人造地球卫星近地点距离 $h = 439(\mathrm{km})$，远地点距离 $H = 2384(\mathrm{km})$，试求卫星轨道的周长.

解　这是第二类椭圆积分，被积函数的原函数不能用初等函数表示. $a = (2R + H + h)/2 = 7782.5$，$c = (H - h)/2 = 972.5$，从而得被积函数为

$$f(\theta) = \sqrt{1 - \left(\frac{972.5}{7782.5}\right)^2 \sin^2\theta},$$

采用龙贝格算法计算积分 $\int_0^{\pi/2} f(\theta)\,\mathrm{d}\theta$，结果如下表：

k	$T_0^{(k)}$	$T_1^{(k)}$	$T_2^{(k)}$	$T_3^{(k)}$
0	1.564 640 3			
1	1.564 646 3	1.564 648 3		
2	1.564 646 3	1.564 646 3	1.564 646 2	
3	1.564 646 3	1.564 646 3	1.564 646 3	1.564 646 3

因为 $|T_3^{(3)} - T_2^{(2)}| = 10^{-7} < \dfrac{1}{2} \times 10^{-6}$，故积分已有 7 位有效数字，取 $I = 1.564\,646\,3$，则

$$l = 4aI \approx 48\,707.439\,319 \text{ km}.$$

13. 证明等式

$$n \sin \frac{\pi}{n} = \frac{\pi}{n} - \frac{\pi^3}{3! \ n^2} + \frac{\pi^5}{5! \ n^4} - \cdots$$

试依据 $n\sin(\pi/n)(n=3,6,12)$ 的值,用外推算法求 π 的近似值.

解 令 $f(n)=n\sin(\pi/n)$,由 $\sin x$ 在 $x=0$ 处的泰勒展开得

$$n \sin \frac{\pi}{n} = n \left[\frac{\pi}{n} - \frac{1}{3!} \left(\frac{\pi}{n} \right)^3 + \frac{1}{5!} \left(\frac{\pi}{n} \right)^5 - \frac{1}{7!} \left(\frac{\pi}{n} \right)^7 + \cdots \right]$$

$$= \pi - \frac{\pi^3}{3! \ n^2} + \frac{\pi^5}{5! \ n^4} - \frac{\pi^7}{7! \ n^6} + \cdots$$

$$= \pi \left[1 - \frac{1}{3!} \left(\frac{\pi}{n} \right)^2 + \frac{1}{5!} \left(\frac{\pi}{n} \right)^4 - \frac{1}{7!} \left(\frac{\pi}{n} \right)^6 + \cdots \right].$$

若记 $T_n^{(0)} = n \sin \frac{\pi}{n} \approx \pi$,其误差为 $O\left(\left(\frac{\pi}{n}\right)^2\right)$.

由外推法,$T_n^{(1)} = \frac{1}{3}(4T_{2n}^{(0)} - T_n^{(0)}) \approx \pi$,其误差为 $O\left(\left(\frac{\pi}{n}\right)^4\right)$.

$$T_n^{(2)} = \frac{1}{15}(16T_{2n}^{(1)} - T_n^{(1)}) \approx \pi,$$

其误差为 $O\left(\left(\frac{\pi}{n}\right)^6\right)$.

将计算结果列表:

n	$T_n^{(0)} = n \sin \frac{\pi}{n}$	$T_n^{(1)}$	$T_n^{(2)}$
3	2.598 076 2		
6	3.000 000 0	3.133 974 6	
12	3.105 828 6	3.141 704 8	3.141 580 1

$\pi \approx 3.141\ 580\ 1$ 即为所求.

14. 用下列方法计算积分 $\int_1^3 \frac{\mathrm{d}y}{y}$,并比较结果.

(1) 龙贝格方法;

(2) 三点及五点高斯公式;

(3) 将积分区间分为四等份,用复合两点高斯公式.

解 (1) 计算结果列表

k	$T_0^{(k)}$	$T_1^{(k)}$	$T_2^{(k)}$	$T_3^{(k)}$	$T_4^{(k)}$
0	1.333 333 3				
1	1.166 666 67	1.111 111 1			
2	1.116 666 7	1.100 000 0	1.099 259 3		
3	1.103 210 7	1.098 725 3	1.098 640 3	1.098 630 5	
4	1.099 767 7	1.098 620 0	1.098 613 0	1.098 612 6	1.098 612 5

因此可取 $I=1.098\ 612\ 5$. 准确的积分值为 $\ln x\big|_1^3 = 1.098\ 612\ 288\ 668$.

(2) 若使用高斯公式,先将积分区间变换到 $[-1,1]$,作变换 $y=t+2$,则当 $y \in [1,3]$

时, $t \in [-1,1]$ 且 $\mathrm{d}y = \mathrm{d}t$, $\int_1^3 \frac{\mathrm{d}y}{y} = \int_{-1}^1 \frac{\mathrm{d}t}{t+2}$.

三点高斯公式

$$\int_1^3 \frac{\mathrm{d}y}{y} = \int_{-1}^1 \frac{\mathrm{d}t}{t+2} \approx 0.555\,555\,6 \times \left(\frac{1}{2-0.774\,596\,7} + \frac{1}{2+0.774\,596\,7} \right) +$$

$$0.888\,888\,9 \times \frac{1}{2+0} = 1.098\,039\,3.$$

五点高斯公式

$$\int_1^3 \frac{\mathrm{d}y}{y} = \int_{-1}^1 \frac{\mathrm{d}t}{t+2} \approx 0.236\,926\,9 \times \left(\frac{1}{2-0.906\,179\,8} + \frac{1}{2+0.906\,179\,8} \right) +$$

$$0.478\,628\,9 \times \left(\frac{1}{2-0.538\,469\,3} + \frac{1}{2+0.538\,469\,3} \right) +$$

$$0.568\,888\,9 \times \frac{1}{2+0} = 1.098\,609\,3.$$

(3) 将区间 $[1,3]$ 四等分,在每个小区间上使用两点高斯公式,有

$$I_1 = \int_1^{1.5} \frac{\mathrm{d}y}{y} = \int_{-1}^1 \frac{0.5\mathrm{d}t}{0.5t+2.5}$$

$$\approx 0.5 \times \left(\frac{1}{2.5+0.5 \times \left(-\dfrac{1}{\sqrt{3}} \right)} + \frac{1}{2.5+0.5 \times \dfrac{1}{\sqrt{3}}} \right)$$

$$= 0.405\,405\,4,$$

$$I_2 = \int_{1.5}^2 \frac{\mathrm{d}y}{y} = \int_{-1}^1 \frac{0.5\mathrm{d}t}{0.5t+3.5}$$

$$\approx 0.5 \times \left(\frac{1}{3.5+0.5 \times \left(-\dfrac{1}{\sqrt{3}} \right)} + \frac{1}{3.5+0.5 \times \dfrac{1}{\sqrt{3}}} \right)$$

$$= 0.287\,671\,2,$$

$$I_3 = \int_2^{2.5} \frac{\mathrm{d}y}{y} = \int_{-1}^1 \frac{0.5\mathrm{d}t}{0.5t+4.5}$$

$$\approx 0.5 \times \left(\frac{1}{4.5+0.5 \times \left(-\dfrac{1}{\sqrt{3}} \right)} + \frac{1}{4.5+0.5 \times \dfrac{1}{\sqrt{3}}} \right)$$

$$= 0.223\,140\,5,$$

$$I_4 = \int_{2.5}^3 \frac{\mathrm{d}y}{y} = \int_{-1}^1 \frac{0.5\mathrm{d}t}{0.5t+5.5}$$

$$\approx 0.5 \times \left(\frac{1}{5.5+0.5 \times \left(-\dfrac{1}{\sqrt{3}} \right)} + \frac{1}{5.5+0.5 \times \dfrac{1}{\sqrt{3}}} \right)$$

$$= 0.182\,320\,4,$$

所以 $I = I_1 + I_2 + I_3 + I_4 \approx 1.098\ 537\ 6$.

15. 用 $n = 2$ 的高斯-拉盖尔求积公式计算积分

$$\int_0^{+\infty} \frac{e^{-x}}{1 + e^{-2x}} dx.$$

解 $\int_0^{+\infty} \dfrac{e^{-x}}{1 + e^{-2x}} dx = \int_0^{+\infty} e^{-x} f(x) dx$，$e^{-x}$ 为拉盖尔多项式的权函数，故可取 $f(x) =$

$\dfrac{1}{1 + e^{-2x}}$. 准确的积分值为 $\arctan x \big|_0^1 = \dfrac{\pi}{4} = 0.785\ 398\ 163\ 397\ 45$.

利用 $n = 2$ 的高斯-拉盖尔求积公式

$$\int_0^{+\infty} e^{-x} f(x) dx \approx A_0 f(x_0) + A_1 f(x_1) + A_2 f(x_2)$$

$$= 0.711\ 093\ 010 f(0.415\ 774\ 557) +$$
$$0.278\ 517\ 734 f(2.294\ 280\ 360) +$$
$$0.010\ 389\ 257 f(6.289\ 945\ 083)$$
$$= 0.781\ 509\ 605.$$

16. 用辛普森公式(取 $N = M = 2$)计算二重积分 $\int_0^{0.5} \int_0^{0.5} e^{y-x} dy dx$.

解 当 $N = M = 2$ 时，$h = k = 0.25$.

先对积分 $\int_0^{0.5} e^{y-x} dy$ 使用复合辛普森公式,得

$$\int_0^{0.5} e^{y-x} dy \approx \frac{0.25}{6} \left[e^{0-x} + e^{0.5-x} + 2e^{0.25-x} + 4e^{0.125-x} + 4e^{0.375-x} \right],$$

这样

$$\int_0^{0.5} \int_0^{0.5} e^{y-x} dy dx \approx \frac{0.25}{6} \left[\int_0^{0.5} e^{-x} dy + \int_0^{0.5} e^{0.5-x} dy + 2\int_0^{0.5} e^{0.25-x} dy + \right.$$
$$\left. 4\int_0^{0.5} e^{0.125-x} dy + 4\int_0^{0.5} e^{0.375-x} dy \right]$$
$$= \frac{0.25}{6} \times \frac{0.25}{6} \times \left[e^0 + e^{-0.5} + 2e^{-0.25} + 4e^{-0.125} + 4e^{-0.375} + \right.$$
$$e^{0.5} + e^0 + 2e^{0.25} + 4e^{0.375} + 4e^{0.125} +$$
$$2e^{0.25} + 2e^{-0.25} + 4e^0 + 8e^{0.125} + 8e^{-0.125} +$$
$$4e^{0.125} + 4e^{-0.375} + 8e^{-0.125} + 16e^0 + 16e^{-0.25} +$$
$$\left. 4e^{0.375} + 4e^{-0.125} + 8e^{0.125} + 16e^{0.25} + 16e^0 \right]$$
$$= 0.255\ 252\ 622.$$

准确的积分值为 $\left[e^{0.5-x} - e^{-x} \right]_0^{0.5} = e^{0.5} + e^{-0.5} - 2 = 0.225\ 251\ 930\ 4$.

17. 确定数值微分公式的截断误差表达式

$$f'(x_0) \approx \frac{1}{2h} [4f(x_0 + h) - 3f(x_0) - f(x_0 + 2h)].$$

解 数值微分公式

$$f'(x_0) \approx \frac{1}{2h} [4f(x_0 + h) - 3f(x_0) - f(x_0 + 2h)]$$

是由对过节点$(x_0,f(x_0)),(x_0+h,f(x_0+h))$及$(x_0+2h,f(x_0+2h))$的二次插值多项式$p_2(x)$求导而得到的. 由于

$$f(x)=p_2(x)+\frac{f'''(\xi)}{3!}(x-x_0)(x-x_1)(x-x_2)$$

$$=p_2(x)+\frac{f'''(\xi)}{3!}\omega_3(x),\quad \xi\in(x_0,x_2),$$

其中$x_i=x_0+ih,i=0,1,2,p_2(x)=\dfrac{(x-x_1)(x-x_2)}{(x_0-x_1)(x_0-x_2)}f(x_0)+\dfrac{(x-x_0)(x-x_2)}{(x_1-x_0)(x_1-x_2)}f(x_1)+$

$\dfrac{(x-x_0)(x-x_1)}{(x_2-x_0)(x_2-x_1)}f(x_2)$.

对x求导得

$$f'(x)=p'_2(x)+\frac{f'''(\xi)}{3!}\omega'_3(x)+\frac{\omega_3(x)}{3!}\frac{\mathrm{d}}{\mathrm{d}x}f'''(\xi),$$

取$x=x_0$,得

$$f'(x_0)=p'_2(x_0)+\frac{f'''(\xi)}{3!}\omega'_3(x_0)$$

$$=\frac{1}{2h}[4f(x_0+h)-3f(x_0)-f(x_0+2h)]+\frac{f'''(\xi)}{3}h^2.$$

从而得截断误差为$\dfrac{h^2}{3}f'''(\xi)(\xi\in(x_0,x_0+2h))$.

18. 用三点公式求$f(x)=\dfrac{1}{(1+x)^2}$在$x=1.0,1.1$和1.2处的导数值,并估计误差. $f(x)$的值由下表给出:

x	1.0	1.1	1.2
$f(x)$	0.2500	0.2268	0.2066

解　三点求导公式为

$$f'(x_0)\approx\frac{1}{2h}[4f(x_1)-3f(x_0)-f(x_2)]+\frac{h^2}{3}f'''(\xi_0),$$

$$f'(x_1)\approx\frac{1}{2h}[f(x_2)-f(x_0)]-\frac{h^2}{6}f'''(\xi_1),$$

$$f'(x_2)\approx\frac{1}{2h}[f(x_0)-4f(x_1)+3f(x_2)]+\frac{h^2}{3}f'''(\xi_2),$$

取$x_0=1.0,x_1=1.1,x_2=1.2$,得

$$f'(x_0)\approx-0.2479,\quad f'(x_1)\approx-0.2169,\quad f'(x_2)\approx-0.1860.$$

由于$|f'''(\xi_i)|\leqslant\max\limits_{1.0\leqslant x\leqslant1.2}|f'''(x)|\leqslant\max\limits_{1.0\leqslant x\leqslant1.2}\left|\dfrac{4!}{(1+x)^5}\right|=\dfrac{4!}{2^5}=0.75$,所以误差上限分别为$0.0025,0.00125,0.0025$.

因$f'(x)=-\dfrac{2}{(1+x)^3}$,故$f'(x_0)=-0.25,f'(x_1)=-0.21595939961,f'(x_2)=-0.1878287002$.

第 5 章　解线性方程组的直接方法

5.1　内　容　概　述

求线性方程组的解,是线性代数课程讲述的主要问题,但那里基本上只限于理论层面,比如解的存在性、线性无关解的个数、解的结构等.

在计算过程中没有舍入误差的前提下,经过有限步算术运算,可求得线性方程组精确解的方法称为**直接法**. 但实际计算中由于舍入误差的存在和影响,这种方法也只能求得线性方程组的近似解,这就是数值分析面临的问题.

本章首先回顾了向量、矩阵、矩阵的特征值及特征向量等概念,列出了后续要用到的一些特殊矩阵,列出关于线性方程组的解存在唯一的等价条件(定理 5.1),对称矩阵及对称正定矩阵的一些性质(定理 5.2~定理 5.4),为后面的讨论提供理论基础.

定理 5.1　设 $A \in \mathbb{R}^{n \times n}$,则下述命题等价:

(1) 对任何 $b \in \mathbb{R}^n$,方程组 $Ax = b$ 有唯一解.

(2) 齐次线性方程组 $Ax = 0$ 只有唯一解 $x = 0$.

(3) $\det(A) \neq 0$.

(4) A^{-1} 存在.

(5) A 的秩 $\operatorname{rank}(A) = n$.

定理 5.2　设 $A \in \mathbb{R}^{n \times n}$ 为对称矩阵,则

(1) A 的特征值均为实数.

(2) A 有 n 个线性无关的特征向量.

(3) 存在一个正交矩阵 P 使

$$
P^{\top} A P = \begin{bmatrix} \lambda_1 & & & \\ & \lambda_2 & & \\ & & \ddots & \\ & & & \lambda_n \end{bmatrix}
$$

且 $\lambda_i (i = 1, 2, \cdots, n)$ 为 A 的特征值,而 $P = (u_1, u_2, \cdots, u_n)$ 的列向量 u_i 为 A 的对应于 λ_i 的特征向量.

定理 5.3　设 $A \in \mathbb{R}^{n \times n}$ 为对称正定矩阵,则

(1) A 为非奇异矩阵,且 A^{-1} 亦是对称正定矩阵.

(2) 记 A_k 为 A 的顺序主子阵,则 $A_k (k = 1, 2, \cdots, n)$ 亦是对称正定矩阵,其中

$$
A_k = \begin{pmatrix} a_{11} & \cdots & a_{1k} \\ \vdots & & \vdots \\ a_{k1} & \cdots & a_{kk} \end{pmatrix}, \quad k = 1, 2, \cdots, n.
$$

(3) A 的特征值 $\lambda_i > 0 (i = 1, 2, \cdots, n)$.

(4) A 的顺序主子式都大于零,即 $\det(A_k)>0(k=1,2,\cdots,n)$.

定理 5.4　设 $A\in\mathbb{R}^{n\times n}$ 为对称矩阵. 如果 $\det(A_k)>0(k=1,2,\cdots,n)$,或 A 的特征值 $\lambda_i>0(i=1,2,\cdots,n)$,则 A 为正定矩阵.

有重特征值的矩阵不一定相似于对角矩阵,一般 n 阶矩阵在相似变换下可简化为块对角矩阵,各个块矩阵对应矩阵的特征值.

下面讲述高斯消去法(顺序高斯消去法),顺序高斯消去法解线性方程组的基本思想是逐次用主对角线上的数值消去其下方方程中的未知数系数,把原线性方程组 $Ax=b$ 化为与其等价的上三角形线性方程组,然后用回代方法求解.

随后指出其可能存在的数值风险——稳定性差,给出解决方案——列主元消去法.

定理 5.5　设 $Ax=b$,其中 $A\in\mathbb{R}^{n\times n}$.

(1) 如果各步的主对角元 $a_{kk}^{(k)}\neq0(k=1,2,\cdots,n)$,则可通过高斯消去法将 $Ax=b$ 约化为等价的上三角形线性方程组

$$
\begin{pmatrix}
a_{11}^{(1)} & a_{12}^{(1)} & \cdots & a_{1n}^{(1)} \\
& a_{22}^{(2)} & \cdots & a_{2n}^{(2)} \\
& & \ddots & \vdots \\
& & \cdots & a_{nn}^{(n)}
\end{pmatrix}
\begin{pmatrix}
x_1 \\ x_2 \\ \vdots \\ x_n
\end{pmatrix}
=
\begin{pmatrix}
b_1^{(1)} \\ b_2^{(2)} \\ \vdots \\ b_n^{(n)}
\end{pmatrix},
$$

且计算公式为:

① 消元计算 $(k=1,2,\cdots,n-1)$

$$
\begin{cases}
m_{ik}=a_{ik}^{(k)}/a_{kk}^{(k)}, & i=k+1,\cdots,n, \\
a_{ij}^{(k+1)}=a_{ij}^{(k)}-m_{ik}a_{kj}^{(k)}, & i,j=k+1,\cdots,n, \\
b_i^{(k+1)}=b_i^{(k)}-m_{ik}b_k^{(k)}, & i=k+1,\cdots,n.
\end{cases}
$$

② 回代计算

$$
x_n=b^{(n)}/a_{nn}^{(n)}; \quad x_i=\left(b_i^{(i)}-\sum_{j=i+1}^{n}a_{ij}^{(i)}x_j\right)/a_{ii}^{(i)}, \quad i=n-1,n-2,\cdots,1.
$$

(2) 如果 A 为非奇异矩阵,则可通过高斯消去法(及交换两行的初等变换)将方程组 $Ax=b$ 约化为等价的上三角形线性方程组

$$
\begin{pmatrix}
a_{11}^{(1)} & a_{12}^{(1)} & \cdots & a_{1n}^{(1)} \\
& a_{22}^{(2)} & \cdots & a_{2n}^{(2)} \\
& & \ddots & \vdots \\
& & \cdots & a_{nn}^{(n)}
\end{pmatrix}
\begin{pmatrix}
x_1 \\ x_2 \\ \vdots \\ x_n
\end{pmatrix}
=
\begin{pmatrix}
b_1^{(1)} \\ b_2^{(2)} \\ \vdots \\ b_n^{(n)}
\end{pmatrix}.
$$

定理 5.6　约化的主对角元 $a_{ii}^{(i)}\neq0(i=1,2,\cdots,k)$ 的充要条件是矩阵 A 的顺序主子式 $D_i\neq0(i=1,2,\cdots,k)$,即

$$
D_1=a_{11}\neq0, \quad D_i=\begin{vmatrix} a_{11} & \cdots & a_{1i} \\ \vdots & & \vdots \\ a_{i1} & \cdots & a_{ii} \end{vmatrix}\neq0, \quad i=1,2,\cdots,k.
$$

然后分析得出消去法的过程对应着矩阵的 LU 分解,进而给出更紧凑的迭代公式.

定理 5.7(矩阵的 LU 分解)　设 A 为 n 阶矩阵,如果 A 的顺序主子式 $D_i\neq0(i=1,2,\cdots,n-1)$,则 A 可分解为一个单位下三角矩阵 L 和一个上三角矩阵 U 的乘积 $A=LU$,且这种

分解是唯一的.

矩阵 A 的这种分解称为**杜利特尔分解**.如果在 A 的 LU 分解中 L 为下三角矩阵,U 为单位上三角矩阵,则称为**克劳特分解**.

定理 5.8(列主元消去法的三角分解定理) 如果 A 为非奇异矩阵,则存在排列阵 P,使 $PA=LU$,其中,L 为单位下三角矩阵,U 为上三角矩阵.

直接三角分解法:实现了矩阵 A 的三角分解,求解 $Ax=b$ 的问题就等价于求解两个三角形方程组:

(1)$Ly=b$,求 y(前代)

$$y_1=b_1;\quad y_i=b_i-\sum_{k=1}^{i-1}l_{ik}y_k,\quad i=2,3,\cdots,n.$$

(2)$Ux=y$,求 x(回代)

$$x_n=y_n/u_{nn};\quad x_i=\left(y_i-\sum_{k=i+1}^{n}u_{ik}x_k\right)/u_{ii},\quad i=n-1,n-2,\cdots,1.$$

针对一些工程实践中经常遇到的特殊形式的矩阵——对称矩阵、对称正定矩阵、三对角矩阵,给出对应的求解方法——平方根、改进平方根、追赶法.

定理 5.9(对称矩阵的三角分解定理) 设 A 为 n 阶对称矩阵,且 A 的所有顺序主子式均不为零,则 A 可唯一分解为 $A=LDL^T$,其中,L 为单位下三角矩阵,D 为对角矩阵.

定理 5.10(对称正定矩阵的三角分解或楚列斯基分解) 如果 A 为 n 阶对称正定矩阵,则存在一个实的非奇异下三角矩阵 L,使 $A=LL^T$,当限定 L 的对角元素为正时,这种分解是唯一的.

平方根法:若有 $A=LL^T$,则求解 $Ax=b$ 的问题等价于求解两个三角形方程组

(1)$Ly=b$,求 y

$$y_1=b_1/l_{11};\quad y_i=\left(b_i-\sum_{k=1}^{i-1}l_{ik}y_k\right)/l_{ii},\quad i=2,3,\cdots,n.$$

(2)$L^Tx=y$,求 x

$$x_n=y_n/l_{nn};\quad x_i=\left(y_i-\sum_{k=i+1}^{n}l_{ki}x_k\right)/l_{ii},\quad i=n-1,\cdots,2,1.$$

改进平方根法:若有 $A=LDL^T$,则求解 $Ax=b$ 的问题等价于求解两个三角形方程组:

(1)$Ly=b$,求 y

$$y_1=b_1;\quad y_i=b_i-\sum_{k=1}^{i-1}l_{ik}y_k,\quad i=2,3,\cdots,n.$$

(2)$DL^Tx=y$,求 x

$$x_n=y_n/d_n;\quad x_i=y_i/d_i-\sum_{k=i+1}^{n}l_{ki}x_k,\quad i=n-1,\cdots,2,1.$$

对称正定矩阵 A 按 LDL^T 分解和按 LL^T 分解的计算量差不多,但 LDL^T 分解不需要开方运算.

定义 5.1(对角占优矩阵) 设 $A=(a_{ij})_{n\times n}$.

(1)如果 A 的元素满足

$$|a_{ii}|>\sum_{\substack{j=1\\j\neq i}}^{n}|a_{ij}|,\quad i=1,2,\cdots,n,$$

则称 A 为**严格对角占优矩阵**.

（2）如果 A 的元素满足

$$|a_{ii}| \geqslant \sum_{\substack{j=1 \\ j \neq i}}^{n} |a_{ij}|, \quad i=1,2,\cdots,n,$$

且上式至少有一个不等式严格成立,则称 A 为**弱对角占优矩阵**.

定义 5.2（可约与不可约矩阵）　设 $A = (a_{ij})_{n \times n} (n \geqslant 2)$,如果存在置换矩阵 P 使

$$P^{\mathrm{T}}AP = \begin{pmatrix} A_{11} & A_{12} \\ 0 & A_{22} \end{pmatrix},$$

其中,A_{11} 为 r 阶方阵,A_{22} 为 $n-r$ 阶方阵 $(1 \leqslant r < n)$,则称 A 为**可约矩阵**,否则,如果不存在这样的置换矩阵 P,则称 A 为**不可约矩阵**.

定理 5.11（对角占优定理）　如果 $A = (a_{ij})_{n \times n}$ 为严格对角占优矩阵或不可约弱对角占优矩阵,则 A 为非奇异矩阵.

记三对角线方程组

$$\begin{pmatrix} b_1 & c_1 & & & \\ a_2 & b_2 & c_2 & & \\ & \ddots & \ddots & \ddots & \\ & & a_{n-1} & b_{n-1} & c_{n-1} \\ & & & a_n & b_n \end{pmatrix} \begin{pmatrix} x_1 \\ x_2 \\ \vdots \\ x_{n-1} \\ x_n \end{pmatrix} = \begin{pmatrix} f_1 \\ f_2 \\ \vdots \\ f_{n-1} \\ f_n \end{pmatrix}$$

为 $Ax = f$,若 A 满足当 $|i-j| > 1$ 时,$a_{ij} = 0$,且

① $|b_1| > |c_1| > 0$;

② $|b_i| \geqslant |a_i| + |c_i|, a_i, c_i \neq 0, i = 2,3,\cdots,n-1$;

③ $|b_n| > |a_n| > 0$.

称 $Ax = f$ 为系数矩阵为对角占优的三对角线方程组. 由定理 5.11 知此方程组存在唯一解.

若 A 为对角占优的三对角阵,则有分解

$$A = \begin{pmatrix} b_1 & c_1 & & & \\ a_2 & b_2 & c_2 & & \\ & \ddots & \ddots & \ddots & \\ & & a_{n-1} & b_{n-1} & c_{n-1} \\ & & & a_n & b_n \end{pmatrix} = \begin{pmatrix} \alpha_1 & & & \\ \gamma_2 & \alpha_2 & & \\ & \ddots & \ddots & \\ & & \gamma_n & \alpha_n \end{pmatrix} \begin{pmatrix} 1 & \beta_1 & & \\ & 1 & \ddots & \\ & & \ddots & \beta_{n-1} \\ & & & 1 \end{pmatrix},$$

比较分解式两边,有

$$\begin{cases} b_1 = \alpha_1, \quad c_1 = \alpha_1 \beta_1, \\ a_i = \gamma_i, \quad b_i = \gamma_i \beta_{i-1} + \alpha_i, \quad i = 2,3,\cdots,n, \\ c_i = \alpha_i \beta_i, \quad i = 2,3,\cdots,n-1. \end{cases}$$

从而得分解式中的元素为

$$\begin{cases} \alpha_1 = b_1, \quad \beta_1 = c_1/\alpha_1, \\ \alpha_i = b_i - a_i \beta_{i-1}, \quad i = 2,3,\cdots,n, \\ \beta_i = c_i/(b_i - a_i \beta_{i-1}), \quad i = 2,3,\cdots,n-1, \\ \gamma_i = a_i, \quad i = 2,3,\cdots,n-1. \end{cases}$$

追赶法：求解三对角线方程组 $Ax = f$ 等价于求解两个三角形方程组

(1) $Ly = f$，求 y（追）

$$y_1 = f_1/b_1; \quad y_i = (f_i - a_i y_{i-1})/(b_i - a_i \beta_{i-1}), \quad i = 2, 3, \cdots, n;$$

(2) $Ux = y$，求 x（赶）

$$x_n = y_n; \quad x_i = y_i - \beta_i x_{i+1}, \quad i = n-1, \cdots, 2, 1.$$

定理 5.12 设有三对角线方程组 $Ax = f$，其中 A 满足对角占优的条件①②③，则 A 为非奇异矩阵且追赶法计算公式中的 $\{\alpha_i\}, \{\beta_i\}$ 满足

(1) $0 < |\beta_i| < 1, \quad i = 1, 2, \cdots, n-1;$

(2) $0 < |c_i| \leqslant |b_i| - |a_i| < |\alpha_i| < |b_i| + |a_i|, \quad i = 2, 3, \cdots, n-1;$

$\quad 0 < |b_n| - |a_n| < |\alpha_n| < |b_n| + |a_n|.$

为了探究线性方程组的系数或常数项的小的变动对解带来的影响，即稳定性，由向量的范数引入矩阵的从属范数，给出矩阵的三种常用的从属范数，通过对解线性方程组的稳定性分析，引入矩阵条件数的定义，用其来衡量线性方程组问题的好坏.

将向量范数的概念推广到矩阵上去，视 $\mathbb{R}^{n \times n}$ 中的矩阵 $A = (a_{ij})$ 为 $\mathbb{R}^{n^2}$ 中的向量，则由 $\mathbb{R}^{n^2}$ 上的 2-范数可以得到 $\mathbb{R}^{n \times n}$ 中的一种矩阵范数

$$F(A) = \|A\|_F = \Big(\sum_{i,j=1}^n a_{ij}^2 \Big)^{\frac{1}{2}},$$

称为 A 的弗罗贝尼乌斯范数. $\|A\|_F$ 显然满足范数定义中的正定性、齐次性及三角不等式.

在大多数与误差估计有关的问题中，大多会涉及矩阵与矩阵及矩阵与向量的乘法，此时矩阵和向量会同时参与讨论，所以自然想对矩阵的范数提出特殊的要求，使其与向量的范数相联系. 如要求对任何向量 $x \in \mathbb{R}^n$ 及 $A \in \mathbb{R}^{n \times n}$ 都成立

$$\|Ax\| \leqslant \|A\| \|x\|,$$

这时称矩阵范数与向量范数**相容**.

定义 5.3 设 $\| \cdot \|_v$ 是 $\mathbb{R}^n$ 上的一个向量范数，则由

$$\|A\|_v = \max_{x \neq 0} \frac{\|Ax\|_v}{\|x\|_v} = \max_{\|x\|_v = 1} \|Ax\|$$

定义的量称为 A 的与向量范数 $\| \cdot \|_v$ **相容的矩阵范数**，也称从属范数.

定理 5.13 设 $\|x\|_v$ 为 $\mathbb{R}^n$ 上一个向量范数，则

$$\|A\|_v = \max_{x \neq 0} \frac{\|Ax\|_v}{\|x\|_v}$$

是 $\mathbb{R}^{n \times n}$ 上的范数，且满足相容条件

$$\|Ax\|_v \leqslant \|A\|_v \|x\|_v$$

及 $\|AB\|_v \leqslant \|A\|_v \|B\|_v, \forall A, B \in \mathbb{R}^{n \times n}.$

定理 5.14 设 $x \in \mathbb{R}^n, A \in \mathbb{R}^{n \times n}$，则

(1) $\|A\|_\infty = \max\limits_{1 \leqslant i \leqslant n} \sum\limits_{j=1}^n |a_{ij}|$（称为 A 的行范数）；

(2) $\|A\|_1 = \max\limits_{1 \leqslant j \leqslant n} \sum\limits_{i=1}^n |a_{ij}|$（称为 A 的列范数）；

（3）$\|A\|_2=\sqrt{\lambda_{\max}(A^{\mathrm{T}}A)}$（称为 A 的 2-范数），其中 $\lambda_{\max}(A^{\mathrm{T}}A)$ 表示 $A^{\mathrm{T}}A$ 的最大特征值.

定理 5.15　对任何 $A\in\mathbb{R}^{n\times n}$，$\|\cdot\|$ 为任一种从属范数，则
$$\rho(A)\leqslant\|A\|\quad（对 \|A\|_{\mathrm{F}} 也成立）.$$
反之，对任意实数 $\varepsilon>0$，至少存在一种从属范数 $\|\cdot\|_\varepsilon$，使
$$\|A\|_\varepsilon\leqslant\rho(A)+\varepsilon.$$

定理 5.16　如果 $A\in\mathbb{R}^{n\times n}$ 为对称矩阵，则 $\|A\|_2=\rho(A)$.

定理 5.17　如果 $\|B\|<1$，则 $I\pm B$ 为非奇异矩阵，且
$$\|(I\pm B)^{-1}\|\leqslant\frac{1}{1-\|B\|},$$
其中 $\|\cdot\|$ 是指矩阵的从属范数.

定义 5.4　如果矩阵 A 或常数项 b 的微小变化，引起线性方程组 $Ax=b$ 解的巨大变化，则称此线性方程组为**病态方程组**，系数矩阵 A 称为**病态矩阵**（相对于方程组而言），否则称线性方程组为**良态方程组**，A 称为**良态矩阵**.

定理 5.18　设 A 是非奇异矩阵，$Ax=b\neq\mathbf{0}$，且
$$A(x+\delta x)=b+\delta b,$$
则
$$\frac{\|\delta x\|}{\|x\|}\leqslant\|A\|\,\|A^{-1}\|\,\frac{\|\delta b\|}{\|b\|}.$$

定理 5.19　设 A 是非奇异矩阵，$Ax=b\neq\mathbf{0}$，且
$$(A+\delta A)(x+\delta x)=b+\delta b.$$
如果 $\|A^{-1}\|\,\|\delta A\|<1$，则
$$\frac{\|\delta x\|}{\|x\|}\leqslant\frac{\|A\|\,\|A^{-1}\|\,\dfrac{\|\delta A\|}{\|A\|}}{1-\|A\|\,\|A^{-1}\|\,\dfrac{\|\delta A\|}{\|A\|}}.$$

定义 5.5　设 A 为非奇异矩阵，称数 $\operatorname{cond}(A)_v=\|A\|_v\,\|A^{-1}\|_v\ (v=1,2 \text{ 或 } \infty)$ 为矩阵的**条件数**.

条件数刻画了解对原始数据变化的灵敏程度，即刻画了线性方程组的"病态"程度，条件数越大，线性方程组的病态程度越严重.

通常使用的条件数有

（1）$\operatorname{cond}(A)_\infty=\|A\|_\infty\,\|A^{-1}\|_\infty$；

（2）A 的谱条件数
$$\operatorname{cond}(A)_2=\|A\|_2\,\|A^{-1}\|_2=\sqrt{\frac{\lambda_{\max}(A^{\mathrm{T}}A)}{\lambda_{\min}(A^{\mathrm{T}}A)}}.$$

当 A 为对称矩阵时 $\operatorname{cond}(A)_2=\dfrac{|\lambda_1|}{|\lambda_n|}$，其中 λ_1,λ_n 分别为 A 的绝对值最大和绝对值最小的特征值.

条件数的性质：

（1）对任何非奇异矩阵 A，都有 $\operatorname{cond}(A)_v=\|A\|_v\,\|A^{-1}\|_v\geqslant1$.

（2）设 $\boldsymbol{A}$ 为非奇异矩阵且 $c \neq 0$（常数），则 $\mathrm{cond}(c\boldsymbol{A})_v = \mathrm{cond}(\boldsymbol{A})_v$；

（3）如果 $\boldsymbol{A}$ 为正交矩阵，则 $\mathrm{cond}(\boldsymbol{A})_2 = 1$；如果 $\boldsymbol{A}$ 为非奇异矩阵，$\boldsymbol{Q}$ 为正交矩阵，则

$$\mathrm{cond}(\boldsymbol{QA})_2 = \mathrm{cond}(\boldsymbol{AQ})_2 = \mathrm{cond}(\boldsymbol{A})_2.$$

定理 5.20（事后误差估计） 设 $\boldsymbol{A}$ 为非奇异矩阵，$\boldsymbol{x}$ 是线性方程组 $\boldsymbol{Ax} = \boldsymbol{b} \neq \boldsymbol{0}$ 的精确解，再设 $\bar{\boldsymbol{x}}$ 是此方程组的近似解，$\boldsymbol{r} = \boldsymbol{b} - \boldsymbol{A}\bar{\boldsymbol{x}}$，则

$$\frac{\| \boldsymbol{x} - \bar{\boldsymbol{x}} \|}{\| \boldsymbol{x} \|} \leqslant \mathrm{cond}(\boldsymbol{A}) \frac{\| \boldsymbol{r} \|}{\| \boldsymbol{b} \|}.$$

该定理说明，近似解 $\bar{\boldsymbol{x}}$ 的精度（误差界）不仅依赖于剩余向量 $\boldsymbol{r}$ 的"大小"，而且依赖于 $\boldsymbol{A}$ 的条件数. 当 $\boldsymbol{A}$ 是病态时，即使有很小的剩余向量 $\boldsymbol{r}$，也不能保证 $\bar{\boldsymbol{x}}$ 是高精度的解.

5.2 主要算法

第 5 章算法

1. 高斯消去法

算法原理

高斯消去法的基本思想是用逐次消去未知数的方法把原线性方程组化为与其等价的上三角形线性方程组，然后用回代的方法求解上三角形线性方程组.

算法步骤

a. 输入初始数据（系数矩阵 $\boldsymbol{A}$，右端向量 $\boldsymbol{b}$）

记原方程组 $\boldsymbol{Ax} = \boldsymbol{b}$ 为 $\boldsymbol{A}^{(1)}\boldsymbol{x} = \boldsymbol{b}^{(1)}$，其中 $\boldsymbol{A}^{(1)} = (a_{ij}^{(1)}) = (a_{ij})$，$\boldsymbol{b}^{(1)} = \boldsymbol{b}$；

b. 第 k 步消元（$k = 1, 2, \cdots, n-1$）

若 $a_{kk}^{(k)} \neq 0$，则有

$$a_{ij}^{(k+1)} = a_{ij}^{(k)} - \frac{a_{ik}^{(k)}}{a_{kk}^{(k)}} a_{kj}^{(k)}, \quad b_i^{(k+1)} = b_i^{(k)} - \frac{a_{ik}^{(k)}}{a_{kk}^{(k)}} b_k^{(k)}, \quad i, j = k+1, k+2, \cdots, n;$$

c. 若 $a_{nn}^{(n)} \neq 0$，则回代

$$x_n = \frac{b_n^{(n)}}{a_{nn}^{(n)}}, \quad x_i = \Big(b_i^{(i)} - \sum_{j=i+1}^{n} a_{ij}^{(i)} x_j\Big)/a_{ii}^{(i)}, \quad i = n-1, n-2, \cdots, 1.$$

MATLAB 程序

```
function x = gauss(A,b)
% A 为方程组的系数矩阵,b 为方程组的右端向量,x 为方程组的解
[m,n] = size(A);
if m~ = n
    disp('系数矩阵非方阵');  return;
elseif m~ = length(b)
    disp('系数矩阵和右端不匹配');  return;
end
Ab = [A b];
for k = 1:n-1                        % 消元过程
    if Ab(k,k) == 0
        disp('index = 0');  return
    end
    Ab(k + 1:n,k) = Ab(k + 1:n,k)/Ab(k,k);
```

```
    Ab(k + 1:n, k + 1: end) = Ab(k + 1:n, k + 1: end) - Ab(k + 1:n, k) * Ab(k, k + 1: end);
end
if Ab(n, n) == 0
    disp('index = 0');   return
end
x(n) = Ab(n, n + 1)/Ab(n, n);              % 回代过程
for j = n - 1: - 1:1
    x(j) = (Ab(j, n + 1) - Ab(j, j + 1:n) * x(j + 1:n)')/Ab(j, j);
end
```

数值实验

例 1   用高斯消去法解方程组 $\begin{bmatrix} 2 & 1 & -5 & 1 \\ 1 & -5 & 0 & 7 \\ 0 & 2 & 1 & -1 \\ 1 & 6 & -1 & -4 \end{bmatrix} \begin{bmatrix} x_1 \\ x_2 \\ x_3 \\ x_4 \end{bmatrix} = \begin{bmatrix} 13 \\ -9 \\ 6 \\ 0 \end{bmatrix}$.

```
>> A = [2 1 - 5 1;1 - 5 0 7;0 2 1 - 1;1 6 - 1 - 4];    b = [13, -9, 6, 0]';
>> x = gauss(A, b)
x =  - 66.5556   25.6667   - 18.7778   26.5556
```

2. 高斯列主元消去法

算法原理

在采用高斯消去法解线性方程组时,如果主对角元为零或主对角元较小,计算将无法进行或将产生较大误差,故在第 k 步消元之前,选择系数矩阵第 k 列主对角线及其以下元素中绝对值最大者作为主元素,并将主元素所在行与第 k 行对调,然后进行第 k 步消元.

算法步骤

a. 输入初始数据(系数矩阵 A, 右端向量 b);

b. 对 $k = 1, 2, \cdots, n-1$, 按列选主元素: $|a_{rk}| = \max\limits_{k \leqslant i \leqslant n} |a_{ik}^{(k)}|$, 如果 $|a_{rk}| = 0$, 则停止计算, 否则若 $r \neq k$, 则 $a_{kj} \leftrightarrow a_{rj}, j = k, k+1, \cdots, n, b_k \leftrightarrow b_r$;

c. 第 k 步消元

$$a_{ij}^{(k+1)} = a_{ij}^{(k)} - \frac{a_{ik}^{(k)}}{a_{kk}^{(k)}} a_{kj}^{(k)}, \quad b_i^{(k+1)} = b_i^{(k)} - \frac{a_{ik}^{(k)}}{a_{kk}^{(k)}} b_k^{(k)}, \quad i, j = k+1, k+2, \cdots, n;$$

d. 如果 $|a_{nn}^{(n)}| = 0$, 则停止计算, 否则回代

$$x_n = \frac{b_n^{(n)}}{a_{nn}^{(n)}}, \quad x_i = \left(b_i^{(i)} - \sum_{j=i+1}^{n} a_{ij}^{(i)} x_j\right)/a_{ii}^{(i)}, \quad i = n-1, n-2, \cdots, 1.$$

MATLAB 程序

```
function [x, P, det] = gaussSys(A, b)
% A 为方程组的系数矩阵,b 为方程组的右端向量,x 为方程组的解
% det 为系数矩阵行列式,P 为行交换矩阵
[m, n] = size(A);
if m~= n
    disp('系数矩阵非方阵');   return;
elseif m~= length(b)
        disp('系数矩阵和右端向量不匹配');     return;
```

```
    end
Ab = [A b];      det = 1;      x = zeros(n,1);      P = eye(n);
for k = 1:n-1                              % 消元过程
    [amax, imax] = max(abs(Ab(k:n,k)));
    if amax == 0
        disp('方程组奇异');      det = 0;      return;
    elseif k~= imax + k - 1
        P([k, imax + k - 1], :) = P([imax + k - 1, k], :);
        Ab([k, imax + k - 1], :) = Ab([imax + k - 1, k], :);      % 下三角要存 L 矩阵
    end
    Ab(k + 1:n,k) = Ab(k + 1:n,k)/Ab(k,k);
    Ab(k + 1:n,k + 1: end) = Ab(k + 1:n,k + 1: end) - Ab(k + 1:n,k) * Ab(k,k + 1: end);
    det = Ab(k,k) * det;
end
if Ab(n,n) == 0
    disp('方程组奇异');      det = 0;      return
end
det = Ab(n,n) * det;
x(n) = Ab(n,n + 1)/Ab(n,n);                              % 回代过程
for k = n - 1: - 1:1
    x(k) = (Ab(k,n + 1) - Ab(k,k + 1:n) * x(k + 1:n))/Ab(k,k);
end
```

数值实验

例 2 用高斯列主元消去法解方程组 $\begin{bmatrix} 0 & -3 & 7 \\ 1 & 2 & -1 \\ 5 & -2 & 0 \end{bmatrix} \begin{bmatrix} x_1 \\ x_2 \\ x_3 \end{bmatrix} = \begin{bmatrix} 15 \\ 2 \\ 1 \end{bmatrix}.$

```
>> A = [0 - 3 7;1 2 -1;5 - 2 0];      b = [15,2,1]';
>> [x, P, det] = gaussSys(A, b)
x =      1      2      3
P =
      0      0      1
      1      0      0
      0      1      0
det =   - 69
```

例 3 线性方程组 $\boldsymbol{Ax} = \boldsymbol{b}$ 的 $\boldsymbol{A}$ 和 $\boldsymbol{b}$ 分别为

$$\boldsymbol{A} = \begin{bmatrix} 10 & 7 & 8 & 7 \\ 7 & 5 & 6 & 5 \\ 8 & 6 & 10 & 9 \\ 7 & 5 & 9 & 10 \end{bmatrix}, \quad \boldsymbol{b} = \begin{bmatrix} 32 \\ 23 \\ 33 \\ 31 \end{bmatrix},$$

则解 $\boldsymbol{x} = (1,1,1,1)^{\mathrm{T}}$. 用 MATLAB 内部函数求 $\det\boldsymbol{A}$ 及 $\boldsymbol{A}$ 的所有特征值和 $\mathrm{cond}(\boldsymbol{A})_2$. 若令

$$\boldsymbol{A} + \delta\boldsymbol{A} = \begin{bmatrix} 10 & 7 & 8.1 & 7.2 \\ 7.08 & 5.04 & 6 & 5 \\ 8 & 5.98 & 9.89 & 9 \\ 6.99 & 5 & 9 & 9.98 \end{bmatrix},$$

求解 $(A+\delta A)(x+\delta x)=b$,输出向量 δx 和 $\|\delta x\|_2$. 从理论结果和实际计算两方面分析线性方程组 $Ax=b$ 解的相对误差 $\|\delta x\|_2/\|x\|_2$ 及 A 的相对误差 $\|\delta A\|_2/\|A\|_2$ 的关系.

```
>> A = [10,7,8,7;7,5,6,5;8,6,10,9;7,5,9,10];      b = [32,23,33,31]';
>> [x,P,det] = gaussSys(A,b)
x = 1.0000    1.0000    1.0000    1.0000
P =
     1     0     0     0
     0     0     1     0
     0     0     0     1
     0     1     0     0
det =      1.0000
>> eig(A)
ans =     0.0102    0.8431    3.8581    30.2887
>> cond(A)
ans =    2.9841e + 03
```

从系数矩阵条件数可以看出 $Ax=b$ 为病态方程组. 接下来考虑方程组 $(A+\delta A)(x+\delta x)=b$ 解的情况.

```
>> AA = [10,7,8.1,7.2;7.08,5.04,6,5;8,5.98,9.89,9;6.99,5,9,9.98];
>> [xx,P,det] = gaussSys(AA,b)
xx =    - 9.5863    18.3741    - 3.2258    3.5240
P =
     1     0     0     0
     0     0     1     0
     0     0     0     1
     0     1     0     0
det =     0.1377
>> dx = xx - x
dx = - 10.5863   17.3741   - 4.2258   2.5240
>> norm(dx)
ans =    20.9322
>> dA = AA - A
dA =
          0         0    0.1000    0.2000
     0.0800    0.0400         0         0
          0  - 0.0200  - 0.1100         0
   - 0.0100         0         0  - 0.0200
>> norm(dA)
ans =     0.2308
>> norm(dx)/norm(x)
ans =    10.4661
>> norm(dA)/norm(A)
ans =     0.0076
>> 10.4661/0.0076
ans =    1.3771e + 03
```

从计算结果可以看出,系数矩阵的相对误差仅为 0.0076,但解的相对误差达到了 10.4661,系数矩阵的微小变化引起了解的很大变化,原因就在于该方程组的系数矩阵为病态矩阵,条件数约为 2984.

3. 矩阵直接三角分解法

算法原理

将高斯消去法改写为紧凑格式,直接从矩阵 A 的元素得到计算 L,U 元素的计算公式,从而得到 A 的 LU 分解. 实现了矩阵 A 的 LU 分解,求解 $Ax=b$ 的问题就等价于求解两个三角形方程组:

求解 $Ly=b$,得 y;求解 $Ux=y$,得 x.

算法步骤

设 A 的所有顺序主子式都不为零.

① 计算 U 的第 1 行,L 的第一列:

$$u_{1i}=a_{1i}, \quad i=1,2,\cdots,n, \quad l_{i1}=a_{i1}/u_{11}, \quad i=2,3,\cdots,n$$

② 计算 U 的第 r 行,L 的第 r 列元素 $r=2,3,\cdots,n$:

$$u_{ri}=a_{ri}-\sum_{k=1}^{r-1}l_{rk}u_{ki}, \quad i=r,r+1,\cdots,n;$$

$$l_{ir}=\left(a_{ir}-\sum_{k=1}^{r-1}l_{ik}u_{kr}\right)/u_{rr}, \quad i=r,r+1,\cdots,n,r\neq n.$$

③ 求解 $Ly=b$

$$y_1=b_1, \quad y_i=b_i-\sum_{k=1}^{i-1}l_{ik}y_k, \quad i=2,3,\cdots,n.$$

④ 求解 $Ux=y$

$$x_n=y_n/u_{nn}, \quad x_i=\left(y_i-\sum_{k=i+1}^{n}u_{ik}y_k\right)/u_{ii}, \quad i=n-1,n-2,\cdots,1.$$

MATLAB 程序

```
function [L,U,y,x] = Doolittle(A,b)
% A 为系数矩阵,b 为方程组右端
% x 为方程组 Ax = b 的解, y 为方程组 Ly = b 的解
% L 为单位下三角阵,U 为上三角阵
[m,n] = size(A);
if m~= n
  disp('系数矩阵非方阵');    return;
end
L = eye(n,n);    U = zeros(n,n);
U(1,1:n) = A(1,1:n);    L(1:n,1) = A(1:n,1)/U(1,1);
for k = 2:n
    U(k,k:n) = A(k,k:n) - L(k,1:(k-1)) * U(1:(k-1),k:n);
    if U(k,k) == 0
      disp('方程组奇异');    return;
    end
    L((k+1):n,k) = (A((k+1):n,k) - L((k+1):n,1:(k-1)) * U(1:(k-1),k))/U(k,k);
end
if U(n,n) == 0
    disp('方程组奇异');    return;
end
```

```
y(1) = b(1);
for k = 2:n
    y(k) = b(k) - L(k,1:k-1) * y(1:k-1)';
end
x(n) = y(n)/U(n,n);
for k = n-1: -1:1
    x(k) = (y(k) - U(k,k+1:n) * x(k+1:n)')/U(k,k);
end
```

数值实验

例 4　用矩阵直接三角分解法解方程组

$$
\begin{bmatrix}
1.5 & 3 & -0.8 & 4 \\
2 & 0 & 9 & 10 \\
-7 & 4.8 & -0.6 & 1 \\
14 & 12.3 & -4 & 5
\end{bmatrix}
\begin{bmatrix}
x_1 \\ x_2 \\ x_3 \\ x_4
\end{bmatrix}
=
\begin{bmatrix}
4 \\ 0 \\ 1 \\ -2
\end{bmatrix}
$$

```
>> A = [1.5,3, -0.8,4;2,0,9,10; -7,4.8, -0.6,1;14,12.3, -4,5];   b = [4,0,1, -2]';
>> [L,U,y,x] = Doolittle(A,b)
L =
    1.0000        0        0        0
    1.3333    1.0000        0        0
   -4.6667   -4.7000    1.0000        0
    9.3333    3.9250   -0.8386    1.0000
U =
    1.5000    3.0000   -0.8000    4.0000
         0   -4.0000   10.0667    4.6667
         0        0   42.9800   41.6000
         0        0        0  -15.7623
y =    4.0000   -5.3333   -5.4000  -22.9287
x =   -0.3721   -0.8291   -1.5336    1.4547
```

4. 对称正定矩阵的三角分解(楚列斯基分解)法,平方根法

算法原理

　　如果 A 为 n 阶对称正定矩阵,则存在一个实的非奇异下三角阵 L,使 $A = LL^T$,当限定 L 的对角元素为正时,这种分解是唯一的.

　　如果有 $A = LL^T$,则求解 $Ax = b$ 的问题就等价于求解两个三角形方程组:

　　求解 $Ly = b$,得 y;　　　求解 $L^T x = y$,得 x.

算法步骤

　　设 A 为 n 阶对称正定矩阵.

　　① 对于 $j = 1,2,\cdots,n$,计算

$$
l_{jj} = \Big(a_{jj} - \sum_{k=1}^{j-1} l_{jk}^2\Big)^{\frac{1}{2}}, \quad l_{ij} = \Big(a_{ij} - \sum_{k=1}^{j-1} l_{ik}l_{jk}\Big)/l_{jj}, \quad i = j+1, j+2, \cdots, n;
$$

　　② 解 $Ly = b$,求 y

$$
y_i = \Big(b_i - \sum_{k=1}^{i-1} l_{ik}y_k\Big)/l_{ii}, \quad i = 1,2,\cdots,n;
$$

③ 解 $L^{\mathrm{T}}x=y$,求 x

$$x_n = b_n/l_{nn}; \quad x_i = \left(b_i - \sum_{k=i+1}^{n} l_{ki}x_k\right)/l_{ii}, \quad i = n-1,\cdots,2,1.$$

MATLAB 程序

```
function [L,x] = cholesky(A,b)
% A 为对称正定的系数矩阵,b 为右端向量,x 为方程组的解
% L 表示下三角阵
[m,n] = size(A);
if m~ = n
        disp('系数矩阵非方阵'); return;
elseif m~ = length(b)
        disp('系数矩阵和右端不匹配'); return;
end
if A - A'~ = 0
    disp('系数矩阵非对称'); return;
end
x = zeros(n,1); y = zeros(n,1); L = zeros(n,n);
for k = 1:n
    if (A(k,k) - L(k,1:k-1) * L(k,1:k-1)')< = 0
        disp('error'); return;
    else
        L(k,k) = sqrt(A(k,k) - L(k,1:k-1) * L(k,1:k-1)');
        L(k + 1:n,k) = (A(k + 1:n,k) - L(k + 1:n,1:k - 1) * L(k,1:k-1)')/L(k,k);
    end
    y(k) = (b(k) - L(k,1:k-1) * y(1:k-1))/L(k,k);
end
x(n) = y(n)/L(n,n);
for k = n - 1: - 1:1
    x(k) = (y(k) - L(k + 1:n,k)' * x(k + 1:n))/L(k,k);
end
```

数值实验

例 5 用楚列斯基分解法解方程组

$$\begin{bmatrix} 0.9428 & 0.3475 & -0.8468 \\ 0.3475 & 1.8423 & 0.4759 \\ -0.8468 & 0.4759 & 1.2147 \end{bmatrix} \begin{bmatrix} x_1 \\ x_2 \\ x_3 \end{bmatrix} = \begin{bmatrix} 0.4127 \\ 1.7321 \\ -0.8621 \end{bmatrix}.$$

```
>> A = [ 0.9428, 0.3475, - 0.8468; 0.3475, 1.8423, 0.4759; - 0.8468,0.4759,1.2147];
>> b = [0.4127,1.7321, - 0.8621]';
>> [L,x] = cholesky(A,b)
L =
      0.9710            0            0
      0.3579       1.3093            0
    - 0.8721       0.6019       0.3031
x = - 14.0518     7.0144    - 13.2538
```

5. 改进平方根法

算法原理

用平方根法求解对称正定方程组时,计算 L 的元素 l_{ii} 需要用到开方运算,为了避免开方,可采用分解式 $A=LDL^{\mathrm{T}}$,其中 L 为单位下三角阵,D 为对角阵.

如果有 $\boldsymbol{A}=\boldsymbol{LDL}^{\mathrm{T}}$,则求解 $\boldsymbol{Ax}=\boldsymbol{b}$ 的问题就等价于求解两个三角形方程组:

求解 $\boldsymbol{Ly}=\boldsymbol{b}$,得 $\boldsymbol{y}$;求解 $\boldsymbol{DL}^{\mathrm{T}}\boldsymbol{x}=\boldsymbol{y}$,得 $\boldsymbol{x}$.

计算 $\boldsymbol{L}$ 和 $\boldsymbol{D}$ 以及求解三角形方程组时不需要开方运算.

算法步骤

设 $\boldsymbol{A}$ 为 n 阶对称正定矩阵. 为避免重复计算,引进 $t_{ij}=l_{ij}d_j$,

① $d_1=a_{11}$,

对于 $i=2,3,\cdots,n$,

$$t_{ij}=a_{ij}-\sum_{k=1}^{j-1}t_{ik}l_{jk}, \quad j=1,2,\cdots,i-1$$

$$l_{ij}=t_{ij}/d_j, \quad j=1,2,\cdots,i-1$$

$$d_i=a_{ii}-\sum_{k=1}^{j-1}t_{ik}l_{ik}$$

② 解 $\boldsymbol{Ly}=\boldsymbol{b}$,求 $\boldsymbol{y}$

$$y_1=b_1, \quad y_i=b_i-\sum_{k=1}^{i-1}l_{ik}y_k, \quad i=2,3,\cdots,n$$

③ 解 $\boldsymbol{DL}^{\mathrm{T}}\boldsymbol{x}=\boldsymbol{y}$,求 $\boldsymbol{x}$

$$x_n=y_n/d_n, \quad x_i=y_i/d_i-\sum_{k=i+1}^{n}l_{ki}x_k, \quad i=n-1,\cdots,2,1.$$

MATLAB 程序

```
function [L, D, x] = LDL(A, b)
% A 为对称正定的系数矩阵,b 为右端向量,x 为方程组的解
% L 为单位下三角阵,D 为对角矩阵
[m, n] = size(A);
if m~ = n
    disp('系数矩阵非方阵');    return;
elseif m~ = length(b)
    disp('系数矩阵和右端不匹配');      return;
end
if A - A'~ = 0
    disp('系数矩阵非对称');       return;
end
L = eye(n);    T = zeros(n);
d = zeros(n, 1);    x = zeros(n, 1);    y = zeros(n, 1);
for k = 1:n
    d(k) = A(k, k) - T(k, 1:k-1) * L(k, 1:k-1)';
    if d(k)< = 0
        disp('error');     return;
    else
        T(k+1:n, k) = A(k+1:n, k) - T(k+1:n, 1:k-1) * L(k, 1:k-1)';
        L(k+1:n, k) = T(k+1:n, k)/d(k);
    end
end
for i = 1:n
    y(i) = b(i) - L(i, 1:i-1) * y(1:i-1);
```

```
end
z = y. /d;
for i = n: - 1:1
    x(i) = z(i) - L(i + 1:n,i)' * x(i + 1:n);
end
D = diag(d);
```

数值实验

例 6 用改进平方根法解方程组

$$
\begin{bmatrix}
0.9428 & 0.3475 & -0.8468 \\
0.3475 & 1.8423 & 0.4759 \\
-0.8468 & 0.4759 & 1.2147
\end{bmatrix}
\begin{bmatrix}
x_1 \\ x_2 \\ x_3
\end{bmatrix}
=
\begin{bmatrix}
0.4127 \\ 1.7321 \\ -0.8621
\end{bmatrix}.
$$

```
>> A = [ 0.9428, 0.3475, - 0.8468; 0.3475, 1.8423, 0.4759; - 0.8468,0.4759,1.2147];
>> b = [0.4127,1.7321, - 0.8621]';
>> [L,D,x] = LDL(A,b)
L =
    1.0000         0         0
    0.3686    1.0000         0
  - 0.8982    0.4597    1.0000
D =
    0.9428         0         0
         0    1.7142         0
         0         0    0.0919
x =  - 14.0518   7.0144   - 13.2538
```

6. 追赶法

算法原理

当系数矩阵 A 为对角占优的三对角阵时, A 满足直接三角分解的条件且可分解为两个三角矩阵的乘积 $A = LU$, 其中 L 和 U 分别为带宽为 2 的下、上三角阵.

如果有 $A = LU$, 则求解 $Ax = f$ 的问题就等价于求解两个三角形方程组:

求解 $Ly = f$, 得 y;　　　求解 $Ux = y$, 得 x.

算法步骤

记三对角线性方程组为 $Ax = f$, 即

$$
\begin{bmatrix}
b_1 & c_1 & & & & \\
a_2 & b_2 & c_2 & & & \\
& \ddots & \ddots & \ddots & & \\
& & a_{n-1} & b_{n-1} & c_{n-1} \\
& & & a_n & b_n
\end{bmatrix}
\begin{bmatrix}
x_1 \\ x_2 \\ \vdots \\ x_{n-1} \\ x_n
\end{bmatrix}
=
\begin{bmatrix}
f_1 \\ f_2 \\ \vdots \\ f_{n-1} \\ f_n
\end{bmatrix},
$$

且 $A = LR$, 其中

$$
L =
\begin{bmatrix}
1 & & & \\
l_2 & 1 & & \\
& \ddots & \ddots & \\
& & l_n & 1
\end{bmatrix}, \quad
R =
\begin{bmatrix}
r_1 & p_1 & & \\
& r_2 & \ddots & \\
& & \ddots & p_{n-1} \\
& & & r_n
\end{bmatrix}
$$

计算三角分解：

① 对于 $i=1,2,\cdots,n-1$，$p_i=c_i$

② $r_1=b_1$，对于 $i=2,3,\cdots,n$，计算 $l_i=a_i/r_{i-1}$，$r_i=b_i-l_ic_{i-1}$

求解 $Ly=f$：

③ $y_1=f_1$，对于 $i=2,3,\cdots,n$，计算 $y_i=f_i-l_iy_{i-1}$（追）

求解 $Rx=y$：

④ $x_n=y_n/r_n$，　对于 $i=n-1,n-2,\cdots,1$，计算 $x_i=(y_i-c_ix_{i+1})/r_i$（赶）

MATLAB 程序

```
function x = zgf(a,b,c,f)
% 为 a 系数矩阵 - 1 对角线元素，b 为对角线元素
% c 为系数矩阵 + 1 对角线元素，f 为右端向量，x 为方程组的解
a = [0 a];                        % a 的首个元素补零
n = length(b);
if n~ = length(f)
    disp('向量长度不匹配');      return;
end
L(1) = b(1);      u(1) = c(1)/L(1);    % 追
for i = 2:n - 1
    L(i) = b(i) - a(i) * u(i - 1);      u(i) = c(i)/L(i);
end
L(n) = b(n) - a(n) * u(n - 1);      y(1) = f(1) /L(1);
for i = 2:n
    y(i) = (f(i) - y(i - 1) * a(i))/L(i);
end
x(n) = y(n);                        % 赶
for i = n - 1: - 1:1
    x(i) = y(i) - u(i) * x(i + 1);
end
```

数值实验

例 7　用追赶法解方程组

$$\begin{bmatrix} 2 & -1 & 0 & 0 \\ -1 & 2 & -1 & 0 \\ 0 & -1 & 2 & -1 \\ 0 & 0 & -1 & 1 \end{bmatrix}\begin{bmatrix} x_1 \\ x_2 \\ x_3 \\ x_4 \end{bmatrix}=\begin{bmatrix} 1 \\ 0 \\ 0 \\ 1 \end{bmatrix}.$$

```
>> a = [ -1, -1, -1];    b = [2,2,2,1];    c = [ -1, -1, -1];    f = [1,0,0,1];
>> x = zgf(a,b,c,f)
x =   2.0000    3.0000    4.0000    5.0000
```

5.3　复习与思考题解析

1. 用高斯消去法为什么要选主元？哪些线性方程组可以不选主元？

答　因为高斯消去过程中需要用主对角元 $a_{kk}^{(k)}$（$k=1,2,\cdots,n-1$）作除数，所以如果出现 $a_{kk}^{(k)}=0$，那么消去过程将无法进行，而且即使 $a_{kk}^{(k)}\neq0$，但其值很小，那么如果用其值作除数，也会导致其他元素数量级的严重增长和舍入误差的扩散，最后导致计算解不可靠，因此

用高斯消去法需要选主元素,即绝对值最大的元素.

当线性方程组的系数矩阵 A 正定对称时,高斯消去法不需要选主元.

2. 高斯消去法与 LU 分解有什么关系? 用它们解线性方程组 $Ax=b$ 有何不同? A 要满足什么条件?

答 当不需要选主元时,高斯消去法实质上产生了一个将 A 分解为两个三角矩阵相乘的因式分解,即 LU 分解,$A=LU$,且这种分解是唯一的.

当需要进行选主元(列主元)时,高斯消去法相当于先对 A 进行一系列行交换,然后进行一般的高斯消去法,即存在排列阵 P,使 $PA=LU$.

能进行 LU 分解的条件是 A 非奇异.

3. 楚列斯基分解与 LU 分解相比,有什么优点?

答 当 A 为对称正定矩阵时,可以进行楚列斯基分解,与 LU 分解相比,楚列斯基分解具有数值稳定、计算量、存储量小的优点.

4. 哪种线性方程组可用平方根法求解? 为什么说平方根法计算稳定?

答 当线性方程组 $Ax=b$ 的系数矩阵 A 为对称正定矩阵时,可以使用平方根法进行求解,由于在 A 的楚列斯基分解 $A=LL^{\mathrm{T}}$ 中满足

$$a_{jj}=\sum_{k=1}^{j}l_{jk}^{2}, \quad j=1,2,\cdots,n,$$

所以

$$l_{jk}^{2}\leqslant a_{jj}\leqslant \max_{1\leqslant j\leqslant n}\{a_{jj}\},$$

于是

$$\max_{j,k}\{l_{jk}^{2}\}\leqslant \max_{1\leqslant j\leqslant n}\{a_{jj}\},$$

即分解过程中元素 l_{jk} 的数量级不会增长且对角元素 l_{jj} 恒为正数,所以不选主元的平方根法是一个数值稳定的方法.

5. 何谓矩阵 A 严格对角占优? 何谓 A 不可约?

答 设 $A=(a_{ij})_{n\times n}$,如果 A 的元素满足

$$|a_{ii}|>\sum_{\substack{j=1\\j\neq i}}^{n}|a_{ij}|, \quad i=1,2,\cdots,n,$$

则称 A 为严格对角占优矩阵.

当 $n\geqslant 2$ 时,如果存在置换矩阵 P,使

$$P^{\mathrm{T}}AP=\begin{bmatrix} A_{11} & A_{12} \\ 0 & A_{22} \end{bmatrix},$$

其中 A_{11} 为 r 阶方阵,A_{22} 为 $n-r$ 阶方阵($1\leqslant r<n$),则称 A 为可约矩阵. 否则,如果不存在这样的置换矩阵 P 使上式成立,则称 A 为不可约矩阵.

6. 什么样的线性方程组可用追赶法求解并能保证计算稳定?

答 当系数矩阵为严格对角占优或不可约弱对角占优的三对角矩阵时,可以用追赶法求解. 由追赶法的计算公式可以看出计算过程不会出现中间结果数量级的巨大增长和舍入误差的严重积累,所以追赶法是数值稳定的.

7. 何谓矩阵的从属范数? 给出矩阵 $A=(a_{ij})$ 的三种范数 $\|A\|_1$,$\|A\|_2$,$\|A\|_{\infty}$. $\|A\|_1$

与 $\|\boldsymbol{A}\|_2$ 哪个更容易计算？为什么？

答　设 $\boldsymbol{x}\in\mathrm{R}^n$, $\boldsymbol{A}\in\mathrm{R}^{n\times n}$, 给出一种向量范数 $\|\boldsymbol{x}\|_v$, 相应地定义一个矩阵的非负函数

$$\|\boldsymbol{A}\|_v = \max_{\boldsymbol{x}\neq\boldsymbol{0}}\frac{\|\boldsymbol{A}\boldsymbol{x}\|_v}{\|\boldsymbol{x}\|_v},$$

则 $\|\boldsymbol{A}\|_v$ 为 $\mathrm{R}^{n\times n}$ 上的一个矩阵范数, 我们称 $\|\boldsymbol{A}\|_v$ 为 $\boldsymbol{A}$ 的从属范数.

常用的矩阵范数有:

$$\|\boldsymbol{A}\|_1 = \max_{1\leqslant j\leqslant n}\sum_{i=1}^n |a_{ij}| \quad （称为 \boldsymbol{A} 的列范数）,$$

$$\|\boldsymbol{A}\|_2 = \sqrt{\lambda_{\max}(\boldsymbol{A}^{\mathrm{T}}\boldsymbol{A})} \quad （称为 \boldsymbol{A} 的 2\text{-范数}）,$$

$$\|\boldsymbol{A}\|_\infty = \max_{1\leqslant i\leqslant n}\sum_{j=1}^n |a_{ij}| \quad （称为 \boldsymbol{A} 的行范数）.$$

与 $\|\boldsymbol{A}\|_2$ 相比, $\|\boldsymbol{A}\|_1$ 和 $\|\boldsymbol{A}\|_\infty$ 更容易计算, 因为 $\|\boldsymbol{A}\|_2$ 需要求 $\boldsymbol{A}^{\mathrm{T}}\boldsymbol{A}$ 的按模最大的特征值, 比较困难, 而 $\|\boldsymbol{A}\|_1$ 和 $\|\boldsymbol{A}\|_\infty$ 则不然.

8. 什么是矩阵的条件数？如何判断线性方程组是病态的？

答　设 $\boldsymbol{A}$ 为非奇异矩阵, 称数 $\mathrm{cond}(\boldsymbol{A})_v = \|\boldsymbol{A}^{-1}\|_v \|\boldsymbol{A}\|_v$ $(v=1,2$ 或 $\infty)$ 为矩阵 $\boldsymbol{A}$ 的条件数.

当 $\boldsymbol{A}$ 的条件数相对较大, 即 $\mathrm{cond}(\boldsymbol{A})_v \gg 1$ 时, 线性方程组 $\boldsymbol{A}\boldsymbol{x}=\boldsymbol{b}$ 是病态的. 当 $\boldsymbol{A}$ 的条件数相对较小时, 线性方程组 $\boldsymbol{A}\boldsymbol{x}=\boldsymbol{b}$ 是良态的, $\boldsymbol{A}$ 的条件数越大, 线性方程组的病态程度越严重.

9. 满足下面哪个条件可判定矩阵接近奇异？

(1) 矩阵行列式的值很小.

(2) 矩阵的范数小.

(3) 矩阵的范数大.

(4) 矩阵的条件数小.

(5) 矩阵的元素绝对值小.

答　(1) 可以. 因为矩阵行列式的值等于矩阵特征值的乘积, 而矩阵奇异则其有零特征值.

(2) 可以. 因为矩阵 $\boldsymbol{A}$ 的范数的大小与其任意特征值 λ 之间有关系式 $|\lambda|\leqslant\|\boldsymbol{A}\|$, 因此矩阵的范数小, 说明其特征值的模较小, 接近奇异的程度高.

(3) 不可以. 由(2)知, 此时关于特征值的范围很广.

(4) 不可以. 因为当矩阵的特征值很大时, 其条件数也可能较小.

(5) 不可以. 因为矩阵的元素绝对值的大小与矩阵的特征值没有什么必然的关系.

10. 判断下列命题是否正确:

(1) 只要矩阵 $\boldsymbol{A}$ 非奇异, 则用顺序消去法或直接三角分解可求得线性方程组 $\boldsymbol{A}\boldsymbol{x}=\boldsymbol{b}$ 的解.

(2) 对称正定的线性方程组总是良态的.

(3) 一个单位下三角矩阵的逆仍为单位下三角矩阵.

(4) 如果 $\boldsymbol{A}$ 非奇异, 则 $\boldsymbol{A}\boldsymbol{x}=\boldsymbol{b}$ 的解的个数是由右端向量 $\boldsymbol{b}$ 决定的.

(5) 如果三对角矩阵的主对角元素上有零元素, 则矩阵必奇异.

(6) 范数为零的矩阵一定是零矩阵.

（7）奇异矩阵的范数一定是零.

（8）如果矩阵对称，则 $\|\boldsymbol{A}\|_1 = \|\boldsymbol{A}\|_\infty$.

（9）如果线性方程组是良态的，则高斯消去法可以不选主元.

（10）在求解非奇异性线性方程组时，即使系数矩阵病态，用列主元消去法产生的误差也很小.

（11）$\|\boldsymbol{A}\|_1 = \|\boldsymbol{A}^{\mathrm{T}}\|_\infty$.

（12）若 $\boldsymbol{A}$ 是 $n \times n$ 的非奇异矩阵，则 $\mathrm{cond}(\boldsymbol{A}) = \mathrm{cond}(\boldsymbol{A}^{-1})$.

答 （1）错.因为即使矩阵 $\boldsymbol{A}$ 非奇异，在用顺序消去法或直接三角分解的过程中可能出现零元素或接近于零的元素做除数的情况，使计算进行不下去或使数据失真.

（2）错.因为对称正定只能保持矩阵的特征值是正的，不能保证矩阵的条件数小.

（3）对.按逆矩阵的定义可以推得.

（4）错.因为如果 $\boldsymbol{A}$ 非奇异，则线性方程组 $\boldsymbol{A}\boldsymbol{x} = \boldsymbol{b}$ 的解是唯一的，无论 $\boldsymbol{b}$ 如何取.

（5）错.因为矩阵奇异，只能说其某个特征值为零.但矩阵的特征值是否为零与其对角元是否为零没有什么必然的关系.

（6）对.这是范数的定义中要求的.

（7）错.因为存在许多奇异矩阵，其范数是非零的.

（8）对.这可由 $\|\boldsymbol{A}\|_1$ 和 $\|\boldsymbol{A}\|_\infty$ 的定义得出.

（9）错.线性方程组是良态的，则系数矩阵的条件数较小.而高斯消去法可以不选主元，一般要求系数矩阵的顺序主子式都大于零.而这与条件数的大小没有直接关联.

（10）错.系数矩阵的病态性是本质的，是用列主元等技术克服不了的.

（11）对.这可由 $\|\boldsymbol{A}\|_\infty$ 和 $\|\boldsymbol{A}^{\mathrm{T}}\|_\infty$ 的定义得出.

（12）对.这可由条件数的定义得出.

5.4 习题解答

第 5 章解答

1. 设 $\boldsymbol{A}$ 是对称矩阵且 $a_{11} \neq 0$，经过一步高斯消去法后，$\boldsymbol{A}$ 约化为

$$\begin{bmatrix} a_{11} & \boldsymbol{a}_1^{\mathrm{T}} \\ \boldsymbol{0} & \boldsymbol{A}_2 \end{bmatrix}$$

证明 $\boldsymbol{A}_2$ 是对称矩阵.

证明 由消元公式及 $\boldsymbol{A}$ 的对称性，有

$$a_{ij}^{(2)} = a_{ij} - \frac{a_{i1}}{a_{11}}a_{1j} = a_{ji} - \frac{a_{j1}}{a_{11}}a_{1i} = a_{ji}^{(2)}, \quad i,j = 2,3,\cdots,n,$$

故 $\boldsymbol{A}_2$ 对称.

2. 设 $\boldsymbol{A} = (a_{ij})_n$ 是对称正定矩阵，经过高斯消去法一步后，$\boldsymbol{A}$ 约化为

$$\begin{bmatrix} a_{11} & \boldsymbol{a}_1^{\mathrm{T}} \\ \boldsymbol{0} & \boldsymbol{A}_2 \end{bmatrix}$$

其中 $\boldsymbol{A}_2 = (a_{ij}^{(2)})_{n-1}$.证明：

（1）$\boldsymbol{A}$ 的主对角元 $a_{ii} > 0, i = 1,2,\cdots,n$；

（2）$\boldsymbol{A}_2$ 是对称正定矩阵.

证明　（1）因为 A 对称正定，所以

$$a_{ii}=(Ae_i,e_i)>0,\quad i=1,2,\cdots,n,$$

其中 $e_i=(0,\cdots,0,\overset{i}{1},0,\cdots,0)^{\mathrm T}$ 为第 i 个单位向量.

（2）由 A 的对称性及消元公式，有

$$a_{ij}^{(2)}=a_{ij}-\frac{a_{i1}}{a_{11}}a_{1j}=a_{ji}-\frac{a_{j1}}{a_{11}}a_{1i}=a_{ji}^{(2)},\quad i,j=2,3,\cdots,n.$$

故 A_2 也对称.

又由 $\begin{bmatrix}a_{11}&a_1^{\mathrm T}\\0&A_2\end{bmatrix}=L_1A$，其中

$$L_1=\begin{bmatrix}1&&&\\-\dfrac{a_{21}}{a_{11}}&1&&\\\vdots&\vdots&\ddots&\\-\dfrac{a_{n1}}{a_{11}}&0&\cdots&1\end{bmatrix}=\begin{bmatrix}1&0\\-\dfrac{a_1}{a_{11}}&I_{n-1}\end{bmatrix},$$

可见 L_1 非奇异，因而对任意 $x\neq0$，由 A 的正定性，有

$$L_1^{\mathrm T}x\neq0,\quad (x,L_1AL_1^{\mathrm T}x)=(L_1^{\mathrm T}x,AL_1^{\mathrm T}x)>0,$$

故 $L_1AL_1^{\mathrm T}$ 正定.

由 $L_1AL_1^{\mathrm T}=\begin{bmatrix}a_{11}&a_1^{\mathrm T}\\0&A_2\end{bmatrix}\begin{bmatrix}1&-\dfrac{1}{a_{11}}a_1^{\mathrm T}\\0&I_{n-1}\end{bmatrix}=\begin{bmatrix}a_{11}&0\\0&A_2\end{bmatrix}$，而 $a_{11}>0$，故知 A_2 正定.

3. 设 L_k 为指标取 k 的初等下三角矩阵（除第 k 列主对角元以下元素外，L_k 和单位矩阵 I 相同），即

$$L_k=\begin{bmatrix}1&&&&&\\&\ddots&&&&\\&&1&&&\\&&m_{k+1,k}&1&&\\&&\vdots&&\ddots&\\&&m_{n,k}&&&1\end{bmatrix}.$$

求证当 $i,j>k$ 时，$\widetilde{L}_k=I_{ij}L_kI_{ij}$ 也是一个指标取 k 的初等下三角矩阵，其中 I_{ij} 为初等置换矩阵.

证明　因为

$$L_k=\begin{bmatrix}1&&&&&\\&\ddots&&&&\\&&1&&&\\&&m_{k+1,k}&1&&\\&&\vdots&&\ddots&\\&&m_{n,k}&&&1\end{bmatrix},$$

I_{ij} 为初等置换矩阵,所以当 $i,j>k$ 时,交换 L_k 的第 i 行与第 j 行,得

$$I_{ij}L_k = \begin{bmatrix} 1 & & & & & & & & \\ & \ddots & & & & & & & \\ & & 1 & & & & & & \\ & & m_{k+1,k} & \ddots & & & & & \\ & & \vdots & & 0 & \cdots & 1 & & \\ & & \vdots & & \vdots & \ddots & \vdots & & \\ & & \vdots & & 1 & \cdots & 0 & & \\ & & \vdots & & & & & \ddots & \\ & & m_{n,k} & & & & & & 1 \end{bmatrix} \begin{array}{l} \\ \\ \\ \\ i, \\ \\ j \\ \\ \\ \end{array}$$

再交换 $I_{ij}L_k$ 的第 i 列与第 j 列,得

$$\hat{L}_k = I_{ij}L_k I_{ij} = \begin{bmatrix} 1 & & & & & \\ & \ddots & & & & \\ & & 1 & & & \\ & & m_{k+1,k} & 1 & & \\ & & \vdots & & \ddots & \\ & & m_{n,k} & & & 1 \end{bmatrix},$$

故 $\hat{L}_k$ 也是一个指标取 k 的初等下三角矩阵.

4. 试推导矩阵 A 的克劳特(Crout)分解 $A=LU$ 的计算公式,其中 L 为下三角矩阵,U 为单位上三角矩阵.

解 设 A 的克劳特分解为 $A=LU$,即

$$A = \begin{bmatrix} a_{11} & a_{12} & \cdots & a_{1n} \\ a_{21} & a_{22} & \cdots & a_{2n} \\ \vdots & \vdots & & \vdots \\ a_{n1} & a_{n2} & \cdots & a_{nn} \end{bmatrix} = \begin{bmatrix} l_{11} & & & \\ l_{21} & l_{22} & & \\ \vdots & \vdots & \ddots & \\ l_{n1} & l_{n2} & \cdots & l_{nn} \end{bmatrix} \begin{bmatrix} 1 & u_{12} & \cdots & u_{1n} \\ & 1 & \cdots & u_{2n} \\ & & \ddots & \vdots \\ & & & 1 \end{bmatrix},$$

由矩阵乘法,知

$$a_{i1} = l_{i1}, \quad i=1,2,\cdots,n, \quad a_{1j}=l_{11}u_{1j}, \quad j=2,3,\cdots,n,$$

故

$$l_{i1}=a_{i1}, \quad i=1,2,\cdots,n, \quad u_{1j}=\frac{a_{1j}}{l_{11}}, \quad j=2,3,\cdots,n.$$

设已得到 L 的前 $k-1$ 列和 U 的前 $k-1$ 行,则

$$a_{ik} = \sum_{s=1}^{n} l_{is}u_{sk} = \sum_{s=1}^{k} l_{is}u_{sk} = \sum_{s=1}^{k-1} l_{is}u_{sk} + l_{ik}, \quad i=k,k+1,\cdots,n,$$

因而 L 的第 k 列

$$l_{ik} = a_{ik} - \sum_{s=1}^{k-1} l_{is} u_{sk}, \quad i = k, k+1, \cdots, n.$$

又由

$$a_{kj} = \sum_{s=1}^{n} l_{ks} u_{sj} = \sum_{s=1}^{k} l_{ks} u_{sj} = \sum_{s=1}^{k-1} l_{ks} u_{sj} + l_{kk} u_{kj}, \quad j = k+1, k+2, \cdots, n,$$

所以 U 的第 k 行

$$u_{kj} = \frac{a_{kj} - \sum_{s=1}^{k-1} l_{ks} u_{sj}}{l_{kk}}, \quad j = k+1, k+2, \cdots, n,$$

就此得到计算克劳特分解的计算公式为

$$\begin{cases} l_{i1} = a_{i1}, & i = 1, 2, \cdots, n, \\[2mm] u_{1j} = \dfrac{a_{1j}}{l_{11}}, & j = 2, 3, \cdots, n, \\[4mm] l_{ik} = a_{ik} - \displaystyle\sum_{s=1}^{k-1} l_{is} u_{sk}, & i = k, k+1, \cdots, n, \\[4mm] u_{kj} = \dfrac{a_{kj} - \displaystyle\sum_{s=1}^{k-1} l_{ks} u_{sj}}{l_{kk}}, & j = k+1, k+2, \cdots, n. \end{cases}$$

5. 设 $Ux = d$，其中 U 为三角矩阵.

(1) 就 U 为上及下三角矩阵推导一般的求解公式，并写出算法.

(2) 计算解三角形方程组 $Ux = d$ 的乘除法次数.

(3) 设 U 为非奇异阵，试推导求 U^{-1} 的计算公式.

解　(1) 设 U 为上三角矩阵

$$\begin{bmatrix} u_{11} & u_{12} & \cdots & u_{1n} \\ & u_{22} & \cdots & u_{2n} \\ & & \ddots & \vdots \\ & & & u_{nn} \end{bmatrix} \begin{bmatrix} x_1 \\ x_2 \\ \vdots \\ x_n \end{bmatrix} = \begin{bmatrix} d_1 \\ d_2 \\ \vdots \\ d_n \end{bmatrix},$$

由 $u_{nn} x_n = d_n$，知 $x_n = \dfrac{d_n}{u_{nn}}$.

又 $u_{ii} x_i + \sum_{j=i+1}^{n} u_{ij} x_j = d_i$，故

$$x_i = \frac{d_i - \sum_{j=i+1}^{n} u_{ij} x_j}{u_{ii}}, \quad i = n-1, n-2, \cdots, 1.$$

当 U 为下三角矩阵时，有

$$\begin{bmatrix} u_{11} & & & \\ u_{21} & u_{22} & & \\ \vdots & \vdots & \ddots & \\ u_{n1} & u_{n2} & \cdots & u_{nn} \end{bmatrix} \begin{bmatrix} x_1 \\ x_2 \\ \vdots \\ x_n \end{bmatrix} = \begin{bmatrix} d_1 \\ d_2 \\ \vdots \\ d_n \end{bmatrix},$$

得

$$x_1 = \frac{d_1}{u_{11}}, \quad x_i = \frac{d_i - \sum\limits_{j=1}^{i-1} u_{ij} x_j}{u_{ii}}, \quad i=2,3,\cdots,n.$$

（2）除法次数为 n，乘法次数为 $1+2+\cdots+(n-1)=\dfrac{n(n-1)}{2}$，故总的乘除法次数为

$$n + \frac{n(n-1)}{2} = \frac{n(n+1)}{2}.$$

（3）设 U 为上三角矩阵，$U^{-1}=S$，则 S 也是上三角矩阵. 由

$$\begin{bmatrix} u_{11} & u_{12} & \cdots & u_{1n} \\ & u_{22} & \cdots & u_{2n} \\ & & \ddots & \vdots \\ & & & u_{nn} \end{bmatrix} \begin{bmatrix} s_{11} & s_{12} & \cdots & s_{1n} \\ & s_{22} & \cdots & s_{2n} \\ & & \ddots & \vdots \\ & & & s_{nn} \end{bmatrix} = \begin{bmatrix} 1 & & & \\ & 1 & & \\ & & \ddots & \\ & & & 1 \end{bmatrix},$$

得

$$s_{ii} = \frac{1}{u_{ii}}, \quad i=1,2,\cdots,n,$$

$$s_{ij} = -\frac{\sum\limits_{k=i+1}^{j} u_{ik} s_{kj}}{u_{ii}}, \quad j=i+1,i+2,\cdots,n; i=n-1,n-2,\cdots,1.$$

当 U 为下三角矩阵时，有

$$\begin{bmatrix} u_{11} & & & \\ u_{21} & u_{22} & & \\ \vdots & \vdots & \ddots & \\ u_{n1} & u_{n2} & \cdots & u_{nn} \end{bmatrix} \begin{bmatrix} s_{11} & & & \\ s_{21} & s_{22} & & \\ \vdots & \vdots & \ddots & \\ s_{n1} & s_{n2} & \cdots & s_{nn} \end{bmatrix} = \begin{bmatrix} 1 & & & \\ & 1 & & \\ & & \ddots & \\ & & & 1 \end{bmatrix},$$

得

$$s_{ii} = \frac{1}{u_{ii}}, \quad i=1,2,\cdots,n,$$

$$s_{ij} = -\frac{\sum\limits_{k=1}^{i-1} u_{ik} s_{kj}}{u_{ii}}, \quad i=2,3,\cdots,n; j=1,2,\cdots,i-1.$$

6. 证明：（1）如果 A 是对称正定矩阵，则 A^{-1} 也是对称正定矩阵；

（2）如果 A 是对称正定矩阵，则 A 可唯一地写成 $A = L^T L$，其中 L 是具有正对角元的下三角矩阵.

证明 （1）因 A 是对称正定矩阵，故其特征值 λ_i 皆大于 0，因此 A^{-1} 的特征值 λ_i^{-1} 也皆大于 0. 又

$$(A^{-1})^T = (A^T)^{-1} = A^{-1},$$

故 A^{-1} 也是对称正定矩阵.

（2）由 A 对称正定，故它的所有顺序主子阵均不为零，从而有唯一的杜利特尔分解

$A = \tilde{L}U$. 又

$$U = \begin{bmatrix} u_{11} & & & \\ & u_{22} & & \\ & & \ddots & \\ & & & u_{nn} \end{bmatrix} \begin{bmatrix} 1 & \dfrac{u_{12}}{u_{11}} & \cdots & \dfrac{u_{1n}}{u_{11}} \\ & 1 & \cdots & \dfrac{u_{2n}}{u_{22}} \\ & & \ddots & \vdots \\ & & & 1 \end{bmatrix} = DU_0,$$

其中 D 为对角矩阵, U_0 为单位上三角矩阵, 于是

$$A = \tilde{L}U = \tilde{L}DU_0,$$

由 A 的对称性, 得

$$A = A^{\mathrm{T}} = U_0^{\mathrm{T}} D \tilde{L}^{\mathrm{T}},$$

由分解的唯一性得

$$U_0^{\mathrm{T}} = \tilde{L},$$

从而

$$A = \tilde{L}D\tilde{L}^{\mathrm{T}}.$$

由 A 的对称正定性, 如果设 $D_i (i = 1, 2, \cdots, n)$ 表示 A 的各阶顺序主子式, 则有

$$d_1 = D_1 > 0, \quad d_i = \frac{D_i}{D_{i-1}} > 0, \quad i = 2, 3, \cdots, n,$$

故

$$D = \begin{bmatrix} d_1 & & & \\ & d_2 & & \\ & & \ddots & \\ & & & d_n \end{bmatrix} = \begin{bmatrix} \sqrt{d_1} & & & \\ & \sqrt{d_2} & & \\ & & \ddots & \\ & & & \sqrt{d_n} \end{bmatrix} \begin{bmatrix} \sqrt{d_1} & & & \\ & \sqrt{d_2} & & \\ & & \ddots & \\ & & & \sqrt{d_n} \end{bmatrix}$$

$$= D^{\frac{1}{2}} D^{\frac{1}{2}},$$

因此

$$A = \tilde{L}D^{\frac{1}{2}} D^{\frac{1}{2}} \tilde{L}^{\mathrm{T}} = \tilde{L}D^{\frac{1}{2}} (\tilde{L}D^{\frac{1}{2}})^{\mathrm{T}} = LL^{\mathrm{T}},$$

其中 $L = \tilde{L}D^{\frac{1}{2}}$ 为主对角元为正的下三角矩阵.

7. 用列主元消去法解线性方程组

$$\begin{cases} 12x_1 - 3x_2 + 3x_3 = 15, \\ -18x_1 + 3x_2 - x_3 = -15, \\ x_1 + x_2 + x_3 = 6, \end{cases}$$

并求出系数矩阵 A 的行列式(即 $\det A$)的值.

　　解

$$(A \mathrel{\vdots} b) \xrightarrow{r_1 \leftrightarrow r_2} \begin{bmatrix} -18 & 3 & -1 & -15 \\ 12 & -3 & 3 & 15 \\ 1 & 1 & 1 & 6 \end{bmatrix} \begin{matrix} m_{21} = -\dfrac{2}{3} \\ \\ m_{31} = -\dfrac{1}{18} \end{matrix}$$

$$\longrightarrow \begin{bmatrix} -18 & 3 & -1 & -15 \\ 0 & -1 & 7/3 & 5 \\ 0 & 7/6 & 17/18 & 31/6 \end{bmatrix}$$

$$\xrightarrow{r_2 \leftrightarrow r_3} \begin{bmatrix} -18 & 3 & -1 & -15 \\ 0 & 7/6 & 17/18 & 31/6 \\ 0 & -1 & 7/3 & 5 \end{bmatrix} m_{32} = -\frac{6}{7}$$

$$\longrightarrow \begin{bmatrix} -18 & 3 & -1 & -15 \\ 0 & 7/6 & 17/18 & 31/6 \\ 0 & 0 & 22/7 & 66/7 \end{bmatrix}$$

所以解为 $x_3 = 3, x_2 = 2, x_1 = 1, \det \boldsymbol{A} = -66$.

8. 用直接三角分解(杜利特尔分解)求线性方程组

$$\begin{cases} \dfrac{1}{4} x_1 + \dfrac{1}{5} x_2 + \dfrac{1}{6} x_3 = 9, \\[2mm] \dfrac{1}{3} x_1 + \dfrac{1}{4} x_2 + \dfrac{1}{5} x_3 = 8, \\[2mm] \dfrac{1}{2} x_1 + x_2 + 2 x_3 = 8 \end{cases}$$

的解.

解 设

$$\boldsymbol{A} = \begin{bmatrix} \dfrac{1}{4} & \dfrac{1}{5} & \dfrac{1}{6} \\[2mm] \dfrac{1}{3} & \dfrac{1}{4} & \dfrac{1}{5} \\[2mm] \dfrac{1}{2} & 1 & 2 \end{bmatrix} = \begin{bmatrix} 1 & 0 & 0 \\ l_{21} & 1 & 0 \\ l_{31} & l_{32} & 1 \end{bmatrix} \begin{bmatrix} u_{11} & u_{12} & u_{13} \\ 0 & u_{22} & u_{23} \\ 0 & 0 & u_{33} \end{bmatrix},$$

则由对应元素相等,有 $\dfrac{1}{4} = u_{11}, \dfrac{1}{3} = l_{21} u_{11} \Rightarrow l_{21} = \dfrac{4}{3}, \dfrac{1}{2} = l_{31} u_{11} \Rightarrow l_{31} = 2,$

$\dfrac{1}{5} = u_{12}, \quad \dfrac{1}{4} = l_{21} u_{12} + u_{22} \Rightarrow u_{22} = -\dfrac{1}{60}, \quad 1 = l_{31} u_{12} + l_{32} u_{22} \Rightarrow l_{32} = -36,$

$\dfrac{1}{6} = u_{13}, \quad \dfrac{1}{5} = l_{21} u_{13} + u_{23} \Rightarrow u_{23} = -\dfrac{1}{45}, \quad 2 = l_{31} u_{13} + l_{32} u_{23} + u_{33} \Rightarrow u_{33} = \dfrac{13}{15},$

故 $\boldsymbol{A}$ 的杜利特尔分解为

$$\boldsymbol{A} = \boldsymbol{LU} = \begin{bmatrix} 1 & 0 & 0 \\[2mm] \dfrac{4}{3} & 1 & 0 \\[2mm] 2 & -36 & 1 \end{bmatrix} \begin{bmatrix} \dfrac{1}{4} & \dfrac{1}{5} & \dfrac{1}{6} \\[2mm] 0 & -\dfrac{1}{60} & -\dfrac{1}{45} \\[2mm] 0 & 0 & \dfrac{13}{15} \end{bmatrix},$$

解 $\boldsymbol{Ly} = \boldsymbol{b}$,得

$$y_1 = 9, \quad y_2 = -4, \quad y_3 = -154,$$

解 $Ux = y$，得

$$x_3 = -177.69, \quad x_2 = 476.92, \quad x_1 = -227.08.$$

9. 用追赶法解三对角方程组 $Ax = b$，其中

$$A = \begin{bmatrix} 2 & -1 & 0 & 0 & 0 \\ -1 & 2 & -1 & 0 & 0 \\ 0 & -1 & 2 & -1 & 0 \\ 0 & 0 & -1 & 2 & -1 \\ 0 & 0 & 0 & -1 & 2 \end{bmatrix}, \quad b = \begin{bmatrix} 1 \\ 0 \\ 0 \\ 0 \\ 0 \end{bmatrix}.$$

解　设 A 有分解

$$\begin{bmatrix} 2 & -1 & & & \\ -1 & 2 & -1 & & \\ & -1 & 2 & -1 & \\ & & -1 & 2 & -1 \\ & & & -1 & 2 \end{bmatrix} = \begin{bmatrix} \alpha_1 & & & & \\ -1 & \alpha_2 & & & \\ & -1 & \alpha_3 & & \\ & & -1 & \alpha_4 & \\ & & & -1 & \alpha_5 \end{bmatrix} \begin{bmatrix} 1 & \beta_1 & & & \\ & 1 & \beta_2 & & \\ & & 1 & \beta_3 & \\ & & & 1 & \beta_4 \\ & & & & 1 \end{bmatrix},$$

由公式

$$\begin{cases} b_1 = \alpha_1, \quad c_1 = \alpha_1 \beta_1, \\ b_i = \alpha_i \beta_{i-1} + \alpha_i, \quad i = 2,3,4,5, \\ c_i = \alpha_i \beta_i, \qquad\quad i = 2,3,4, \end{cases}$$

其中 $b_i (i=1,2,\cdots,5), c_i (i=1,2,\cdots,4)$ 分别是系数矩阵的主对角元素及其下边和上边的次对角线元素.

具体计算，可得

$$\alpha_1 = 2, \quad \alpha_2 = \frac{3}{2}, \quad \alpha_3 = \frac{4}{3}, \quad \alpha_4 = \frac{5}{4}, \quad \alpha_5 = \frac{6}{5},$$

$$\beta_1 = -\frac{1}{2}, \quad \beta_2 = -\frac{2}{3}, \quad \beta_3 = -\frac{3}{4}, \quad \beta_4 = -\frac{4}{5}.$$

由

$$\begin{bmatrix} 2 & & & & \\ -1 & \frac{3}{2} & & & \\ & -1 & \frac{4}{3} & & \\ & & -1 & \frac{5}{4} & \\ & & & -1 & \frac{6}{5} \end{bmatrix} \begin{bmatrix} y_1 \\ y_2 \\ y_3 \\ y_4 \\ y_5 \end{bmatrix} = \begin{bmatrix} 1 \\ 0 \\ 0 \\ 0 \\ 0 \end{bmatrix},$$

得 $y_1 = \frac{1}{2}, y_2 = \frac{1}{3}, y_3 = \frac{1}{4}, y_4 = \frac{1}{5}, y_5 = \frac{1}{6}$；再由

$$\begin{bmatrix} 1 & -\dfrac{1}{2} & & & \\ & 1 & -\dfrac{2}{3} & & \\ & & 1 & -\dfrac{3}{4} & \\ & & & 1 & -\dfrac{4}{5} \\ & & & & 1 \end{bmatrix} \begin{bmatrix} x_1 \\ x_2 \\ x_3 \\ x_4 \\ x_5 \end{bmatrix} = \begin{bmatrix} \dfrac{1}{2} \\ \dfrac{1}{3} \\ \dfrac{1}{4} \\ \dfrac{1}{5} \\ \dfrac{1}{6} \end{bmatrix},$$

得 $x_5 = \dfrac{1}{6}, x_4 = \dfrac{1}{3}, x_3 = \dfrac{1}{2}, x_2 = \dfrac{2}{3}, x_1 = \dfrac{5}{6}$.

10. 用改进的平方根法解线性方程组

$$\begin{bmatrix} 2 & -1 & 1 \\ -1 & -2 & 3 \\ 1 & 3 & 1 \end{bmatrix} \begin{bmatrix} x_1 \\ x_2 \\ x_3 \end{bmatrix} = \begin{bmatrix} 4 \\ 5 \\ 6 \end{bmatrix}.$$

解 设

$$\begin{bmatrix} 2 & -1 & 1 \\ -1 & -2 & 3 \\ 1 & 3 & 1 \end{bmatrix} = \begin{bmatrix} 1 & & \\ l_{21} & 1 & \\ l_{31} & l_{32} & 1 \end{bmatrix} \begin{bmatrix} d_1 & & \\ & d_2 & \\ & & d_3 \end{bmatrix} \begin{bmatrix} 1 & l_{21} & l_{31} \\ & 1 & l_{32} \\ & & 1 \end{bmatrix},$$

由矩阵乘法得

$$d_1 = 2, \quad l_{21} = -\frac{1}{2}, \quad l_{31} = \frac{1}{2}, \quad d_2 = -\frac{5}{2}, \quad l_{32} = -\frac{7}{5}, \quad d_3 = \frac{27}{5}.$$

解

$$\begin{bmatrix} 1 & & \\ -\dfrac{1}{2} & 1 & \\ \dfrac{1}{2} & -\dfrac{7}{5} & 1 \end{bmatrix} \begin{bmatrix} y_1 \\ y_2 \\ y_3 \end{bmatrix} = \begin{bmatrix} 4 \\ 5 \\ 6 \end{bmatrix},$$

得 $y_1 = 4, y_2 = 7, y_3 = \dfrac{69}{5}$；再由

$$\begin{bmatrix} 2 & & \\ & -\dfrac{5}{2} & \\ & & \dfrac{27}{5} \end{bmatrix} \begin{bmatrix} 1 & -\dfrac{1}{2} & \dfrac{1}{2} \\ & 1 & -\dfrac{7}{5} \\ & & 1 \end{bmatrix} \begin{bmatrix} x_1 \\ x_2 \\ x_3 \end{bmatrix} = \begin{bmatrix} 4 \\ 7 \\ \dfrac{69}{5} \end{bmatrix},$$

得

$$\begin{bmatrix} 1 & -\dfrac{1}{2} & \dfrac{1}{2} \\ & 1 & -\dfrac{7}{5} \\ & & 1 \end{bmatrix} \begin{bmatrix} x_1 \\ x_2 \\ x_3 \end{bmatrix} = \begin{bmatrix} 2 & & \\ & -\dfrac{5}{2} & \\ & & \dfrac{27}{5} \end{bmatrix}^{-1} \begin{bmatrix} 4 \\ 7 \\ \dfrac{69}{5} \end{bmatrix} = \begin{bmatrix} 2 \\ -\dfrac{14}{5} \\ \dfrac{23}{9} \end{bmatrix},$$

所以

$$x_3 = \frac{23}{9}, \quad x_2 = \frac{7}{9}, \quad x_1 = \frac{10}{9}.$$

11. 下述矩阵能否分解为 LU（其中 L 为单位下三角矩阵，U 为上三角矩阵）？若能分解，那么分解是否唯一？

$$A = \begin{bmatrix} 1 & 2 & 3 \\ 2 & 4 & 1 \\ 4 & 6 & 7 \end{bmatrix}, \quad B = \begin{bmatrix} 1 & 1 & 1 \\ 2 & 2 & 1 \\ 3 & 3 & 1 \end{bmatrix}, \quad C = \begin{bmatrix} 1 & 2 & 6 \\ 2 & 5 & 15 \\ 6 & 15 & 46 \end{bmatrix}.$$

解　A 中 $D_2 = 0$，故不能直接分解. 但由于 $\det A = -10 \neq 0$，所以若交换 A 的第 1 行与第 3 行，则可以分解且分解是唯一的.

在 B 中，$D_2 = D_3 = 0$，故不能分解. 但 B 可以分解为

$$B = \begin{bmatrix} 1 & & \\ 2 & 1 & \\ 3 & l_{32} & 1 \end{bmatrix} \begin{bmatrix} 1 & 1 & 1 \\ 0 & 0 & -1 \\ 0 & 0 & u_{33} \end{bmatrix},$$

其中 l_{32}, u_{33} 为任意常数，且 U 奇异，故分解不唯一.

对于 $C, D_i = 1 \neq 0 (i=1,2,3)$，故 C 可分解且分解唯一.

$$C = \begin{bmatrix} 1 & & \\ 2 & 1 & \\ 6 & 3 & 1 \end{bmatrix} \begin{bmatrix} 1 & 2 & 6 \\ & 1 & 3 \\ & & 1 \end{bmatrix}.$$

12. 设

$$A = \begin{pmatrix} 0.6 & 0.5 \\ 0.1 & 0.3 \end{pmatrix},$$

计算 A 的行范数，列范数，2-范数及 F-范数.

解
$$\|A\|_\infty = \max_{1 \leqslant i \leqslant n} \sum_{j=1}^n |a_{ij}| = 1.1,$$

$$\|A\|_1 = \max_{1 \leqslant j \leqslant n} \sum_{i=1}^n |a_{ij}| = 0.8,$$

$$\|A\|_F = \left(\sum_{i=1}^n a_{ij}^2 \right)^{\frac{1}{2}} = 0.842\,615.$$

因为

$$A^T A = \begin{pmatrix} 0.6 & 0.1 \\ 0.5 & 0.3 \end{pmatrix} \begin{pmatrix} 0.6 & 0.5 \\ 0.1 & 0.3 \end{pmatrix} = \begin{pmatrix} 0.37 & 0.33 \\ 0.33 & 0.34 \end{pmatrix},$$

$$\lambda_{\max}(A^T A) = 0.685\,340\,7,$$

所以 $\|A\|_2 = \sqrt{\lambda_{\max}(A^T A)} = 0.827\,853\,1.$

13. 求证：$(1) \|x\|_\infty \leqslant \|x\|_1 \leqslant n\|x\|_\infty$；$(2) \dfrac{1}{\sqrt{n}} \|A\|_F \leqslant \|A\|_2 \leqslant \|A\|_F.$

证明　(1) 由定义知

$$\|x\|_\infty = \max_{1 \leqslant i \leqslant n} |x_i| \leqslant \sum_{i=1}^n |x_i| = \|x\|_1 \leqslant \sum_{i=1}^n \max_{1 \leqslant i \leqslant n} |x_i|$$

$$= \sum_{i=1}^{n} \| \boldsymbol{x} \|_{\infty} = n \| \boldsymbol{x} \|_{\infty},$$

故 $\| \boldsymbol{x} \|_{\infty} \leqslant \| \boldsymbol{x} \|_{1} \leqslant n \| \boldsymbol{x} \|_{\infty}$.

（2）由矩阵的从属范数的结论，有

$$\| \boldsymbol{A} \|_{2}^{2} = \lambda_{\max}(\boldsymbol{A}^{\mathrm{T}} \boldsymbol{A}) \leqslant \lambda_{1}(\boldsymbol{A}^{\mathrm{T}} \boldsymbol{A}) + \lambda_{2}(\boldsymbol{A}^{\mathrm{T}} \boldsymbol{A}) + \cdots + \lambda_{n}(\boldsymbol{A}^{\mathrm{T}} \boldsymbol{A})$$

$$= \mathrm{tr}(\boldsymbol{A}^{\mathrm{T}} \boldsymbol{A}) = \sum_{i=1}^{n} a_{i1}^{2} + \sum_{i=1}^{n} a_{i2}^{2} + \cdots + \sum_{i=1}^{n} a_{in}^{2}$$

$$= \sum_{i=1}^{n} \sum_{j=1}^{n} a_{ij}^{2} = \| \boldsymbol{A} \|_{\mathrm{F}}^{2},$$

又

$$\| \boldsymbol{A} \|_{2}^{2} = \lambda_{\max}(\boldsymbol{A}^{\mathrm{T}} \boldsymbol{A}) \geqslant \frac{1}{n} [\lambda_{1}(\boldsymbol{A}^{\mathrm{T}} \boldsymbol{A}) + \lambda_{2}(\boldsymbol{A}^{\mathrm{T}} \boldsymbol{A}) + \cdots + \lambda_{n}(\boldsymbol{A}^{\mathrm{T}} \boldsymbol{A})] = \frac{1}{n} \| \boldsymbol{A} \|_{\mathrm{F}}^{2},$$

所以 $\dfrac{1}{\sqrt{n}} \| \boldsymbol{A} \|_{\mathrm{F}} \leqslant \| \boldsymbol{A} \|_{2} \leqslant \| \boldsymbol{A} \|_{\mathrm{F}}$.

14. 设 $\boldsymbol{A}$ 为对称正定矩阵，定义 $\| \boldsymbol{x} \|_{\boldsymbol{A}} = (\boldsymbol{A} \boldsymbol{x}, \boldsymbol{x})^{\frac{1}{2}}$，试证明 $\| \boldsymbol{x} \|_{\boldsymbol{A}}$ 为 $\mathbb{R}^{n}$ 上向量的一种范数.

证明 只需证明 $\| \boldsymbol{x} \|_{\boldsymbol{A}}$ 满足向量范数的三个条件.

（1）因 $\boldsymbol{A}$ 正定对称，故当 $\boldsymbol{x} = \boldsymbol{0}$ 时，$\| \boldsymbol{x} \|_{\boldsymbol{A}} = (\boldsymbol{A} \boldsymbol{x}, \boldsymbol{x})^{\frac{1}{2}} = 0$；而当 $\boldsymbol{x} \neq \boldsymbol{0}$ 时，$\| \boldsymbol{x} \|_{\boldsymbol{A}} = (\boldsymbol{A} \boldsymbol{x}, \boldsymbol{x})^{\frac{1}{2}} > 0$.

（2）对任意 $\alpha \in \mathbb{R}$，有

$$\| \alpha \boldsymbol{x} \|_{\boldsymbol{A}} = (\boldsymbol{A} \alpha \boldsymbol{x}, \alpha \boldsymbol{x})^{\frac{1}{2}} = \sqrt{(\alpha \boldsymbol{x})^{\mathrm{T}} \boldsymbol{A}(\alpha \boldsymbol{x})} = | \alpha | \sqrt{\boldsymbol{x}^{\mathrm{T}} \boldsymbol{A} \boldsymbol{x}} = | \alpha | \| \boldsymbol{x} \|_{\boldsymbol{A}}.$$

（3）因 $\boldsymbol{A}$ 正定，故有分解 $\boldsymbol{A} = \boldsymbol{L} \boldsymbol{L}^{\mathrm{T}}$，因而

$$\| \boldsymbol{x} \|_{\boldsymbol{A}} = (\boldsymbol{x}^{\mathrm{T}} \boldsymbol{A} \boldsymbol{x})^{\frac{1}{2}} = (\boldsymbol{x}^{\mathrm{T}} \boldsymbol{L} \boldsymbol{L}^{\mathrm{T}} \boldsymbol{x})^{\frac{1}{2}} = ((\boldsymbol{L}^{\mathrm{T}} \boldsymbol{x})^{\mathrm{T}} (\boldsymbol{L}^{\mathrm{T}} \boldsymbol{x}))^{\frac{1}{2}} = \| \boldsymbol{L}^{\mathrm{T}} \boldsymbol{x} \|_{2}.$$

对任意 $\boldsymbol{x}, \boldsymbol{y} \in \mathbb{R}^{n}$，由 $\| \cdot \|_{2}$ 的三角不等式有

$$\| \boldsymbol{x} + \boldsymbol{y} \|_{\boldsymbol{A}} = \| \boldsymbol{L}^{\mathrm{T}} (\boldsymbol{x} + \boldsymbol{y}) \|_{2} = \| \boldsymbol{L}^{\mathrm{T}} \boldsymbol{x} + \boldsymbol{L}^{\mathrm{T}} \boldsymbol{y} \|_{2} \leqslant \| \boldsymbol{L}^{\mathrm{T}} \boldsymbol{x} \|_{2} + \| \boldsymbol{L}^{\mathrm{T}} \boldsymbol{y} \|_{2}$$

$$= \| \boldsymbol{x} \|_{\boldsymbol{A}} + \| \boldsymbol{y} \|_{\boldsymbol{A}},$$

故 $\| \boldsymbol{x} \|_{\boldsymbol{A}}$ 是 $\mathbb{R}^{n}$ 上的向量范数.

15. 设 $\boldsymbol{A}$ 为非奇异矩阵，求证

$$\frac{1}{\| \boldsymbol{A}^{-1} \|_{\infty}} = \min_{\boldsymbol{y} \neq \boldsymbol{0}} \frac{\| \boldsymbol{A} \boldsymbol{y} \|_{\infty}}{\| \boldsymbol{y} \|_{\infty}}.$$

证明 由矩阵的从属范数的定义有 $\| \boldsymbol{A}^{-1} \|_{\infty} = \max_{\boldsymbol{x} \neq \boldsymbol{0}} \dfrac{\| \boldsymbol{A}^{-1} \boldsymbol{x} \|_{\infty}}{\| \boldsymbol{x} \|_{\infty}}$.

设 $\boldsymbol{y} = \boldsymbol{A}^{-1} \boldsymbol{x}$，则

$$\| \boldsymbol{A}^{-1} \|_{\infty} = \max_{\boldsymbol{x} \neq \boldsymbol{0}} \frac{\| \boldsymbol{A}^{-1} \boldsymbol{x} \|_{\infty}}{\| \boldsymbol{x} \|_{\infty}} = \max_{\boldsymbol{y} \neq \boldsymbol{0}} \frac{\| \boldsymbol{y} \|_{\infty}}{\| \boldsymbol{A} \boldsymbol{y} \|_{\infty}} = \max_{\boldsymbol{y} \neq \boldsymbol{0}} \frac{1}{\dfrac{\| \boldsymbol{A} \boldsymbol{y} \|_{\infty}}{\| \boldsymbol{y} \|_{\infty}}},$$

故 $\dfrac{1}{\parallel \boldsymbol{A}^{-1} \parallel_{\infty}} = \min\limits_{\boldsymbol{y} \neq \boldsymbol{0}} \dfrac{\parallel \boldsymbol{Ay} \parallel_{\infty}}{\parallel \boldsymbol{y} \parallel_{\infty}}.$

16. 矩阵第一行乘以一数,成为

$$\boldsymbol{A} = \begin{pmatrix} 2\lambda & \lambda \\ 1 & 1 \end{pmatrix},$$

证明当 $\lambda = \pm \dfrac{2}{3}$ 时,$\mathrm{cond}(\boldsymbol{A})_{\infty}$ 有最小值.

证明　设 $\lambda \neq 0$,则

$$\parallel \boldsymbol{A} \parallel_{\infty} = \begin{cases} 3 \mid \lambda \mid, & \mid \lambda \mid \geqslant \dfrac{2}{3}, \\ 2, & \mid \lambda \mid < \dfrac{2}{3}. \end{cases}$$

又

$$\boldsymbol{A}^{-1} = \frac{1}{\lambda} \begin{pmatrix} 1 & -\lambda \\ -1 & 2\lambda \end{pmatrix},$$

故

$$\parallel \boldsymbol{A}^{-1} \parallel_{\infty} = \frac{2 \mid \lambda \mid + 1}{\mid \lambda \mid}.$$

于是

$$\mathrm{cond}(\boldsymbol{A})_{\infty} = \parallel \boldsymbol{A}^{-1} \parallel_{\infty} \parallel \boldsymbol{A} \parallel_{\infty} = \begin{cases} 6 \mid \lambda \mid + 3, & \mid \lambda \mid \geqslant \dfrac{2}{3}, \\ 2\left(2 + \dfrac{1}{\mid \lambda \mid}\right), & \mid \lambda \mid < \dfrac{2}{3}, \end{cases}$$

从而当 $\mid \lambda \mid = \dfrac{2}{3}$,即 $\lambda = \pm \dfrac{2}{3}$ 时,$\mathrm{cond}(\boldsymbol{A})_{\infty}$ 有最小值.

17. 设

$$\boldsymbol{A} = \begin{pmatrix} 100 & 99 \\ 99 & 98 \end{pmatrix},$$

计算 $\boldsymbol{A}$ 的条件数 $\mathrm{cond}(\boldsymbol{A})_{v} (v = 2, \infty)$.

解　由 $\boldsymbol{A} = \begin{pmatrix} 100 & 99 \\ 99 & 98 \end{pmatrix}$ 知,$\boldsymbol{A}^{-1} = \begin{pmatrix} -98 & 99 \\ 99 & -100 \end{pmatrix}$,故 $\parallel \boldsymbol{A} \parallel_{\infty} = 199$,$\parallel \boldsymbol{A}^{-1} \parallel_{\infty} = 199$,于是

$\mathrm{cond}(\boldsymbol{A})_{\infty} = \parallel \boldsymbol{A}^{-1} \parallel_{\infty} \parallel \boldsymbol{A} \parallel_{\infty} = 39\,601.$

又由于

$$\boldsymbol{A}^{\mathrm{T}} \boldsymbol{A} = \begin{pmatrix} 19\,801 & 19\,602 \\ 19\,602 & 19\,405 \end{pmatrix},$$

可以求得其特征值为 $\lambda_1 = 39\,205.999\,97$,$\lambda_2 = 0.000\,025\,506$. 于是得

$$\mathrm{cond}(\boldsymbol{A})_2 = \parallel \boldsymbol{A}^{-1} \parallel_2 \parallel \boldsymbol{A} \parallel_2 = \sqrt{\frac{\lambda_{\max}(\boldsymbol{A}^{\mathrm{T}} \boldsymbol{A})}{\lambda_{\min}(\boldsymbol{A}^{\mathrm{T}} \boldsymbol{A})}} = 39\,205.995\,4.$$

18. 证明:如果 $\boldsymbol{A}$ 是正交矩阵,则 $\mathrm{cond}(\boldsymbol{A})_2 = 1$.

证明　因 $\boldsymbol{A}$ 正交,故 $\boldsymbol{A}^{\mathrm{T}} \boldsymbol{A} = \boldsymbol{A} \boldsymbol{A}^{\mathrm{T}} = \boldsymbol{I}$,$\boldsymbol{A}^{-1} = \boldsymbol{A}^{\mathrm{T}}$,从而

$$\| A \|_2 = \sqrt{\lambda_{\max}(A^T A)} = \sqrt{\lambda_{\max}(I)} = 1,$$

$$\| A^{-1} \|_2 = \| A^T \|_2 = \sqrt{\lambda_{\max}(A A^T)} = \sqrt{\lambda_{\max}(I)} = 1,$$

故 $\text{cond}(A)_2 = \| A \|_2 \| A^{-1} \|_2 = 1.$

19. 设 $A, B \in \mathbb{R}^{n \times n}$，且 $\| \cdot \|$ 为 $\mathbb{R}^{n \times n}$ 上矩阵的从属范数，证明：

$$\text{cond}(AB) \leqslant \text{cond}(A) \text{cond}(B).$$

证明 由矩阵的从属范数的性质及条件数的定义有

$$\text{cond}(AB) = \| (AB)^{-1} \| \| AB \|$$

$$\leqslant \| A^{-1} \| \| B^{-1} \| \| A \| \| B \|$$

$$\leqslant \| A^{-1} \| \| A \| \| B^{-1} \| \| B \|$$

$$= \text{cond}(A) \text{cond}(B).$$

20. 设 $Ax = b$，其中 $A \in \mathbb{R}^{n \times n}$ 为非奇异矩阵，证明：

(1) $A^T A$ 为对称正定矩阵；

(2) $\text{cond}(A^T A)_2 = (\text{cond}(A)_2)^2.$

证明 （1）由于

$$(A^T A)^T = A^T (A^T)^T = A^T A,$$

所以 $A^T A$ 为对称矩阵.

又 A 非奇异，故对任意向量 $x \neq 0$，有 $Ax \neq 0$，从而

$$x^T A^T A x = (Ax)^T (Ax) > 0,$$

所以 $A^T A$ 为对称正定矩阵.

（2）

$$\text{cond}(A^T A)_2 = \| (A^T A)^{-1} \|_2 \| A^T A \|_2$$

$$= \sqrt{\lambda_{\max}(((A^T A)^{-1})^T (A^T A)^{-1})} \sqrt{\lambda_{\max}((A^T A)^T (A^T A))}$$

$$= \sqrt{\lambda_{\max}((A^T A)^{-1})^2} \sqrt{\lambda_{\max}(A^T A)^2}$$

$$= \sqrt{\lambda_{\max}^2 (A^T A)^{-1}} \sqrt{\lambda_{\max}^2 (A^T A)}$$

$$= \left[\sqrt{\lambda_{\max}(A^T A)^{-1}} \right]^2 \left[\sqrt{\lambda_{\max}(A^T A)} \right]^2$$

$$= \| A^{-1} \|_2^2 \| A \|_2^2 = (\text{cond}(A)_2)^2.$$

第6章 解线性方程组的迭代法

6.1 内容概述

第 5 章讲述的直接法适用于小规模稠密矩阵所对应的线性方程组,针对工程技术中产生的以大型的稀疏矩阵(阶数很大,但零元素较多)为系数矩阵的线性方程组,为了充分利用其系数矩阵的特点给出迭代的方法,用一个收敛的向量序列的极限来逼近方程组的解.

对于给定的形如 $x = Bx + f$ 的线性方程组,设其有唯一解 x^*,则 $x^* = Bx^* + f$. 又设 $x^{(0)}$ 为任取的初始向量,按下述递推式可构造向量序列

$$x^{(k+1)} = Bx^{(k)} + f, \quad k = 0, 1, 2, \cdots,$$

其中 k 表示迭代次数.

定义 6.1 (1) 对于给定的线性方程组 $x = Bx + f$,用递推式

$$x^{(k+1)} = Bx^{(k)} + f, \quad k = 0, 1, 2, \cdots$$

逐步代入求近似解的方法称为**迭代法**(或称为单步定常迭代法,这里 B 与 k 无关).

(2) 如果 $\lim\limits_{k \to \infty} x^{(k)}$ 存在(记为 x^*),称此迭代法收敛,显然 x^* 就是此方程组的解,否则称此迭代法**发散**.

为了分析向量序列的收敛性,引进误差向量 $\varepsilon^{(k+1)} = x^{(k+1)} - x^*$,则有 $\varepsilon^{(k+1)} = B\varepsilon^{(k)}$ ($k = 0, 1, 2, \cdots$),递推得 $\varepsilon^{(k)} = B\varepsilon^{(k-1)} = \cdots = B^k \varepsilon^{(0)}$. 因而,分析 $\{x^{(k)}\}$ 的收敛性,变为研究 B 在什么条件下有 $\lim\limits_{k \to \infty} \varepsilon^{(k)} = 0$,亦即研究 B 满足什么条件时有 $\lim\limits_{k \to \infty} B^k = 0$(零矩阵). 类似于向量序列的极限,可以定义矩阵序列的极限.

定义 6.2 设有矩阵序列 $A_k = (a_{ij}^{(k)}) \in \mathbb{R}^{n \times n}$ 及矩阵 $A = (a_{ij}) \in \mathbb{R}^{n \times n}$,如果 n^2 个数列 $\{a_{ij}^{(k)}\}$ 的极限存在且有

$$\lim\limits_{k \to \infty} a_{ij}^{(k)} = a_{ij}, \quad i, j = 1, 2, \cdots, n,$$

则称 $\{A_k\}$ 收敛于 A,记作 $\lim\limits_{k \to \infty} A_k = A$.

矩阵序列的极限概念也可以用矩阵的从属范数来描述.

定理 6.1 $\lim\limits_{k \to \infty} A_k = A \Leftrightarrow \lim\limits_{k \to \infty} \| A_k - A \| = 0$,其中 $\| \cdot \|$ 为矩阵的任意一种从属范数.

定理 6.2 $\lim\limits_{k \to \infty} A_k = 0$ 的充分必要条件是

$$\lim\limits_{k \to \infty} A_k x = 0, \quad \forall x \in \mathbb{R}^n.$$

定理 6.3 设 $B \in \mathbb{R}^{n \times n}$,则下面 3 个命题等价:

(1) $\lim\limits_{k \to \infty} B^k = 0$;(2) $\rho(B) < 1$;(3) 至少存在一种从属的矩阵范数 $\| \cdot \|_\varepsilon$,使得 $\| B \|_\varepsilon < 1$.

定理 6.4 设 $B \in \mathbb{R}^{n \times n}$,$\| \cdot \|$ 为任意一种从属的矩阵范数,则

$$\lim\limits_{k \to \infty} \| B^k \|^{\frac{1}{k}} = \rho(B).$$

基于矩阵的分裂方式,给出迭代法的构造方式,并给出迭代法收敛的判别条件、收敛快慢的判别依据及迭代终止的判别依据.

将 A 分裂为 $A = M - N$,其中 M 为可选择的非奇异矩阵,称 M 为**分裂矩阵**. 于是,求解 $Ax = b$ 转化为求解 $Mx = Nx + b$,即

$$\text{求解 } Ax = b \Longleftrightarrow \text{求解 } x = M^{-1}Nx + M^{-1}b,\text{ 即求解 } x = Bx + f,$$

由此可构造单步定常迭代法

$$\begin{cases} x^{(0)} & (\text{初始向量}), \\ x^{(k+1)} = Bx^{(k)} + f, & k = 0,1,2,\cdots, \end{cases}$$

其中,$B = M^{-1}N = M^{-1}(M - A) = I - M^{-1}A$,$f = M^{-1}b$. 称 $B = I - M^{-1}A$ 为迭代法的**迭代矩阵**,选取不同的 M 矩阵,就得到解 $Ax = b$ 的各种迭代法.

定理 6.5 给定线性方程组 $x = Bx + f$ 及单步定常迭代法

$$\begin{cases} x^{(0)} & (\text{初始向量}), \\ x^{(k+1)} = Bx^{(k)} + f, & k = 0,1,2,\cdots, \end{cases}$$

对任意选取初始向量 $x^{(0)}$,迭代法收敛的充要条件是矩阵 B 的谱半径 $\rho(B) < 1$.

定理 6.5 是单步定常迭代法的基本定理.

定理 6.6(迭代法收敛的充分条件) 设有线性方程组

$$x = Bx + f, \quad B \in \mathbb{R}^{n \times n}$$

及单步定常迭代法

$$\begin{cases} x^{(0)} & (\text{初始向量}), \\ x^{(k+1)} = Bx^{(k)} + f, & k = 0,1,2,\cdots, \end{cases}$$

如果有 B 的某种从属范数 $\|B\| = q < 1$,则

(1) 迭代法收敛,即对任意 $x^{(0)}$ 有 $\lim\limits_{k \to \infty} x^{(k)} = x^*$,且 $x^* = Bx^* + f$.

(2) $\|x^* - x^{(k)}\| \leqslant q^k \|x^* - x^{(0)}\|$.

(3) $\|x^* - x^{(k)}\| \leqslant \dfrac{q}{1-q} \|x^{(k)} - x^{(k-1)}\|$.

(4) $\|x^* - x^{(k)}\| \leqslant \dfrac{q^k}{1-q} \|x^{(1)} - x^{(0)}\|$.

定义 6.3 迭代法

$$\begin{cases} x^{(0)} & (\text{初始向量}), \\ x^{(k+1)} = Bx^{(k)} + f, & k = 0,1,2,\cdots \end{cases}$$

的**平均收敛速度**定义为 $R_k(B) = -\ln \|B^k\|^{\frac{1}{k}}$.

由定理 6.4 可以给出更简洁的形式 $\lim\limits_{k \to \infty} R_k(B) = -\ln\rho(B)$,由此引出下面的定义.

定义 6.4 迭代法

$$\begin{cases} x^{(0)} & (\text{初始向量}), \\ x^{(k+1)} = Bx^{(k)} + f, & k = 0,1,2,\cdots, \end{cases}$$

的**渐近收敛速度**定义为 $R(B) = -\ln\rho(B)$.

$R(B)$ 与迭代次数及 B 取何种范数无关,反映了迭代次数趋向无穷时迭代法的渐近性

质.$\rho(\boldsymbol{B})$ 越小,则 $-\ln\rho(\boldsymbol{B})$ 越大,迭代收敛越快.

随后给出两种常用的迭代格式——雅可比迭代和高斯-塞德尔迭代,分析了两种迭代法收敛的条件,给出了改进迭代法收敛速度的策略.

将线性方程组 $\boldsymbol{Ax}=\boldsymbol{b}$ 中的系数矩阵 $\boldsymbol{A}=(a_{ij})\in\mathbb{R}^{n\times n}$ 分为三部分 $\boldsymbol{A}=\boldsymbol{D}-\boldsymbol{L}-\boldsymbol{U}$,其中, $\boldsymbol{D}=\mathrm{diag}(a_{11},a_{22},\cdots,a_{nn})$ 为对角矩阵,$\boldsymbol{L}$ 和 $\boldsymbol{U}$ 分别为 $\boldsymbol{A}$ 的严格下三角矩阵和严格上三角矩阵的负矩阵.设 $a_{ii}\neq0(i=1,2,\cdots,n)$,选取 $\boldsymbol{M}=\boldsymbol{D}$,则得解 $\boldsymbol{Ax}=\boldsymbol{b}$ 的**雅可比迭代法**

$$\begin{cases}\boldsymbol{x}^{(0)} & (初始向量),\\ \boldsymbol{x}^{(k+1)}=\boldsymbol{Bx}^{(k)}+\boldsymbol{f}, & k=0,1,2,\cdots,\end{cases}$$

其中,$\boldsymbol{B}=\boldsymbol{I}-\boldsymbol{D}^{-1}\boldsymbol{A}=\boldsymbol{D}^{-1}(\boldsymbol{L}+\boldsymbol{U})\equiv\boldsymbol{J},\boldsymbol{f}=\boldsymbol{D}^{-1}\boldsymbol{b}$. 称 $\boldsymbol{J}$ 为解 $\boldsymbol{Ax}=\boldsymbol{b}$ 的雅可比迭代法的迭代矩阵.

解 $\boldsymbol{Ax}=\boldsymbol{b}$ 的雅可比迭代法的分量计算公式为

$$\begin{cases}\boldsymbol{x}^{(0)}=(x_1^{(0)},x_2^{(0)},\cdots,x_n^{(0)})^{\mathrm{T}},\\ x_i^{(k+1)}=\Big(b_i-\sum_{\substack{j=1\\j\neq i}}^{n}a_{ij}x_j^{(k)}\Big)/a_{ii}, & i=1,2,\cdots,n;\ k=0,1,2,\cdots.\end{cases}$$

选取分裂矩阵 $\boldsymbol{M}$ 为 $\boldsymbol{A}$ 的下三角部分,即选取 $\boldsymbol{M}=\boldsymbol{D}-\boldsymbol{L}$(下三角矩阵),则得解 $\boldsymbol{Ax}=\boldsymbol{b}$ 的**高斯-塞德尔迭代法**

$$\begin{cases}\boldsymbol{x}^{(0)} & (初始向量),\\ \boldsymbol{x}^{(k+1)}=\boldsymbol{Bx}^{(k)}+\boldsymbol{f}, & k=0,1,2,\cdots,\end{cases}$$

其中,$\boldsymbol{B}=\boldsymbol{I}-(\boldsymbol{D}-\boldsymbol{L})^{-1}\boldsymbol{A}=(\boldsymbol{D}-\boldsymbol{L})^{-1}\boldsymbol{U}\equiv\boldsymbol{G},\boldsymbol{f}=(\boldsymbol{D}-\boldsymbol{L})^{-1}\boldsymbol{b}$,称 $\boldsymbol{G}=(\boldsymbol{D}-\boldsymbol{L})^{-1}\boldsymbol{U}$ 为 $\boldsymbol{Ax}=\boldsymbol{b}$ 的高斯-塞德尔迭代法的迭代矩阵.

解 $\boldsymbol{Ax}=\boldsymbol{b}$ 的高斯-塞德尔迭代法的分量计算公式为

$$\begin{cases}\boldsymbol{x}^{(0)}=(x_1^{(0)},x_2^{(0)},\cdots,x_n^{(0)})^{\mathrm{T}},\\ x_i^{(k+1)}=\Big(b_i-\sum_{j=1}^{i-1}a_{ij}x_j^{(k+1)}-\sum_{j=i+1}^{n}a_{ij}x_j^{(k)}\Big)/a_{ii}, & i=1,2,\cdots,n;\ k=0,1,2,\cdots.\end{cases}$$

或

$$\begin{cases}x^{(0)}=(x_1^{(0)},x_2^{(0)},\cdots,x_n^{(0)})^{\mathrm{T}},\\ x_i^{(k+1)}=x_i^{(k)}+\Delta x_i,\Delta x_i=\Big(b_i-\sum_{j=1}^{i-1}a_{ij}x_j^{(k+1)}-\sum_{j=i}^{n}a_{ij}x_j^{(k)}\Big)/a_{ii}, & i=1,2,\cdots,n;\ k=0,1,2,\cdots.\end{cases}$$

雅可比迭代不使用变量的最新信息计算 $x_i^{(k+1)}$,高斯-塞德尔迭代计算 $x^{(k+1)}$ 的第 i 个分量 $x_i^{(k+1)}$ 时,利用了已经算出的最新分量 $x_i^{(k+1)}(i=1,2,\cdots,i-1)$,高斯-塞德尔迭代法可以看作雅可比迭代的一种改进.

定理 6.7　设 $\boldsymbol{Ax}=\boldsymbol{b}$,其中 $\boldsymbol{A}=\boldsymbol{D}-\boldsymbol{L}-\boldsymbol{U}$ 为非奇异矩阵,且对角矩阵 $\boldsymbol{D}$ 也非奇异,则

(1) 解线性方程组的雅可比迭代法收敛的充要条件是 $\rho(\boldsymbol{J})<1$,其中 $\boldsymbol{J}=\boldsymbol{D}^{-1}(\boldsymbol{L}+\boldsymbol{U})$.

(2) 解线性方程组的高斯-塞德尔迭代法收敛的充要条件是 $\rho(\boldsymbol{G})<1$,其中 $\boldsymbol{G}=(\boldsymbol{D}-\boldsymbol{L})^{-1}\boldsymbol{U}$.

由定理 6.6 还可以得到雅可比迭代法、高斯-塞德尔迭代法收敛的充分条件分别为 $\|\boldsymbol{J}\|<1,\|\boldsymbol{G}\|<1$.

系数矩阵为对角占优矩阵及对称正定矩阵的线性方程组是工程实际中常出现的线性方

程组,其迭代法收敛性有下面的结果.

定理 6.8 设 $Ax=b$,如果:

(1) A 为严格对角占优矩阵,则解 $Ax=b$ 的雅可比迭代法、高斯-塞德尔迭代法均收敛.

(2) A 为弱对角占优矩阵,且 A 为不可约矩阵,则解 $Ax=b$ 的雅可比迭代法、高斯-塞德尔迭代法均收敛.

定理 6.9 设矩阵 A 对称,且主对角元 $a_{ii}>0(i=1,2,\cdots,n)$,则

(1) 解线性方程组 $Ax=b$ 的雅可比迭代法收敛的充分必要条件是 A 及 $2D-A$ 均为正定矩阵,其中 $D=\mathrm{diag}(a_{11},a_{22},\cdots,a_{nn})$.

(2) 解线性方程组 $Ax=b$ 的高斯-塞德尔法收敛的充分条件是 A 正定.

为了改善收敛速度,选取分裂矩阵 M 为带参数的下三角矩阵

$$M=\frac{1}{\omega}(D-\omega L),$$

其中 $\omega>0$ 为可选择的松弛因子. 由此可构造一个迭代法,其迭代矩阵为

$$L_\omega \equiv I-\omega(D-\omega L)^{-1}A=(D-\omega L)^{-1}((1-\omega)D+\omega U).$$

由此得到解 $Ax=b$ 的**逐次超松弛迭代法**,简称 **SOR 方法**.

解 $Ax=b$ 的 SOR 方法为

$$\begin{cases} x^{(0)} & (\text{初始向量}),\\ x^{(k+1)}=L_\omega x^{(k)}+f, & k=0,1,2,\cdots, \end{cases}$$

其中,$L_\omega=(D-\omega L)^{-1}((1-\omega)D+\omega U)$,$f=\omega(D-\omega L)^{-1}b$.

解 $Ax=b$ 的 SOR 迭代法的分量计算公式为(取 ω 为松弛因子)

$$\begin{cases} x^{(0)}=(x_1^{(0)},x_2^{(0)},\cdots,x_n^{(0)})^{\mathrm{T}},\\ x_i^{(k+1)}=x_i^{(k)}+\omega\left(b_i-\sum_{j=1}^{i-1}a_{ij}x_j^{(k+1)}-\sum_{j=i}^{n}a_{ij}x_j^{(k)}\right)/a_{ii}, & i=1,2,\cdots,n;\ k=0,1,2,\cdots. \end{cases}$$

或

$$\begin{cases} x^{(0)}=(x_1^{(0)},x_2^{(0)},\cdots,x_n^{(0)})^{\mathrm{T}},\\ x_i^{(k+1)}=x_i^{(k)}+\Delta x_i,\ \Delta x_i=\omega\left(b_i-\sum_{j=1}^{i-1}a_{ij}x_j^{(k+1)}-\sum_{j=i}^{n}a_{ij}x_j^{(k)}\right)/a_{ii}, & i=1,2,\cdots,n;\ k=0,1,2,\cdots. \end{cases}$$

SOR 迭代法是高斯-塞德尔迭代法的一种修正(当 $\omega=1$ 时,SOR 方法即为高斯-塞德尔迭代法,$\omega>1$ 时,称为超松弛法;$\omega<1$ 时,称为低松弛法). 关于 SOR 方法的收敛性,有如下结论:

定理 6.10(SOR 迭代法收敛的必要条件) 设解线性方程组 $Ax=b$ 的 SOR 迭代法收敛,则 $0<\omega<2$.

定理 6.11 设 $Ax=b$,若 A 为对称正定矩阵,则当 $0<\omega<2$ 时解 $Ax=b$ 的 SOR 迭代法收敛.

定理 6.12 设 $Ax=b$,若 A 为严格对角占优矩阵(或 A 为弱对角占优不可约矩阵),则当 $0<\omega\leqslant1$ 时,解 $Ax=b$ 的 SOR 迭代法收敛.

对某些特殊类型的矩阵,有相关的最佳松弛因子理论,如对所谓具有"性质 A"等条件的线性方程组,最佳松弛因子公式为

$$\omega_{\mathrm{opt}} = \frac{2}{1 + \sqrt{1 - (\rho(\boldsymbol{J}))^2}},$$

其中 $\rho(\boldsymbol{J})$ 为解 $\boldsymbol{Ax} = \boldsymbol{b}$ 的雅可比迭代法迭代矩阵 $\boldsymbol{J}$ 的谱半径.

前面关于利用矩阵分裂构造迭代法的理论,同样适用于大型稀疏矩阵,只需将系数矩阵 $\boldsymbol{A}$ 作相应的分块,相关结果如下.

设 $\boldsymbol{Ax} = \boldsymbol{b}$,其中 $\boldsymbol{A} \in \mathbb{R}^{n \times n}$ 为大型稀疏矩阵,将 $\boldsymbol{A}$ 分块为三部分 $\boldsymbol{A} = \boldsymbol{D} - \boldsymbol{L} - \boldsymbol{U}$,其中

$$\boldsymbol{A} = \begin{bmatrix} \boldsymbol{A}_{11} & \boldsymbol{A}_{12} & \cdots & \boldsymbol{A}_{1q} \\ \boldsymbol{A}_{21} & \boldsymbol{A}_{22} & \cdots & \boldsymbol{A}_{2q} \\ \vdots & \vdots & & \vdots \\ \boldsymbol{A}_{q1} & \boldsymbol{A}_{q2} & \cdots & \boldsymbol{A}_{qq} \end{bmatrix}, \quad \boldsymbol{D} = \begin{bmatrix} \boldsymbol{A}_{11} & & & \\ & \boldsymbol{A}_{22} & & \\ & & \ddots & \\ & & & \boldsymbol{A}_{qq} \end{bmatrix},$$

$$\boldsymbol{L} = \begin{bmatrix} \boldsymbol{0} & & & \\ -\boldsymbol{A}_{21} & \boldsymbol{0} & & \\ \vdots & \vdots & \ddots & \\ -\boldsymbol{A}_{q1} & -\boldsymbol{A}_{q2} & \cdots & \boldsymbol{0} \end{bmatrix}, \quad \boldsymbol{U} = \begin{bmatrix} \boldsymbol{0} & -\boldsymbol{A}_{21} & \cdots & -\boldsymbol{A}_{1q} \\ & \boldsymbol{0} & \cdots & -\boldsymbol{A}_{2q} \\ & & \ddots & \vdots \\ & & & \boldsymbol{0} \end{bmatrix}.$$

且 $\boldsymbol{A}_{ii} (i = 1, 2, \cdots, q)$ 为 $n_i \times n_i$ 非奇异矩阵,$\sum\limits_{i=1}^{q} n_i = n$. 对 $\boldsymbol{x}$ 及 $\boldsymbol{b}$ 同样分块

$$\boldsymbol{x} = \begin{bmatrix} \boldsymbol{x}_1 \\ \boldsymbol{x}_2 \\ \vdots \\ \boldsymbol{x}_q \end{bmatrix}, \quad \boldsymbol{b} = \begin{bmatrix} \boldsymbol{b}_1 \\ \boldsymbol{b}_2 \\ \vdots \\ \boldsymbol{b}_q \end{bmatrix},$$

其中 $\boldsymbol{x}_i, \boldsymbol{b}_i \in \mathbb{R}^{n_i}$.

取分裂阵 $\boldsymbol{M}$ 为 $\boldsymbol{A}$ 的主对角块部分,即选

$$\begin{cases} \boldsymbol{M} = \boldsymbol{D} & \text{(块对角矩阵)}, \\ \boldsymbol{A} = \boldsymbol{M} - \boldsymbol{N}. \end{cases}$$

得到解 $\boldsymbol{Ax} = \boldsymbol{b}$ 的块雅可比迭代法

$$\boldsymbol{x}^{(k+1)} = \boldsymbol{Bx}^{(k)} + \boldsymbol{f}, \quad k = 0, 1, 2, \cdots,$$

其中迭代矩阵

$$\boldsymbol{B} = \boldsymbol{I} - \boldsymbol{D}^{-1} \boldsymbol{A} = \boldsymbol{D}^{-1} (\boldsymbol{L} + \boldsymbol{U}) \equiv \boldsymbol{J}, \quad \boldsymbol{f} = \boldsymbol{D}^{-1} \boldsymbol{b},$$

或

$$\boldsymbol{Dx}^{(k+1)} = (\boldsymbol{L} + \boldsymbol{U}) \boldsymbol{x}^{(k)} + \boldsymbol{b}.$$

由分块矩阵的乘法,得雅可比迭代法的具体形式

$$\boldsymbol{A}_{ii} \boldsymbol{x}_i^{(k+1)} = \boldsymbol{b}_i - \sum_{\substack{j=1 \\ j \neq i}}^{q} \boldsymbol{A}_{ij} \boldsymbol{x}_j^{(k)}, \quad i = 1, 2, \cdots, q,$$

其中

$$\boldsymbol{x}^{(k)} = \begin{bmatrix} \boldsymbol{x}_1^{(k)} \\ \boldsymbol{x}_2^{(k)} \\ \vdots \\ \boldsymbol{x}_q^{(k)} \end{bmatrix}, \quad \boldsymbol{x}_i^{(k)} \in \mathbb{R}^{n_i}.$$

块雅可比迭代法每迭代一步,从 $\boldsymbol{x}^{(k)} \to \boldsymbol{x}^{(k+1)}$,需要求解 q 个低阶线性方程组

$$\boldsymbol{A}_{ii}\boldsymbol{x}_i^{(k+1)} = \boldsymbol{b}_i - \sum_{\substack{j=1 \\ j \neq i}}^{q} \boldsymbol{A}_{ij}\boldsymbol{x}_j^{(k)} = \boldsymbol{g}_i, \quad i = 1, 2, \cdots, q,$$

选取分裂矩阵 $\boldsymbol{M}$ 为带松弛因子的 $\boldsymbol{A}$ 的块下三角部分,即

$$\begin{cases} \boldsymbol{M} = \dfrac{1}{\omega}(\boldsymbol{D} - \omega\boldsymbol{L}), \\ \boldsymbol{A} = \boldsymbol{M} - \boldsymbol{N}, \end{cases}$$

得到块 SOR 迭代法(BSOR 迭代法)

$$\boldsymbol{x}^{(k+1)} = \boldsymbol{L}_\omega \boldsymbol{x}^{(k)} + \boldsymbol{f},$$

其中迭代矩阵

$$\boldsymbol{L}_\omega \equiv \boldsymbol{I} - \omega(\boldsymbol{D} - \omega\boldsymbol{L})^{-1}\boldsymbol{A} = (\boldsymbol{D} - \omega\boldsymbol{L})^{-1}((1-\omega)\boldsymbol{D} + \omega\boldsymbol{U}), \quad \boldsymbol{f} = \omega(\boldsymbol{D} - \omega\boldsymbol{L})^{-1}\boldsymbol{b}.$$

由分块矩阵的乘法,得到 BSOR 迭代法的具体形式

$$\boldsymbol{A}_{ii}\boldsymbol{x}_i^{(k+1)} = \boldsymbol{A}_{ii}\boldsymbol{x}_i^{(k)} + \omega\Big(\boldsymbol{b}_i - \sum_{j=1}^{i-1}\boldsymbol{A}_{ij}\boldsymbol{x}_j^{(k+1)} - \sum_{j=i}^{q}\boldsymbol{A}_{ij}\boldsymbol{x}_j^{(k)}\Big), \quad i = 1, 2, \cdots, q; \ k = 0, 1, 2, \cdots,$$

其中 ω 为松弛因子.

当 $\boldsymbol{x}^{(k)}$ 及 $\boldsymbol{x}_j^{(k+1)}(j = 1, 2, \cdots, i-1)$ 已计算时,需解低阶线性方程组

$$\boldsymbol{A}_{ii}\boldsymbol{x}_i^{(k+1)} = \boldsymbol{A}_{ii}\boldsymbol{x}_i^{(k)} + \omega\Big(\boldsymbol{b}_i - \sum_{j=1}^{i-1}\boldsymbol{A}_{ij}\boldsymbol{x}_j^{(k+1)} - \sum_{j=i}^{q}\boldsymbol{A}_{ij}\boldsymbol{x}_j^{(k)}\Big).$$

从 $\boldsymbol{x}^{(k)} \to \boldsymbol{x}^{(k+1)}$ 共需要求解 q 个低阶线性方程组,当 $\boldsymbol{A}_{ii}$ 为三对角阵或带状矩阵时,可用直接法求解.

定理 6.13 设 $\boldsymbol{Ax} = \boldsymbol{b}$,若 $\boldsymbol{A}$ 为对称正定矩阵,则当 $0 < \omega < 2$ 时,解 $\boldsymbol{Ax} = \boldsymbol{b}$ 的 BSOR 迭代法收敛.

在 BSOR 迭代法的收敛性和最优松弛因子的理论分析中,一类特殊的三对角块矩阵有很多好的性质,它就是 T-矩阵,其形式为

$$\boldsymbol{A} = \begin{bmatrix} \boldsymbol{D}_1 & \boldsymbol{F}_1 & & & \\ \boldsymbol{E}_2 & \boldsymbol{D}_2 & \boldsymbol{F}_2 & & \\ & \ddots & \ddots & \ddots & \\ & & \boldsymbol{E}_{q-1} & \boldsymbol{D}_{q-1} & \boldsymbol{F}_{q-1} \\ & & & \boldsymbol{E}_q & \boldsymbol{D}_q \end{bmatrix}$$

的块三对角阵,其中主对角块 $\boldsymbol{D}_i (i = 1, 2, \cdots, q)$ 均为对角矩阵.

记 $\boldsymbol{D} = \mathrm{diag}(\boldsymbol{D}_1, \boldsymbol{D}_2, \cdots, \boldsymbol{D}_q)$,块雅可比矩阵 $\boldsymbol{J} = \boldsymbol{I} - \boldsymbol{D}^{-1}\boldsymbol{A}$. 设 BSOR 方法的迭代矩阵为 $\boldsymbol{L}_\omega$,则有下面的结论.

定理 6.14 设 $\boldsymbol{A}$ 为非奇异的 T-矩阵,且 $\boldsymbol{D}$ 非奇异. $\boldsymbol{J} = \boldsymbol{I} - \boldsymbol{D}^{-1}\boldsymbol{A}$,则当 $\rho(\boldsymbol{J}) < 1$ 时,对 $0 < \omega < 2$ 有 $\rho(\boldsymbol{L}_\omega) < 1$ 及最优松弛因子

$$\omega_{\mathrm{opt}} = \frac{2}{1 + \sqrt{1 - (\rho(\boldsymbol{J}))^2}}, \quad \rho(\boldsymbol{L}_{\omega_{\mathrm{opt}}}) = \omega_{\mathrm{opt}} - 1,$$

且

$$\rho(\boldsymbol{L}_\omega)=\begin{cases}\dfrac{1}{4}\left[\omega\mu+\sqrt{\omega^2\mu^2-4(\omega-1)}\right]^2,&0<\omega<\omega_{\text{opt}},\\[3mm]\omega-1,&\omega_{\text{opt}}\leqslant\omega<2,\end{cases}$$

其中 $\mu=\rho(\boldsymbol{J})$.

　　对于对称正定矩阵,通过将方程组求解问题转化为函数极值问题.

　　设 $\boldsymbol{A}=(a_{ij})\in\mathbb{R}^{n\times n}$ 为对称正定矩阵,$\boldsymbol{b}=(b_1,b_2,\cdots,b_n)^{\text{T}}$,考虑二次函数 $\varphi:\mathbb{R}^n\to\mathbb{R}$,

$$\varphi(\boldsymbol{x})=\frac{1}{2}(\boldsymbol{Ax},\boldsymbol{x})-(\boldsymbol{b},\boldsymbol{x})=\frac{1}{2}\sum_{i=1}^n\sum_{j=1}^n a_{ij}x_i x_j-\sum_{j=1}^n b_j x_j.$$

函数 $\varphi(\boldsymbol{x})$ 有如下性质:

　　(1) 对一切 $\boldsymbol{x}\in\mathbb{R}^n$,$\varphi(\boldsymbol{x})$ 的梯度 $\nabla\varphi(\boldsymbol{x})=\boldsymbol{Ax}-\boldsymbol{b}$.

　　(2) 对一切 $\boldsymbol{x},\boldsymbol{y}\in\mathbb{R}^n$ 及 $\alpha\in\mathbb{R}$,有

$$\varphi(\boldsymbol{x}+\alpha\boldsymbol{y})=\frac{1}{2}(\boldsymbol{A}(\boldsymbol{x}+\alpha\boldsymbol{y}),\boldsymbol{x}+\alpha\boldsymbol{y})-(\boldsymbol{b},\boldsymbol{x}+\alpha\boldsymbol{y})$$

$$=\varphi(\boldsymbol{x})+\alpha(\boldsymbol{Ax}-\boldsymbol{b},\boldsymbol{y})+\frac{\alpha^2}{2}(\boldsymbol{Ay},\boldsymbol{y}).$$

　　(3) 设 $\boldsymbol{x}^*=\boldsymbol{A}^{-1}\boldsymbol{b}$ 是线性方程组 $\boldsymbol{Ax}=\boldsymbol{b}$ 的解,则有

$$\varphi(\boldsymbol{x}^*)=-\frac{1}{2}(\boldsymbol{b},\boldsymbol{A}^{-1}\boldsymbol{b})=-\frac{1}{2}(\boldsymbol{Ax}^*,\boldsymbol{x}^*),$$

且对一切 $\boldsymbol{x}\in\mathbb{R}^n$,有

$$\varphi(\boldsymbol{x})-\varphi(\boldsymbol{x}^*)=\frac{1}{2}(\boldsymbol{Ax},\boldsymbol{x})-(\boldsymbol{Ax}^*,\boldsymbol{x})+\frac{1}{2}(\boldsymbol{Ax}^*,\boldsymbol{x}^*)$$

$$=\frac{1}{2}(\boldsymbol{A}(\boldsymbol{x}-\boldsymbol{x}^*),\boldsymbol{x}-\boldsymbol{x}^*).$$

　　定理 6.15　设 $\boldsymbol{A}$ 对称正定,则 $\boldsymbol{x}^*$ 为线性方程组 $\boldsymbol{Ax}=\boldsymbol{b}$ 解的充分必要条件是 $\boldsymbol{x}^*$ 满足

$$\varphi(\boldsymbol{x}^*)=\min_{\boldsymbol{x}\in\mathbb{R}^n}\varphi(\boldsymbol{x}).$$

　　通常求 $\varphi(\boldsymbol{x})$ 的极小点 $\boldsymbol{x}^*$ 可转化为求一维问题的极小值,即 $\boldsymbol{x}^{(0)}$ 从出发,找一个方向 $\boldsymbol{p}^{(0)}$,令 $\boldsymbol{x}^{(1)}=\boldsymbol{x}^{(0)}+\alpha\boldsymbol{p}^{(0)}$,使 $\varphi(\boldsymbol{x}^{(1)})=\min_{\alpha\in\mathbb{R}}(\boldsymbol{x}^{(0)}+\alpha\boldsymbol{p}^{(0)})$.

　　一般公式:取 $\boldsymbol{r}^{(k)}=\boldsymbol{b}-\boldsymbol{Ax}^{(k)}$ 为下降向量

$$\alpha_k=\frac{(\boldsymbol{r}^{(k)},\boldsymbol{r}^{(k)})}{(\boldsymbol{Ar}^{(k)},\boldsymbol{r}^{(k)})},\quad\boldsymbol{x}^{(k+1)}=\boldsymbol{x}^{(k)}+\alpha_k\boldsymbol{r}^{(k)},\quad k=0,1,2,\cdots,$$

如此得到的向量序列称为解线性方程组的**最速下降法**.尽管这种方法相邻两步的下降向量是正交的,但一般收敛得很慢,因此引出新的利用对称正定矩阵特性的下降向量——$\boldsymbol{A}$-共轭向量,由此得到**共轭梯度法**.

　　定义 6.5　设 $\boldsymbol{A}$ 对称正定,若 $\mathbb{R}^n$ 中向量组 $\{\boldsymbol{p}^{(0)},\boldsymbol{p}^{(1)},\cdots,\boldsymbol{p}^{(m)}\}$ 满足

$$(\boldsymbol{Ap}^{(i)},\boldsymbol{p}^{(j)})=0,\quad i\neq j,\quad i,j=0,1,\cdots,m,$$

则称它为 $\mathbb{R}^n$ 中一个 $\boldsymbol{A}$-共轭向量组或称 $\boldsymbol{A}$-正交向量组.

　　共轭梯度算法

　　(1) 任取 $\boldsymbol{x}^{(0)}\in\mathbb{R}^n$,计算 $\boldsymbol{r}^{(0)}=\boldsymbol{b}-\boldsymbol{Ax}^{(0)}$,取 $\boldsymbol{p}^{(0)}=\boldsymbol{r}^{(0)}$.

　　(2) 对 $k=0,1,2,\cdots$,计算

$$\alpha_k = \frac{(\boldsymbol{r}^{(k)}, \boldsymbol{r}^{(k)})}{(\boldsymbol{p}^{(k)}, \boldsymbol{A}\boldsymbol{p}^{(k)})}, \quad \boldsymbol{x}^{(k+1)} = \boldsymbol{x}^{(k)} + \alpha_k \boldsymbol{p}^{(k)},$$

$$\boldsymbol{r}^{(k+1)} = \boldsymbol{r}^{(k)} - \alpha_k \boldsymbol{A}\boldsymbol{p}^{(k)}, \quad \beta_k = \frac{(\boldsymbol{r}^{(k+1)}, \boldsymbol{r}^{(k+1)})}{(\boldsymbol{r}^{(k)}, \boldsymbol{r}^{(k)})}, \quad \boldsymbol{p}^{(k+1)} = \boldsymbol{r}^{(k+1)} + \beta_k \boldsymbol{p}^{(k)}.$$

（3）若 $\boldsymbol{r}^{(k)} = \boldsymbol{0}$，计算停止，此时 $\boldsymbol{x}^{(k)} = \boldsymbol{x}^*$．若 $(\boldsymbol{p}^{(k)}, \boldsymbol{A}\boldsymbol{p}^{(k)}) = 0$，由于 $\boldsymbol{A}$ 正定，有 $\boldsymbol{p}^{(k)} = \boldsymbol{0}$，而 $(\boldsymbol{r}^{(k)}, \boldsymbol{r}^{(k)}) = (\boldsymbol{r}^{(k)}, \boldsymbol{p}^{(k)}) = 0$，也即 $\boldsymbol{r}^{(k)} = \boldsymbol{0}$．

由于 $\{\boldsymbol{r}^{(k)}\} \in \mathbb{R}^n$ 相互正交，故在 $\boldsymbol{r}^{(0)}, \boldsymbol{r}^{(1)}, \cdots, \boldsymbol{r}^{(n)}$ 中至少有一个零向量．若 $\boldsymbol{r}^{(k)} = \boldsymbol{0}$，则 $\boldsymbol{x}^{(k)} = \boldsymbol{x}^*$，理论上最多 n 步便可求得精确解，所以理论上共轭梯度法是一种直接法．

定理 6.16 共轭梯度法得到的序列 $\{\boldsymbol{r}^{(k)}\}$ 及 $\{\boldsymbol{p}^{(k)}\}$ 有如下性质：

（1）$(\boldsymbol{r}^{(i)}, \boldsymbol{r}^{(j)}) = 0, i \neq j$，即 $\{\boldsymbol{r}^{(k)}\}$ 构成 $\mathbb{R}^n$ 中的正交向量组．

（2）$(\boldsymbol{A}\boldsymbol{p}^{(i)}, \boldsymbol{p}^{(j)}) = (\boldsymbol{p}^{(i)}, \boldsymbol{A}\boldsymbol{p}^{(j)}) = 0, i \neq j$，即 $\{\boldsymbol{p}^{(k)}\}$ 为一个 $\boldsymbol{A}$-共轭向量组．

6.2 主要算法

第 6 章算法

1. 雅可比迭代法

算法原理

设 $a_{ii} \neq 0 (i = 1, 2, \cdots, n)$，在系数矩阵 $\boldsymbol{A}$ 的分裂 $\boldsymbol{A} = \boldsymbol{D} - \boldsymbol{L} - \boldsymbol{U} = \boldsymbol{M} - \boldsymbol{N}$ 中，选取 $\boldsymbol{M} = \boldsymbol{D}$，得到解 $\boldsymbol{A}\boldsymbol{x} = \boldsymbol{b}$ 的雅可比迭代法

$$\begin{cases} \boldsymbol{x}^{(0)} & \text{（初始向量）,} \\ \boldsymbol{x}^{(k+1)} = \boldsymbol{B}\boldsymbol{x}^{(k)} + \boldsymbol{f}, & k = 0, 1, 2, \cdots, \end{cases}$$

其中，$\boldsymbol{B} = \boldsymbol{I} - \boldsymbol{D}^{-1}\boldsymbol{A} = \boldsymbol{D}^{-1}(\boldsymbol{L} + \boldsymbol{U}) \equiv \boldsymbol{J}, \boldsymbol{f} = \boldsymbol{D}^{-1}\boldsymbol{b}$．雅可比迭代法的计算公式为

$$\begin{cases} \boldsymbol{x}^{(0)} = (x_1^{(0)}, x_2^{(0)}, \cdots, x_n^{(0)})^{\mathrm{T}}, \\ x_i^{(k+1)} = \left(b_i - \sum_{\substack{j=1 \\ j \neq i}}^{n} a_{ij} x_j^{(k)}\right) / a_{ii}, & i = 1, 2, \cdots, n; \quad k = 0, 1, 2, \cdots. \end{cases}$$

算法步骤

a. 输入初始数据：系数矩阵 $\boldsymbol{A}$，右端向量 $\boldsymbol{b}$，计算精度 ep，最大迭代次数 it_max；

b. 初始向量 $x_i = 0, i = 1, 2, \cdots, n$；

c. 若 $\min\{|a_{ii}|\} < \mathrm{ep}$，则退出；

d. 对于 $k = 1, 2, \cdots, \mathrm{it\_max}$；

e. 对于 $i = 1, 2, \cdots, n$

$$y_i = \left(b_i - \sum_{\substack{j=1 \\ j \neq i}}^{n} a_{ij} x_j\right) / a_{ii};$$

f. 如果 $\|\boldsymbol{y} - \boldsymbol{x}\| < \mathrm{ep}$，则输出 $\boldsymbol{y}$，退出；否则 $\boldsymbol{x} = \boldsymbol{y}$，转 e.

MATLAB 程序

```
function [x,k] = Jacobi(A,b,ep,it_max)
% A 为系数矩阵,b 为方程组右端,x 为方程组解
% ep 为计算精度,it_max 为最大迭代次数,k 为实际迭代次数
if nargin < 4    it_max = 100;    end
```

```
if nargin < 3      ep = 1e - 5;      end
d = diag(A);                        % 提取系数矩阵的对角元素
if min(abs(d)) < 1e - 10
    disp('对角矩阵包含零元素');    return;
end
n = length(A);      k = 0;      x = zeros(n, 1);      y = zeros(n, 1);
while k < = it_max
    y = (b - A * x + d. * x)./d;
    if norm(y - x, inf) < ep      break;      end
    k = k + 1;      x = y;
end
```

数值实验

例 1 用雅可比方法解方程组

$$\begin{bmatrix} 10 & 2 & -1 \\ -3 & -6 & 2 \\ 2 & -3 & 5 \end{bmatrix} \begin{bmatrix} x_1 \\ x_2 \\ x_3 \end{bmatrix} = \begin{bmatrix} -36 \\ -2 \\ -7 \end{bmatrix}$$

要求当 $\| \boldsymbol{x}^{(k+1)} - \boldsymbol{x}^{(k)} \|_\infty < 10^{-4}$ 时迭代终止.

```
>> A = [10 2 - 1; - 3 - 6 2;2 - 3 5]; b = [ - 36 - 2 - 7]'; ep = 1e - 4;
>> [x,k] = Jacobi(A,b,ep)
x =         - 3.99998689580607
            2.99991091174873
            1.99988169239535
k =      16
```

2. 高斯-塞德尔迭代法

算法原理

设 $a_{ii} \neq 0 (i = 1, 2, \cdots, n)$,在系数矩阵 $\boldsymbol{A}$ 的分裂 $\boldsymbol{A} = \boldsymbol{D} - \boldsymbol{L} - \boldsymbol{U} = \boldsymbol{M} - \boldsymbol{N}$ 中,选取 $\boldsymbol{M} = \boldsymbol{D} - \boldsymbol{L}$,得到 $\boldsymbol{A}\boldsymbol{x} = \boldsymbol{b}$ 的高斯-塞德尔迭代法

$$\begin{cases} \boldsymbol{x}^{(0)} & (初始向量), \\ \boldsymbol{x}^{(k+1)} = \boldsymbol{B}\boldsymbol{x}^{(k)} + \boldsymbol{f}, & k = 0, 1, 2, \cdots, \end{cases}$$

其中 $\boldsymbol{B} = \boldsymbol{I} - (\boldsymbol{D} - \boldsymbol{L})^{-1}\boldsymbol{A} = (\boldsymbol{D} - \boldsymbol{L})^{-1}\boldsymbol{U} \equiv \boldsymbol{G}, \boldsymbol{f} = (\boldsymbol{D} - \boldsymbol{L})^{-1}\boldsymbol{b}$. 高斯-塞德尔迭代法的计算公式为

$$\begin{cases} \boldsymbol{x}^{(0)} = (x_1^{(0)}, x_2^{(0)}, \cdots, x_n^{(0)})^{\mathrm{T}}, & (初始向量), \\ x_i^{(k+1)} = \left(b_i - \sum_{j=1}^{i-1} a_{ij} x_j^{(k+1)} - \sum_{j=i+1}^{n} a_{ij} x_j^{(k)}\right) / a_{ii}, & i = 1, 2, \cdots, n; k = 0, 1, \cdots. \end{cases}$$

算法步骤

a. 输入初始数据:系数矩阵 $\boldsymbol{A}$,右端向量 $\boldsymbol{b}$,计算精度 ep,最大迭代次数 it_max;

b. 初始向量 $x_i = 0, i = 1, 2, \cdots, n$;

c. 若 $\min\{|a_{ii}|\} < \mathrm{ep}$,则退出;

d. 对于 $k = 1, 2, \cdots, \mathrm{it\_max}$;

e. 对于 $i = 1, 2, \cdots, n$

$$y_i = \left(b_i - \sum_{j=1}^{i-1} a_{ij} y_j - \sum_{j=i+1}^{n} a_{ij} x_j\right) / a_{ii};$$

f. 如果 $\| \boldsymbol{y} - \boldsymbol{x} \| <$ ep,则输出 $\boldsymbol{y}$,退出;否则 $\boldsymbol{x} = \boldsymbol{y}$,转 e.

MATLAB 程序

```
function [x,k] = Gau_Seid(A,b,ep,it_max)
% A 为系数矩阵,b 为方程组右端,x 为方程组解
% ep 为计算精度,it_max 为最大迭代次数,k 为实际迭代次数
if nargin < 4    it_max = 100;    end
if nargin < 3    ep = 1e-5;    end
d = diag(A);                          % 提取系数矩阵的对角元素
if min(abs(d)) < 1e-10
    disp('对角矩阵中包含零元素'); return;
end
n = length(A);   k = 0;   x = zeros(n,1);   y = zeros(n,1);
while k <= it_max
    y(1) = (b(1) - A(1,2:n) * x(2:n))/A(1,1);
    for i = 2:n-1
        y(i) = (b(i) - A(i,1:i-1) * y(1:i-1) - A(i,i+1:n) * x(i+1:n))/A(i,i);
    end
    y(n) = (b(n) - A(n,1:n-1) * y(1:n-1))/A(n,n);
    if norm(y - x,inf) < ep      break;      end
    k = k + 1;   x = y;
end
```

数值实验

例 2　用高斯-塞德尔方法解方程组

$$\begin{bmatrix} 10 & 2 & -1 \\ -3 & -6 & 2 \\ 2 & -3 & 5 \end{bmatrix} \begin{bmatrix} x_1 \\ x_2 \\ x_3 \end{bmatrix} = \begin{bmatrix} -36 \\ -2 \\ -7 \end{bmatrix}$$

要求当 $\| \boldsymbol{x}^{(k+1)} - \boldsymbol{x}^{(k)} \|_{\infty} < 10^{-4}$ 时迭代终止.

```
>> A = [10 2 -1; -3 -6 2;2 -3 5]; b = [-36 -2 -7]'; ep = 1e-4;
>> [x,k] = Gau_Seid(A,b,ep)
x =    -3.99996644620955
        2.99991498251886
        1.99993556799514
k =     9
```

3. 逐次超松弛迭代法
算法原理

选取分裂矩阵 $\boldsymbol{M}$ 为带参数的下三角矩阵 $\boldsymbol{M} = \dfrac{1}{\omega}(\boldsymbol{D} - \omega \boldsymbol{L})$,其中 $\omega > 0$ 为可选择的松弛因子. 由

$$\begin{cases} \boldsymbol{x}^{(0)} & （初始向量） \\ \boldsymbol{x}^{(k+1)} = \boldsymbol{B} \boldsymbol{x}^{(k)} + \boldsymbol{f}, & k = 0,1,2,\cdots \end{cases}$$

可构造一个迭代法,其迭代矩阵为

$$L_\omega \equiv I - \omega(D - \omega L)^{-1}A = (D - \omega L)^{-1}((1 - \omega)D + \omega U).$$

从而得解 $Ax = b$ 的逐次超松弛迭代法.

记 $x^{(k)} = (x_1^{(k)}, \cdots, x_i^{(k)}, \cdots, x_n^{(k)})^{\mathrm{T}}$, 由逐次超松弛迭代法的迭代公式可得

$$(D - \omega L)x^{(k+1)} = ((1 - \omega)D + \omega U)x^{(k)} + \omega b$$

或

$$Dx^{(k+1)} = Dx^{(k)} + \omega(b + Lx^{(k+1)} + Ux^{(k)} - Dx^{(k)}).$$

由此, 得到解 $Ax = b$ 的逐次超松弛迭代法的分量计算公式(ω 为松弛因子)

$$\begin{cases} x^{(0)} = (x_1^{(0)}, x_2^{(0)}, \cdots, x_n^{(0)})^{\mathrm{T}}, & \text{(初始向量)}, \\ x_i^{(k+1)} = x_i^{(k)} + \omega\left(b_i - \sum_{j=1}^{i-1} a_{ij}x_j^{(k+1)} - \sum_{j=i}^{n} a_{ij}x_j^{(k)}\right)/a_{ii}, & i = 1, 2, \cdots, n; \ k = 0, 1, 2, \cdots. \end{cases}$$

算法步骤

a. 输入初始数据: 系数矩阵 A, 右端向量 b, 计算精度 ep, 最大迭代次数 it_max, 松弛因子 w;

b. 初始向量 $x_i = 0, i = 1, 2, \cdots, n$;

c. 若 $\min\{|a_{ii}|\} < \text{ep}$, 则退出;

d. 对于 $k = 1, 2, \cdots, \text{it\_max}$;

e. 对于 $i = 1, 2, \cdots, n$

$$y_i = (1 - w)x_i + w\left(b_i - \sum_{j=1}^{i-1} a_{ij}x_j - \sum_{j=i+1}^{n} a_{ij}y_j\right)/a_{ii};$$

f. 如果 $\| y - x \| < \text{ep}$, 则输出 y, 退出; 否则 $x = y$, 转 e.

MATLAB 程序

```
function [x, k] = SOR(A, b, w, ep, it_max)
% A 为系数矩阵, b 为方程组右端, x 为方程组解
% ep 为计算精度, it_max 为最大迭代次数, k 为实际迭代次数, w 为松弛因子
if nargin < 5    it_max = 100;    end
if nargin < 4    ep = 1e - 5;    end
d = diag(A);        % 提取系数矩阵的对角元素
if min(abs(d)) < 1e - 10
   disp('对角矩阵中包含零元素'); return;
end
n = length(A);    k = 0;    x = zeros(n, 1);    y = zeros(n, 1);
while k <= it_max
   y(1) = (1 - w) * x(1) + w * (b(1) - A(1, 2:n) * x(2:n))/A(1, 1);
   for i = 2:n - 1
      y(i) = (1 - w) * x(i) + w * (b(i) - A(i, 1:i - 1) * y(1:i - 1) - A(i, i + 1:n) * x(i + 1:n))/A(i, i);
   end
   y(n) = (1 - w) * x(n) + w * (b(n) - A(n, 1:n - 1) * y(1:n - 1))/A(n, n);
   if norm(y - x, inf) < ep    break;    end
   k = k + 1;    x = y;
end
```

数值实验

例 3　用逐次超松弛迭代法求解方程组

$$\begin{bmatrix} 10 & 2 & -1 \\ -3 & -6 & 2 \\ 2 & -3 & 5 \end{bmatrix} \begin{bmatrix} x_1 \\ x_2 \\ x_3 \end{bmatrix} = \begin{bmatrix} -36 \\ -2 \\ -7 \end{bmatrix}$$

取 $ep=10^{-4}$，it_max $=200$，分别取松弛因子 $\omega=0.8,0.9,1.0,1.1,1.2,1.3$，考察迭代结果及迭代次数.

```
>> A = [10 2 -1; -3 -6 2;2 -3 5];    b = [-36 -2 -7]';    ep = 1e-4;
>> it_max = 200;    w = 0.8:0.1:1.3;
>> for i = 1:length(w)
>>    [x,k] = SOR(A,b,w(i),ep,it_max)
>> end
x =    -4.0000    2.9999    1.9999
k =      15
x =    -4.0000    2.9999    1.9999
k =      12
x =    -4.0000    2.9999    1.9999
k =      9
x =    -4.0000    3.0000    2.0000
k =      7
x =    -4.0000    3.0000    2.0000
k =      10
x =    -3.9999    3.0000    2.0000
k =      14
```

从迭代结果看，$\omega=1.1$ 迭代次数最少，$\omega=1$ 为高斯-塞德尔迭代法.

例 4　分别讨论用雅可比迭代法、高斯-塞德尔迭代法和逐次超松弛迭代法（$0<\omega<2$）求解 $\boldsymbol{Ax}=\boldsymbol{b}$ 的收敛性，其中

$$\boldsymbol{A}=\begin{bmatrix}1 & 1/2 & 1/2 \\ 1/2 & 1 & 1/2 \\ 1/2 & 1/2 & 1\end{bmatrix}, \quad \boldsymbol{b}=\begin{bmatrix}12 \\ 21 \\ 2\end{bmatrix}.$$

理论上，由于 $\boldsymbol{A}$ 正定，故高斯-塞德尔迭代收敛；但 $2\boldsymbol{D}-\boldsymbol{A}$ 非正定，故雅可比迭代不一定收敛；当 $0<\omega<2$ 时，逐次超松弛迭代收敛.

具体计算结果如下：

```
>> A = [1, 0.5, 0.5; 0.5, 1, 0.5; 0.5, 0.5, 1];    b = [12,21,2]';
>> ep = 1e-5;    it_max = 20:22;    m = length(it_max);
>> for i = 1:m
>>[x,k] = Jacobi(A,b,ep,it_max(i)), z = A * x
>> end
x =    12.3333    30.3333    -7.6667
k =    21
z =    23.6667    32.6667    13.6667
x =    0.6667    18.6667    -19.3333
k =    22
z =    0.3333    9.3333    -9.6667
x =    12.3333    30.3333    -7.6667
k =    23
z =    23.6667    32.6667    13.6667
```

由此可见迭代进入循环状态，不收敛.

```
>> ep = 1e-5;    it_max = 100;
```

```
>> [x,k] = Gau_Seid(A,b,ep,it_max)
x = 6.5000    24.5000    - 13.5000
k =    14
>> w = 0.9:0.05:1.2;    m = length(w);
>> for i = 1:m
[x,k] = SOR(A,b,w(i),ep,it_max)
>> end
x =    6.5000    24.5000    - 13.5000
k =    17
x =    6.5000    24.5000    - 13.5000
k =    16
x =    6.5000    24.5000    - 13.5000
k =    14
x =    6.5000    24.5000    - 13.5000
k =    14
x =    6.5000    24.5000    - 13.5000
k =    14
x =    6.5000    24.5000    - 13.5000
k =    14
x =    6.5000    24.5000    - 13.5000
k =    15
```

可见最佳松弛因子在 $\omega = 1$ 附近.

从几种方法的迭代结果看,雅可比迭代不收敛,高斯-塞德尔迭代和 SOR 迭代均收敛.

4. 共轭梯度法

算法原理

开始取 $p^{(0)} = r^{(0)}$. 选择一组 A-共轭的搜索方向 $p^{(0)}, p^{(1)}, \cdots$,如果按方向 $p^{(0)}, p^{(1)}, \cdots$, $p^{(k-1)}$ 已进行 k 次搜索,求得 $x^{(k)}$,下一步确定方向 $p^{(k)}$,使 $x^{(k+1)}$ 更快地求得 x^*,在 $p^{(k)}$ 确定后按最速下降算法求得 α_k,若已算出 $x^{(k)}$,则有

$$x^{(k+1)} = x^{(k)} + \alpha_k p^{(k)}.$$

算法步骤

(1) 任取 $x^{(0)} \in \mathbb{R}^n$,计算 $r^{(0)} = b - Ax^{(0)}$,取 $p^{(0)} = r^{(0)}$.

(2) 对 $k = 1, 2, \cdots, n$,计算

$$\alpha_k = \frac{(r^{(k)}, r^{(k)})}{(p^{(k)}, Ap^{(k)})}, \quad x^{(k+1)} = x^{(k)} + \alpha_k p^{(k)}, \quad r^{(k+1)} = r^{(k)} - \alpha_k Ap^{(k)},$$

$$\beta_k = \frac{(r^{(k+1)}, r^{(k+1)})}{(r^{(k)}, r^{(k)})}, \quad p^{(k+1)} = r^{(k+1)} + \beta_k p^{(k)}.$$

(3) 若 $r^{(0)} = 0$ 或 $\| x^{(k+1)} - x^{(k)} \|_\infty < \varepsilon$,则计算停止.

MATLAB 程序

```
function [x,k] = CG(A,b,ep)
% A 为对称正定的系数矩阵;b 为方程组右端向量;x 为方程组解
% k 为实际迭代次数;ep 为计算精度
[m,n] = size(A);
if m ~= n
    disp('系数矩阵非方阵');    return;
elseif m ~= length(b)
    disp('系数矩阵和右端向量维数不匹配');    return;
```

```
end
if A - A'~ = 0
    disp('系数矩阵非对称');      return;
end
x = zeros(n,1);      r0 = b - A * x;      r0n2 = r0' * r0;      p0 = r0;  % 减少重复的计算
for k = 1:n
    Ap = A * p0;      alf = r0n2/(p0' * Ap);      x1 = x + alf * p0;      r1 = r0 - alf * Ap;
    if norm(r1,inf)< ep
        x = x1;      return;
    end
    if norm(x1 - x,inf)< ep
        x = x1;      return
    end
    r1n2 = r1' * r1;      beta = r1n2/r0n2;      p1 = r1 + beta * p0;
    x = x1;      r0 = r1;      p0 = p1;      r0n2 = r1n2;
end
```

数值实验

例5 用共轭梯度法求解方程组

$$\begin{bmatrix} 4 & -1 & -1 & 0 \\ -1 & 4 & 0 & -1 \\ -1 & 0 & 4 & -1 \\ 0 & -1 & -1 & 4 \end{bmatrix}\begin{bmatrix} x_1 \\ x_2 \\ x_3 \\ x_4 \end{bmatrix}=\begin{bmatrix} 0 \\ 0 \\ 1 \\ 1 \end{bmatrix}$$

要求当 $\| x^{(k+1)} - x^{(k)} \|_\infty < 10^{-4}$ 时终止迭代.

计算结果：

```
>> A = [4, -1, -1,0; -1,4,0, -1; -1,0,4, -1;0, -1, -1,4];      b = [0,0,1,1]';      ep = 1e - 4;
>> [x,k] = CG(A,b,ep)
x =      0.1250      0.1250      0.3750      0.3750
k =      2
```

同样的问题用雅可比迭代的计算结果：

```
>> it_max = 100;      ep = 1e - 4;
>> [x,k] = Jacobi(A,b,ep,it_max)
x =      0.1249      0.1249      0.3749      0.3749
k =      11
```

相同参数下高斯-塞德尔迭代的计算结果：

```
>> [x,k] = Gau_Seid(A,b,ep,it_max)
x =      0.1249      0.1250      0.3750      0.3750
k =      7
```

取松弛因子 w＝1.072,逐次超松弛迭代法的计算结果：

```
>> w = 1.072;
>> [x,k] = SOR(A,b,w,ep,it_max)
x =      0.1250      0.1250      0.3750      0.3750
k =      5
```

从迭代结果来看,共轭梯度法收敛最快,效率最高.

6.3　复习与思考题解析

1. 写出求解线性方程组 $\boldsymbol{Ax}=\boldsymbol{b}$ 的迭代法的一般形式,并给出它收敛的充分必要条件.

答　求解线性方程组 $\boldsymbol{Ax}=\boldsymbol{b}$ 的迭代法的一般形式为

$$\boldsymbol{x}^{(k+1)}=\boldsymbol{Bx}^{(k)}+\boldsymbol{f},\quad k=0,1,2,\cdots,$$

迭代收敛的充分必要条件是 $\rho(\boldsymbol{B})<1$.

2. 给出迭代法 $\boldsymbol{x}^{(k+1)}=\boldsymbol{Bx}^{(k)}+\boldsymbol{f}$ 收敛的充分条件、误差估计及其收敛速度.

答　对于迭代法 $\boldsymbol{x}^{(k+1)}=\boldsymbol{Bx}^{(k)}+\boldsymbol{f}$,如果 $\boldsymbol{B}$ 的某种从属范数 $\|\boldsymbol{B}\|=q<1$,则迭代法收敛,且有误差估计

$$\|\boldsymbol{x}^*-\boldsymbol{x}^{(k)}\|\leqslant q^k\|\boldsymbol{x}^*-\boldsymbol{x}^{(0)}\|,$$

$$\|\boldsymbol{x}^*-\boldsymbol{x}^{(k)}\|\leqslant\frac{q}{1-q}\|\boldsymbol{x}^{(k)}-\boldsymbol{x}^{(k-1)}\|,$$

$$\|\boldsymbol{x}^*-\boldsymbol{x}^{(k)}\|\leqslant\frac{q^k}{1-q}\|\boldsymbol{x}^{(1)}-\boldsymbol{x}^{(0)}\|,$$

迭代法的渐近收敛速度 $R(\boldsymbol{B})=-\ln\rho(\boldsymbol{B})$.

3. 什么是矩阵 $\boldsymbol{A}$ 的分裂? 由 $\boldsymbol{A}$ 的分裂构造解 $\boldsymbol{Ax}=\boldsymbol{b}$ 的迭代法,给出雅可比迭代矩阵与高斯-塞德尔迭代矩阵.

答　称 $\boldsymbol{A}=\boldsymbol{M}-\boldsymbol{N}$(其中 $\det\boldsymbol{M}\neq0$)为 $\boldsymbol{A}$ 的一个分裂,利用 $\boldsymbol{A}$ 的分裂 $\boldsymbol{A}=\boldsymbol{M}-\boldsymbol{N}$ 可以构造迭代法 $\boldsymbol{x}^{(k+1)}=\boldsymbol{M}^{-1}\boldsymbol{Nx}^{(k)}+\boldsymbol{M}^{-1}\boldsymbol{b}$,$k=0,1,2,\cdots$.

若将 $\boldsymbol{A}$ 分裂为 $\boldsymbol{A}=\boldsymbol{D}-\boldsymbol{L}-\boldsymbol{U}$,其中

$$\boldsymbol{D}=\begin{bmatrix}a_{11}&&&\\&a_{22}&&\\&&\ddots&\\&&&a_{nn}\end{bmatrix},\quad\boldsymbol{L}=\begin{bmatrix}0&&&&\\-a_{21}&0&&&\\\vdots&&\ddots&&\\-a_{n-1,1}&-a_{n-1,2}&\cdots&0&\\-a_{n1}&-a_{n2}&\cdots&-a_{n,n-1}&0\end{bmatrix},$$

$$\boldsymbol{U}=\begin{bmatrix}0&-a_{12}&\cdots&-a_{1,n-1}&-a_{1n}\\&0&\cdots&-a_{2,n-1}&-a_{2n}\\&&\ddots&\vdots&\vdots\\&&&0&-a_{n-1,n}\\&&&&0\end{bmatrix},$$

则雅可比迭代法的迭代矩阵为 $\boldsymbol{B}_J=\boldsymbol{D}^{-1}(\boldsymbol{L}+\boldsymbol{U})$,高斯-塞德尔迭代法的迭代矩阵为 $\boldsymbol{B}_S=(\boldsymbol{D}-\boldsymbol{L})^{-1}\boldsymbol{U}$.

4. 写出解线性方程组 $\boldsymbol{Ax}=\boldsymbol{b}$ 的雅可比迭代法与高斯-塞德尔迭代法的计算公式. 它们的基本区别是什么?

答　雅可比迭代法的计算公式为

$$\boldsymbol{x}^{(0)}=(x_1^{(0)},x_2^{(0)},\cdots,x_n^{(0)})^{\mathrm{T}},$$

$$x_i^{(k+1)} = \left(b_i - \sum_{\substack{j=1 \\ j \neq i}}^{n} a_{ij} x_j^{(k)}\right)\Big/a_{ii}, \quad i=1,2,\cdots,n; k=0,1,2,\cdots.$$

高斯-塞德尔迭代法的计算公式为

$$\boldsymbol{x}^{(0)} = (x_1^{(0)}, x_2^{(0)}, \cdots, x_n^{(0)})^{\mathrm{T}},$$

$$x_i^{(k+1)} = \left(b_i - \sum_{j=1}^{i-1} a_{ij} x_j^{(k+1)} - \sum_{j=i+1}^{n} a_{ij} x_j^{(k)}\right)\Big/a_{ii}, \quad i=1,2,\cdots,n; k=0,1,2,\cdots.$$

两种迭代法的基本区别在于雅可比迭代在计算 $x_i^{(k+1)}$ 时没有使用变量的最新信息,而高斯-塞德尔迭代在计算 $\boldsymbol{x}^{(k+1)}$ 的第 i 个分量 $x_i^{(k+1)}$ 时,利用了已经计算出的最新分量 $x_j^{(k+1)}$ ($j=1,2,\cdots,i-1$),所以高斯-塞德尔迭代法可以看作是雅可比迭代法的一种改进.

5. 给出解线性方程组的 SOR 迭代法计算公式,其松弛参数 ω 范围一般是多少? $\boldsymbol{A}$ 为对称正定三对角矩阵时最优松弛参数 $\omega_{\mathrm{opt}} = $?

答 求解线性方程组 $\boldsymbol{Ax} = \boldsymbol{b}$ 的 SOR 方法的计算公式为

$$\boldsymbol{x}^{(0)} = (x_1^{(0)}, x_2^{(0)}, \cdots, x_n^{(0)})^{\mathrm{T}},$$

$$x_i^{(k+1)} = x_i^{(k)} + \omega\left(b_i - \sum_{j=1}^{i-1} a_{ij} x_j^{(k+1)} - \sum_{j=i}^{n} a_{ij} x_j^{(k)}\right)\Big/a_{ii}, \quad i=1,2,\cdots,n; k=0,1,2,\cdots.$$

松弛因子 ω 的范围一般为 $0 < \omega < 2$,只有在这个范围内取松弛因子 ω,SOR 方法才可能收敛.

当 $\boldsymbol{A}$ 为对称正定三对角矩阵时,最优松弛参数

$$\omega_{\mathrm{opt}} = \frac{2}{1+\sqrt{1-(\rho(\boldsymbol{J}))^2}},$$

其中 $\rho(\boldsymbol{J})$ 为解 $\boldsymbol{Ax}=\boldsymbol{b}$ 的雅可比迭代法迭代矩阵的谱半径.

6. 将雅可比迭代法、高斯-塞德尔迭代法和具有最优松弛参数的 SOR 迭代法,按收敛快慢排列.

答 雅可比迭代法、高斯-塞德尔迭代法和具有最优松弛参数的 SOR 迭代法的收敛速度从慢到快依次为:雅可比迭代法、高斯-塞德尔迭代法、具有最优松弛参数的 SOR 迭代法.

7. 什么是解对称正定方程组 $\boldsymbol{Ax}=\boldsymbol{b}$ 的最速下降法和共轭梯度法?

答 从 $\boldsymbol{x}^{(0)}$ 出发,令

$$\boldsymbol{x}^{(k+1)} = \boldsymbol{x}^{(k)} + \alpha_k \boldsymbol{p}^{(k)}, \quad k=0,1,2,\cdots,$$

若取

$$\boldsymbol{p}^{(k)} = \boldsymbol{r}^{(k)} = \boldsymbol{b} - \boldsymbol{Ax}^{(k)}, \quad \alpha_k = \frac{(\boldsymbol{r}^{(k)}, \boldsymbol{r}^{(k)})}{(\boldsymbol{Ar}^{(k)}, \boldsymbol{r}^{(k)})},$$

则由此得到的向量序列 $\{\boldsymbol{x}^{(k)}\}$ 称为解线性方程组的最速下降法.

若在选择搜索方向 $\boldsymbol{p}^{(0)}, \boldsymbol{p}^{(1)}, \cdots$ 时,不再沿着 $\boldsymbol{r}^{(0)}, \boldsymbol{r}^{(1)}, \cdots$ 的方向,而是按 $\boldsymbol{p}^{(0)}, \boldsymbol{p}^{(1)}, \cdots$ 为 $\boldsymbol{A}$-共轭的方向,即满足

$$(\boldsymbol{Ap}^{(i)}, \boldsymbol{p}^{(j)}) = 0, \quad i,j=0,1,2,\cdots,$$

则得到共轭梯度法. 共轭梯度方法的计算公式为

(1) 任取 $\boldsymbol{x}^{(0)} \in \mathbb{R}^n$,计算 $\boldsymbol{r}^{(0)} = \boldsymbol{b} - \boldsymbol{Ax}^{(0)}$,取 $\boldsymbol{p}^{(0)} = \boldsymbol{r}^{(0)}$,

(2) 对 $k=0,1,\cdots$,计算

$$\alpha_k = \frac{(r^{(k)}, r^{(k)})}{(p^{(k)}, Ap^{(k)})}, \quad x^{(k+1)} = x^{(k)} + \alpha_k p^{(k)}, \quad r^{(k+1)} = r^{(k)} - \alpha_k Ap^{(k)},$$

$$\beta_k = \frac{(r^{(k+1)}, r^{(k+1)})}{(r^{(k)}, r^{(k)})}, \quad p^{(k+1)} = r^{(k+1)} + \beta_k p^{(k)}.$$

8. 为什么共轭梯度法原则上是一种直接法？但在实际计算中又将它作为迭代法？

答　在共轭梯度法中，由于 $\{r^{(k)}\}$ 互相正交，所以在 $r^{(0)}, r^{(1)}, \cdots, r^{(n)}$ 中至少有一个零向量，若 $r^{(k)} = 0$，则 $x^{(k)} = x^*$，因而用共轭梯度法求解 n 维线性方程组理论上最多 n 步可求得精确解，从这个意义上讲，共轭梯度算法是一种直接法.

但在实际计算中，由于舍入误差的存在，很难保证 $\{r^{(k)}\}$ 的正交性. 另外当 n 很大时，往往在实际计算步数 $k \ll n$ 时即可达到精度要求而不必计算 n 步，所以实际计算中往往将共轭梯度算法作为迭代法.

9. 判断下列命题是否正确.

（1）雅可比迭代法与高斯-塞德尔迭代法同时收敛且后者比前者收敛快.

（2）高斯-塞德尔迭代法是 SOR 迭代法的特殊情形.

（3）A 对称正定则 SOR 迭代法一定收敛.

（4）A 为严格对角占优或不可约对角占优，则解线性方程组 $Ax = b$ 的雅可比迭代法与高斯-塞德尔迭代法均收敛.

（5）A 对称正定则雅可比迭代法与高斯-塞德尔迭代法都收敛.

（6）SOR 迭代法收敛，则松弛参数 $0 < \omega < 2$.

（7）泊松方程边值问题的模型问题（见教材例 6.9），其五点差分格式为 $Au = b$，则 A 每行非零元素不超过 5.

（8）求对称正定方程组 $Ax = b$ 的解等价于求二次函数 $\varphi(x) = \frac{1}{2}(Ax, x) - (b, x)$ 的最小点.

（9）求 $Ax = b$ 的最速下降法是收敛最快的方法.

（10）解 $Ax = b$ 的共轭梯度法，若 $A \in \mathbb{R}^{n \times n}$，则最多计算 n 步则有 $r^{(n)} = b - Ax^{(n)} = 0$.

答　（1）错. 因为有这样的线性方程组，对其使用雅可比迭代法不收敛，而对其使用高斯-塞德尔迭代法收敛. 还有这样的线性方程组，对其使用雅可比迭代法收敛，而对其使用高斯-塞德尔迭代法不收敛.

（2）对. 高斯-塞德尔迭代法是 $\omega = 1$ 时的 SOR 迭代法.

（3）错. 在 A 对称正定，且 $0 < \omega < 2$ 的条件下，才能保证 SOR 迭代法收敛.

（4）对. 这是教材中一个定理的结论.

（5）错. A 对称正定可以保证高斯-塞德尔迭代法收敛，但不能保证雅可比迭代法收敛. 若要雅可比迭代法收敛，还要加上条件 $2D - A$ 也为对称正定矩阵.

（6）对. 这是教材中一个定理的结论.

（7）对. 这可以由所生成的矩阵 A 看出.

（8）对. 因为矩阵 A 对称正定时，二次函数 $\varphi(x) = \frac{1}{2}(Ax, x) - (b, x)$ 有唯一的最小点，且此最小点就是方程组 $Ax = b$ 的解. 反之，方程组 $Ax = b$ 的解使 $\varphi(x)$ 达到最小.

（9）错.因为共轭梯度法一般收敛更快.

（10）对.因为从本质上讲,共轭梯度法是一种直接方法,一定在 n 步内求得解.

6.4 习 题 解 答

第 6 章解答

1. 设线性方程组

$$\begin{cases} 5x_1 + 2x_2 + x_3 = -12, \\ -x_1 + 4x_2 + 2x_3 = 20, \\ 2x_1 - 3x_2 + 10x_3 = 3. \end{cases}$$

（1）考察用雅可比迭代法,高斯-塞德尔迭代法解此方程组的收敛性;

（2）用雅可比迭代法及高斯-塞德尔迭代法解此方程组,要求当 $\| \boldsymbol{x}^{(k+1)} - \boldsymbol{x}^{(k)} \|_\infty < 10^{-4}$ 时迭代终止.

解 （1）因系数矩阵严格对角占优,故雅可比迭代法、高斯-塞德尔迭代法均收敛.

（2）雅可比迭代格式为

$$\begin{cases} x_1^{(k+1)} = -\dfrac{2}{5}x_2^{(k)} - \dfrac{1}{5}x_3^{(k)} - \dfrac{12}{5}, \\[2mm] x_2^{(k+1)} = \dfrac{1}{4}x_1^{(k)} - \dfrac{1}{2}x_3^{(k)} + 5, \\[2mm] x_3^{(k+1)} = -\dfrac{1}{5}x_1^{(k)} + \dfrac{3}{10}x_2^{(k)} + \dfrac{3}{10}. \end{cases}$$

取 $\boldsymbol{x}^{(0)} = (0,0,0)^{\mathrm{T}}$,则迭代 17 次可达到精度要求,即

$$\boldsymbol{x}^{(17)} = (-4.000\,037\,9, 2.999\,974\,4, 2.000\,033\,3)^{\mathrm{T}}.$$

高斯-塞德尔迭代格式为

$$\begin{cases} x_1^{(k+1)} = -\dfrac{2}{5}x_2^{(k)} - \dfrac{1}{5}x_3^{(k)} - \dfrac{12}{5}, \\[2mm] x_2^{(k+1)} = \dfrac{1}{4}x_1^{(k+1)} - \dfrac{1}{2}x_3^{(k)} + 5, \\[2mm] x_3^{(k+1)} = -\dfrac{1}{5}x_1^{(k+1)} + \dfrac{3}{10}x_2^{(k+1)} + \dfrac{3}{10}. \end{cases}$$

取 $\boldsymbol{x}^{(0)} = (0,0,0)^{\mathrm{T}}$,则迭代 7 次可达到精度要求,即

$$\boldsymbol{x}^{(7)} = (-3.999\,973\,8, 3.000\,074\,7, 2.000\,017\,2)^{\mathrm{T}}.$$

2. 设线性方程组

（1）$\begin{cases} x_1 + 0.4x_2 + 0.4x_3 = 1, \\ 0.4x_1 + x_2 + 0.8x_3 = 2, \\ 0.4x_1 + 0.8x_2 + x_3 = 3; \end{cases}$ （2）$\begin{cases} x_1 + 2x_2 - 2x_3 = 1, \\ x_1 + x_2 + x_3 = 1, \\ 2x_1 + 2x_2 + x_3 = 1. \end{cases}$

试考察解此线性方程组的雅可比迭代法及高斯-塞德尔迭代法的收敛性.

解 （1）雅可比迭代法的迭代矩阵

$$\boldsymbol{B}_{\mathrm{J}} = \boldsymbol{D}^{-1}(\boldsymbol{L}+\boldsymbol{U}) = \begin{bmatrix} 1 & 0 & 0 \\ 0 & 1 & 0 \\ 0 & 0 & 1 \end{bmatrix}^{-1} \begin{bmatrix} 0 & -0.4 & -0.4 \\ -0.4 & 0 & -0.8 \\ -0.4 & -0.8 & 0 \end{bmatrix} = \begin{bmatrix} 0 & -0.4 & -0.4 \\ -0.4 & 0 & -0.8 \\ -0.4 & -0.8 & 0 \end{bmatrix},$$

$$| \lambda \boldsymbol{I} - \boldsymbol{B}_{\mathrm{J}} | = (\lambda - 0.8)(\lambda^2 + 0.8\lambda - 0.32),$$

$\rho(\boldsymbol{B}_{\mathrm{J}}) = 1.092\,820\,3 > 1$，所以雅可比迭代法不收敛.

高斯-塞德尔迭代法的迭代矩阵

$$\boldsymbol{B}_{\mathrm{S}} = (\boldsymbol{D} - \boldsymbol{L})^{-1}\boldsymbol{U} = \begin{bmatrix} 1 & 0 & 0 \\ 0.4 & 1 & 0 \\ 0.4 & 0.8 & 1 \end{bmatrix}^{-1} \begin{bmatrix} 0 & -0.4 & -0.4 \\ 0 & 0 & -0.8 \\ 0 & 0 & 0 \end{bmatrix} = \begin{bmatrix} 0 & -0.4 & -0.4 \\ 0 & 0.16 & -0.64 \\ 0 & 0.032 & 0.672 \end{bmatrix},$$

$\rho(\boldsymbol{B}_{\mathrm{S}}) \leqslant \| \boldsymbol{B}_{\mathrm{S}} \|_{\infty} = 0.8 < 1$，故高斯-塞德尔迭代法收敛.

（2）雅可比迭代法的迭代矩阵

$$\boldsymbol{B}_{\mathrm{J}} = \boldsymbol{D}^{-1}(\boldsymbol{L} + \boldsymbol{U}) = \begin{bmatrix} 1 & 0 & 0 \\ 0 & 1 & 0 \\ 0 & 0 & 1 \end{bmatrix}^{-1} \begin{bmatrix} 0 & -2 & 2 \\ -1 & 0 & -1 \\ -2 & -2 & 0 \end{bmatrix} = \begin{bmatrix} 0 & -2 & 2 \\ -1 & 0 & -1 \\ -2 & -2 & 0 \end{bmatrix},$$

$| \lambda \boldsymbol{I} - \boldsymbol{B}_{\mathrm{J}} | = \lambda^3$，$\rho(\boldsymbol{B}_{\mathrm{J}}) = 0 < 1$，所以雅可比迭代法收敛.

高斯-塞德尔迭代法的迭代矩阵

$$\boldsymbol{B}_{\mathrm{S}} = (\boldsymbol{D} - \boldsymbol{L})^{-1}\boldsymbol{U} = \begin{bmatrix} 1 & 0 & 0 \\ 1 & 1 & 0 \\ 2 & 2 & 1 \end{bmatrix}^{-1} \begin{bmatrix} 0 & -2 & 2 \\ 0 & 0 & -1 \\ 0 & 0 & 0 \end{bmatrix} = \begin{bmatrix} 0 & -2 & 2 \\ 0 & 2 & -3 \\ 0 & 0 & 2 \end{bmatrix},$$

$| \lambda \boldsymbol{I} - \boldsymbol{B}_{\mathrm{S}} | = \lambda(\lambda - 2)^2$，$\rho(\boldsymbol{B}_{\mathrm{S}}) = 2 > 1$，故高斯-塞德尔迭代法不收敛.

3. 设线性方程组

$$\begin{cases} a_{11}x_1 + a_{12}x_2 = b_1, \\ a_{21}x_1 + a_{22}x_2 = b_2, \end{cases} \quad a_{11}, a_{22} \neq 0.$$

证明解此方程组的雅可比迭代法与高斯-塞德尔迭代法同时收敛或发散.并求两种方法收敛速度之比.

证明　雅可比迭代法的迭代矩阵

$$\boldsymbol{B}_{\mathrm{J}} = \begin{bmatrix} a_{11} & 0 \\ 0 & a_{22} \end{bmatrix}^{-1} \begin{bmatrix} 0 & -a_{12} \\ -a_{21} & 0 \end{bmatrix} = \begin{bmatrix} 0 & -\dfrac{a_{12}}{a_{11}} \\ -\dfrac{a_{21}}{a_{22}} & 0 \end{bmatrix},$$

其特征值为 $\pm\sqrt{\dfrac{a_{12}a_{21}}{a_{11}a_{22}}}$，谱半径 $\rho(\boldsymbol{B}_{\mathrm{J}}) = \sqrt{\left|\dfrac{a_{12}a_{21}}{a_{11}a_{22}}\right|}$.当 $\left|\dfrac{a_{12}a_{21}}{a_{11}a_{22}}\right| < 1$ 时雅可比迭代法收敛.

高斯-塞德尔迭代法的迭代矩阵

$$\boldsymbol{B}_{\mathrm{S}} = \begin{bmatrix} a_{11} & 0 \\ a_{21} & a_{22} \end{bmatrix}^{-1} \begin{bmatrix} 0 & -a_{12} \\ 0 & 0 \end{bmatrix} = \begin{bmatrix} 0 & -\dfrac{a_{12}}{a_{11}} \\ 0 & \dfrac{a_{12}a_{21}}{a_{11}a_{22}} \end{bmatrix},$$

其特征值为 $0, \dfrac{a_{12}a_{21}}{a_{11}a_{22}}$，谱半径 $\rho(\boldsymbol{B}_{\mathrm{J}}) = \left|\dfrac{a_{12}a_{21}}{a_{11}a_{22}}\right|$.当 $\left|\dfrac{a_{12}a_{21}}{a_{11}a_{22}}\right| < 1$ 时高斯-塞德尔迭代法收敛.

所以雅可比迭代法与高斯-塞德尔迭代法同时收敛或发散.

对于雅可比迭代,有 $-\ln\rho(\boldsymbol{B}_J)=-\dfrac{1}{2}\ln\left|\dfrac{a_{12}a_{21}}{a_{11}a_{22}}\right|$;而对于高斯-塞德尔迭代,有

$-\ln\rho(\boldsymbol{B}_S)=-\ln\left|\dfrac{a_{12}a_{21}}{a_{11}a_{22}}\right|$. 所以雅可比迭代法和高斯-塞德尔迭代法的收敛速度之比为 $1:2$.

4. 设 $\boldsymbol{A}=\begin{bmatrix}10 & a & 0\\ b & 10 & b\\ 0 & a & 5\end{bmatrix}$,$\det\boldsymbol{A}\neq0$,用 a,b 表示解线性方程组 $\boldsymbol{A}\boldsymbol{x}=\boldsymbol{f}$ 的雅可比迭代法

与高斯-塞德尔迭代法收敛的充分必要条件.

解 雅可比迭代法的迭代矩阵

$$\boldsymbol{B}_J=\boldsymbol{D}^{-1}(\boldsymbol{L}+\boldsymbol{U})=\begin{bmatrix}10 & & \\ & 10 & \\ & & 5\end{bmatrix}^{-1}\begin{bmatrix}0 & -a & 0\\ -b & 0 & -b\\ 0 & -a & 0\end{bmatrix}=\begin{bmatrix}0 & -\dfrac{a}{10} & 0\\[2mm] -\dfrac{b}{10} & 0 & -\dfrac{b}{10}\\[2mm] 0 & -\dfrac{a}{5} & 0\end{bmatrix},$$

$$|\lambda\boldsymbol{I}-\boldsymbol{B}_J|=\lambda\left(\lambda^2-\dfrac{3ab}{100}\right),\quad \rho(\boldsymbol{B}_J)=\dfrac{\sqrt{3\,|ab|}}{10}.$$

雅可比迭代法收敛的充分必要条件是 $|ab|<\dfrac{100}{3}$.

高斯-塞德尔迭代法的迭代矩阵

$$\boldsymbol{B}_S=(\boldsymbol{D}-\boldsymbol{L})^{-1}\boldsymbol{U}=\begin{bmatrix}10 & & \\ b & 10 & \\ 0 & a & 5\end{bmatrix}^{-1}\begin{bmatrix}0 & -a & 0\\ 0 & 0 & -b\\ 0 & 0 & 0\end{bmatrix}=\begin{bmatrix}0 & -\dfrac{a}{10} & 0\\[2mm] 0 & \dfrac{ab}{100} & -\dfrac{b}{10}\\[2mm] 0 & -\dfrac{a^2b}{500} & \dfrac{ab}{50}\end{bmatrix},$$

$$|\lambda\boldsymbol{I}-\boldsymbol{B}_S|=\lambda^2\left(\lambda-\dfrac{3ab}{100}\right),\quad \rho(\boldsymbol{B}_S)=\dfrac{3\,|ab|}{100}.$$

高斯-塞德尔迭代法收敛的充分必要条件是 $|ab|<\dfrac{100}{3}$.

5. 对线性方程组 $\begin{pmatrix}3 & 2\\ 1 & 2\end{pmatrix}\begin{pmatrix}x_1\\ x_2\end{pmatrix}=\begin{pmatrix}3\\ -1\end{pmatrix}$,若用迭代法

$$\boldsymbol{x}^{(k+1)}=\boldsymbol{x}^{(k)}+\alpha(\boldsymbol{A}\boldsymbol{x}^{(k)}-\boldsymbol{b}),\quad k=0,1,2,\cdots$$

求解,问 α 在什么范围内取值可使迭代法收敛,α 取什么值可使迭代法收敛最快?

解 迭代公式可以写成

$$\boldsymbol{x}^{(k+1)}=(\boldsymbol{I}+\alpha\boldsymbol{A})\boldsymbol{x}^{(k)}-\alpha\boldsymbol{b},$$

迭代矩阵为 $\boldsymbol{B}=\boldsymbol{I}+\alpha\boldsymbol{A}$. 由

$$|\lambda\boldsymbol{I}-\boldsymbol{A}|=\begin{vmatrix}\lambda-3 & -2\\ -1 & \lambda-2\end{vmatrix}=\lambda^2-5\lambda+4=(\lambda-1)(\lambda-4),$$

故矩阵 $\boldsymbol{A}$ 的特征值为 1 和 4,所以矩阵 $\boldsymbol{B}$ 的特征值为 $1+\alpha$ 和 $1+4\alpha$,因而

$$\rho(\pmb{B}) = \max\{\,|\,1+\alpha\,|\,,\,|\,1+4\alpha\,|\,\}.$$

这样

$$\rho(\pmb{B}) < 1 \Leftrightarrow \begin{cases} |\,1+\alpha\,| < 1 \\ |\,1+4\alpha\,| < 1 \end{cases} \Leftrightarrow -\frac{1}{2} < \alpha < 0,$$

所以当 $-\dfrac{1}{2} < \alpha < 0$ 时迭代收敛.

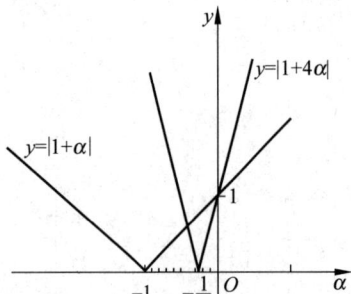

题 5 图

通过 $y = |1+\alpha|$ 和 $y = |1+4\alpha|$ 的图像(见题 5 图)可以得到当 $\alpha = -\dfrac{2}{5}$ 时,

$$\rho(\pmb{B}) = \max\{\,|\,1+\alpha\,|\,,\,|\,1+4\alpha\,|\,\}$$

达到最小值 $\dfrac{3}{5}$,故 $\alpha = -\dfrac{2}{5}$ 时收敛最快.

6. 用雅可比迭代法与高斯-塞德尔迭代法解线性方程组 $\pmb{Ax} = \pmb{b}$,证明若取 $\pmb{A} = \begin{bmatrix} 3 & 0 & -2 \\ 0 & 2 & 1 \\ -2 & 1 & 2 \end{bmatrix}$,则两种方法均收敛,试比较哪种方法收敛快?

解　由各阶顺序主子式易得 $\pmb{A}$ 是对称正定矩阵,故高斯-塞德尔迭代法收敛. 另外易得 $2\pmb{D} - \pmb{A}$ 也是对称正定矩阵,故雅可比迭代法也收敛. 但比较它们的收敛快慢,还需要计算迭代矩阵的谱半径.

雅可比迭代法的迭代矩阵

$$\pmb{B}_{\mathrm{J}} = \pmb{D}^{-1}(\pmb{L}+\pmb{U}) = \begin{bmatrix} 3 & 0 & 0 \\ 0 & 2 & 0 \\ 0 & 0 & 2 \end{bmatrix}^{-1} \begin{bmatrix} 0 & 0 & 2 \\ 0 & 0 & -1 \\ 2 & -1 & 0 \end{bmatrix} = \begin{bmatrix} 0 & 0 & \dfrac{2}{3} \\ 0 & 0 & -\dfrac{1}{2} \\ 1 & -\dfrac{1}{2} & 0 \end{bmatrix}, \quad \rho(\pmb{B}_{\mathrm{J}}) = \sqrt{\dfrac{11}{12}} < 1,$$

故雅可比迭代法收敛.

高斯-塞德尔迭代法的迭代矩阵

$$\pmb{B}_{\mathrm{S}} = (\pmb{D}-\pmb{L})^{-1}\pmb{U} = \begin{bmatrix} 3 & 0 & 0 \\ 0 & 2 & 0 \\ -2 & 1 & 2 \end{bmatrix}^{-1} \begin{bmatrix} 0 & 0 & 2 \\ 0 & 0 & -1 \\ 0 & 0 & 0 \end{bmatrix} = \begin{bmatrix} 0 & 0 & \dfrac{2}{3} \\ 0 & 0 & -\dfrac{1}{2} \\ 0 & 0 & \dfrac{11}{12} \end{bmatrix}, \quad \rho(\pmb{B}_{\mathrm{S}}) = \dfrac{11}{12} < 1,$$

故高斯-塞德尔迭代法收敛.

因 $\rho(\pmb{B}_{\mathrm{S}}) = \dfrac{11}{12} < \sqrt{\dfrac{11}{12}} = \rho(\pmb{B}_{\mathrm{J}})$,故高斯-塞德尔迭代法收敛快.

7. 用 SOR 迭代法解线性方程组(分别取松弛因子 $\omega = 1.03, \omega = 1, \omega = 1.1$)

$$\begin{cases} 4x_1 - x_2 = 1, \\ -x_1 + 4x_2 - x_3 = 4, \\ -x_2 + 4x_3 = -3. \end{cases}$$

精确解 $\boldsymbol{x}^{*}=\left(\dfrac{1}{2},1,-\dfrac{1}{2}\right)^{\mathrm{T}}$. 要求当 $\|\boldsymbol{x}^{*}-\boldsymbol{x}^{(k)}\|_{\infty}<5\times10^{-6}$ 时迭代终止,并且对每一个 ω 值确定迭代次数.

解　SOR 迭代法迭代公式为

$$\begin{cases} x_1^{(k+1)}=x_1^{(k)}+\omega\left(\dfrac{1}{4}-x_1^{(k)}+\dfrac{1}{4}x_2^{(k)}\right), \\[2mm] x_2^{(k+1)}=x_2^{(k)}+\omega\left(1+\dfrac{1}{4}x_1^{(k+1)}-x_2^{(k)}+\dfrac{1}{4}x_3^{(k)}\right), \\[2mm] x_3^{(k+1)}=x_3^{(k)}+\omega\left(-\dfrac{3}{4}+\dfrac{1}{4}x_2^{(k+1)}-x_3^{(k)}\right). \end{cases}$$

当取 $\omega=1.03$,初值 $\boldsymbol{x}^{(0)}=(0,0,0)^{\mathrm{T}}$ 时,迭代 5 次可达到精度要求,$\boldsymbol{x}^{(5)}=(0.500\,004\,5,$ $1.000\,001\,6,-0.499\,999\,7)^{\mathrm{T}}$.

当取 $\omega=1$,初值 $\boldsymbol{x}^{(0)}=(0,0,0)^{\mathrm{T}}$ 时,迭代 6 次可达到精度要求,$\boldsymbol{x}^{(6)}=(0.500\,003\,8,$ $1.000\,001\,9,-0.499\,999\,5)^{\mathrm{T}}$.

当取 $\omega=1.1$,初值 $\boldsymbol{x}^{(0)}=(0,0,0)^{\mathrm{T}}$ 时,迭代 6 次可达到精度要求,$\boldsymbol{x}^{(6)}=(0.500\,003\,6,$ $0.999\,998\,5,-0.500\,000\,0)^{\mathrm{T}}$.

8. 用 SOR 迭代法解线性方程组(取 $\omega=0.9$)

$$\begin{cases} 5x_1+2x_2+x_3=-12, \\ -x_1+4x_2+2x_3=20, \\ 2x_1-3x_2+10x_3=3. \end{cases}$$

要求当 $\|\boldsymbol{x}^{(k+1)}-\boldsymbol{x}^{(k)}\|_{\infty}<10^{-4}$ 时迭代终止.

解　SOR 迭代法迭代公式为

$$\begin{cases} x_1^{(k+1)}=x_1^{(k)}+\omega\left(-\dfrac{12}{5}-x_1^{(k)}-\dfrac{2}{5}x_2^{(k)}-\dfrac{1}{5}x_3^{(k)}\right), \\[2mm] x_2^{(k+1)}=x_2^{(k)}+\omega\left(5+\dfrac{1}{4}x_1^{(k+1)}-x_2^{(k)}-\dfrac{1}{2}x_3^{(k)}\right), \\[2mm] x_3^{(k+1)}=x_3^{(k)}+\omega\left(\dfrac{3}{10}-\dfrac{1}{5}x_1^{(k+1)}+\dfrac{3}{10}x_2^{(k+1)}-x_3^{(k)}\right). \end{cases}$$

取初值 $\boldsymbol{x}^{(0)}=(0,0,0)^{\mathrm{T}}$,计算结果如下:

k	$x_1^{(k)}$	$x_2^{(k)}$	$x_3^{(k)}$
0	0	0	0
1	−2.160 000 000 000 00	4.014 000 000 000 00	1.742 580 000 000 00
2	−4.134 704 400 000 00	3.186 930 510 000 00	2.048 976 029 700 00
3	−4.089 581 108 946 00	2.976 498 088 122 15	2.014 676 686 373 26
4	−4.003 139 226 165 76	2.990 338 974 056 95	1.999 424 252 342 54
5	−3.996 732 318 698 74	3.000 028 212 144 34	1.999 361 859 879 00
6	−3.999 568 523 020 05	3.000 387 066 589 37	1.999 963 028 110 64
7	−4.000 089 541 334 09	3.000 035 197 208 98	2.000 021 923 497 62
8	−4.000 025 571 358 21	2.999 987 900 591 37	2.000 003 528 353 91

因 $\| \boldsymbol{x}^{(8)} - \boldsymbol{x}^{(7)} \|_\infty = 6.396\,998 \times 10^{-5} < 10^{-4}$,故解取为 $\boldsymbol{x}^{(8)} = (-4.000\,017\,7, 2.999\,993\,7,$ $2.000\,002\,7)^{\mathrm{T}}$.

　　9. 设有线性方程组 $\boldsymbol{A}\boldsymbol{x} = \boldsymbol{b}$,其中 $\boldsymbol{A}$ 为对称正定矩阵,迭代公式
$$\boldsymbol{x}^{(k+1)} = \boldsymbol{x}^{(k)} + \omega(\boldsymbol{b} - \boldsymbol{A}\boldsymbol{x}^{(k)}), \quad k = 0,1,2,\cdots,$$
试证明当 $0 < \omega < \dfrac{2}{\beta}$ 时上述迭代法收敛(其中 $0 < \alpha \leqslant \lambda(\boldsymbol{A}) \leqslant \beta$).

　　证明　将迭代公式写成
$$\boldsymbol{x}^{(k+1)} = (\boldsymbol{I} - \omega\boldsymbol{A})\boldsymbol{x}^{(k)} + \omega\boldsymbol{b}, \quad k = 0,1,2,\cdots,$$
迭代矩阵为 $\boldsymbol{B} = \boldsymbol{I} - \omega\boldsymbol{A}$,其特征值 $\mu = 1 - \omega\lambda(\boldsymbol{A})$.

　　由 $|\mu| < 1$,即 $|1 - \omega\lambda(\boldsymbol{A})| < 1$,得
$$0 < \omega < \frac{2}{\lambda(\boldsymbol{A})},$$

故当 $0 < \omega < \dfrac{2}{\beta}$ 时,有 $0 < \omega < \dfrac{2}{\lambda(\boldsymbol{A})}$,即 $|\mu| < 1$,这时 $\rho(\boldsymbol{B}) < 1$,故迭代收敛.

　　10. 取 $\boldsymbol{x}^{(0)} = \boldsymbol{0}$.用共轭梯度法求解下列线性方程组:

$$(1) \begin{pmatrix} 6 & 3 \\ 3 & 2 \end{pmatrix} \begin{pmatrix} x_1 \\ x_2 \end{pmatrix} = \begin{pmatrix} 0 \\ -1 \end{pmatrix}; \qquad (2) \begin{pmatrix} 4 & 3 & 0 \\ 3 & 4 & -1 \\ 0 & -1 & 4 \end{pmatrix} \begin{pmatrix} x_1 \\ x_2 \\ x_3 \end{pmatrix} = \begin{pmatrix} 3 \\ 5 \\ -5 \end{pmatrix}.$$

　　解　(1) 显然 $\boldsymbol{A}$ 是对称正定的.

　　取 $\boldsymbol{x}^{(0)} = (0,0)^{\mathrm{T}}$,由共轭梯度法计算公式,$\boldsymbol{p}^{(0)} = \boldsymbol{r}^{(0)} = \boldsymbol{b} - \boldsymbol{A}\boldsymbol{x}^{(0)} = (0,-1)^{\mathrm{T}}$.

$$\alpha_0 = \frac{(\boldsymbol{r}^{(0)}, \boldsymbol{r}^{(0)})}{(\boldsymbol{A}\boldsymbol{p}^{(0)}, \boldsymbol{p}^{(0)})} = \frac{1}{2}, \quad \boldsymbol{x}^{(1)} = \boldsymbol{x}^{(0)} + \alpha_0\boldsymbol{p}^{(0)} = \left(0, -\frac{1}{2}\right)^{\mathrm{T}},$$

$$\boldsymbol{r}^{(1)} = \boldsymbol{r}^{(0)} - \alpha_0\boldsymbol{A}\boldsymbol{p}^{(0)} = \left(\frac{3}{2}, 0\right)^{\mathrm{T}}, \quad \beta_0 = \frac{(\boldsymbol{r}^{(1)}, \boldsymbol{r}^{(1)})}{(\boldsymbol{r}^{(0)}, \boldsymbol{r}^{(0)})} = \frac{9}{4},$$

$$\boldsymbol{p}^{(1)} = \boldsymbol{r}^{(1)} + \beta_0\boldsymbol{p}^{(0)} = \left(\frac{3}{2}, -\frac{9}{4}\right)^{\mathrm{T}}, \quad \alpha_1 = \frac{(\boldsymbol{r}^{(1)}, \boldsymbol{r}^{(1)})}{(\boldsymbol{A}\boldsymbol{p}^{(1)}, \boldsymbol{p}^{(1)})} = \frac{2}{3},$$

$$\boldsymbol{x}^{(2)} = \boldsymbol{x}^{(1)} + \alpha_1\boldsymbol{p}^{(1)} = (1,-2)^{\mathrm{T}}, \quad \boldsymbol{r}^{(2)} = \boldsymbol{r}^{(1)} - \alpha_1\boldsymbol{A}\boldsymbol{p}^{(1)} = (0,0)^{\mathrm{T}},$$

故 $\boldsymbol{x}^{(2)} = (1,-2)^{\mathrm{T}}$ 为方程组的解. 事实上,因为 $n=2$,所以用共轭梯度法两步即可求得方程组的精确解.

　　(2) 显然 $\boldsymbol{A}$ 是对称正定的.

　　取 $\boldsymbol{x}^{(0)} = (0,0,0)^{\mathrm{T}}$,则 $\boldsymbol{p}^{(0)} = \boldsymbol{r}^{(0)} = \boldsymbol{b} - \boldsymbol{A}\boldsymbol{x}^{(0)} = (3,5,-5)^{\mathrm{T}}$.

$$\alpha_0 = \frac{(\boldsymbol{r}^{(0)}, \boldsymbol{r}^{(0)})}{(\boldsymbol{A}\boldsymbol{p}^{(0)}, \boldsymbol{p}^{(0)})} = \frac{59}{376}, \quad \boldsymbol{x}^{(1)} = \boldsymbol{x}^{(0)} + \alpha_0\boldsymbol{p}^{(0)} = \left(\frac{177}{376}, \frac{295}{376}, -\frac{295}{376}\right)^{\mathrm{T}},$$

$$\boldsymbol{r}^{(1)} = \boldsymbol{r}^{(0)} - \alpha_0\boldsymbol{A}\boldsymbol{p}^{(0)} = \left(-\frac{465}{376}, -\frac{126}{376}, -\frac{405}{376}\right)^{\mathrm{T}},$$

$$\beta_0 = \frac{(\boldsymbol{r}^{(1)}, \boldsymbol{r}^{(1)})}{(\boldsymbol{r}^{(0)}, \boldsymbol{r}^{(0)})} = \frac{396\,126}{59 \times 376 \times 376} = 0.047\,490\,4$$

$$\boldsymbol{p}^{(1)} = \boldsymbol{r}^{(1)} + \beta_0\boldsymbol{p}^{(0)} = (-1.094\,230\,9, -0.097\,654\,4, -1.314\,579\,7)^{\mathrm{T}},$$

$$\alpha_1 = \frac{(r^{(1)}, r^{(1)})}{(Ap^{(1)}, p^{(1)})} = 0.231\,099\,0,$$

$$x^{(2)} = x^{(1)} + \alpha_1 p^{(1)} = (0.217\,869\,0, 0.762\,006\,6, -1.088\,372\,6)^T,$$

$$r^{(2)} = r^{(1)} - \alpha_1 Ap^{(1)} = (-0.157\,495\,6, 0.209\,994\,2, 0.115\,496\,8)^T,$$

$$\beta_1 = \frac{(r^{(2)}, r^{(2)})}{(r^{(1)}, r^{(1)})} = 0.029\,351\,9,$$

$$p^{(2)} = r^{(2)} + \beta_1 p^{(1)} = (-0.189\,613\,3, 0.207\,127\,8, 0.076\,911\,4)^T,$$

$$\alpha_2 = \frac{(r^{(2)}, r^{(2)})}{(Ap^{(2)}, p^{(2)})} = 1.149\,017\,0,$$

$$x^{(3)} = x^{(2)} + \alpha_2 p^{(2)} = (-0.000\,000\,0, 1.000\,000\,0, -1.000\,000\,0)^T,$$

$$r^{(3)} = r^{(2)} - \alpha_2 Ap^{(2)} = (0.000\,000\,0, 0.000\,000\,0, -0.000\,000\,0)^T.$$

因为 $n = 3$，所以用共轭梯度法 3 步即可求得方程组的精确解的近似程度非常高的解. 方程组的解为 $(0, 1, -1)^T$.

11. 证明在共轭梯度法中有 $\varphi(x^{(k+1)}) \leqslant \varphi(x^{(k)})$，若 $r^{(k)} \neq 0$，则严格不等式成立.

证明 由 $\varphi(x + \alpha y) = \varphi(x) + \alpha(Ax - b, y) + \dfrac{\alpha^2}{2}(Ay, y)$ 及 $x^{(k+1)} = x^{(k)} + \alpha_k p^{(k)}$，有

$$\varphi(x^{(k+1)}) = \varphi(x^{(k)}) + \alpha_k(Ax^{(k)} - b, p^{(k)}) + \frac{\alpha_k^2}{2}(Ap^{(k)}, p^{(k)}).$$

将 $\alpha_k = \dfrac{(r^{(k)}, r^{(k)})}{(p^{(k)}, Ap^{(k)})}$ 代入并利用

$$r^{(k)} = b - Ax^{(k)}, \quad (r^{(k+1)}, p^{(k)}) = (r^{(k)}, p^{(k)}) - \alpha_k(Ap^{(k)}, p^{(k)}) = 0$$

及

$$(r^{(k)}, p^{(k)}) = (r^{(k)}, r^{(k)} + \beta_{k-1} p^{(k-1)}) = (r^{(k)}, r^{(k)}),$$

得

$$\varphi(x^{(k+1)}) = \varphi(x^{(k)}) - \frac{(r^{(k)}, r^{(k)})}{(p^{(k)}, Ap^{(k)})}(r^{(k)}, p^{(k)}) + \frac{1}{2}\frac{(r^{(k)}, r^{(k)})^2}{(p^{(k)}, Ap^{(k)})^2}(Ap^{(k)}, p^{(k)})$$

$$= \varphi(x^{(k)}) + \frac{1}{2}\frac{(r^{(k)}, r^{(k)})}{(p^{(k)}, Ap^{(k)})}[(r^{(k)}, r^{(k)}) - 2(r^{(k)}, p^{(k)})]$$

$$= \varphi(x^{(k)}) - \frac{1}{2}\frac{(r^{(k)}, r^{(k)})^2}{(p^{(k)}, Ap^{(k)})},$$

故 $\varphi(x^{(k+1)}) \leqslant \varphi(x^{(k)})$. 特别当 $r^{(k)} \neq 0$ 时，$\varphi(x^{(k+1)}) < \varphi(x^{(k)})$.

第 7 章 非线性方程与方程组的数值解法

7.1 内 容 概 述

单变量非线性方程的一般形式为 $f(x)=0$,其中 $x\in\mathbb{R}$,$f(x)\in C[a,b]$,$[a,b]$ 也可以是无穷区间.如果实数 x^* 满足 $f(x^*)=0$,则称 x^* 是方程 $f(x)=0$ 的**根**,或称 x^* 是函数 $f(x)$ 的**零点**.若 $f(x)$ 可分解为 $f(x)=(x-x^*)^m g(x)$,其中 m 为正整数,且 $g(x^*)\neq0$,则称 x^* 为方程的 m **重根**,或为 $f(x)$ 的 m **重零点**,$m=1$ 时称为**单根**.若 x^* 为 $f(x)$ 的 m 重零点,且 $g(x)$ 充分光滑,则有

$$f(x^*)=f'(x^*)=\cdots=f^{(m-1)}(x^*)=0, \quad f^{(m)}(x^*)\neq0.$$

函数的零点,不仅对认识和研究函数具有重要的作用,而且实际作用也非常大,导函数的零点可能对应着被导函数的极值点.但即使对于最简单的多项式,当其次数超过 4 时,也写不出求零点的公式,因此求函数的零点基本都要采用数值的方法.本章讲述求函数零点的数值方法.首先基于连续函数的介值定理,确定方程 $f(x)=0$ 的有根区间 $[a,b]$,然后用二分法进一步提高求实根的精度.这是一种更广泛意义下的迭代法.

二分法:取 $f(x)$ 的有根区间 $[a,b]$ 的中点 $x_0=(a+b)/2$ 将其一分为二,若中点 x_0 不是 $f(x)$ 的零点,根据中点函数值的符号得到新的有根区间,新有根区间的长度是原来的一半,对新的有根区间再采用同样的方法.如此反复二分下去,如果所取的中点均不是 $f(x)$ 的零点,即可得出一系列有根区间

$$[a,b]\supset[a_1,b_1]\supset[a_2,b_2]\supset\cdots\supset[a_k,b_k]\supset\cdots,$$

故当 $k\to\infty$ 时,$[a_k,b_k]$ 的长度 $b_k-a_k=(b-a)/2^k$ 趋于零,这些区间最终必收缩于一点 x^*,这点显然是所求的根.

每次二分后,将有根区间 $[a_k,b_k]$ 的中点 $x_k=(a_k+b_k)/2$ 作为根的近似值,在二分过程中可以获得一个近似根的序列 $\{x_k\}$,该序列必以 x^* 为极限,且

$$|x_k-x^*|\leqslant\frac{1}{2}(b_k-a_k)=(b-a)/2^{k+1},$$

即序列收敛于 x^* 的速度与以 $\frac{1}{2}$ 为公比的等比数列收敛于零的速度相同.

由于 $|x_k-x^*|\leqslant(b-a)/2^{k+1}$,对于预定的精度 ε,只要二分次数足够多(即 k 充分大),便有 $|x_k-x^*|<\varepsilon$.另外,也可以以序列中某点的函数值小于预定的某个精度来结束这个迭代过程.

二分法直观,但收敛的速度很慢,因此探索不动点迭代法,给出迭代法的收敛的定义.迭代法是一种逐次逼近法,其基本思想是将隐式方程 $f(x)=0$ 变形为 $x=\varphi(x)$.若 x^* 满足 $f(x^*)=0$,则 $x^*=\varphi(x^*)$,反之亦然,称 x^* 为函数 $\varphi(x)$ 的一个**不动点**.这样求 $f(x)$ 的零点就转化为求 $\varphi(x)$ 的不动点.对于零点的一个初始近似值 x_0,将它代入 $x=\varphi(x)$ 式的右端,将所得的值作为新的近似值,即 $x_1=\varphi(x_0)$,如此反复以 $\varphi(x)$ 为迭代式进行迭代

计算

$$x_{k+1} = \varphi(x_k), \quad k = 0, 1, 2, \cdots.$$

若由迭代得到的序列 $\{x_k\}$ 有极限 $\lim\limits_{k \to \infty} x_k = x^*$，则称迭代方法 $x_{k+1} = \varphi(x_k)$ **收敛**，且 $x^* = \varphi(x^*)$ 为 $\varphi(x)$ 的不动点，故称此方法为**不动点迭代法**.

定理 7.1 设 $\varphi(x) \in C[a, b]$ 满足以下两个条件：

(1) 对任意 $x \in [a, b]$ 有 $a \leqslant \varphi(x) \leqslant b$.

(2) 存在正常数 $L < 1$，使得对任意 $x, y \in [a, b]$ 都有

$$|\varphi(x) - \varphi(y)| \leqslant L |x - y|,$$

则 $\varphi(x)$ 在 $[a, b]$ 上存在唯一的不动点 x^*.

定理 7.2 设 $\varphi(x) \in C[a, b]$ 满足定理 7.1 中的两个条件，则对任意 $x_0 \in [a, b]$，由迭代式 $x_{k+1} = \varphi(x_k)$ 得到的迭代序列 $\{x_k\}$ 收敛到 $\varphi(x)$ 的不动点 x^*，并有误差估计

$$|x_k - x^*| \leqslant \frac{L^k}{1 - L} |x_1 - x_0| \quad \text{及} \quad |x_k - x^*| \leqslant \frac{1}{1 - L} |x_{k+1} - x_k|.$$

定义 7.1 设 $\varphi(x)$ 有不动点 x^*，若存在 x^* 的某个邻域 $R : |x - x^*|$，对任意 $x_0 \in \mathbb{R}$，迭代法 $x_{k+1} = \varphi(x_k)$ 产生的序列 $\{x_k\} \subset \mathbb{R}$，且收敛到 x^*，则称迭代法 $x_{k+1} = \varphi(x_k)$ **局部收敛**.

定理 7.3 设 x^* 为 $\varphi(x)$ 的不动点，$\varphi'(x)$ 在 x^* 的某个邻域连续，且 $|\varphi'(x^*)| < 1$，则迭代法 $x_{k+1} = \varphi(x_k)$ 局部收敛.

随后给出收敛速度的定义，引出加快收敛速度的方法，并将此方法与不动点迭代相结合得到斯特芬森迭代法，讨论了其收敛速度.

定义 7.2 设迭代过程 $x_{k+1} = \varphi(x_k)$ 收敛于方程 $x = \varphi(x)$ 的根 x^*，如果当 $k \to \infty$ 时迭代误差 $e_k = x_k - x^*$ 满足渐近关系式

$$\frac{e_{k+1}}{e_k^p} \to C, \quad \text{常数 } C \neq 0,$$

则称该迭代过程是 p **阶收敛**的. 特别地，$p = 1$（$|C| < 1$）时称为**线性收敛**，$p > 1$ 时称为**超线性收敛**，$p = 2$ 时称为**平方收敛**.

定理 7.4 对于迭代过程 $x_{k+1} = \varphi(x_k)$ 及正整数 p，如果 $\varphi^{(p)}(x)$ 在所求根 x^* 的邻域内连续，并且

$$\varphi'(x^*) = \varphi''(x^*) = \cdots = \varphi^{(p-1)}(x^*) = 0, \quad \varphi^{(p)}(x^*) \neq 0,$$

则该迭代过程在点 x^* 邻域内是 p 阶收敛的.

对于收敛的迭代过程，只要迭代足够多次，就可以使结果达到任意的精度，但有时迭代过程收敛缓慢，使得计算量变得很大，因此需要考虑迭代加速的问题.

设 x_0 是根 x^* 的某个近似值，用迭代公式迭代一次得 $x_1 = \varphi(x_0)$，由微分中值定理，有

$$x_1 - x^* = \varphi(x_0) - \varphi(x^*) = \varphi'(\xi)(x_0 - x^*),$$ 其中 ξ 介于 x^* 与 x_0 之间.

假定 $\varphi'(x)$ 变化不大，近似地取某个近似值 L，则有 $x_1 - x^* \approx L(x_0 - x^*)$. 若将校正值 $x_1 = \varphi(x_0)$ 再迭代一次，得 $x_2 = \varphi(x_1)$，同样有 $x_2 - x^* \approx L(x_1 - x^*)$，两式联立消去未知的 L，得

$$\frac{x_1 - x^*}{x_2 - x^*} \approx \frac{x_0 - x^*}{x_1 - x^*}.$$

由此推知

$$x^* \approx \frac{x_0 x_2 - x_1^2}{x_2 - 2x_1 + x_0} = x_0 - \frac{(x_1 - x_0)^2}{x_2 - 2x_1 + x_0}.$$

将其作为 x^* 的新近似,记作 $\bar{x}_1$. 一般情形是由 x_k 计算 x_{k+1}, x_{k+2},记

$$\bar{x}_{k+1} = x_k - \frac{(x_{k+1} - x_k)^2}{x_k - 2x_{k+1} + x_{k+2}} = x_k - (\Delta x_k)^2 / \Delta^2 x_k, \quad k = 0, 1, 2, \cdots.$$

该方法称为**埃特金 Δ^2 加速方法**. 可以证明

$$\lim_{k \to \infty} \frac{\bar{x}_{k+1} - x^*}{x_k - x^*} = 0,$$

说明序列 $\{\bar{x}_k\}$ 的收敛速度比 $\{x_k\}$ 的收敛速度快.

把埃特金加速方法与不动点迭代结合,则得到**斯特芬森迭代法**

$$\begin{cases} y_k = \varphi(x_k), \quad z_k = \varphi(y_k), \\ x_{k+1} = x_k - \dfrac{(y_k - x_k)^2}{z_k - 2y_k + x_k}, \end{cases} \quad k = 0, 1, 2, \cdots.$$

若记 $\psi(x) = x - \dfrac{[\varphi(x) - x]^2}{\varphi(\varphi(x)) - 2\varphi(x) + x}$,则可写成另一种不动点迭代法

$$x_{k+1} = \psi(x_k), \quad k = 0, 1, 2, \cdots.$$

关于斯特芬森迭代法的收敛性有以下局部收敛定理.

定理 7.5 若 x^* 为

$$\psi(x) = x - \frac{[\varphi(x) - x]^2}{\varphi(\varphi(x)) - 2\varphi(x) + x}$$

定义的迭代函数 $\psi(x)$ 的不动点,则 x^* 为 $\varphi(x)$ 的不动点. 反之,若 x^* 为 $\varphi(x)$ 的不动点,设 $\varphi''(x)$ 存在,$\varphi'(x^*) \neq 1$,则 x^* 是 $\psi(x)$ 的不动点,且斯特芬森迭代法是二阶收敛的.

设已知方程 $f(x) = 0$ 有近似根 x_k(假定 $f'(x_k) \neq 0$),将函数 $f(x)$ 在点 x_k 做一阶泰勒展开,有 $f(x) \approx f(x_k) + f'(x_k)(x - x_k)$,于是方程 $f(x) = 0$ 可近似地用线性方程表示为 $f(x) \approx f(x_k) + f'(x_k)(x - x_k) = 0$,记其根为 x_{k+1},则 x_{k+1} 的计算公式为

$$x_{k+1} = x_k - \frac{f(x_k)}{f'(x_k)}, \quad k = 0, 1, 2, \cdots,$$

这就是**牛顿法**. 牛顿法的几何意义是过曲线 $y = f(x)$ 上横坐标为 x_k 的点引切线,将该切线与 x 轴的交点的横坐标 x_{k+1} 作为 x^* 的新的近似值,因此牛顿法实质上是一种线性化方法,即将非线性方程逐步归结为某种线性方程来求解,以直代曲.

牛顿法的迭代函数为 $\varphi(x) = x - \dfrac{f(x)}{f'(x)}$. 由于 $\varphi'(x) = \dfrac{f(x) f''(x)}{[f'(x)]^2}$,假定 x^* 是 $f(x)$ 的一个单根,即 $f(x^*) = 0, f'(x^*) \neq 0$,则 $\varphi'(x^*) = 0$,于是依据定理 7.4,牛顿法在根 x^* 邻近是平方收敛的. 又因 $\varphi''(x^*) = \dfrac{f''(x^*)}{f'(x^*)}$,故有

$$\lim_{k \to \infty} \frac{x_{k+1} - x^*}{(x_k - x^*)^2} = \frac{f''(x^*)}{2f'(x^*)}.$$

牛顿法的优点是收敛快,但也有缺点,一是每步迭代要计算 $f(x_k)$ 及 $f'(x_k)$,计算量较大且有时 $f'(x_k)$ 的计算较困难;二是初始近似值 x_0 只在根 x^* 附近才能保证收敛.为克服这两个缺点,通常采用下述两种方法:

(1) 简化牛顿法,也称平行弦法.迭代公式为

$$x_{k+1} = x_k - Cf(x_k), \quad C \neq 0, \quad k = 0, 1, 2, \cdots,$$

迭代函数 $\varphi(x) = x - Cf(x)$.若 $|\varphi'(x)| = |1 - Cf'(x)| < 1$,即取 $0 < Cf'(x) < 2$ 在根 x^* 附近成立,则迭代法局部收敛.取 $C = \dfrac{1}{f'(x_0)}$,称为**简化牛顿法**.此迭代法的几何意义为用斜率为 $f'(x_0)$ 的平行弦与 x 轴的交点作为 x^* 的近似.

(2) 牛顿下山法.牛顿法收敛性依赖初值 x_0 的选择,如果 x_0 偏离所求根 x^* 较远,则牛顿法可能发散.为防止迭代发散,对迭代过程加上单调性要求 $|f(x_{k+1})| < |f(x_k)|$.满足这项要求的算法称为**下山法**.将牛顿法与下山法结合,在下山法保证函数值稳定下降的前提下,用牛顿法加快收敛速度.将牛顿法计算结果 $\bar{x}_{k+1} = x_k - \dfrac{f(x_k)}{f'(x_k)}$ 与前一步近似值 x_k 的适当加权平均作为新的改进值 $x_{k+1} = \lambda \bar{x}_{k+1} + (1 - \lambda) x_k$,其中 $\lambda (0 < \lambda \leqslant 1)$ 称为**下山因子**.迭代公式为

$$x_{k+1} = x_k - \lambda \frac{f(x_k)}{f'(x_k)}, \quad k = 0, 1, 2, \cdots,$$

称为**牛顿下山法**.选择下山因子 λ 时,从 $\lambda = 1$ 开始,逐次将 λ 减半进行试算,直到满足下降条件为止.

若 x^* 为方程 $f(x) = 0$ 的 m 重根,则有

$$f(x^*) = f'(x^*) = \cdots = f^{(m-1)}(x^*) = 0, \quad f^{(m)}(x^*) \neq 0.$$

只要 $f'(x_k) \neq 0$ 仍可使用牛顿法计算,此时迭代函数 $\varphi(x) = x - \dfrac{f(x)}{f'(x)}$ 的导数满足 $\varphi'(x^*) = 1 - \dfrac{1}{m} \neq 0$ 且 $|\varphi'(x^*)| < 1$,故牛顿法求重根只是线性收敛.若取 $\varphi(x) = x - m\dfrac{f(x)}{f'(x)}$,则 $\varphi'(x^*) = 0$,用迭代法

$$x_{k+1} = x_k - m \frac{f(x_k)}{f'(x_k)}, \quad k = 0, 1, 2, \cdots$$

求 m 重根,则具有二阶收敛性,但前提要知道 x^* 的重数 m.

若 x^* 是 $f(x) = 0$ 的 m 重根,即 $f(x) = (x - x^*)^m g(x)$,令 $\mu(x) = f(x)/f'(x)$,则

$$\mu(x) = \frac{(x - x^*)g(x)}{mg(x) + (x - x^*)g'(x)},$$

故 x^* 是 $\mu(x) = 0$ 的单根.对它用牛顿法,其迭代函数为

$$\varphi(x) = x - \frac{\mu(x)}{\mu'(x)} = x - \frac{f(x)f'(x)}{[f'(x)]^2 - f(x)f''(x)}.$$

从而可构造二阶收敛的迭代法

$$x_{k+1} = x_k - \frac{f(x_k)f'(x_k)}{[f'(x_k)]^2 - f(x_k)f''(x_k)}, \quad k = 0, 1, 2, \cdots.$$

用牛顿法计算时,每步除计算 $f(x_k)$ 外还要计算 $f'(x_k)$,当函数 $f(x)$ 比较复杂时,计算 $f'(x)$ 往往较困难,为此可利用以求函数值 $f(x_k), f(x_{k-1}), \cdots$ 来回避导数值 $f'(x_k)$ 的计算. 这类方法是建立在插值理论基础上的.

设 x_k, x_{k-1} 是 $f(x) = 0$ 的近似根,利用 $f(x_k)$ 和 $f(x_{k-1})$ 构造一次插值多项式

$$p_1(x) = f(x_k) + \frac{f(x_k) - f(x_{k-1})}{x_k - x_{k-1}}(x - x_k),$$

并用 $p_1(x) = 0$ 的根作为 $f(x) = 0$ 的新的近似根 x_{k+1},即

$$x_{k+1} = x_k - \frac{f(x_k)}{f(x_k) - f(x_{k-1})}(x_k - x_{k-1}),$$

这就是**弦截法**. 弦截法也可以视为将牛顿法中的导数 $f'(x_k)$ 用差商 $\dfrac{f(x_k) - f(x_{k-1})}{x_k - x_{k-1}}$ 取代的结果. 弦截法的几何意义是过曲线 $y = f(x)$ 上横坐标为 x_k, x_{k-1} 的点 P_k, P_{k-1} 作弦 $\overline{P_k P_{k-1}}$,将弦 $\overline{P_k P_{k-1}}$ 与 x 轴的交点的横坐标 x_{k+1} 作为 x^* 的新的近似值.

弦截法与切线法都是线性化方法,但两者有本质的区别. 切线法在计算 x_{k+1} 时只用到前一步的值 x_k,属于**单步法**;弦截法在求 x_{k+1} 时要用到前面两步的结果 x_k, x_{k-1},因此需要两个初始值 x_1, x_0,属于**两步法**.

定理 7.6　假设 $f(x)$ 在根 x^* 的邻域 $\Delta: |x - x^*| \leqslant \delta$ 内具有二阶连续导数,且对任意 $x \in \Delta$ 有 $f'(x) \neq 0$,又初值 $x_0, x_1 \in \Delta$,那么当邻域 Δ 充分小时,弦截法将按阶 $p = \dfrac{1+\sqrt{5}}{2} \approx 1.618$ 收敛到根 x^*.

由定理 7.6 知,弦截法是超线性收敛的.

若已知 $f(x) = 0$ 的三个近似根 x_k, x_{k-1}, x_{k-2},以这三个点为节点构造二次插值多项式 $p_2(x)$,适当选取 $p_2(x)$ 的一个零点 x_{k+1} 作为新的近似根,这样确定的迭代过程称为**抛物线法**,亦称为**密勒法**. 几何上这种方法的基本思想就是用抛物线 $y = p_2(x)$ 与 x 轴的一个交点 x_{k+1} 作为所求根的近似位置. 抛物线法也是超线性收敛的,其收敛阶 $p = 1.840$,收敛速度比弦截法更接近牛顿法. 另外抛物线法也适用于求多项式的实根和复根.

方程求根的敏感性与函数求值是相反的,若 $f(x) = y$,则由 y 求 x 的病态性与由 x 求 y 的病态性相反. 光滑函数 f 在根 x^* 附近函数绝对值误差与自变量误差之比 $\dfrac{|\Delta y|}{|\Delta x|} \approx |f'(x^*)|$,若 $|f'(x^*)| \neq 0$,则求根为反问题,即 x^* 满足 $y = f(x^*) = 0$,若找到一个 $\bar{x}$,使 $|f(\bar{x})| \leqslant \varepsilon$,则解的误差 $|\Delta x| = |\bar{x} - x^*|$ 与 $|\Delta y| = |f(\bar{x}) - f(x^*)|$ 之比为 $\dfrac{|\Delta x|}{|\Delta y|} \approx \left|\dfrac{1}{f'(x^*)}\right|$,即误差将达到 $\dfrac{\varepsilon}{|f'(x^*)|}$,如果 $|f'(x^*)|$ 非常小,这个值就非常大.

很多问题需要求多项式的全部零点,即方程

$$p(x) = a_0 x^n + a_1 x^{n-1} + \cdots + a_{n-1} x + a_n = 0, \quad a_0 \neq 0,$$

的全部根,它等价于求 $x^n + p_1 x^{n-1} + \cdots + p_{n-1} x + p_n = 0$ 的全部根.

前面讨论的任何一种方法都可以求出一个根 x_1，但通常用牛顿法最好．先用秦九韶算法计算 $p(x_1^{(k)})$ 及 $p'(x_1^{(k)})$ 的值，然后用牛顿法

$$x_1^{(k+1)} = x_1^{(k)} - \frac{p(x_1^{(k)})}{p'(x_1^{(k)})}, \quad k = 0, 1, 2, \cdots$$

迭代，计算到 $|x_1^{(k+1)} - x_1^{(k)}| \leqslant \varepsilon$，得到 $x_1 \approx x_1^{(k+1)}$．由于 $p(x) = (x - x_1) q_1(x)$，即 $q_1(x) = \dfrac{p(x)}{x - x_1}$，将 $p(x)$ 的次数降低一阶．再按上述方法求 $q_1(x) = 0$ 的一个根 x_2，如此反复直到求出全部 n 个根．

一般地，$q_{i-1}(x) = (x - x_i) q_i(x)$($i = 1, 2, \cdots, n-2$)，这里 $q_0(x) = p(x)$，$q_{n-2}(x)$ 为二次多项式，在此过程中当 i 增加时不精确性增加，为解决此困难，可通过原方程 $p(x) = 0$ 的牛顿法改进 $x_2, \cdots, x_{n-2}$ 的结果．

由于 x_1 可能是复根，因此使用抛物线法对求复根更有利．若 x_1 为复根，即 $x_1 = a + ib$，则 $\bar{x}_1 = a - ib$ 也是一个根，于是 $(x - x_1)(x - \bar{x}_1) = x^2 - 2ax + a^2 + b^2$ 是 $p(x)$ 的一个二次因子，$\dfrac{p(x)}{x^2 - 2ax + a^2 + b^2} = q_2(x)$ 是 $n - 2$ 次的多项式，可降低二阶．即使 x_1 不是复根，也可以用抛物线法求出两个实根，它比牛顿法更优越．

另一种求多项式零点的方法是将其转化为求矩阵的特征值问题．由于多项式 $x^n + p_1 x^{n-1} + \cdots + p_{n-1} x + p_n = 0$ 是矩阵

$$\boldsymbol{P} = \begin{bmatrix} -p_1 & -p_2 & \cdots & -p_n \\ 1 & 0 & \cdots & 0 \\ \vdots & \ddots & \ddots & \vdots \\ 0 & \cdots & 1 & 0 \end{bmatrix}$$

的特征多项式，利用计算矩阵特征值方法求矩阵 $\boldsymbol{P}$（称为多项式的友矩阵）的全部特征值，则可得到多项式的全部根．

最后，将求一元函数零点的方法推广到多元函数的情形．考虑方程组

$$\begin{cases} f_1(x_1, x_2, \cdots, x_n) = 0, \\ f_2(x_1, x_2, \cdots, x_n) = 0, \\ \qquad\qquad \vdots \\ f_n(x_1, x_2, \cdots, x_n) = 0, \end{cases}$$

其中 $f_1, f_2, \cdots, f_n$ 均为 $(x_1, x_2, \cdots, x_n)$ 的多元函数．若用向量记号 $\boldsymbol{x} = (x_1, x_2, \cdots, x_n)^{\mathrm{T}} \in \mathbb{R}^n$，$\boldsymbol{F} = (f_1, f_2, \cdots, f_n)^{\mathrm{T}}$，方程组可写成

$$\boldsymbol{F}(\boldsymbol{x}) = \boldsymbol{0}.$$

当 $n \geqslant 2$，且 f_i($i = 1, 2, \cdots, n$)中至少有一个是自变量 x_i($i = 1, 2, \cdots, n$)的非线性函数时，称方程组为非线性方程组．非线性方程组的求解问题比线性方程组和单个方程求解要复杂和困难，它可能无解也可能有一个解或多个解．

求非线性方程组的根可直接将单个方程 $n = 1$ 的求根方法加以推广，即只要把单变量函数 $f(x)$ 看成向量函数 $\boldsymbol{F}(\boldsymbol{x})$，就可将前面讨论的求根方法用于求 $\boldsymbol{F}(\boldsymbol{x}) = \boldsymbol{0}$ 的根，为此设向量函数 $\boldsymbol{F}(\boldsymbol{x})$ 在区域 $D \subset \mathbb{R}^n$ 上连续可微．

向量函数 $\boldsymbol{F}(\boldsymbol{x})$ 的导数 $\boldsymbol{F}'(\boldsymbol{x})$ 称为 $\boldsymbol{F}$ 的雅可比矩阵,它表示为

$$\boldsymbol{F}'(\boldsymbol{x}) = \begin{bmatrix} \dfrac{\partial f_1(\boldsymbol{x})}{\partial x_1} & \dfrac{\partial f_1(\boldsymbol{x})}{\partial x_2} & \cdots & \dfrac{\partial f_1(\boldsymbol{x})}{\partial x_n} \\[2mm] \dfrac{\partial f_2(\boldsymbol{x})}{\partial x_1} & \dfrac{\partial f_2(\boldsymbol{x})}{\partial x_2} & \cdots & \dfrac{\partial f_2(\boldsymbol{x})}{\partial x_n} \\[2mm] \vdots & \vdots & & \vdots \\[2mm] \dfrac{\partial f_n(\boldsymbol{x})}{\partial x_1} & \dfrac{\partial f_n(\boldsymbol{x})}{\partial x_2} & \cdots & \dfrac{\partial f_n(\boldsymbol{x})}{\partial x_n} \end{bmatrix}.$$

将方程组改写为便于迭代的形式

$$\boldsymbol{x} = \boldsymbol{\Phi}(\boldsymbol{x}),$$

其中向量函数 $\boldsymbol{\Phi} \subset D \subset \mathbb{R}^n$,且在定义域上 D 连续,如果 $\boldsymbol{x}^* \in D$,满足 $\boldsymbol{x}^* = \boldsymbol{\Phi}(\boldsymbol{x}^*)$,称 $\boldsymbol{x}^*$ 为函数 $\boldsymbol{\Phi}(\boldsymbol{x})$ 的不动点,$\boldsymbol{x}^*$ 也就是方程组的一个解. 根据 $\boldsymbol{x} = \boldsymbol{\Phi}(\boldsymbol{x})$ 构造的迭代法

$$\boldsymbol{x}^{(k+1)} = \boldsymbol{\Phi}(\boldsymbol{x}^{(k)}), \quad k = 0, 1, \cdots$$

称为不动点迭代法,称 $\boldsymbol{\Phi}(\boldsymbol{x})$ 为迭代函数,如果由它产生的向量序列 $\{\boldsymbol{x}^{(k)}\}$ 满足 $\lim\limits_{k \to \infty} \boldsymbol{x}^{(k)} = \boldsymbol{x}^*$,由 $\boldsymbol{\Phi}(\boldsymbol{x})$ 的连续性可得 $\boldsymbol{x}^* = \boldsymbol{\Phi}(\boldsymbol{x}^*)$,故 $\boldsymbol{x}^*$ 是 $\boldsymbol{\Phi}$ 的不动点,也就是方程组的一个解.

类似于 $n = 1$ 时的单个方程的结论,有下面的定理(压缩映射原理).

定理 7.7　函数 $\boldsymbol{\Phi}$ 定义在区域 $D \subset \mathbb{R}^n$,假设

(1) 存在闭集 $D_0 \subset D$ 及实数 $L \in (0, 1)$,使

$$\| \boldsymbol{\Phi}(\boldsymbol{x}) - \boldsymbol{\Phi}(\boldsymbol{y}) \| \leqslant L \| \boldsymbol{x} - \boldsymbol{y} \|, \quad \forall \, \boldsymbol{x}, \boldsymbol{y} \in D_0;$$

(2) 对任意 $\boldsymbol{x} \in D_0$ 有 $\boldsymbol{\Phi}(\boldsymbol{x}) \in D_0$,

则 $\boldsymbol{\Phi}$ 在 D_0 有唯一不动点 $\boldsymbol{x}^*$,且对任意 $\boldsymbol{x}^* \in D_0$,由迭代法 $\boldsymbol{x}^{(k+1)} = \boldsymbol{\Phi}(\boldsymbol{x}^{(k)})$ 生成的序列 $\{\boldsymbol{x}^{(k)}\}$ 收敛到 $\boldsymbol{x}^*$,并有误差估计

$$\| \boldsymbol{x}^* - \boldsymbol{x}^{(k)} \| \leqslant \frac{L^k}{1 - L} \| \boldsymbol{x}^{(1)} - \boldsymbol{x}^{(0)} \|.$$

类似于单个方程的理论,还有以下局部收敛定理.

定理 7.8　设 $\boldsymbol{\Phi}$ 在定义域内有不动点 $\boldsymbol{x}^*$,$\boldsymbol{\Phi}$ 的分量函数有连续偏导数且

$$\rho(\boldsymbol{\Phi}'(\boldsymbol{x}^*)) < 1,$$

则存在 $\boldsymbol{x}^*$ 的一个邻域 S,对任意 $\boldsymbol{x}^{(0)} \in S$,迭代法 $\boldsymbol{x}^{(k+1)} = \boldsymbol{\Phi}(\boldsymbol{x}^{(k)})$ 产生的序列 $\{\boldsymbol{x}^{(k)}\}$ 收敛于 $\boldsymbol{x}^*$.

$\rho(\boldsymbol{\Phi}'(\boldsymbol{x}^*))$ 是指函数的雅可比矩阵的谱半径. 类似于一元方程迭代法收敛阶的概念,也有向量序列 $\{\boldsymbol{x}^{(k)}\}$ 收敛阶的定义,设 $\{\boldsymbol{x}^{(k)}\}$ 收敛于 $\boldsymbol{x}^*$,若存在常数 $p \geqslant 1$ 及 $\alpha > 0$,使

$$\lim_{k \to \infty} \frac{\| \boldsymbol{x}^{(k+1)} - \boldsymbol{x}^* \|}{\| \boldsymbol{x}^{(k)} - \boldsymbol{x}^* \|^p} = \alpha,$$

则称 $\{\boldsymbol{x}^{(k)}\}$ 为 p 阶收敛.

将单个方程的牛顿法直接用于方程组 $\boldsymbol{F}(\boldsymbol{x}) = \boldsymbol{0}$,则可得到解非线性方程组的牛顿迭代法

$$\boldsymbol{x}^{(k+1)} = \boldsymbol{x}^{(k)} - \boldsymbol{F}'(\boldsymbol{x}^{(k)})^{-1} \boldsymbol{F}(\boldsymbol{x}^{(k)}), \quad k = 0, 1, \cdots,$$

这里 $\boldsymbol{F}'(\boldsymbol{x}^{(k)})^{-1}$ 是雅可比矩阵 $\boldsymbol{F}'(\boldsymbol{x}^{(k)})$ 的逆矩阵,具体计算时记 $\boldsymbol{x}^{(k+1)} - \boldsymbol{x}^{(k)} = \Delta \boldsymbol{x}^{(k)}$,先

解线性方程组

$$F'(x^{(k)})\Delta x^{(k)} = -F(x^{(k)})$$

求出向量 $\Delta x^{(k)}$，令 $x^{(k+1)} = x^{(k)} + \Delta x^{(k)}$．每步包括了计算向量函数 $F(x^{(k)})$ 及矩阵 $F'(x^{(k)})$．牛顿法有下面的收敛定理．

定理 7.9 设 $F(x)$ 的定义域为 $D \subset \mathbb{R}^n$，$x^* \in D$ 满足 $F(x^*) = 0$，在 x^* 的开邻域 $S_0 \subset D$ 上 $F'(x)$ 存在且连续，$F'(x^*)$ 非奇异，则牛顿法生成的序列 $\{x^{(k)}\}$ 在闭域 $S \subset S_0$ 上超线性收敛于 x^*，若还存在常数 $L > 0$，使

$$\| F'(x) - F'(x^*) \| \leqslant L \| x - x^* \|, \quad \forall x \in S,$$

则 $\{x^{(k)}\}$ 至少平方收敛．

7.2 主 要 算 法

第 7 章算法

1. 二分法

算法原理

确定 $f(x)$ 的有根区间 $[a, b]$ 后，对 $[a, b]$ 反复二分，根据根的位置不断缩小有根区间长度．二分过程中有根区间长度每次减半，当有根区间长度或中点函数值达到所需精度，二分法过程结束．

算法步骤

a. 给定有根区间 $[a, b]$ 及精度 $\varepsilon_1, \varepsilon_2$；

b. 若 $\dfrac{b-a}{2} < \varepsilon_1$，取 $x = \dfrac{a+b}{2}$，计算结束；

c. 取 $x = \dfrac{a+b}{2}$，若 $|f(x)| < \varepsilon_2$，计算结束；

d. 若 $f(a) \cdot f(x) < 0$，则 $b = x$，否则 $a = x$，转 b.

MATLAB 程序

```
function [x, it] = bisect(fun,a,b,ep1,ep2)
if nargin < 4
    ep1 = 1e - 5;    ep2 = 1e - 5;
end
fa = feval(fun,a);    fb = feval(fun,b);
if fa * fb > 0
    x = [fa,fb];    it = 0;    return;
end
k = 1;
while abs(b - a)/2 > ep1
    x = (a + b)/2;    fx = feval(fun,x);
    if abs(fx)< ep2    return;    end
    if fx * fa < 0
        b = x;    fb = fx;
    else
        a = x;    fa = fx;
    end
    k = k + 1;
```

```
end
it = k;
```

数值实验

例 1　求方程 $f(x)=x^3-x-1=0$ 在区间 $(1.0,1.5)$ 内的一个实根.

```
>> fun = inline('x^3 - x - 1');  [x, it] = bisect(fun,1,1.5)
x =  1.324722290039063
it =   16
```

2. 不动点迭代法

算法原理

根据给定的迭代函数 $\varphi(x)$ 及迭代初始值 x_0,用迭代公式 $x_{k+1}=\varphi(x_k)$ 反复迭代,直到满足精度或达到最大迭代次数.

算法步骤

a. 给定迭代函数 $\varphi(x)$,迭代初始值 x_0,精度 ε 及最大迭代次数 it_max;

b. 计算 $x_{k+1}=\varphi(x_k)$;

c. 若 $|x_{k+1}-x_k|<\varepsilon$,计算结束;

d. 若达到最大迭代次数,计算结束;否则 $k=k+1$,转 b.

MATLAB 程序

```
function [x, it] = iterate(phi,x0,ep,it_max)
if nargin < 4      it_max = 100;      end
if nargin < 3      ep = 1e - 5;       end
k = 1;
while k < it_max
    x1 = feval(phi,x0);
    if abs(x0 - x1)< ep      break;      end
    k = k + 1;      x0 = x1;
end
x = x1;      it = k;
```

数值实验

例 2　求方程 $f(x)=x^3-x-1=0$ 在 $x_0=1.5$ 附近的根.

```
>> phi = inline('(x + 1)^(1/3)');  [x, it] = iterate(phi,1.5)
x =  1.324719474534364
it =   7
```

3. 斯特芬森迭代法

算法原理

根据给定的迭代函数 $\varphi(x)$ 及迭代初始值 x_0,用斯特芬森加速迭代公式

$$y_k=\varphi(x_k),\quad z_k=\varphi(y_k),\quad x_{k+1}=x_k-\frac{(y_k-x_k)^2}{z_k-2y_k+x_k},\quad k=0,1,2,\cdots$$

反复迭代,直到满足精度或达到最大迭代次数.

算法步骤

a. 给定迭代函数 $\varphi(x)$,迭代初始值 x_0,精度 ε 及最大迭代次数 it_max;

b. 计算 $y_k = \varphi(x_k), z_k = \varphi(y_k)$;

c. 计算 $x_{k+1} = x_k - \dfrac{(y_k - x_k)^2}{z_k - 2y_k + x_k}$;

d. 若 $|x_{k+1} - x_k| < \varepsilon$，计算结束；

e. 若达到最大迭代次数，计算结束；否则 $k = k+1$，转 b.

MATLAB 程序

```
function [x, it] = steffensen(phi,x0,ep,it_max)
if nargin < 4     it_max = 100;     end
if nargin < 3     ep = 1e - 5;      end
k = 1;
while k < it_max
    x1 = x0;     y = feval(phi,x0);     z = feval(phi,y);     x0 = x0 - (y - x0)^2/(z - 2 * y + x0);
    if abs(x0 - x1)< ep     break;     end
    k = k + 1;
end
x = x0;     it = k;
```

数值实验

例 3 求方程 $f(x) = x^3 - x - 1 = 0$ 在 $x_0 = 1.5$ 附近的根.

```
>> phi = inline('x^3 - 1');   [x, it] = steffensen(phi,1.5)
x =   1.324717957244753
it =     6
```

按这个迭代公式，不动点迭代是不收敛的，但斯特芬森加速迭代则收敛，而且收敛速度很快.

4. 牛顿法

算法原理

根据给定迭代初始值 x_0，用牛顿法迭代公式

$$x_{k+1} = x_k - \frac{f(x_k)}{f'(x_k)}, \quad k = 0, 1, 2, \cdots$$

反复迭代，直到满足精度或达到最大迭代次数.

算法步骤

a. 给定迭代初始值 x_0，精度 ε 及最大迭代次数 it_max；

b. 计算 $x_{k+1} = x_k - f(x_k)/f'(x_k)$;

c. 若 $|x_{k+1} - x_k| < \varepsilon$，计算结束；

d. 若达到最大迭代次数，计算结束；否则 $k = k+1$，转 b.

MATLAB 程序

```
function [x, it] = Newton(fun,x0,ep,it_max)
if nargin < 4     it_max = 100;     end
if nargin < 3     ep = 1e - 5;      end
k = 1;
while k < it_max
    x1 = x0;     f = feval(fun,x0);     x0 = x0 - f(1)/f(2);
```

```
        if abs(x0 - x1)< ep    break;    end
        k = k + 1;
    end
    x = x0;    it = k;
```

说明：调用该函数之前需将 $f(x)$ 和 $f'(x)$ 表达式以向量形式赋值于 fun 中

数值实验

例 4　求方程 $f(x)=x^3-x-1=0$ 在 $x_0=1.5$ 附近的根.

```
>> fun = inline('[x^3 - x - 1,3 * x^2 - 1]');   [x, it] = Newton(fun,1.5)
x =   1.324717957244790
it =    4
```

7.3　复习与思考题解析

1. 什么是方程的有根区间？它与求根有何关系？

答　若 $f(x)\in C[a,b]$,且 $f(a)f(b)<0$,则根据连续函数的介值定理可知 $f(x)=0$ 在 (a,b) 内至少有一个实根,这时称 $[a,b]$ 为方程 $f(x)=0$ 的有根区间,方程求根应在有根区间内进行.

2. 什么是二分法？用二分法求 $f(x)=0$ 的根,$f(x)$ 要满足什么条件？

答　若 $f(x)\in C[a,b]$ 且 $f(a)f(b)<0$,根据连续函数的介值定理可知 $f(x)=0$ 在 (a,b) 内至少有一个实根,这时称 $[a,b]$ 为方程的有根区间,在有根区间内可以使用二分法.

考察有根区间 $[a,b]$,取中点 $x_0=(a+b)/2$ 将它分为两半,假设中点 x_0 不是 $f(x)$ 的零点,然后进行根的搜索,即检查 $f(x_0)$ 与 $f(a)$ 是否同号,如果确是同号,说明所求的根 x^* 在 x_0 的右端,这时令 $a_1=x_0,b_1=b$;否则 x^* 必在 x_0 的左侧,这时令 $a_1=a,b_1=x_0$. 不管哪种情况,新的有根区间 $[a_1,b_1]$ 的长度仅为 $[a,b]$ 长度的一半.

对压缩了的有根区间 $[a_1,b_1]$ 又可施行同样的手续,即用中点 $x_1=(a_1+b_1)/2$ 将区间 $[a_1,b_1]$ 再分为两半,然后通过根的搜索判定所求的根在 x_1 的哪一侧,从而又确定一个新的有根区间 $[a_2,b_2]$,其长度是 $[a_1,b_1]$ 长度的一半.

如此反复二分下去,如果所取的中点均不是 $f(x)$ 的零点,即可得出一系列的有根区间
$$[a,b]\supset[a_1,b_1]\supset[a_2,b_2]\supset\cdots\supset[a_k,b_k]\supset\cdots,$$
其中每个区间都是前一个区间的一半,因此当 $k\to\infty$ 时的长度
$$b_k-a_k=(b-a)/2^k$$
趋于零,就是说,如果二分过程无限地进行下去,这些区间最终必收缩于一点 x^*,该点就是所求的根,这就是二分法.

3. 什么是函数 $\varphi(x)$ 的不动点？如何确定 $\varphi(x)$ 使它的不动点等价于 $f(x)$ 的零点？

答　若 $x^*=\varphi(x^*)$,则称 x^* 为函数 $\varphi(x)$ 的不动点. 若 $x=\varphi(x)$ 等价于 $f(x)=0$,则满足 $x^*=\varphi(x^*)$ 的 x^* 必满足 $f(x^*)=0$,此时求 $\varphi(x)$ 的不动点与求 $f(x)$ 的零点等价.

4. 什么是不动点迭代法？$\varphi(x)$ 满足什么条件才能保证不动点存在和不动点迭代序列收敛于 $\varphi(x)$ 的不动点？

答　选择不动点的一个初始近似值 x_0,将它代入 $x=\varphi(x)$ 的右端,将所得的值作为不

动点的新的近似值 x_1,即

$$x_1 = \varphi(x_0),$$

如此反复计算,有

$$x_{k+1} = \varphi(x_k), \quad k = 0, 1, 2, \cdots,$$

该迭代称为不动点迭代法.

设 $\varphi(x) \in C[a, b]$,若满足:

(1) 对任意 $x \in [a, b]$,有 $a \leqslant \varphi(x) \leqslant b$,

(2) 存在正常数 $L < 1$,使对任意 $x, y \in [a, b]$ 都有

$$| \varphi(x) - \varphi(y) | \leqslant L | x - y |,$$

则 $\varphi(x)$ 在 $[a, b]$ 上存在唯一的不动点 x^*.

若 $\varphi(x) \in C[a, b]$ 满足上述条件(1)和(2),则对任意 $x_0 \in [a, b]$,由 $x_{k+1} = \varphi(x_k)$ 得到的迭代序列 $\{x_k\}$ 必收敛到 $\varphi(x)$ 的不动点.

5. 什么是迭代法的收敛阶? 如何衡量迭代法收敛的快慢? 如何确定 $x_{k+1} = \varphi(x_k)(k = 0, 1, \cdots)$ 的收敛阶?

答 设迭代法 $x_{k+1} = \varphi(x_k)(k = 0, 1, 2, \cdots)$ 收敛于方程 $x = \varphi(x)$ 的根 x^*,如果当 $k \to \infty$ 时,迭代误差 $e_k = x_k - x^*$ 满足渐近关系式

$$\frac{e_{k+1}}{e_k^p} \longrightarrow C \quad (C \text{ 为常数且 } C \neq 0),$$

则称该迭代法的收敛阶为 p. 利用收敛阶可以衡量迭代法收敛的快慢,p 值大则收敛快. 如果 $p = 2$,那么收敛速度就很快了.

对于迭代过程 $x_{k+1} = \varphi(x_k)$ 及正整数 p,如果 $\varphi^{(p)}(x)$ 在所求根 x^* 附近连续,并且

$$\varphi'(x^*) = \varphi''(x^*) = \cdots = \varphi^{(p-1)}(x^*) = 0, \quad \varphi^{(p)}(x^*) \neq 0,$$

则该迭代过程在点 x^* 邻近是 p 阶收敛的.

6. 什么是求解 $f(x) = 0$ 的牛顿法? 它是否总是收敛的? 若 $f(x^*) = 0, x^*$ 是单根,$f(x)$ 光滑,证明牛顿法是局部二阶收敛的.

答 设已知方程 $f(x) = 0$ 有近似根 x_k(假定 $f'(x_k) \neq 0$),将函数 $f(x)$ 在点 x_k 泰勒展开

$$f(x) \approx f(x_k) + f'(x_k)(x - x_k),$$

将 $f(x) = 0$ 近似地表示为

$$f(x_k) + f'(x_k)(x - x_k) = 0,$$

记其根为 x_{k+1},则 x_{k+1} 的计算公式为

$$x_{k+1} = x_k - \frac{f(x_k)}{f'(x_k)}, \quad k = 0, 1, 2, \cdots,$$

这就是牛顿法,亦称切线法.

当 x^* 是 $f(x)$ 的一个单根且 x_0 与 x^* 比较接近时,牛顿法总是收敛的,且为平方收敛. 事实上,由牛顿法的迭代函数

$$\varphi(x) = x - \frac{f(x)}{f'(x)},$$

有

$$\varphi'(x) = \frac{f(x)f''(x)}{[f'(x)]^2}.$$

当 x^* 是 $f(x)$ 的一个单根,即 $f(x^*)=0$,$f'(x^*)\neq 0$ 时,有 $\varphi'(x^*)=0$,所以牛顿法收敛,又因

$$\varphi''(x) = \frac{[f'(x)f''(x)+f(x)f'''(x)][f'(x)]^2 - f(x)f''(x)2f'(x)f''(x)}{[f'(x)]^4},$$

故 $\varphi''(x^*)=\frac{f''(x^*)}{f'(x^*)}$,由泰勒展开

$$x_{k+1}=\varphi(x_k)=\varphi(x^*)+\varphi'(x^*)(x_k-x^*)+\frac{1}{2}\varphi''(\xi)(x_k-x^*)^2,\xi \text{ 在 } x^* \text{ 与 } x_k \text{ 之间},$$

即

$$x_{k+1}=x^*+\frac{1}{2}\varphi''(\xi)(x_k-x^*)^2,$$

$$\frac{x_{k+1}-x^*}{(x_k-x^*)^2}=\frac{1}{2}\varphi''(\xi),$$

于是

$$\lim_{k\to\infty}\frac{x_{k+1}-x^*}{(x_k-x^*)^2}=\frac{1}{2}\varphi''(\xi)=\frac{f''(x^*)}{2f'(x^*)},$$

即牛顿法是局部二次收敛的.

7. 什么是弦截法? 试从收敛阶及每步迭代计算量与牛顿法比较其差别.

答　设 x_k,x_{k-1} 是 $f(x)=0$ 的近似根,利用 $f(x_k),f(x_{k-1})$ 构造一次插值多项式 $p_1(x)$,用 $p_1(x)=0$ 的根作为 $f(x)=0$ 的新的近似根 x_{k+1},计算公式为

$$x_{k+1}=x_k-\frac{f(x_k)}{f(x_k)-f(x_{k-1})}(x_k-x_{k-1}),$$

这就是弦截法.

从收敛阶上看,牛顿法的收敛阶为 2,而弦截法的收敛阶约为 1.618,牛顿法优于弦截法.但在牛顿法中,每步除计算 $f(x_k)$ 外,还要计算 $f'(x_k)$,当函数 $f(x)$ 比较复杂时,计算 $f'(x)$ 往往较困难,计算量也比较大,而弦截法则利用已求得的函数值 $f(x_k),f(x_{k-1})$ 回避了导数 $f'(x_k)$ 的计算,所以从计算量上看,弦截法优于牛顿法.

牛顿法与弦截法有着本质的区别,牛顿法属于一步法,弦截法属于两步法.

8. 什么是解方程的抛物线法? 在求多项式全部零点时是否优于牛顿法?

答　设已知方程 $f(x)=0$ 的三个近似根 x_k,x_{k-1},x_{k-2},以这三点为节点构造二次插值多项式 $p_2(x)$ 并适当选取 $p_2(x)$ 的一个零点 x_{k+1} 作为新的近似根,这样确定的迭代过程称为抛物线法.

抛物线法是超线性收敛的,收敛速度不如牛顿法快.但抛物线法可以求复零点,而牛顿法只能求实零点,因此在求多项式全部零点时,它优于牛顿法.

9. 什么是方程的重根? 重根对牛顿法收敛阶有何影响? 试给出具有二阶收敛的计算重根的方法.

答　若 $f(x)=(x-x^*)^m g(x)$,整数 $m\geq 2$,$g(x^*)\neq 0$,则称 x^* 为方程 $f(x)=0$ 的

m 重根,用牛顿法求重根只能达到线性收敛.

对于 m 重根的情形,若取

$$\varphi(x) = x - m\frac{f(x)}{f'(x)},$$

则 $\varphi'(x^*)=0$,此时用迭代法

$$x_{k+1} = x_k - m\frac{f(x_k)}{f'(x_k)}, \quad k=0,1,2,\cdots$$

计算具有二阶收敛性,当然事先需要知道根 x^* 的 m 重数.

还可以用迭代法

$$x_{k+1} = x_k - \frac{f(x_k)f'(x_k)}{[f'(x_k)]^2 - f(x_k)f''(x_k)}, \quad k=0,1,2,\cdots$$

求重根,它是局部二阶收敛的.

10. 什么是求解 n 维非线性方程组的牛顿法? 它每步迭代要调用多少次标量函数(计算偏导数与计算函数值相当).

答 将单个方程的牛顿法直接用于方程组 $\boldsymbol{F}(\boldsymbol{x})=\boldsymbol{0}$,可得到解非线性线性方程组的牛顿迭代法为

$$\boldsymbol{x}^{(k+1)} = \boldsymbol{x}^{(k)} - \boldsymbol{F}'(\boldsymbol{x}^{(k)})^{-1}\boldsymbol{F}(\boldsymbol{x}^{(k)}), \quad k=0,1,2,\cdots,$$

这里 $\boldsymbol{F}'(\boldsymbol{x})^{-1}$ 是雅可比矩阵 $\boldsymbol{F}'(\boldsymbol{x})$ 的逆矩阵.

具体计算时,记 $\boldsymbol{x}^{(k+1)}-\boldsymbol{x}^{(k)}=\Delta\boldsymbol{x}^{(k)}$,转化为求关于 $\Delta\boldsymbol{x}^{(k)}$ 的线性方程组 $\boldsymbol{F}'(\boldsymbol{x}^{(k)})\Delta\boldsymbol{x}^{(k)} = -\boldsymbol{F}(\boldsymbol{x}^{(k)})$.

在此过程中,计算雅可比矩阵 $\boldsymbol{F}'(\boldsymbol{x}^{(k)})$ 中要调用 n^2 次标量函数,计算 $\boldsymbol{F}(\boldsymbol{x}^{(k)})$ 中要调用 n 次标量函数,故每步迭代要调用 n^2+n 次标量函数.

11. 判断下列命题是否正确:

(1) 非线性方程(或方程组)的解通常不唯一.

(2) 牛顿法是不动点迭代的一个特例.

(3) 不动点迭代法总是线性收敛的.

(4) 任何迭代法的收敛阶都不可能高于牛顿法.

(5) 牛顿法总比弦截法及抛物线法更节省计算时间.

(6) 求多项式 $p(x)$ 的零点问题一定是病态的问题.

(7) 二分法与牛顿法一样都可推广到多维方程组求解.

(8) 牛顿法有可能不收敛.

(9) 不动点迭代法 $x_{k+1}=\varphi(x_k)$,其中 $x^*=\varphi(x^*)$,若 $|\varphi'(x^*)|<1$,则对任意初值 x_0 迭代都收敛.

(10) 弦截法也是不动点迭代的特例.

答 (1) 对.如 n 次多项式最多可有 n 个根.

(2) 对.牛顿法实质上是迭代函数为 $\varphi(x)=x-f(x)/f'(x)$ 的不动点迭代.

(3) 错.比如作为其特例的牛顿法可以达到二阶收敛.

(4) 错.理论上可以出现 3、4 阶收敛的迭代法.

(5) 错.如果函数的导数值的计算比较复杂,很可能要比弦截法等更费时间.

(6) 错. 因为问题是否病态与零点的分布有很大关系,不能一概而论.

(7) 错. 二分法只能用于非线性方程. 因为它的理论依据是一元连续函数的介值定理,而对多元连续函数没有与其对应的推广定理.

(8) 对. 牛顿法是局部收敛的,即只有当初始点与零点很近时,才收敛. 当初始点取得不恰当时,可能不收敛.

(9) 错. 关于不动点迭代法收敛的两个条件都要满足,才能保证从区间内的点开始的迭代收敛.

(10) 错. 因为弦截法是一种两步法,而不动点迭代是单步法.

7.4 习题解答

第 7 章解答

1. 用二分法求方程 $x^2-x-1=0$ 的正根,要求误差小于 0.05.

解 设 $f(x)=x^2-x-1$,因为 $f(1)=-1<0$,$f(2)=1>0$,所以 $[1,2]$ 为 $f(x)$ 的有根区间.

根据二分法的误差估计式,要求误差小于 0.05,只需 $\dfrac{1}{2^{k+1}}<0.05$,解得 $k+1>4.322$,故至少应二分 4 次. 具体计算结果见下表.

k	a_k	b_k	x_k	$f(x_k)$的符号	k	a_k	b_k	x_k	$f(x_k)$的符号
0	1	2	1.5	−	3	1.5	1.625	1.562 5	−
1	1.5	2	1.75	+	4	1.562 5	1.625	1.593 75	−
2	1.5	1.75	1.625	+	5	1.593 75	1.625	1.609 375	−

因此 $x^*\approx x_5=1.609\ 375$.

2. 为求方程 $x^3-x^2-1=0$ 在 $x_0=1.5$ 附近的一个根,设将方程改写成下列等价形式,并建立相应的迭代公式.

(1) $x=1+1/x^2$,迭代公式 $x_{k+1}=1+1/x_k^2$;

(2) $x^3=x^2+1$,迭代公式 $x_{k+1}=\sqrt[3]{x_k^2+1}$;

(3) $x^2=\dfrac{1}{x-1}$,迭代公式 $x_{k+1}=1/\sqrt{x_k-1}$.

试分析每种迭代公式的收敛性,并选取一种公式求出具有 4 位有效数字的近似根.

解 考虑 $x_0=1.5$ 的邻域 $[1.3,1.6]$.

(1) 当 $x\in[1.3,1.6]$ 时,$\varphi(x)=1+\dfrac{1}{x^2}$ 单调下降且其函数值落在 $[1.3906,1.5918]\subset[1.3,1.6]$,而 $|\varphi'(x)|=\left|-\dfrac{2}{x^3}\right|\leqslant\dfrac{2}{1.3^3}\leqslant0.911=L<1$,故迭代 $x_{k+1}=1+\dfrac{1}{x_k^2}$ 在 $[1.3,1.6]$ 上整体收敛.

(2) 当 $x\in[1.3,1.6]$ 时,$\varphi(x)=(1+x^2)^{1/3}$ 单调上升且其函数值落在 $[1.3907,1.5270]\subset[1.3,1.6]$,而

$$\mid \varphi'(x) \mid = \frac{2}{3} \left| \frac{x}{(1+x^2)^{2/3}} \right| < \frac{2}{3} \frac{1.6}{(1+1.3^2)^{2/3}} \leqslant 0.552 = L < 1,$$

故迭代 $x_{k+1} = \sqrt[3]{x_k^2 + 1}$ 在 $[1.3, 1.6]$ 上整体收敛.

(3) 当 $x \in [1.3, 1.6]$ 时, $\varphi(x) = \dfrac{1}{\sqrt{x-1}}$, $\mid \varphi'(x) \mid = \left| \dfrac{-1}{2(x-1)^{3/2}} \right| > \dfrac{1}{2(1.6-1)^{3/2}} > 1.$

故迭代 $x_{k+1} = 1/\sqrt{x_k - 1}$ 发散.

由于 (2) 中的 $\dfrac{1}{2} < L < 1$ 较小, 故取 (2) 的迭代公式计算. 若使结果具有 4 位有效数字, 只需

$$\mid x_k - x^* \mid \leqslant \frac{1}{1-L} \mid x_k - x_{k-1} \mid < \frac{1}{2} \times 10^{-3},$$

即

$$\mid x_k - x_{k-1} \mid < (1-L) \times \frac{1}{2} \times 10^{-3} < 0.25 \times 10^{-3}.$$

取 $x_0 = 1.5$, 计算结果见下表.

k	x_k	k	x_k	k	x_k
1	1.481 248 034	3	1.468 817 314	5	1.466 243 010
2	1.472 705 730	4	1.467 047 973	6	1.465 876 820

由于 $\mid x_6 - x_5 \mid < \dfrac{1}{4} \times 10^{-3}$, 故可取 $x^* \approx x_6 = 1.466$.

3. 比较求 $e^x + 10x - 2 = 0$ 的根到 3 位小数所需的计算量:

(1) 在区间 $[0,1]$ 内用二分法;

(2) 用迭代法 $x_{k+1} = (2 - e^{x_k})/10$, 取初值 $x_0 = 0$.

解 (1) 因 $f(0) < 0$, $f(1) > 0$, 故 $0 < x^* < 1$, 用二分法的计算结果见下表.

k	a_k	b_k	x_k	$f(x_k)$ 的符号	$\dfrac{1}{2^{k+1}}$
0	0	1	0.5	+	0.5
1	0	0.5	0.25	+	0.25
2	0	0.25	0.125	+	0.125
3	0	0.125	0.0625	−	0.0625
4	0.0625	0.125	0.093 75	+	0.031 25
5	0.0625	0.093 75	0.078 125	−	0.015 625
6	0.078 125	0.093 75	0.085 937 5	−	0.007 812 5
7	0.085 937 5	0.093 75	0.089 843 75	−	0.003 906 25
8	0.089 843 75	0.093 75	0.091 796 875	+	0.001 953 125
9	0.089 843 75	0.091 796 875	0.090 820 312	+	0.000 976 562
10	0.089 843 75	0.090 820 312	0.090 332 031	−	0.000 488 281
11	0.090 332 031	0.090 820 312	0.090 576 171	+	0.000 244 14
12	0.090 332 031	0.090 576 171	0.090 454 101	−	0.000 122 07
13	0.090 454 101	0.090 576 171	0.090 515 136	−	0.000 061 035
14	0.090 515 136	0.090 576 171	0.090 545 653	+	0.000 030 517

由于 $|x_{14}-x^*|\leqslant\dfrac{1}{2^{15}}=0.000\,030\,517<\dfrac{1}{2}\times10^{-4}$，所以 $x^*\approx x_{14}$ 具有 3 位有效数字.

（2）当 $x\in[0,\ln2]\supset[0,0.69]$ 时，$\varphi(x)=(2-e^x)/10$ 单调下降且其函数值落在 $[0,0.1]\subset[0,0.69]$，$|\varphi'(x)|=\dfrac{1}{10}|-e^x|\leqslant\dfrac{1}{10}e^{\ln2}=0.2=L<1$，故迭代 $x_{k+1}=(2-e^{x_k})/10$ 在 $[0,0.5]$ 上整体收敛.

取 $x_0=0$，迭代结果见下表.

k	x_k	k	x_k	k	x_k
1	0.1	3	0.090 639 136	5	0.090 526 468
2	0.089 482 908	4	0.090 512 617		

此时 $|x_5-x^*|\leqslant\dfrac{1}{1-L}|x_5-x_4|\leqslant0.000\,001\,74<\dfrac{1}{2}\times10^{-4}$，故 $x^*\approx x_5$，精确到 3 位小数.

4. 给定函数 $f(x)$，设对一切 x，$f'(x)$ 存在且 $0<m\leqslant f'(x)\leqslant M$，证明对于范围 $0<\lambda<2/M$ 内的任意定数 λ，迭代过程 $x_{k+1}=x_k-\lambda f(x_k)$ 均收敛于 $f(x)=0$ 的根 x^*.

证明　由于 $f'(x)>0$，故 $f(x)$ 为单调函数，因此方程 $f(x)=0$ 的根 x^* 是唯一的. 迭代函数 $\varphi(x)=x-\lambda f(x)$，$|\varphi'(x)|=|1-\lambda f'(x)|$. 由 $0<m\leqslant f'(x)\leqslant M$ 及 $0<\lambda<2/M$，得

$$0<\lambda m\leqslant\lambda f'(x)\leqslant\lambda M<2,$$
$$-1<1-\lambda M\leqslant1-\lambda f'(x)\leqslant1-\lambda m<1,$$

故

$$|\varphi'(x)|\leqslant L=\max\{|1-\lambda m|,|1-\lambda M|\}<1.$$

由此可得

$$|x_k-x^*|\leqslant L|x_{k-1}-x^*|\leqslant\cdots\leqslant L^k|x_0-x^*|\to0,\quad k\to\infty,$$

即 $\lim\limits_{k\to\infty}x_k=x^*$.

5. 用斯特芬森迭代法计算第 2 题中（2），（3）的近似根，精确到 10^{-5}.

解　记第 2 题中（2）的迭代函数 $\varphi_2(x)=(1+x^2)^{1/3}$，（3）的迭代函数为 $\varphi_3(x)=\dfrac{1}{\sqrt{x-1}}$，利用斯特芬森迭代法计算结果见下表.

k	加速 $\varphi_2(x)$ 的结果 x_k	k	加速 $\varphi_3(x)$ 的结果 x_k
0	1.5	0	1.5
1	1.465 558 483	1	1.467 342 286
2	1.465 571 232	2	1.465 576 085
3	1.465 571 232	3	1.465 571 232
4		4	1.465 571 232

6. 设 $\varphi(x)=x-p(x)f(x)-q(x)f^2(x)$，试确定函数 $p(x)$ 和 $q(x)$，使求解 $f(x)=0$ 且以 $\varphi(x)$ 为迭代函数的迭代法至少三阶收敛.

解　若使 $x_{k+1}=\varphi(x_k)$ 三阶收敛到 $f(x)=0$ 的根 x^*，根据相应结论，应有 $\varphi(x^*)=$

x^*,$\varphi'(x^*)=0$,$\varphi''(x^*)=0$.于是由

$$\varphi(x^*)=x^*-p(x^*)f(x^*)-q(x^*)f^2(x^*)=x^*,$$
$$\varphi'(x^*)=1-p(x^*)f'(x^*)=0,$$
$$\varphi''(x^*)=-2p'(x^*)f'(x^*)-p(x^*)f''(x^*)-2q(x^*)[f'(x^*)]^2=0,$$

有

$$p(x^*)=\frac{1}{f'(x^*)},\quad q(x^*)=\frac{1}{2}\frac{f''(x^*)}{[f'(x^*)]^3}$$

故取

$$p(x)=\frac{1}{f'(x)},\quad q(x)=\frac{f''(x)}{2[f'(x)]^3}$$

时迭代至少三阶收敛.

7. 用下列方法求 $f(x)=x^3-3x-1=0$ 在 $x_0=2$ 附近的根.根的准确值 $x^*=$ 1.879 385 24…,要求计算结果准确到 4 位有效数字.

(1) 用牛顿法；

(2) 用弦截法,取 $x_0=2$,$x_1=1.9$；

(3) 用抛物线法,取 $x_0=2$,$x_1=3$,$x_2=2$.

解 对 $\forall x\in[1,2]$,由 $f(1)<0$,$f(2)>0$,$f'(x)=3x^2-3=3(x^2-1)\geqslant0$,知 $f(x)$在 $[1,2]$内有唯一根.

(1) 取 $x_0=2$,用牛顿迭代法.因 $f(x)=x^3-3x-1$,故 $f'(x)=3x^2-3$,于是得

$$x_{k+1}=x_k-\frac{x_k^3-3x_k-1}{3x_k^2-3}=\frac{2x_k^3+1}{3(x_k^2-1)},\quad k=0,1,2,\cdots$$

计算得 $x_1=1.888\ 888\ 889$,$x_2=1.879\ 451\ 567$,因为$|x_2-x^*|<\frac{1}{2}\times10^{-3}$,所以 $x^*\approx x_2=$ 1.879 451 567.

(2) 取 $x_0=2$,$x_1=1.9$,用弦截法

$$x_{k+1}=x_k-\frac{(x_k-x_{k-1})f(x_k)}{f(x_k)-f(x_{k-1})}=\frac{x_k^2x_{k-1}+x_kx_{k-1}^2+1}{x_k^2+x_kx_{k-1}+x_{k-1}^2-3},\quad k=1,2,\cdots$$

计算得 $x_2=1.881\ 093\ 936$,$x_3=1.879\ 411\ 060$,$x_4=1.879\ 385\ 274$,因为$|x_4-x^*|<\frac{1}{2}\times$ 10^{-3},所以 $x^*\approx x_4=1.879\ 385\ 274$.

(3) $x_0=1$,$x_1=3$,$x_2=2$,抛物线法的迭代公式为

$$\begin{cases}x_{k+1}=x_k-\dfrac{2f(x_k)}{w+\text{sign}(w)\sqrt{w^2-4f(x_k)f[x_k,x_{k-1},x_{k-2}]}},\\w=f[x_k,x_{k-1}]+f[x_k,x_{k-1},x_{k-2}](x_k-x_{k-1}),\end{cases}$$

迭代结果为 $x_3=1.893\ 149\ 824$,$x_4=1.879\ 135\ 257$,$x_5=1.879\ 385\ 296$.x_5 具有 4 位有效数字.

8. 分别用二分法和牛顿法求 $x-\tan x=0$ 的最小正根.

解 记 $f(x)=x-\tan x$,由 $f(4)=2.842\cdots>0$,$f(4.6)=-4.26\cdots<0$,知$[4,4.6]$是

$f(x)=0$ 的有根区间.

对于二分法,计算结果见下表.

k	a_k	b_k	x_k	$f(x_k)$的符号
0	4.0	4.6	4.3	+
1	4.3	4.6	4.45	+
2	4.45	4.6	4.525	−
3	4.45	4.525	4.4875	+
4	4.4875	4.525	4.506 25	−
5	4.4875	4.506 25	4.496 875	−
6	4.4875	4.496 875	4.492 187 5	+
7	4.492 187 5	4.496 875	4.494 531 25	−
8	4.492 187 5	4.494 531 25	4.493 359 375	+
9	4.493 359 375	4.494 531 25	4.493 445 313	−

此时 $|x_9-x^*|<\dfrac{1}{2^{10}}=\dfrac{1}{1024}<10^{-3}$.

若用牛顿法,由于 $f'(x)=-(\tan x)^2<0$,故取 $x_0=4.6$,迭代结果见下表.

k	x_k	k	x_k	k	x_k
1	4.545 732 122	3	4.494 171 630	5	4.493 409 458
2	4.506 145 588	4	4.493 412 197	6	4.493 409 458

所以 $x-\tan x=0$ 的最小正根为 $x^*\approx4.493\,409\,458$.

9. 研究求 $\sqrt{a}$ 的牛顿公式

$$x_{k+1}=\frac{1}{2}\Big(x_k+\frac{a}{x_k}\Big),\quad x_0>0,$$

证明对一切 $k=1,2,\cdots,x_k\geqslant\sqrt{a}$ 且序列 $x_1,x_2,\cdots$ 是递减的.

证明　牛顿迭代公式为

$$x_{k+1}=\frac{1}{2}\Big(x_k+\frac{a}{x_k}\Big),$$

因为 $x_0>0$,所以 $x_k>0(k=1,2,\cdots)$,且

$$x_{k+1}=\frac{1}{2}\Big(x_k+\frac{a}{x_k}\Big)\geqslant\frac{1}{2}\times2\sqrt{x_k\cdot\frac{a}{x_k}}=\sqrt{a}.$$

又因为

$$\frac{x_{k+1}}{x_k}=\frac{1}{2}+\frac{a}{2x_k^2}\leqslant\frac{1}{2}+\frac{a}{2a}=1,$$

因而 $x_{k+1}\leqslant x_k$,即所得数列 $\{x_k\}$ 是递调递减有下界的.

10. 对于 $f(x)=0$ 的牛顿公式 $x_{k+1}=x_k-f(x_k)/f'(x_k)$,证明

$$R_k=(x_k-x_{k-1})/(x_{k-1}-x_{k-2})^2$$

收敛到 $-f''(x^*)/[2f'(x^*)]$,这里 x^* 为 $f(x)=0$ 的根.

证明　牛顿迭代公式为

$$x_{k+1}=x_k-\frac{f(x_k)}{f'(x_k)},$$

由

$$R_k = \frac{x_k - x_{k-1}}{(x_{k-1} - x_{k-2})^2},$$

及 $f(x^*)=0$ 有

$$R_k = \frac{-\dfrac{f(x_{k-1})}{f'(x_{k-1})}}{\left[-\dfrac{f(x_{k-2})}{f'(x_{k-2})}\right]^2} = -\frac{f(x_{k-1})\left[f'(x_{k-2})\right]^2}{f'(x_{k-1})\left[f(x_{k-2})\right]^2}$$

$$= -\frac{\left[f(x_{k-1})-f(x^*)\right]\left[f'(x_{k-2})\right]^2}{\left[f(x_{k-2})-f(x^*)\right]^2 f'(x_{k-1})}$$

$$= -\frac{f'(\xi_{k-1})(x_{k-1}-x^*)\left[f'(x_{k-2})\right]^2}{\left[f'(\xi_{k-2})\right]^2(x_{k-2}-x^*)^2 f'(x_{k-1})},$$

其中 ξ_i 位于 x_i 与 x^* 之间，$i=k-1,k-2$.

又因为由牛顿法产生的序列收敛于方程 $f(x)=0$ 的根 x^*，所以

$$\lim_{k\to\infty}\frac{x_{k-1}-x^*}{(x_{k-2}-x^*)^2} = \frac{f''(x^*)}{2f'(x^*)}$$

故

$$\lim_{k\to\infty} R_k = \lim_{k\to\infty} -\frac{f'(\xi_{k-1})(x_{k-1}-x^*)\left[f'(x_{k-2})\right]^2}{\left[f'(\xi_{k-2})\right]^2(x_{k-2}-x^*)^2 f'(x_{k-1})}$$

$$= \lim_{k\to\infty} -\frac{f'(\xi_{k-1})f''(x^*)\left[f'(x_{k-2})\right]^2}{\left[f'(\xi_{k-2})\right]^2 2f'(x^*)f'(x_{k-1})}$$

$$= -\frac{f''(x^*)}{2f'(x^*)},$$

命题得证.

11. 用牛顿法和求重根迭代法(7.23)式和(7.24)式计算方程 $f(x)=\left(\sin x - \dfrac{x}{2}\right)^2 = 0$

的一个近似根，准确到 10^{-5}，初始值 $x_0 = \dfrac{\pi}{2}$.

解 显然，$f(x)=\left(\sin x - \dfrac{x}{2}\right)^2$ 的根 x^* 为二重根，且

$$f'(x) = 2\left(\sin x - \frac{x}{2}\right)\left(\cos x - \frac{1}{2}\right).$$

牛顿迭代公式为

$$x_{k+1} = x_k - \frac{f(x_k)}{f'(x_k)} = x_k - \frac{\left(\sin x_k - \dfrac{x_k}{2}\right)^2}{2\left(\sin x_k - \dfrac{x_k}{2}\right)\left(\cos x_k - \dfrac{1}{2}\right)}$$

$$= x_k - \frac{\sin x_k - \dfrac{x_k}{2}}{2\cos x_k - 1}, \quad k=0,1,2,\cdots.$$

令 $x_0 = \dfrac{\pi}{2}$，则 $x_1 = 1.785\,398$，$x_2 = 1.844\,562$，…，迭代到 $x_{15} = 1.895\,488$，有 $|x_{14} - x_{15}| < 10^{-5}$.

用求重根的迭代法(7.23)式，公式为

$$x_{k+1} = x_k - m\,\frac{f(x_k)}{f'(x_k)} = x_k - \frac{\sin x_k - \dfrac{x_k}{2}}{\cos x_k - \dfrac{1}{2}}, \quad k = 0,1,2,\cdots.$$

取 $x_0 = \dfrac{\pi}{2}$，则

$$x_1 = 2.000\,000,\ x_2 = 1.900\,996,\ x_3 = 1.895\,512,\ x_4 = 1.895\,494,\ x_5 = 1.895\,494,$$

迭代 4 次即可得到上面 x_{15} 的结果.

若用迭代法(7.24)式，公式为

$$x_{k+1} = x_k - \frac{f(x_k)f'(x_k)}{[f'(x_k)]^2 - f(x_k)f''(x_k)},$$

将 $f(x), f'(x)$ 及 $f''(x) = 2\left(\cos x - \dfrac{1}{2}\right)^2 - 2\sin x\left(\sin x - \dfrac{x}{2}\right)$ 代入迭代公式，得

$$x_{k+1} = x_k - \frac{\left(\sin x_k - \dfrac{x_k}{2}\right)\left(\cos x_k - \dfrac{1}{2}\right)}{\left(\cos x_k - \dfrac{1}{2}\right)^2 + \sin x_k\left(\sin x_k - \dfrac{x_k}{2}\right)}.$$

取 $x_0 = \dfrac{\pi}{2}$，则

$$x_1 = 1.801\,749, \quad x_2 = 1.889\,630, \quad x_3 = 1.895\,474,$$
$$x_4 = 1.895\,494, \quad x_5 = 1.895\,494,$$

结果与使用(7.23)式相同.

12. 应用牛顿法于方程 $x^3 - a = 0$，导出求立方根 $\sqrt[3]{a}$ 的迭代公式，并讨论其收敛性.

解　$f(x) = x^3 - a$，故 $f'(x) = 3x^2$，牛顿法迭代公式为

$$x_{k+1} = x_k - \frac{f(x_k)}{f'(x_k)} = x_k - \frac{x_k^3 - a}{3x_k^2} = \frac{2x_k^3 + a}{3x_k^2}, \quad k = 0,1,2,\cdots.$$

当 $a \neq 0$ 时，$\sqrt[3]{a}$ 为 $f(x) = 0$ 的单根，此时，牛顿法在 x^* 附近是平方收敛的.

当 $a = 0$ 时，迭代公式退化为 $x_{k+1} = \dfrac{2}{3}x_k$，因而 $x_k \to 0$，即迭代公式收敛.

13. 应用牛顿法于方程 $f(x) = 1 - \dfrac{a}{x^2} = 0$，导出求 $\sqrt{a}$ 的迭代公式，并用此公式求 $\sqrt{115}$ 的值.

解　因为 $f(x) = 1 - \dfrac{a}{x^2}$，所以 $x^* = \sqrt{a}$ 为方程 $f(x) = 0$ 的单根，牛顿法在 x^* 附近是平方收敛的.

由 $f'(x) = \dfrac{2a}{x^3}$，知牛顿法迭代公式为

$$x_{k+1} = x_k - \frac{f(x_k)}{f'(x_k)} = x_k - \frac{1 - \dfrac{a}{x_k^2}}{\dfrac{2a}{x_k^3}} = x_k - \frac{x_k^3 - ax_k}{2a} = \frac{1}{2a}(3ax_k - x_k^3).$$

令 $a = 115$，则有 $x_{k+1} = \dfrac{x_k}{230}(345 - x_k^2)$，取 $x_0 = 10$，则

$$x_1 = 10.652\,173\,91, \quad x_2 = 10.723\,089\,18,$$
$$x_3 = 10.723\,805\,22, \quad x_4 = 10.723\,805\,29,$$

故 $\sqrt{115} \approx 10.723\,805$.

14. 应用牛顿法于方程 $f(x) = x^n - a = 0$ 和 $f(x) = 1 - \dfrac{a}{x^n} = 0$，分别导出求 $\sqrt[n]{a}$ 的迭代公式，并求

$$\lim_{k \to \infty}(\sqrt[n]{a} - x_{k+1})/(\sqrt[n]{a} - x_k)^2.$$

解 若 $f(x) = x^n - a$，则

$$f'(x) = nx^{n-1}, \quad f''(x) = n(n-1)x^{n-2}.$$

因为 $x^* = \sqrt[n]{a}$ 为方程 $f(x) = 0$ 的根，所以牛顿迭代公式为

$$x_{k+1} = x_k - \frac{f(x_k)}{f'(x_k)} = x_k - \frac{x_k^n - a}{nx_k^{n-1}} = \frac{(n-1)x_k^n + a}{nx_k^{n-1}},$$

故

$$\lim_{k \to \infty}\frac{\sqrt[n]{a} - x_{k+1}}{(\sqrt[n]{a} - x_k)^2} = -\frac{f''(\sqrt[n]{a})}{2f'(\sqrt[n]{a})} = -\frac{n(n-1)(\sqrt[n]{a})^{n-2}}{2n(\sqrt[n]{a})^{n-1}} = -\frac{n-1}{2\sqrt[n]{a}}.$$

若 $f(x) = 1 - \dfrac{a}{x^n}$，则

$$f'(x) = \frac{an}{x^{n+1}}, \quad f''(x) = -\frac{an(n+1)}{x^{n+2}}.$$

因为 $x^* = \sqrt[n]{a}$ 为方程 $f(x) = 0$ 的根，所以牛顿迭代公式为

$$x_{k+1} = x_k - \frac{f(x_k)}{f'(x_k)} = x_k - \frac{1 - \dfrac{a}{x_k^n}}{\dfrac{an}{x_k^{n+1}}} = x_k - \frac{x_k^{n+1} - ax_k}{an} = \frac{(an + a)x_k - x_k^{n+1}}{an},$$

故

$$\lim_{k \to \infty}\frac{\sqrt[n]{a} - x_{k+1}}{(\sqrt[n]{a} - x_k)^2} = -\frac{f''(\sqrt[n]{a})}{2f'(\sqrt[n]{a})} = -\frac{-\dfrac{an(n+1)}{(\sqrt[n]{a})^{n+2}}}{2 \cdot \dfrac{an}{(\sqrt[n]{a})^{n+1}}} = \frac{n+1}{2\sqrt[n]{a}}.$$

15. 证明迭代公式

$$x_{k+1} = \frac{x_k(x_k^2 + 3a)}{3x_k^2 + a}$$

是计算 $\sqrt{a}$ 的 3 阶方法. 假定初值 x_0 充分靠近根 x^*, 求

$$\lim_{k \to \infty}(\sqrt{a} - x_{k+1})/(\sqrt{a} - x_k)^3.$$

证明　若设 $\varphi(x) = \dfrac{x(x^2 + 3a)}{3x^2 + a}$, 则有 $\varphi(\sqrt{a}) = \dfrac{\sqrt{a}(a + 3a)}{3a + a} = \sqrt{a}$, 迭代公式

$$x_{k+1} = \varphi(x_k),$$

以 $\sqrt{a}$ 为不动点. 由

$$\varphi'(x) = \frac{(3x^2 + 3a)(3x^2 + a) - (x^3 + 3ax) \cdot 6x}{(3x^2 + a)^2} = \frac{3(x^2 - a)^2}{(3x^2 + a)^2},$$

$$\varphi''(x) = \frac{3(x^2 - a) \cdot 2x(3x^2 + a)^2 - 3(x^2 - a)^2 2(3x^2 + a) \cdot 6x}{(3x^2 + a)^4} = \frac{6x(3x^2 - 7a)(x^2 - a)}{(3x^2 + a)^3},$$

$$\varphi'''(x) = \frac{(-90x^4 + 180ax^2 - 42a^2)(3x^2 + a^3) - (-18x^5 + 60ax^3 - 42a^2 x) \cdot 3(3x^2 + a)^2 \cdot 6x}{(3x^2 + a)^6},$$

所以 $\varphi'(\sqrt{a}) = 0, \varphi''(\sqrt{a}) = 0, \varphi'''(\sqrt{a}) = \dfrac{3}{2a} \neq 0$, 因而迭代法是计算 $\sqrt{a}$ 的三阶方法, 即

$$\frac{e_{k+1}}{e_k^3} \to \frac{\varphi^{(3)}(x^*)}{3!},$$

亦即

$$\lim_{k \to \infty} \frac{\sqrt{a} - x_{k+1}}{(\sqrt{a} - x_k)^3} = \frac{1}{3!} \cdot \frac{3}{2a} = \frac{1}{4a}.$$

16. 用抛物线法求多项式 $p(x) = 4x^4 - 10x^3 + 1.25x^2 + 5x + 1.5$ 的两个零点, 然后利用降阶求出全部零点.

解　先用抛物线法求方程的根, 取 $x_0 = 0.5, x_1 = -0.5, x_2 = 0$, 计算到 $|f(x_i)| < 10^{-5}$. 计算公式为

$$x_{k+1} = x_k - \frac{2f(x_k)}{\omega \pm \sqrt{\omega^2 - 4f(x_k)f[x_k, x_{k-1}, x_{k-2}]}}, \quad k = 2, 3, \cdots,$$

式中 $\omega = f[x_k, x_{k-1}] + f[x_k, x_{k-1}, x_{k-2}](x_k - x_{k-1})$, 迭代时为选取较接近 x_k 的值作为新的近似根 x_{k+1}, 只需取根式前的符号使分母的模最大即可.

结果如下表:

	$x_0 = 0.5, x_1 = -0.5, x_2 = 0$	
i	x_i	$p(x_i)$
3	$-0.555\,556 + 0.598\,352i$	$-7.350\,175 - 0.974\,681i$
4	$-0.435\,450 + 0.102\,101i$	$0.333\,056 - 0.298\,274i$
5	$-0.390\,631 + 0.141\,852i$	$0.093\,764 - 0.167\,542i$
6	$-0.357\,698 + 0.169\,926i$	$-0.036\,688 - 0.001\,862i$
7	$-0.356\,051 + 0.162\,856i$	$-0.460\,056 \times 10^{-3} + 0.134\,614 \times 10^{-3}i$
8	$-0.356\,062 + 0.162\,758i$	$0.412\,089 \times 10^{-6} + 0.223\,178 \times 10^{-6}i$
9	$-0.356\,062 + 0.162\,758i$	$-0.64 \times 10^{-12} + 0.90 \times 10^{-12}i$

求得根为$-0.356\,062\pm0.162\,758\mathrm{i}$,从而有

$$p(x)=4(x^2+0.712\,124x+0.153\,270)(x^2-3.212\,124x+2.446\,662).$$

然后由 $x^2-3.212\,124x+2.446\,662=0$,求得另外两根为

$$x_3=1.241\,6815,\quad x_4=1.970\,443.$$

对原方程 $p(x)=0$,分别以这两根为初值,用牛顿法迭代一次,得更精确的根

$$x_3=1.241\,677\,45,\quad x_4=1.970\,446\,08.$$

17. 非线性方程组 $\begin{cases}3x_1^2-x_2^2=0,\\3x_1x_2^2-x_1^3-1=0\end{cases}$ 在$(0.4,0.7)^{\mathrm{T}}$附近有一个解. 构造一个不动点迭代法,使它能收敛到这个解,并计算精确到 10^{-5}(按$\|\cdot\|_\infty$).

解 将方程组化为 $\boldsymbol{x}=\boldsymbol{\Phi}(\boldsymbol{x})$的形式,其中

$$\boldsymbol{x}=\begin{pmatrix}x_1\\x_2\end{pmatrix},\quad \boldsymbol{\Phi}(\boldsymbol{x})=\begin{pmatrix}\varphi_1(\boldsymbol{x})\\\varphi_2(\boldsymbol{x})\end{pmatrix}=\begin{pmatrix}\dfrac{1}{\sqrt{3}}x_2\\[3mm]\sqrt{\dfrac{1+x_1^3}{3x_1}}\end{pmatrix}.$$

方法 1 设 $\varphi_2(z)=\sqrt{\dfrac{1+z^3}{3z}}$,则 $\varphi_2'(z)=\dfrac{\sqrt{3}}{6}\dfrac{2z^3-1}{\sqrt{z^3(1+z^3)}}$. 取 $\varphi_2'(z)=0$,得 $z=\dfrac{1}{\sqrt[3]{2}}$. 由此可得在 $z\in\left(0,\dfrac{1}{\sqrt[3]{2}}\right)$上 $\varphi_2'(z)<0$,在 $z\in\left(\dfrac{1}{\sqrt[3]{2}},+\infty\right)$上 $\varphi_2'(z)>0$. 因此 $\varphi_2(z)$在$(0,+\infty)$上有最小值 $\varphi_2\left(\dfrac{1}{\sqrt[3]{2}}\right)=\dfrac{1}{\sqrt[3]{2}}\approx0.7937$.

设 $D=\{(x_1,x_2)\mid 0.4\leqslant x_1\leqslant1,0.7\leqslant x_2\leqslant1\}$,可以验证,$0.4041\leqslant\varphi_1(\boldsymbol{x})\leqslant0.5774$,$0.7937\leqslant\varphi_2(\boldsymbol{x})\leqslant\max\{\varphi_2(0.4),\varphi_2(1)\}=\max\{0.8163,0.9417\}=0.9417$,故 $\boldsymbol{x}\in D$ 时,$\boldsymbol{\Phi}(\boldsymbol{x})\in D$.

进一步可得 $\varphi_2''(z)=\dfrac{\sqrt{3}z^2(4z^3+1)}{4\sqrt{z^9(1+z^3)^3}}>0$,故在$[0.4,1]$上 $\varphi_2'(z)$为单调递增函数. 由 $\varphi_2'(0.4)=-0.9647,\varphi_2'(1)=0.2042$,得当 $z\in[0.4,1]$时,$|\varphi_2'(z)|<1$. 于是对于任意的 $\boldsymbol{x}$,$\boldsymbol{y}\in D$,

$$|\varphi_1(\boldsymbol{y})-\varphi_1(\boldsymbol{x})|=\left|\dfrac{1}{\sqrt{3}}y_2-\dfrac{1}{\sqrt{3}}x_2\right|=\dfrac{1}{\sqrt{3}}|y_2-x_2|,$$

$$|\varphi_2(\boldsymbol{y})-\varphi_2(\boldsymbol{x})|=\left|\sqrt{\dfrac{1+y_1^3}{3y_1}}-\sqrt{\dfrac{1+x_1^3}{3x_1}}\right|$$

$$=|\varphi_2'(z)||y_1-x_1|<|y_1-x_1|.$$

于是有 $\|\boldsymbol{\Phi}(\boldsymbol{y})-\boldsymbol{\Phi}(\boldsymbol{x})\|_1=|\varphi_1(\boldsymbol{y})-\varphi_1(\boldsymbol{x})|+|\varphi_2(\boldsymbol{y})-\varphi_2(\boldsymbol{x})|<\dfrac{1}{\sqrt{3}}|y_2-x_2|+|y_1-x_1|<\|\boldsymbol{y}-\boldsymbol{x}\|_1$,即 $\boldsymbol{\Phi}$ 满足教材中定理 7.7 的条件,$\boldsymbol{\Phi}$ 在 D 中存在唯一不动点 $\boldsymbol{x}^*$,从 D 内任一点 $\boldsymbol{x}^{(0)}$ 出发的迭代法都收敛于 $\boldsymbol{x}^*$. 可取 $\boldsymbol{x}^{(0)}=(0.4,0.7)^{\mathrm{T}}$ 进行迭代.

方法 2　由于

$$\boldsymbol{\Phi}'(\boldsymbol{x}) = \begin{pmatrix} \dfrac{\partial \varphi_1}{\partial x_1} & \dfrac{\partial \varphi_1}{\partial x_2} \\ \dfrac{\partial \varphi_2}{\partial x_1} & \dfrac{\partial \varphi_2}{\partial x_2} \end{pmatrix} = \begin{pmatrix} 0 & \dfrac{1}{\sqrt{3}} \\ \dfrac{\sqrt{3}(2x_1^3 - 1)}{6\sqrt{x_1^3(1 + x_1^3)}} & 0 \end{pmatrix},$$

而由方法 1 可知对一切 $\boldsymbol{x} \in D$,有

$$\left| \frac{\partial \varphi_1}{\partial x_1} \right| = 0, \quad \left| \frac{\partial \varphi_1}{\partial x_2} \right| = \frac{1}{\sqrt{3}} < 1, \quad \left| \frac{\partial \varphi_2}{\partial x_1} \right| < 1, \quad \left| \frac{\partial \varphi_2}{\partial x_2} \right| = 0,$$

故 $\| \boldsymbol{\Phi}'(\boldsymbol{x}) \|_1 = \| \boldsymbol{\Phi}'(\boldsymbol{x}) \|_\infty < 1$,从而有 $\rho(\boldsymbol{\Phi}'(\boldsymbol{x})) < 1$. 而已知在 D 内存在此方程组的解 $\boldsymbol{x}^*$,故 $\rho(\boldsymbol{\Phi}'(\boldsymbol{x}^*)) < 1$,满足教材中定理 7.8 的条件,所以存在 $\boldsymbol{x}^*$ 的某个邻域 S,使对任意的 $\boldsymbol{x}^{(0)} \in S$,从 $\boldsymbol{x}^{(0)}$ 出发的迭代法都收敛于 $\boldsymbol{x}^*$. 我们可以尝试着从 $\boldsymbol{x}^{(0)} = (0.4, 0.7)^\mathrm{T}$ 开始迭代,看是否收敛.

取 $\boldsymbol{x}^{(0)} = (0.4, 0.7)^\mathrm{T}$,按迭代公式 $\boldsymbol{x}^{(k+1)} = \boldsymbol{\Phi}(\boldsymbol{x}^{(k)})$ 计算结果如下.

k	$x_1^{(k)}$	$x_2^{(k)}$	$\| \boldsymbol{x}^{(1)} - \boldsymbol{x}^{(2)} \|_\infty$	k	$x_1^{(k)}$	$x_2^{(k)}$	$\| \boldsymbol{x}^{(1)} - \boldsymbol{x}^{(2)} \|_\infty$
0	0.4	0.7		12	0.499 836	0.865 755	$1.352\ 119 \times 10^{-5}$
4	0.487 052	0.844 641	0.001 043	16	0.499 982	0.865 995	$1.503\ 210 \times 10^{-6}$
8	0.498 528	0.863 598	$1.210\ 729 \times 10^{-4}$	20	0.499 998	0.866 022	$1.670\ 338 \times 10^{-7}$

18. 用牛顿法解方程组 $\begin{cases} x^2 + y^2 = 4, \\ x^2 - y^2 = 1, \end{cases}$,取 $\boldsymbol{x}^{(0)} = (1.6, 1.2)^\mathrm{T}$.

解　记 $f_1(x, y) = x^2 + y^2 - 4$,$f_2(x, y) = x^2 - y^2 - 1$,则

$$\boldsymbol{F}'(x, y) = \begin{bmatrix} 2x & 2y \\ 2x & -2y \end{bmatrix}, \quad [\boldsymbol{F}'(x, y)]^{-1} = \begin{bmatrix} \dfrac{1}{4x} & \dfrac{1}{4x} \\ \dfrac{1}{4y} & -\dfrac{1}{4y} \end{bmatrix},$$

牛顿法迭代公式为

$$\begin{pmatrix} x^{(k+1)} \\ y^{(k+1)} \end{pmatrix} = \begin{pmatrix} x^{(k)} \\ y^{(k)} \end{pmatrix} - [\boldsymbol{F}'(x^{(k)}, y^{(k)})]^{-1} \begin{pmatrix} f_1(x^{(k)}, y^{(k)}) \\ f_2(x^{(k)}, y^{(k)}) \end{pmatrix},$$

代入初值 $(x^{(0)}, y^{(0)})^\mathrm{T} = (1.6, 1.2)^\mathrm{T}$,得

$$\begin{pmatrix} x^{(1)} \\ y^{(1)} \end{pmatrix} = \begin{pmatrix} 1.581\ 250\ 000 \\ 1.225\ 000\ 000 \end{pmatrix}, \quad \begin{pmatrix} x^{(2)} \\ y^{(2)} \end{pmatrix} = \begin{pmatrix} 1.581\ 138\ 834 \\ 1.224\ 744\ 898 \end{pmatrix},$$

$$\begin{pmatrix} x^{(3)} \\ y^{(3)} \end{pmatrix} = \begin{pmatrix} 1.581\ 138\ 830 \\ 1.224\ 744\ 871 \end{pmatrix}, \quad \begin{pmatrix} x^{(4)} \\ y^{(4)} \end{pmatrix} = \begin{pmatrix} 1.581\ 138\ 830 \\ 1.224\ 744\ 871 \end{pmatrix}.$$

第8章 矩阵特征值计算

8.1 内 容 概 述

线性代数中曾学习过按行列式展开求矩阵 A 的特征方程 $p(\lambda)=0$ 的根,即矩阵的特征值,进而通过解线性方程组可求出对应的特征向量,因此求矩阵的特征值是关键问题.但次数超过 4 的多项式的零点就不能用公式表示,所以这种方法只能处理阶数较小时的一些简单问题,因此有必要讨论求矩阵特征值及特征向量的数值方法.为此先回顾一下矩阵特征值及特征向量的概念及一些相关的性质.

设矩阵 $A\in\mathbb{R}^{n\times n}$,特征值问题是求 $\lambda\in\mathbb{C}$ 和非零列向量 $x\in\mathbb{C}^n$,使 $Ax=\lambda x$,其中 x 是矩阵 A 属于特征值 λ 的特征向量.求 A 的特征值问题等价于求 A 的特征方程 $p(\lambda)=\det(\lambda I-A)=0$ 的根.实矩阵的特征值和特征向量也可能是复的,如果实矩阵存在复特征值,则特征值和特征向量一定成对出现(相互共轭),而且复特征向量的实部和虚部对应的向量间是线性无关的.

关于特征值问题,有如下基本性质:

定理 8.1 设 λ 为 $A\in\mathbb{R}^{n\times n}$ 的特征值,即 $Ax=\lambda x, x\neq 0$,则

(1) $c\lambda$ 为 cA 的特征值($c\neq 0$ 为常数);

(2) $\lambda-\mu$ 为 $A-\mu I$ 的特征值,即 $(A-\mu I)x=(\lambda-\mu)x$;

(3) λ^k 为 A^k 的特征值.

定理 8.2 (1) $A\in\mathbb{R}^{n\times n}$ 可对角化,则存在非奇异矩阵 P,使

$$P^{-1}AP=\begin{bmatrix}\lambda_1 & & & \\ & \lambda_2 & & \\ & & \ddots & \\ & & & \lambda_n\end{bmatrix}$$

的充分必要条件是 A 具有 n 个线性无关的特征向量.

(2) 若 A 有 m 个($m\leqslant n$)不同的特征值 $\lambda_1,\lambda_2,\cdots,\lambda_m$,则对应特征向量 $x_1,x_2,\cdots,x_m$ 线性无关.

定理 8.3 设 $A\in\mathbb{R}^{n\times n}$ 为对称矩阵(其特征值依次记为 $\lambda_1\geqslant\lambda_2\geqslant\cdots\geqslant\lambda_n$),则

(1) $\lambda_n\leqslant\dfrac{(Ax,x)}{(x,x)}\leqslant\lambda_1$(对任何非零向量 $x\neq 0$).

(2) $\lambda_1=\max\limits_{\substack{x\in\mathbb{R}^n \\ x\neq 0}}\dfrac{(Ax,x)}{(x,x)}, \lambda_n=\min\limits_{\substack{x\in\mathbb{R}^n \\ x\neq 0}}\dfrac{(Ax,x)}{(x,x)}$.

记 $R(x)=\dfrac{(Ax,x)}{(x,x)}, x\neq 0$ 称为矩阵的**瑞利商**.

为了对 A 的特征值进行粗略的估计,引入格什戈林圆盘的概念并讨论其性质.

定义 8.1　设 $A = (a_{ij})_{n \times n}$，令：(1) $r_i = \sum_{\substack{j=1 \\ j \neq i}}^{n} |a_{ij}|$ $(i = 1, 2, \cdots, n)$；(2) 集合 $D_i = \{z \mid |z - a_{ii}| \leqslant r_i, z \in \mathbb{C}\}$，称复平面上以 a_{ii} 为圆心，以 r_i 为半径的圆盘 D_i 的集合为 A 的**格什戈林圆盘**.

定理 8.4(格什戈林圆盘定理)　(1) 设 $A = (a_{ij})_{n \times n}$，则 A 的每一个特征值必属于下述某个圆盘之中

$$|\lambda - a_{ii}| \leqslant r_i = \sum_{\substack{j=1 \\ j \neq i}}^{n} |a_{ij}|, \quad i = 1, 2, \cdots, n.$$

或者说，A 的特征值都在复平面上 n 个圆盘的并集中.

(2) 如果 A 有 m 个格什戈林圆盘组成一个连通的并集 S，且 S 与余下的 $n-m$ 个格什戈林圆盘是分离的，则 S 内恰包含 A 的 m 个特征值.

特别地，如果 A 的一个格什戈林圆盘 D_i 与其他格什戈林圆盘是分离的，则 D_i 中精确地包含 A 的一个特征值.

矩阵的元素发生扰动时，其特征值的变化有如下的结果.

定理 8.5(Bauer-Fike 定理)　设 μ 是 $A + E \in \mathbb{R}^{n \times n}$ 的一个特征值，且 $P^{-1}AP = D = \mathrm{diag}(\lambda_1, \lambda_2, \cdots, \lambda_n)$，则有

$$\min_{\lambda \in \sigma(A)} |\lambda - \mu| \leqslant \|P^{-1}\|_p \|P\|_p \|E\|_p$$

其中 $\|\cdot\|_p$ 为矩阵的 p 范数，$p = 1, 2, \infty$.

由定理 8.5 可知 $\|P^{-1}\| \|P\| = \mathrm{cond}(P)$ 是特征值扰动的放大系数，但将 A 对角化的相似变换矩阵 P 并不唯一，所以取 $\mathrm{cond}(P)$ 的下确界

$$\upsilon(A) = \inf\{\mathrm{cond}(P) \mid P^{-1}AP = \mathrm{diag}(\lambda_1, \lambda_2, \cdots, \lambda_n)\},$$

称为特征值问题的**条件数**. 只要 $\upsilon(A)$ 不是很大，矩阵微小扰动只带来特征值的微小扰动. 但是 $\upsilon(A)$ 难以计算，有时只对一个 P，用 $\mathrm{cond}(P)$ 代替 $\upsilon(A)$.

特征值问题的条件数和解线性方程组时矩阵的条件数是两个不同的概念，对于一个矩阵，两者可能一大一小.

通常求矩阵的特征值及特征向量的数值方法有两类，一类是求可分离的按模最大或最小的特征值和对应的特征向量的幂法及反幂法(迭代法)，另一类是求全部特征值的正交相似变换的方法.

设矩阵 $A \in \mathbb{R}^{n \times n}$ 可对角化，即存在 n 个线性无关的特征向量 $x_1, x_2, \cdots, x_n$，它们对应的特征值为 $\lambda_1, \lambda_2, \cdots, \lambda_n$，且满足

$$|\lambda_1| > |\lambda_2| \geqslant |\lambda_3| \geqslant \cdots \geqslant |\lambda_n|.$$

按模最大的实特征值 λ_1 称为**主特征值**，对应的特征向量 x_1 称为**主特征向量**.

任取 $v_0 \in \mathbb{R}^n$，则 v_0 可由特征向量组 $x_1, x_2, \cdots, x_n$ 线性表出

$$v_0 = \alpha_1 x_1 + \alpha_2 x_2 + \cdots + \alpha_n x_n.$$

用矩阵 A^k 左乘 v_0，得

$$A^k v_0 = \alpha_1 \lambda_1^k x_1 + \alpha_2 \lambda_2^k x_2 + \cdots + \alpha_n \lambda_n^k x_n = \lambda_1^k \left(\alpha_1 x_1 + \sum_{i=2}^{n} \alpha_i \left(\frac{\lambda_i}{\lambda_1} \right)^k x_i \right).$$

由假设知 $\left|\dfrac{\lambda_i}{\lambda_1}\right|<1(i=2,3,\cdots,n)$，故 $\lim\limits_{k\to\infty}\left(\dfrac{\lambda_i}{\lambda_1}\right)^k=0$，所以当 k 充分大时，可略去上式中趋于

零向量的 $\boldsymbol{\varepsilon}_k\overset{\text{def}}{=}\sum\limits_{i=2}^{n}\alpha_i\left(\dfrac{\lambda_i}{\lambda_1}\right)^k\boldsymbol{x}_i$，于是，如果 $\alpha_1\neq 0$，除一个数量因子外，向量 $\boldsymbol{A}^k\boldsymbol{v}_0$ 趋向于特征

向量 $\boldsymbol{x}_1$，收敛速度由比值 $r=\dfrac{\lambda_2}{\lambda_1}$ 确定，这提供了计算主特征向量 $\boldsymbol{x}_1$ 的一种方法——幂法的

基础.

用 $(\boldsymbol{v}_k)_i$ 表示第 k 步迭代向量 $\boldsymbol{v}_k$ 的第 i 个分量，则

$$\frac{(\boldsymbol{v}_{k+1})_i}{(\boldsymbol{v}_k)_i}=\lambda_1\left(\frac{\alpha_1(\boldsymbol{x}_1)_i+(\boldsymbol{\varepsilon}_{k+1})_i}{\alpha_1(\boldsymbol{x}_1)_i+(\boldsymbol{\varepsilon}_k)_i}\right),$$

故 $\lim\limits_{k\to\infty}\dfrac{(\boldsymbol{v}_{k+1})_i}{(\boldsymbol{v}_k)_i}=\lambda_1$，故当 k 充分大时相邻两个迭代分量的比值趋向于主特征值 λ_1.

注意，当 $|\lambda_1|>1$ 时，$\boldsymbol{A}^k\boldsymbol{v}_0$ 中 $\boldsymbol{x}_1$ 的系数趋于无穷，在计算机实现时会出现"溢出"现象；当 $|\lambda_1|<1$ 时，$\boldsymbol{A}^k\boldsymbol{v}_0$ 中 $\boldsymbol{x}_1$ 的系数趋于零，在计算机实现时会出现"有效数字损失"的现象. 为克服上述困难，对迭代过程加以规范化，即用迭代向量 $\boldsymbol{v}_k$ 的无穷范数 $\|\boldsymbol{v}_k\|_\infty=\max\limits_{1\leqslant i\leqslant n}|(\boldsymbol{v}_k)_i|$ 去除 $\boldsymbol{v}_k$ 的各个分量，这样所得的向量的绝对值最大分量为 1. 对于 $\boldsymbol{v}=(v_1,v_2,\cdots,v_n)\neq\boldsymbol{0}$，记 $\max\{\boldsymbol{v}\}=|v_{i_0}|=\max\limits_{1\leqslant i\leqslant n}|v_i|$，如果出现多个分量相同且取得绝对值最大值的情形，取最小下标所对应的分量的绝对值.

这种由已知非零向量 $\boldsymbol{v}_0$ 及矩阵 $\boldsymbol{A}$ 的乘幂 $\boldsymbol{A}^k$ 生成向量序列 $\{\boldsymbol{v}_k\}$，以计算 $\boldsymbol{A}$ 的主特征值及其特征向量的方法称为**幂法**. 幂法的计算过程为

$$\begin{cases}\boldsymbol{u}_0=\boldsymbol{v}_0\neq\boldsymbol{0}(\text{常直接取 }\boldsymbol{u}_0=(1,1,\cdots,1)^{\mathrm{T}}),\\ \boldsymbol{v}_k=\boldsymbol{A}\boldsymbol{u}_{k-1},\quad \mu_k=\max\{\boldsymbol{v}_k\},\quad \boldsymbol{u}_k=\dfrac{\boldsymbol{v}_k}{\mu_k},\quad k=1,2,\cdots.\end{cases}$$

定理 8.6 设 $\boldsymbol{A}\in\mathbb{R}^{n\times n}$ 有 n 个线性无关的特征向量 $\boldsymbol{x}_1,\boldsymbol{x}_2,\cdots,\boldsymbol{x}_n$，它们对应的特征值为 $\lambda_1,\lambda_2,\cdots,\lambda_n$，且满足

$$|\lambda_1|>|\lambda_2|\geqslant|\lambda_3|\geqslant\cdots\geqslant|\lambda_n|.$$

如果非零初始向量 $\boldsymbol{v}_0=\sum\limits_{i=1}^{n}\alpha_i\boldsymbol{x}_i$ 中的系数 $\alpha_1\neq 0$，那么幂法产生的向量序列 $\{\boldsymbol{u}_k\}$ 和数列 $\{\mu_k\}$ 满足

(1) $\lim\limits_{k\to\infty}\boldsymbol{u}_k=\dfrac{\boldsymbol{x}_1}{\max\{\boldsymbol{x}_1\}}$;   (2) $\lim\limits_{k\to\infty}\mu_k=\lambda_1$,

且收敛速度由比值 $r=\dfrac{\lambda_2}{\lambda_1}$ 确定.

设 $\boldsymbol{A}\in\mathbb{R}^{n\times n}$ 有 n 个线性无关的特征向量 $\boldsymbol{x}_1,\boldsymbol{x}_2,\cdots,\boldsymbol{x}_n$，它们对应的特征值为 $\lambda_1,\lambda_2,\cdots,\lambda_n$，且满足

$$\lambda_1=\lambda_2=\cdots=\lambda_r,\quad |\lambda_r|>|\lambda_{r+1}|\geqslant\cdots\geqslant|\lambda_n|.$$

如果非零初始向量 $\boldsymbol{v}_0=\sum\limits_{i=1}^{n}\alpha_i\boldsymbol{x}_i$ 中的系数 $\alpha_1,\alpha_2,\cdots,\alpha_r$ 不全为零，则

$$\lim_{k \to \infty} \boldsymbol{u}_k = \frac{\sum_{i=1}^{r} \alpha_i \boldsymbol{x}_i}{\max\left\{\sum_{i=1}^{r} \alpha_i \boldsymbol{x}_i\right\}}, \quad \lim_{k \to \infty} \mu_k = \lambda_1.$$

这说明当矩阵 $\boldsymbol{A}$ 的主特征值是实重根时,定理 8.6 的结论也是正确的.

定理 8.6 中的条件 $\alpha_1 \neq 0$ 并不是本质的,因为计算过程中所出现的舍入误差可以使这个条件很容易得到满足.幂法的迭代过程可以在 $\|\boldsymbol{u}_k - \boldsymbol{u}_{k-1}\| < \varepsilon$ 或 $|\mu_k - \mu_{k-1}| < \varepsilon$ 时结束,其中 ε 为误差精度.

用幂法计算 $\boldsymbol{A}$ 的主特征值的收敛速度主要由比值 $r = \dfrac{\lambda_2}{\lambda_1}$ 来决定,但当 r 接近于 1 时,收敛可能很慢.一种补救的方法是采用加速收敛的方法.

引进矩阵 $\boldsymbol{B} = \boldsymbol{A} - p\boldsymbol{I}$,其中 p 为选择参数.设 $\boldsymbol{A}$ 的特征值为 $\lambda_1, \lambda_2, \cdots, \lambda_n$ 时,则 $\boldsymbol{B}$ 的特征值为 $\lambda_1 - p, \lambda_2 - p, \cdots, \lambda_n - p$,矩阵 $\boldsymbol{A}, \boldsymbol{B}$ 的特征向量相同.适当选择 p,使 $\lambda_1 - p$ 仍然是 $\boldsymbol{B}$ 的主特征值,且使 $\left|\dfrac{\lambda_2 - p}{\lambda_1 - p}\right| < \left|\dfrac{\lambda_2}{\lambda_1}\right|$.对 $\boldsymbol{B}$ 使用幂法,使得在计算 $\boldsymbol{B}$ 的主特征值 $\lambda_1 - p$ 的过程中得到加速,这种方法通常称为**原点平移法**.

对于实对称矩阵,可以将瑞利商应用到幂法以实现加速.

定理 8.7　设 $\boldsymbol{A} \in \mathbf{R}^{n \times n}$ 为对称矩阵,特征值满足

$$|\lambda_1| > |\lambda_2| \geqslant |\lambda_3| \geqslant \cdots \geqslant |\lambda_n|,$$

对应的特征向量满足 $(\boldsymbol{x}_i, \boldsymbol{x}_j) = \delta_{ij}$,应用幂法计算 $\boldsymbol{A}$ 的主特征值 λ_1,则规范化向量 $\boldsymbol{u}_k$ 的瑞利商将给出 λ_1 较好的近似

$$\frac{(\boldsymbol{A}\boldsymbol{u}_k, \boldsymbol{u}_k)}{(\boldsymbol{u}_k, \boldsymbol{u}_k)} = \lambda_1 + O\left(\left(\frac{\lambda_2}{\lambda_1}\right)^{2k}\right).$$

反幂法用来计算矩阵按模最小的特征值及其特征向量,也可以用来计算对应于一个给定近似特征值的特征向量.

由于 $\boldsymbol{A}$ 与 $\boldsymbol{A}^{-1}$ 的特征值互为倒数,因此计算 $\boldsymbol{A}$ 的按模最小特征值 λ_n 的问题就是计算 $\boldsymbol{A}^{-1}$ 的按模最大特征值的问题.将幂法应用于 $\boldsymbol{A}^{-1}$,可求得矩阵 $\boldsymbol{A}^{-1}$ 的主特征值 $1/\lambda_n$,进而得到 $\boldsymbol{A}$ 的按模最小特征值 λ_n,这就是**反幂法**.

反幂法迭代公式为:任取初始向量 $\boldsymbol{v}_0 = \boldsymbol{u}_0 \neq \boldsymbol{0}$,构造向量序列

$$\boldsymbol{v}_k = \boldsymbol{A}^{-1} \boldsymbol{u}_{k-1}, \quad \boldsymbol{u}_k = \frac{\boldsymbol{v}_k}{\max\{\boldsymbol{v}_k\}}, \quad k = 1, 2, \cdots.$$

由反幂法构造的向量序列 $\{\boldsymbol{v}_k\}, \{\boldsymbol{u}_k\}$ 满足:

(1) $\lim\limits_{k \to \infty} \boldsymbol{u}_k = \dfrac{\boldsymbol{x}_n}{\max\{\boldsymbol{x}_n\}}$;

(2) $\lim\limits_{k \to \infty} \max\{\boldsymbol{v}_k\} = \dfrac{1}{\lambda_n}$.

收敛速度由比值 $\left|\dfrac{\lambda_n}{\lambda_{n-1}}\right|$ 确定.

反幂法中也可以使用原点平移法加速迭代过程或者求其他特征值及特征向量.

如果 p 是 A 的特征值 λ_j 的一个近似值,且矩阵 $(A-pI)^{-1}$ 存在,显然其特征值为 $\dfrac{1}{\lambda_1-p},\dfrac{1}{\lambda_2-p},\cdots,\dfrac{1}{\lambda_n-p}$,对应的特征向量仍然是 $x_1,x_2,\cdots,x_n$. 设 λ_j 与其他特征值是分离的,即

$$|\lambda_j-p|\ll|\lambda_i-p|,\quad i\neq j,$$

就是说 $\dfrac{1}{\lambda_j-p}$ 是 $(A-pI)^{-1}$ 的主特征值. 现对矩阵 $(A-pI)^{-1}$ 应用幂法,得到反幂法的迭代公式

$$\begin{cases} u_0=v_0\neq 0, & \text{初始向量} \\ v_k=(A-pI)^{-1}u_{k-1}, & u_k=\dfrac{v_k}{\max\{v_k\}}, \quad k=1,2,\cdots. \end{cases}$$

用反幂法计算特征值与特征向量,与幂法的推导过程类似,有下面的定理.

定理 8.8 设 $A\in\mathbb{R}^{n\times n}$ 有 n 个线性无关的特征向量,A 的特征值及对应的特征向量分别记为 λ_i 及 $x_i(i=1,2,\cdots,n)$,p 为 λ_j 的近似值,$(A-pI)^{-1}$ 存在,且

$$|\lambda_j-p|\ll|\lambda_i-p|,\quad i\neq j.$$

则对任意的非零初始向量 $u_0=\displaystyle\sum_{i=1}^n\alpha_i x_i$ 中的系数 $\alpha_j\neq 0$,由反幂法迭代公式

$$\begin{cases} u_0=v_0\neq 0, & \text{初始向量} \\ v_k=(A-pI)^{-1}u_{k-1}, & u_k=\dfrac{v_k}{\max\{v_k\}}, \quad k=1,2,\cdots \end{cases}$$

构造的向量序列 $\{v_k\},\{u_k\}$ 满足:

(1) $\displaystyle\lim_{k\to\infty}u_k=\dfrac{x_j}{\max\{x_j\}}$;

(2) $\displaystyle\lim_{k\to\infty}\max\{v_k\}=\dfrac{1}{\lambda_j-p}$,即 $p+\dfrac{1}{\max\{v_k\}}\to\lambda_j$,当 $k\to\infty$,

且收敛速度由比值 $r=|\lambda_j-p|/\min\limits_{i\neq j}|\lambda_i-p|$ 确定.

反幂法迭代公式中 v_k 的是通过解线性方程组 $(A-pI)v_k=u_{k-1}$ 求得的. 为了节省工作量,可以先将 $A-pI$ 进行三角分解

$$P(A-pI)=LU,$$

其中 P 为某个排列矩阵,于是求 v_k 相当于解两个三角形方程组

$$Ly_k=Pu_{k-1},\quad Uv_k=y_k.$$

通常选 u_0,使 $Uv_1=L^{-1}Pu_0=(1,1,\cdots,1)^T$,即为规范化的向量,用回代求解即得 v_1,然后按

$$\begin{cases} u_0=v_0\neq 0, & \text{初始向量} \\ v_k=(A-pI)^{-1}u_{k-1}, & u_k=\dfrac{v_k}{\max\{v_k\}}, \quad k=1,2,\cdots \end{cases}$$

进行迭代.

反幂法计算公式:

1. 分解计算 $P(A-pI)=LU$,且保存 L,U 及 P 信息

2. 反幂法迭代

(1) 解 $\boldsymbol{U}\boldsymbol{v}_1 = (1,1,\cdots,1)^{\mathrm{T}}$ 求 $\boldsymbol{v}_1$；$\mu_1 = \max\{\boldsymbol{v}_1\}$，$\boldsymbol{u}_1 = \boldsymbol{v}_1/\mu_1$

(2) $k = 2,3,\cdots$

① 解 $\boldsymbol{L}\boldsymbol{y}_k = \boldsymbol{P}\boldsymbol{u}_{k-1}$ 求 $\boldsymbol{y}_k$；解 $\boldsymbol{U}\boldsymbol{v}_k = \boldsymbol{y}_k$ 求 $\boldsymbol{v}_k$

② $\mu_k = \max\{\boldsymbol{v}_k\}$

③ 计算 $\boldsymbol{u}_k = \boldsymbol{v}_k/\mu_k$.

由非奇异矩阵 $\boldsymbol{A}$ 的 LU 分解 $\boldsymbol{A} = \boldsymbol{L}\boldsymbol{U}$，交换 $\boldsymbol{L}$ 和 $\boldsymbol{U}$ 的次序，得到与 $\boldsymbol{A}$ 相似的新矩阵，由此发现求矩阵特征值的新途径. 之后，此方法"正交化"，即由 $\boldsymbol{A}$ 的 QR 分解来实现，为此考虑矩阵的 QR 分解.

如果矩阵 $\boldsymbol{A} \in \mathbb{R}^{n \times n}$ 非奇异，则 $\boldsymbol{A} = (\boldsymbol{a}_1, \boldsymbol{a}_2, \cdots, \boldsymbol{a}_n)$ 的列向量构成的向量组线性无关，通过格拉姆-施密特正交化手续，可以将列向量组 $\boldsymbol{a}_1, \boldsymbol{a}_2, \cdots, \boldsymbol{a}_n$ 化成正交的向量组 $\boldsymbol{\eta}_1, \boldsymbol{\eta}_2, \cdots, \boldsymbol{\eta}_n$，此过程可以实现 $\boldsymbol{A}$ 的 QR 分解 $\boldsymbol{A} = \boldsymbol{Q}\boldsymbol{R}$，其中 $\boldsymbol{Q} = (\boldsymbol{q}_1, \boldsymbol{q}_2, \cdots, \boldsymbol{q}_n)$ 为正交矩阵，$\boldsymbol{R}$ 为上三角矩阵，即如下的结果.

定理 8.9　设 $\boldsymbol{A} \in \mathbb{R}^{n \times n}$ 非奇异，则存在正交矩阵 $\boldsymbol{Q}$，使 $\boldsymbol{A} = \boldsymbol{Q}\boldsymbol{R}$，其中 $\boldsymbol{R}$ 为上三角矩阵.

对于非奇异方阵 $\boldsymbol{A}$，根据定理 8.9 可知存在正交矩阵 $\boldsymbol{Q}$ 使得 $\boldsymbol{A} = \boldsymbol{Q}\boldsymbol{R}$，其中 $\boldsymbol{R}$ 为上三角矩阵. 交换 $\boldsymbol{Q}$ 和 $\boldsymbol{R}$ 的次序，取 $\boldsymbol{B} = \boldsymbol{R}\boldsymbol{Q}$，那么由 $\boldsymbol{Q}^{\mathrm{T}}\boldsymbol{Q} = \boldsymbol{I}$ 可得 $\boldsymbol{B} = \boldsymbol{R}\boldsymbol{Q} = \boldsymbol{Q}^{\mathrm{T}}\boldsymbol{Q}\boldsymbol{R}\boldsymbol{Q} = \boldsymbol{Q}^{\mathrm{T}}\boldsymbol{A}\boldsymbol{Q}$，这样得到的矩阵 $\boldsymbol{B}$ 是与矩阵 $\boldsymbol{A}$ 相似的. 对矩阵 $\boldsymbol{B}$ 可以重复上述的分解、交换过程，如此下去可得到一个矩阵序列 $\{\boldsymbol{A}_k\}$，其中：

$$\boldsymbol{A}_1 = \boldsymbol{A},$$
$$\boldsymbol{A}_k = \boldsymbol{Q}_k \boldsymbol{R}_k (\text{QR 分解}),$$
$$\boldsymbol{A}_{k+1} = \boldsymbol{R}_k \boldsymbol{Q}_k, \quad k = 1,2,\cdots,$$

这个过程称为基本 QR 算法.

定理 8.10　设 $\boldsymbol{A}_1 = \boldsymbol{A} \in \mathbb{R}^{n \times n}$，构造 QR 算法：

$$\begin{cases} \boldsymbol{A}_k = \boldsymbol{Q}_k \boldsymbol{R}_k, & \text{其中 } \boldsymbol{Q}_k^{\mathrm{T}}\boldsymbol{Q}_k = \boldsymbol{I}, \boldsymbol{R}_k \text{ 为上三角阵;} \\ \boldsymbol{A}_{k+1} = \boldsymbol{R}_k \boldsymbol{Q}_k, & k = 1,2,\cdots, \end{cases}$$

记 $\widetilde{\boldsymbol{Q}}_k = \boldsymbol{Q}_1 \boldsymbol{Q}_2 \cdots \boldsymbol{Q}_k$，$\widetilde{\boldsymbol{R}}_k \equiv \boldsymbol{R}_k \cdots \boldsymbol{R}_2 \boldsymbol{R}_1$，则有

(1) $\boldsymbol{A}_{k+1}$ 相似于 $\boldsymbol{A}_k$，即 $\boldsymbol{A}_{k+1} = \boldsymbol{Q}_k^{\mathrm{T}} \boldsymbol{A}_k \boldsymbol{Q}_k$；

(2) $\boldsymbol{A}_{k+1} = (\boldsymbol{Q}_1 \boldsymbol{Q}_2 \cdots \boldsymbol{Q}_k)^{\mathrm{T}} \boldsymbol{A}_1 (\boldsymbol{Q}_1 \boldsymbol{Q}_2 \cdots \boldsymbol{Q}_k) = \widetilde{\boldsymbol{Q}}_k^{\mathrm{T}} \boldsymbol{A}_1 \widetilde{\boldsymbol{Q}}_k$；

(3) $\boldsymbol{A}^k$ 的 QR 分解式为 $\boldsymbol{A}^k = \widetilde{\boldsymbol{Q}}_k \widetilde{\boldsymbol{R}}_k$.

定理 8.11（QR 方法的收敛性）　设 $\boldsymbol{A} \in \mathbb{R}^{n \times n}$，

(1) 如果 $\boldsymbol{A}$ 的特征值满足 $|\lambda_1| > |\lambda_2| > |\lambda_3| \cdots > |\lambda_n| > 0$；

(2) $\boldsymbol{A}$ 有标准型 $\boldsymbol{A} = \boldsymbol{X}\boldsymbol{D}\boldsymbol{X}^{-1}$，其中 $\boldsymbol{D} = \mathrm{diag}(\lambda_1, \lambda_2, \cdots, \lambda_n)$，且设 $\boldsymbol{X}^{-1}$ 有三角分解 $\boldsymbol{X}^{-1} = \boldsymbol{L}\boldsymbol{U}$（$\boldsymbol{L}$ 为单位下三角矩阵，$\boldsymbol{U}$ 为上三角矩阵），则由 QR 算法产生的 $\{\boldsymbol{A}_k\}$ 本质上收敛于上三角阵，即

$$\boldsymbol{A}_k \xrightarrow{\text{本质上}} \boldsymbol{R} = \begin{bmatrix} \lambda_1 & * & \cdots & * \\ & \lambda_2 & \cdots & * \\ & & \ddots & \vdots \\ & & & \lambda_n \end{bmatrix}, \quad \text{当 } k \to \infty \text{ 时}$$

若记 $\boldsymbol{A}_k = (a_{ij}^{(k)})$，则

(1) $\lim\limits_{k\to\infty} a_{ii}^{(k)} = \lambda_i$；

(2) 当 $i>j$ 时，$\lim\limits_{k\to\infty} a_{ij}^{(k)} = 0$；当 $i<j$ 时，$a_{ij}^{(k)}$ 极限不一定存在.

定理 8.12 如果对称矩阵 $\boldsymbol{A}$ 满足上述定理条件，则由 QR 算法产生的 $\{\boldsymbol{A}_k\}$ 收敛于对角矩阵 $\boldsymbol{D} = \mathrm{diag}(\lambda_1, \lambda_2, \cdots, \lambda_n)$.

可惜格拉姆-施密特正交化方法的数值特性不太好，所计算的 $\boldsymbol{q}_i (i=1,2,\cdots,n)$ 之间的正交性常常会严重损失. 因此，下面介绍豪斯霍尔德反射变换和吉文斯旋转变换这两种数值效果稳定的正交变换，这里主要讨论实矩阵和实向量.

定义 8.2 设列向量 $\boldsymbol{w} \in \mathbb{R}^n$ 且 $\boldsymbol{w}^\mathrm{T}\boldsymbol{w}=1$，称矩阵
$$\boldsymbol{H}(\boldsymbol{w}) = \boldsymbol{I} - 2\boldsymbol{w}\boldsymbol{w}^\mathrm{T}$$
为初等反射阵，也称为**豪斯霍尔德反射变换**. 若记 $\boldsymbol{w} = (w_1, w_2, \cdots, w_n)^\mathrm{T}$，则
$$\boldsymbol{H}(\boldsymbol{w}) = \begin{bmatrix} 1-2w_1^2 & -2w_1w_2 & \cdots & -2w_1w_n \\ -2w_2w_1 & 1-2w_2^2 & \cdots & -2w_2w_n \\ \vdots & \vdots & \ddots & \vdots \\ -2w_nw_1 & -2w_nw_2 & \cdots & 1-2w_n^2 \end{bmatrix}.$$

定理 8.13 设有初等反射阵 $\boldsymbol{H} = \boldsymbol{I} - 2\boldsymbol{w}\boldsymbol{w}^\mathrm{T}$，其中 $\boldsymbol{w}^\mathrm{T}\boldsymbol{w}=1$，则：

(1) $\boldsymbol{H}$ 是对称矩阵，即 $\boldsymbol{H}^\mathrm{T} = \boldsymbol{H}$.

(2) $\boldsymbol{H}$ 是正交矩阵，即 $\boldsymbol{H}^{-1} = \boldsymbol{H}$.

(3) 设 $\boldsymbol{A}$ 为对称矩阵，那么 $\boldsymbol{A}_1 = \boldsymbol{H}^{-1}\boldsymbol{A}\boldsymbol{H} = \boldsymbol{H}\boldsymbol{A}\boldsymbol{H}$ 亦是对称矩阵.

定理 8.14 设 $\boldsymbol{x}, \boldsymbol{y}$ 为两个不相等的 n 维向量，但 $\|\boldsymbol{x}\|_2 = \|\boldsymbol{y}\|_2$，则存在一个初等反射阵 $\boldsymbol{H}$，使 $\boldsymbol{H}\boldsymbol{x} = \boldsymbol{y}$.

定理 8.15（约化定理） 设 $\boldsymbol{x} = (x_1, x_2, \cdots, x_n)^\mathrm{T} \neq \boldsymbol{0}$，则存在初等反射阵 $\boldsymbol{H}$ 使 $\boldsymbol{H}\boldsymbol{x} = -\sigma\boldsymbol{e}_1$，其中
$$\begin{cases} \sigma = \mathrm{sgn}(x_1)\|\boldsymbol{x}\|_2, \quad \boldsymbol{u} = \boldsymbol{x} + \sigma\boldsymbol{e}_1, \quad \beta = \dfrac{1}{2}\|\boldsymbol{u}\|_2^2 = \sigma(\sigma + x_1), \\ \boldsymbol{H} = \boldsymbol{I} - \beta^{-1}\boldsymbol{u}\boldsymbol{u}^\mathrm{T}. \end{cases}$$

在计算 σ 时，可能上溢或下溢，为了避免溢出，将 $\boldsymbol{x}$ 规范化
$$d = \|\boldsymbol{x}\|_\infty, \quad \boldsymbol{x}' = \frac{\boldsymbol{x}}{d} \quad (\text{设 } d \neq 0),$$
则有 $\boldsymbol{H}'$ 使 $\boldsymbol{H}'\boldsymbol{x}' = -\sigma'\boldsymbol{e}_1$，其中
$$\begin{cases} \sigma' = \sigma/d, \quad \boldsymbol{u}' = \boldsymbol{u}/d, \quad \beta' = \beta/d^2, \\ \boldsymbol{H}' = \boldsymbol{I} - (\beta')^{-1}\boldsymbol{u}'(\boldsymbol{u}')^\mathrm{T}, \\ \boldsymbol{H} = \boldsymbol{H}'. \end{cases}$$

设 $\boldsymbol{x}, \boldsymbol{y} \in \mathbb{R}^2$，则变换
$$\begin{pmatrix} y_1 \\ y_2 \end{pmatrix} = \begin{pmatrix} \cos\theta & \sin\theta \\ -\sin\theta & \cos\theta \end{pmatrix}\begin{pmatrix} x_1 \\ x_2 \end{pmatrix}, \quad \text{或 } \boldsymbol{y} = \boldsymbol{P}\boldsymbol{x}$$
是平面上向量的一个旋转变换，其中

$$P(\theta)=\begin{pmatrix}\cos\theta & \sin\theta \\ -\sin\theta & \cos\theta\end{pmatrix}$$

为正交矩阵.

$\mathbb{R}^n$ 中变换 $\boldsymbol{y}=\boldsymbol{Px}$，其中 $\boldsymbol{x}=(x_1,x_2,\cdots,x_n)^{\mathrm{T}}$，$\boldsymbol{y}=(y_1,y_2,\cdots,y_n)^{\mathrm{T}}$，而

$$\boldsymbol{P}\equiv\boldsymbol{P}(i,j,\theta)=\begin{pmatrix}1 & & & & & & & & & \\ & \ddots & & & & & & & & \\ & & 1 & & & & & & & \\ & & & \cos\theta & \cdots & & \sin\theta & & & \\ & & & & 1 & & & & & \\ & & & \vdots & & \ddots & \vdots & & & \\ & & & & & & 1 & & & \\ & & & -\sin\theta & \cdots & & \cos\theta & & & \\ & & & & & & & 1 & & \\ & & & & & & & & \ddots & \\ & & & & & & & & & 1\end{pmatrix}\begin{matrix}\\ \\ \\ i \\ \\ \\ \\ j \\ \\ \\ \\ \end{matrix}$$

称为$\mathbb{R}^n$ 中平面 $\{x_i,x_j\}$ 的**旋转变换**，也称吉文斯旋转变换，$\boldsymbol{P}\equiv\boldsymbol{P}(i,j,\theta)=\boldsymbol{P}(i,j)$ 称为**平面旋转矩阵**.

$\boldsymbol{P}(i,j,\theta)$ 的性质：

(1) $\boldsymbol{P}$ 与单位阵 $\boldsymbol{I}$ 只是在$(i,i),(i,j),(j,i),(j,j)$位置元素不一样，其他相同.

(2) $\boldsymbol{P}$ 为正交矩阵$(\boldsymbol{P}^{-1}=\boldsymbol{P}^{\mathrm{T}})$.

(3) $\boldsymbol{P}(i,j)\boldsymbol{A}$(左乘)只需计算第 i 行与第 j 行元素，即对 $\boldsymbol{A}=(a_{ij})_{m\times n}$ 有

$$\begin{pmatrix}a'_{il} \\ a'_{jl}\end{pmatrix}=\begin{pmatrix}c & s \\ -s & c\end{pmatrix}\begin{pmatrix}a_{il} \\ a_{jl}\end{pmatrix},\quad l=1,2,\cdots,n,$$

其中 $c=\cos\theta,s=\sin\theta$.

(4) $\boldsymbol{A}\boldsymbol{P}(i,j)$(右乘)只需计算第 i 列与第 j 列元素

$$(a'_{li},a'_{lj})=(a_{li},a_{lj})\begin{pmatrix}c & s \\ -s & c\end{pmatrix},\quad l=1,2,\cdots,m.$$

利用平面旋转变换，可使向量 $\boldsymbol{x}$ 中的指定元素变为零.

定理 8.16(约化定理)　设 $\boldsymbol{x}=(x_1,\cdots,x_i,\cdots,x_j,\cdots,x_n)^{\mathrm{T}}$，其中 x_i,x_j 不全为零，则可选择平面旋转阵 $\boldsymbol{P}(i,j,\theta)$，使

$$\overset{i\qquad\qquad j}{\boldsymbol{P}\boldsymbol{x}=(x_1,\cdots,x'_i,\cdots,0,\cdots,x_n)^{\mathrm{T}}},$$

其中 $x'_i=\sqrt{x_i^2+x_j^2}$，$\theta=\arctan(x_j/x_i)$.

为了防止出现溢出的情况，可以采用如下的算法来计算 c 和 s：

如果 $x_j=0$，则取 $c=1,s=0$；否则$(x_j\neq0)$，当 $|x_j|\geqslant|x_i|$ 时，取 $t=\dfrac{x_i}{x_j}$，$s=(1+t^2)^{-\frac{1}{2}}$，$c=st$，而当 $|x_j|<|x_i|$ 时，取 $t=\dfrac{x_j}{x_i}$，$c=(1+t^2)^{-\frac{1}{2}}$，$s=ct$.

利用正交变换可以使 A 变为上三角阵 $PA=R$,其中正交矩阵 P 可以由吉文斯变换构造,也可以由豪斯霍尔德变换构造.

定理 8.17(QR 分解定理) 设 $A\in\mathbb{R}^{n\times n}$ 为非奇异矩阵,则存在正交矩阵 Q 与上三角阵 R,使 A 有分解 $A=QR$,且当 R 的对角元素为正时,分解是唯一的.

定理 8.9 保证了 A 可分解为 $A=QR$,因 A 非奇异,故 R 也非奇异.如果不规定 R 的对角元为正,则分解不是唯一的.一般按吉文斯变换或豪斯霍尔德变换方法做出的分解 $A=QR$,R 的对角元不一定是正的,设上三角矩阵 $R=(r_{ij})$,只要令

$$D=\mathrm{diag}\left(\frac{r_{11}}{|r_{11}|},\frac{r_{22}}{|r_{22}|},\cdots,\frac{r_{nn}}{|r_{nn}|}\right),$$

则 $\bar{Q}=QD$ 为正交矩阵,$\bar{R}=D^{-1}R$ 为对角元是 $|r_{ii}|$ 的上三角矩阵,这样 $A=\bar{Q}\bar{R}$ 便是符合定理 8.12 的唯一 QR 分解.

除了 QR 分解,矩阵的舒尔分解也是一个重要的工具,它解决了矩阵 $A\in\mathbb{R}^{n\times n}$ 可约化到什么程度的问题,对于复矩阵 $A\in\mathbb{C}^{n\times n}$,则存在酉矩阵 U,使 $U^{\mathrm{H}}AU$ 为一个上三角阵 R,其对角线元素就是 A 的特征值,$A=URU^{\mathrm{H}}$ 称为 A 的**舒尔分解**.

对于实矩阵 A,其特征值可能有复数,A 不能用正交相似变换约化为上三角矩阵,但它可约化为块上三角矩阵的形式.

定理 8.18(实舒尔分解) 设 $A\in\mathbb{R}^{n\times n}$,则存在正交矩阵 Q 使

$$Q^{\mathrm{T}}AQ=\begin{bmatrix} R_{11} & R_{12} & \cdots & R_{1m} \\ & R_{22} & \cdots & R_{2m} \\ & & \ddots & \vdots \\ & & & R_{mm} \end{bmatrix},$$

其中对角块 $R_{ii}(i=1,2,\cdots,m)$ 为一阶或二阶方阵,且每个一阶 R_{ii} 是 A 的实特征值,每个二阶对角块 R_{jj} 的两个特征值是 A 的两个共轭复特征值.

记 $Q^{\mathrm{T}}AQ=R$,则 $A=QRQ^{\mathrm{T}}$,称为 A 的实舒尔分解,有了定理 8.13,可以考虑实运算的舒尔型快速计算,通过逐次正交变换使 A 趋于实舒尔型矩阵,以求 A 的特征值.

对应于实舒尔分解定理 8.18,关于 QR 算法收敛性有以下结果:

设 $A\in\mathbb{R}^{n\times n}$,且 A 有完备的特征向量组(即 A 有 n 个线性无关的特征向量),如果 A 的等模特征值中只有实重特征值或多重复的共轭特征值,则由 QR 算法产生的 $\{A_k\}$ 本质收敛于分块上三角阵(对角块为一阶和二阶子块)且对角块中每一个 2×2 的子块给出 A 的一对共轭复特征值,每一个一阶对角子块给出 A 的实特征值,即

$$A_k\rightarrow\begin{bmatrix} \lambda_1 & \cdots & * & * & \cdots & * \\ & \ddots & \vdots & \vdots & & \vdots \\ & & \lambda_m & * & \cdots & * \\ & & & B_1 & \cdots & * \\ & & & & \ddots & \vdots \\ & & & & & B_l \end{bmatrix},$$

其中 $m+2l=n$,$B_i(i=1,2,\cdots,l)$ 为 2×2 的子块,它给出 A 一对共轭特征值.

定理 8.18 中 $\lim\limits_{k\to\infty}a_{nn}^{(k)}=\lambda_n$ 的速度依赖于比值 $r_n=|\lambda_n/\lambda_{n-1}|$,当 r_n 很小时收敛很快,

如果 s 为 λ_n 的一个估计,且对 $A-sI$ 运用 QR 算法,则$(n,n-1)$元素将以收敛因子 $|(\lambda_n-s)/(\lambda_{n-1}-s)|$ 线性收敛于零,(n,n)元素将比在基本算法中收敛更快.

为加速收敛,选择数列 $\{s_k\}$,按下述方法构造矩阵序列 $\{A_k\}$,称为带原点位移的 QR 算法:

设 $A_1=A\in\mathbb{R}^{n\times n}$;

对 A_k-s_kI 进行 QR 分解

$$A_k-s_kI=Q_kR_k,\quad k=1,2,\cdots,$$

形成矩阵

$$A_{k+1}=R_kQ_k+s_kI=Q_k^TA_kQ_k.$$

如果令 $\widetilde{Q}_k=Q_1Q_2\cdots Q_k$,$\widetilde{R}_k=R_k\cdots R_2R_1$,则有 $A_{k+1}=\widetilde{Q}_k^TA_k\widetilde{Q}_k$,并且矩阵$(A-s_1I)(A-s_2I)\cdots(A-s_nI)\equiv\varphi(A)$有 QR 分解式 $\varphi(A)=\widetilde{Q}_k\widetilde{R}_k$.

在带位移 QR 方法中,每步并不需要形成 Q 和 R,可按下面方法计算:

首先用正交变换(左变换)将 A_k-s_kI 化为上三角阵,即

$$P_{n-1}\cdots P_2P_1(A_k-s_kI)=R_k,$$

则

$$A_{k+1}=P_{n-1}\cdots P_2P_1(A_k-s_kI)P_1^TP_2^T\cdots P_{n-1}^T+s_kI.$$

设 $A\in\mathbb{R}^{n\times n}$,则存在正交矩阵 Q 使得矩阵 A 正交相似于块上三角矩阵,即

$$Q^TAQ=\begin{pmatrix} R_{11} & R_{12} & \cdots & R_{1m} \\ & R_{22} & \cdots & R_{2m} \\ & & \ddots & \vdots \\ & & & R_{mm} \end{pmatrix},$$

其中对角块 $R_{ii}(i=1,2,\cdots,m)$为一阶或二阶方阵,其极端情况为每个对角块均为二阶方阵,这时

$$\begin{pmatrix} R_{11} & R_{12} & \cdots & R_{1m} \\ & R_{22} & \cdots & R_{2m} \\ & & \ddots & \vdots \\ & & & R_{mm} \end{pmatrix}=\begin{pmatrix} * & * & * & * & \cdots & * & * \\ * & * & * & * & \cdots & * & * \\ & & \ddots & * & * & * & * \\ & & & * & * & * & * \\ & & & & \ddots & * & * \\ & & & & & * & * \\ & & & & & * & * \end{pmatrix},$$

其中"$*$"代表非零元素.这个矩阵的下次对角线以下的元素均为零元素,这样的矩阵称为上黑森伯格矩阵.

设 $A\in\mathbb{R}^{n\times n}$,可选择初等反射矩阵 $U_1,U_2,\cdots,U_{n-2}$,使 A 经正交相似变换约化为一个上黑森伯格矩阵.

定理 8.19(豪斯霍尔德约化矩阵为上黑森伯格矩阵)　设 $A\in\mathbb{R}^{n\times n}$,则存在初等反射矩阵 $U_1,U_2,\cdots,U_{n-2}$ 使

$$U_{n-2}\cdots U_2U_1AU_1U_2\cdots U_{n-2}\equiv U_0^TAU_0=H(上黑森伯格矩阵).$$

k 阶豪斯霍尔德反射是单位矩阵减去一个由 k 维列向量同 k 维行向量相乘所得的矩阵

uu^T,将豪斯霍尔德反射作用于矩阵时,可以利用这个结构来节省计算量. 如果 $B \in \mathbb{R}^{k \times k}$,

$H = I - \dfrac{2}{\| u \|^2} uu^T$,则

$$HB = \left(I - \dfrac{2}{\| u \|^2} uu^T \right) B = B - uw^T, \quad \text{其中 } w = \dfrac{2}{\| u \|^2} B^T u;$$

同样有

$$BH = B \left(I - \dfrac{2}{\| u \|^2} uu^T \right) = B - wu^T, \quad \text{其中 } w = \dfrac{2}{\| u \|^2} Bu.$$

这样一次豪斯霍尔德反射由一次矩阵与向量的乘法 $B^T u$(或 Bu)和一次由 k 维列向量同 k 维行向量相乘所得的矩阵 uw^T(或 wu^T)构成

如果 A 是对称的,则 $H = U_0^T A U_0$ 也对称,这时 H 是一个对称三对角矩阵.

定理 8.20 设 $A \in \mathbb{R}^{n \times n}$ 为对称矩阵,则存在初等反射矩阵 $U_1, U_2, \cdots, U_{n-2}$ 使

$$U_{n-2} \cdots U_2 U_1 A U_1 U_2 \cdots U_{n-2} = \begin{pmatrix} c_1 & b_1 & & & & \\ b_1 & c_2 & b_2 & & & \\ & \ddots & \ddots & \ddots & & \\ & & b_{n-2} & c_{n-1} & b_{n-1} \\ & & & b_{n-1} & c_n \end{pmatrix} \equiv C.$$

用 QR 方法可以计算上黑森伯格矩阵的特征值.

设 B 为上黑森伯格矩阵,即

$$B = \begin{pmatrix} b_{11} & b_{12} & \cdots & & b_{1n} \\ b_{21} & b_{22} & \cdots & & b_{2n} \\ & \ddots & \ddots & & \vdots \\ & & b_{n,n-1} & & b_{nn} \end{pmatrix}.$$

如果 $b_{i,i-1} \neq 0 (i = 2, \cdots, n-1, n)$,则称 B 为不可约上黑森伯格矩阵.

设 $A \in \mathbb{R}^{n \times n}$,由定理 8.19 可选正交矩阵 U_0 使 $H = U_0^T A U_0$ 为上黑森伯格矩阵,对 H 应用 QR 算法.

QR 算法: $H_1 = H$

对于 $k = 1, 2, \cdots,$

$$\left. \begin{aligned} H_k &= Q_k R_k \text{(QR 分解)}, \\ H_{k+1} &= R_k Q_k. \end{aligned} \right\}$$

不失一般性,可假设迭代产生的每一个上黑森伯格矩阵 H_k 都是不可约的. 否则,若在某步有

$$H_{k+1} = \begin{pmatrix} H_{11} & H_{12} \\ 0 & H_{22} \end{pmatrix} \begin{matrix} p \\ n-p \end{matrix},$$

于是这个问题就分离为 H_{11} 与 H_{22} 两个较小的问题. 当 $p = n-1$ 或 $p = n-2$ 时,有

$$H_{k+1} = \begin{array}{cc} & \begin{array}{cc} n-1 & 1 \end{array} \\ \begin{pmatrix} H_{11} & H_{12} \\ 0 & h_{nn}^{(k+1)} \end{pmatrix} & \begin{array}{c} n-1 \\ 1 \end{array} \end{array} \quad 或 \quad H_{k+1} = \begin{array}{cc} & \begin{array}{cc} n-2 & 2 \end{array} \\ \begin{pmatrix} H_{11} & H_{12} \\ 0 & \begin{matrix} * & * \\ * & * \end{matrix} \end{pmatrix} & \begin{array}{c} n-2 \\ 2 \end{array} \end{array}.$$

从而可求出 H 的特征值 $\lambda_n = h_{nn}^{(k+1)}$ 或 λ_{n-1}, λ_n (由 H_{k+1} 右下角二阶矩阵的特征值求得),且求 H 的其余特征值时,转化为降阶求 H_{11} 的特征值.

实际上,每当 H_{k+1} 的次对角元适当小时,就可进行分离. 例如,如果

$$|h_{p+1,p}| \leqslant \varepsilon(|h_{pp}| + |h_{p-1,p+1}|),$$

就把 $h_{p+1,p}$ 视为零. 一般取 $\varepsilon = 10^{-t}$,其中 t 是计算中有效数字的位数.

上黑森伯格矩阵的单步 QR 方法:选取 s_k 并设

$$H_1 = H = \begin{bmatrix} h_{11} & h_{12} & \cdots & h_{1n} \\ h_{21} & h_{22} & \cdots & h_{2n} \\ & \ddots & \ddots & \vdots \\ & & h_{n,n-1} & h_{nn} \end{bmatrix}, \quad (设 H 为不可约矩阵).$$

对于 $k = 1, 2, \cdots$(用位移来加速收敛)

$$\begin{cases} H_k - s_k I = Q_k R_k, \\ H_{k+1} = R_k Q_k + s_k I. \end{cases}$$

由 $H_1 \rightarrow H_2$ 实际计算为

(1) 左变换:$P_{n-1,n} \cdots P_{23} P_{12}(H_1 - s_1 I) = R_1$(上三角阵),

(2) 右变换:$H_2 = R_1 P_{12}^T P_{23}^T \cdots P_{n-1,n}^T + s_1 I$.

其中 $P_{k,k+1} = P(k, k+1)$ 为平面旋转矩阵.

对于上黑森伯格矩阵 $H \in \mathbb{R}^{n \times n}$,在做变换过程中可以用计算量较少的吉文斯旋转变换依次将下次对角线上的元素化成零,实现 QR 分解,而且右变换过程所得的矩阵还具有黑森伯格矩阵的形状,即上黑森伯格矩阵在 QR 变换下形式不变,这样就达到了减少计算量的目的,由 H_k 到 H_{k+1} 的计算量从 $O(n^3)$ 降为 $O(n^2)$.

定理 8.21　设①$H \in \mathbb{R}^{n \times n}$ 为不可约上黑森伯格矩阵;②μ 为 $H = H_1$ 的一个特征值,则 QR 方法

$$\begin{cases} H_1 - \mu I = QR & (QR 分解) \\ H_2 = RQ + \mu I \end{cases}$$

中 $h_{n,n-1}^{(2)} = 0, h_{n,n}^{(2)} = \mu$.

将 $A \in \mathbb{R}^{n \times n}$ 经过正交相似变换化为上黑森伯格矩阵 H,即 $U_0^T A U_0 = H$,其中 H 不是唯一的. 但是,如果规定了正交矩阵 U_0 的第一列,则 U_0 和 H 除差因子外唯一.

定理 8.22(隐式 Q 定理)　设 $A \in \mathbb{R}^{n \times n}$,且:

(1) $Q = (q_1, q_2, \cdots, q_n)$ 及 $V = (v_1, v_2, \cdots, v_n)$ 都是正交矩阵,且有 $Q^T A Q = H, V^T A V = G$ 都是上黑森伯格矩阵.

(2) H 为不可约上黑森伯格矩阵,且 $q_1 = v_1$(即 Q 与 V 的第 1 列相同),则:

① $v_i = \pm q_i$ 且 $|h_{i,i-1}| = |g_{i,i-1}|, i = 2, 3, \cdots, n$;

② $G = D^{-1} H D$,其中 $D = \text{diag}(1, \pm 1, \cdots, \pm 1)$,即 H 和 G 在 $G = D^{-1} H D$ 意义上"本质上相等".

当 H（上黑森伯格矩阵）的依模最小特征值是复数时，位移参数 s_k, s_{k+1} 可取为某步 H_k 右下角的二阶矩阵

$$C = \begin{pmatrix} h_{n-1,n-1} & h_{n-1,n} \\ h_{n,n-1} & h_{n,n} \end{pmatrix}$$

的特征值.

当 C 的特征值 s_1 与 s_2 为复数时，如果用 QR 算法就要引进复数运算，这对于实矩阵 H 是不必要的，在某些条件下，可以用正交相似变换将 H 约化为舒尔型.

隐式位移的 QR 方法，即用 s_1 与 s_2 作位移连续进行二次单步的 QR 迭代，使用复位移，避免复数运算.

8.2　主 要 算 法

第 8 章算法

1. 幂法

算法原理

从给定非零初始向量 $\boldsymbol{v}_0$ 出发，由矩阵的乘幂构造一个向量序列，$\boldsymbol{v}_0 \neq \boldsymbol{0}, \boldsymbol{v}_{k+1} = \boldsymbol{A}\boldsymbol{v}_k$，$k = 0, 1, 2, \cdots$，则有

$$\lim_{k \to \infty} \frac{\boldsymbol{v}_k}{\lambda_1^k} = \alpha_1 \boldsymbol{x}_1, \quad \lim_{k \to \infty} \frac{(\boldsymbol{v}_{k+1})_i}{(\boldsymbol{v}_k)_i} = \lambda_1,$$

即 k 充分大时，k 迭代向量 $\boldsymbol{v}_k$ 为主特征值 λ_1 对应的特征向量的近似向量，相邻迭代向量分量的比值 $(\boldsymbol{v}_{k+1})_i / (\boldsymbol{v}_k)_i$ 收敛到 λ_1.

算法步骤

a. 给定初始向量 $\boldsymbol{u}^{(0)}$（通常取 $\boldsymbol{u}^{(0)} = (1, 1, \cdots, 1)^T$），误差限 ε，最大迭代次数 it_max，$k = 1$；

b. 计算 $\boldsymbol{v}^{(k)} = \boldsymbol{A}\boldsymbol{u}^{(k-1)}$，$m_k = \max(\boldsymbol{v}^{(k)})$，$\boldsymbol{u}^{(k)} = \boldsymbol{v}^{(k)} / m_k$；

c. 若 $|m_k - m_{k-1}| < \varepsilon$，计算停止；

d. 若达到最大迭代次数，计算结束，否则 $k = k+1$，转 b

计算结束，m_k 为特征值 λ_1，$\boldsymbol{u}^{(k)}$ 为相应特征向量.

MATLAB 程序

```
function [m, u, k] = pow(A, ep, it_max)
if nargin < 3     it_max = 100;     end
if nargin < 2     ep = 1e - 5;     end
n = length(A);    u = ones(n, 1);     k = 0;     m1 = 0;
while k <= it_max
    v = A * u;    [vmax, i] = max(abs(v));     m = v(i);     u = v/m;
    if abs(m - m1) < ep     break;     end
    m1 = m;     k = k + 1;
end
```

数值实验

例 1　给定矩阵

$$\boldsymbol{A} = \begin{bmatrix} 5 & 4 & 1 & 1 \\ 4 & 5 & 1 & 1 \\ 1 & 1 & 4 & 2 \\ 1 & 1 & 2 & 4 \end{bmatrix}$$

用幂法求 A 的主特征值及对应的特征向量.

首先用 MATLAB 函数求矩阵的全部特征值

```
>> A = [5 4 1 1;4 5 1 1;1 1 4 2;1 1 2 4];    eig(A)
ans =    1.0000    2.0000    5.0000    10.0000
```

用幂法求主特征值

```
>> ep = 1e - 5;    it_max = 100;    [m,u,k] = pow(A,ep,it_max)
m =       10.0000
u =       1.0000     1.0000     0.5000     0.5000
k =       17
```

用原点平移法进行迭代加速,取 $p=3$,则

```
>> B = A - 3 * eye(4);    [m,u,k] = pow(B,ep,it_max)
m =       7.0000
u =       1.0000     1.0000     0.5000     0.5000
k =       10
```

结果可见迭代次数明显减少,加速效果显著.

2. 反幂法

算法原理

反幂法用来计算矩阵按模最小的特征值及其特征向量,其基本思想是利用 A 的按模最小特征值为 A^{-1} 的按模最大的特征值,对 A^{-1} 应用幂法迭代,求得 A^{-1} 的主特征值 $1/\lambda_n$,从而得到 A 的按模最小特征值 λ_n.

在反幂法中,也可以用原点平移法来加速迭代过程或求其他特征值及特征向量.

算法步骤

a. 给定初始向量 $u^{(0)}$(通常取 $u^{(0)} = (1,1,\cdots,1)^{\mathrm{T}}$),误差限 ε,最大迭代次数 it_max,取 $k=1$;

b. 对矩阵 A 做 LU 分解 $A = LU$;

c. 解方程组 $Ly^{(k)} = u^{(k-1)}$,$Uv^{(k)} = y^{(k)}$,得到 $v^{(k)}$;

d. 计算 $m_k = \max(v^{(k)})$,$u^{(k)} = v^{(k)}/m_k$;

e. 若 $|m_k - m_{k-1}| < \varepsilon$,计算停止;

f. 若达到最大迭代次数,计算结束,否则 $k = k+1$,转 b

计算结束,$1/m_k$ 为特征值 λ_n,$u^{(k)}$ 为相应特征向量.

MATLAB 程序

```
function [m,u,k] = pow_inv(A,ep,it_max)
if nargin < 3     it_max = 100;     end
if nargin < 2     ep = 1e - 10;     end
n = length(A);    u = ones(n,1);    k = 1;    m1 = 0;
[L,U,P] = lu(A);    L_1 = inv(L);    U_1 = inv(U);
v = U_1 * u;    [vmax,i] = max(abs(v));    m = v(i);    u = v/m;
while k <= it_max
  y = L_1 * P * u;    v = U_1 * y;
  [vmax,i] = max(abs(v));    m = v(i);    u = v/m;
```

```
    if abs(m - m1)< ep      break;      end
    m1 = m;     k = k + 1;
end
m = 1/m,
```

数值实验

例 2 对于例 1 中给定的矩阵,对不同的 p 值,用反幂法求 A 的不同特征值及特征向量.

直接用反幂法求按模最小特征值及特征向量.

```
>> A = [5 4 1 1;4 5 1 1;1 1 4 2;1 1 2 4];     ep = 1e - 10;     it_max = 100;
>> [m, u, k] = pow_inv(A, ep, it_max)
m =     1.0000
u =     1.0000    - 1.0000    - 0.0000    - 0.0000
k =     15
```

按模最小特征值为 1,特征向量为 $(1,-1,0,0)^{\mathrm{T}}$,迭代 15 次.

求接近 2 的特征值.

```
>> p = 1.8;     B = A - p * eye(4);     [m, u, k] = pow_inv(B, ep, it_max)
m =     0.2000
u =      - 0.0000    - 0.0000    - 1.0000    1.0000
k =     11
```

特征值为 m+p=0.2+1.8=2,特征向量为 $(0,0,-1,1)^{\mathrm{T}}$,迭代 11 次.

求与 5 接近的特征值

```
>> p = 4.5;     B = A - p * eye(4);     [m, u, k] = pow_inv (B, ep, it_max)
m =     0.5000
u =      - 0.5000    - 0.5000    1.0000    1.0000
k =     16
```

特征值为 m+p=0.5+4.5=5,征向量为 $(-0.5,-0.5,1,1)^{\mathrm{T}}$,迭代 16 次.

矩阵 A 的特征值为 1,2,5,10,用原点平移法求不同特征值时,同样精度下,特征值分离得越好,迭代越快.

3. 用正交相似变换约化一般矩阵为上黑森伯格矩阵

算法原理

设 $A \in \mathbb{R}^{n \times n}$,则存在初等反射矩阵 $U_1, U_2, \cdots, U_{n-2}$ 使

$$U_{n-2} \cdots U_2 U_1 A U_1 U_2 \cdots U_{n-2} \equiv U_0^{\mathrm{T}} A U_0 = H (\text{上黑森伯格矩阵}).$$

算法步骤

a. 输入方阵 A;

b. 对 $k = 1, 2, \cdots, n-2$,依次进行豪斯霍尔德反射变换(相似变换),使 A 成为上黑森伯格矩阵.

MATLAB 程序

```
function [Q, R] = hessenberg(A)
% 用 householder 正交相似变换将一般矩阵约化为上黑森伯格矩阵
[m, n] = size(A);
```

```
if m~ = n    error('A 非方阵');    end;
R = A;    Q = eye(n);
for j = 1:n - 2
   w = R(j + 1:n, j);
   if norm(w, inf) == 0    break; end
   omiga = sign(w(1)) * norm(w);    beta = omiga * (omiga + w(1));    w(1) = w(1) + omiga;
   H = eye(n);    H(j + 1:n, j + 1:n) = H(j + 1:n, j + 1:n) - w * w'/beta;    R = H * R * H;    Q = Q * H;
end
```

数值实验

例 3　设

$$
A = \begin{bmatrix}
5 & -2 & -5 & -1 & 6 & 9 \\
1 & 0 & -3 & 2 & 7 & 4 \\
6 & 2 & 12 & -3 & 3 & 1 \\
5 & 3 & 1 & 5 & 4 & 6 \\
8 & 0 & 5 & 4 & 3 & 8 \\
6 & 9 & 4 & 2 & 6 & 45
\end{bmatrix},
$$

用初等反射矩阵将 A 正交相似约化为上黑森伯格矩阵.

```
>> A = [5, -2, -5, -1,6,9;1,0, -3,2,7,4;6,2,12, -3,3,1; 5,3,1,5,4,6;8,0,5,4,3,8;6,9,4,2,6,45];
>> [Q,R] = hessenberg(A)
Q =
    1.0000         0         0         0         0         0
         0    0.0786    0.1918   -0.7901    0.5619   -0.1303
         0    0.4714   -0.2883   -0.4548   -0.6599   -0.2288
         0    0.3928   -0.1234   -0.0838    0.0790    0.9040
         0    0.6285   -0.3704    0.3646    0.4744   -0.3313
         0    0.4714    0.8530    0.1702   -0.1320   -0.0611
R =
    5.0000    5.1069    6.6362    7.6570    3.7551   -2.0371
   12.7279   26.2840   19.5913   -2.2999   -3.2157   -4.0728
   -0.0000   18.7243   30.4504    3.2307    2.8163   -2.9783
    0.0000    0.0000    7.5218   -0.8535   -2.5386    2.4570
   -0.0000    0.0000   -0.0000    5.9012    5.5860    5.7365
    0.0000    0.0000   -0.0000   -0.0000    3.8532    3.5331
```

4. 上黑森伯格矩阵的 QR 算法

算法原理

设①$H \in \mathbb{R}^{n \times n}$ 为不可约上黑森伯格矩阵；②μ 为 $H_1 = H$ 的一个特征值,则 QR 方法

$$
\begin{cases}
H_1 - \mu I = QR & (\text{QR 分解}), \\
H_2 = RQ + \mu I
\end{cases}
$$

中 $h_{n,n-1}^{(2)} = 0, h_{n,n}^{(2)} = \mu$.

注：该算法不能用来计算 H 的复特征值.

算法步骤

给定 $H \in \mathbb{R}^{n \times n}$ 为上黑森伯格矩阵,计算

$$\begin{cases} \boldsymbol{H}_1 - s\boldsymbol{I} = \boldsymbol{Q}_1\boldsymbol{R}_1 & \text{(QR 分解)} \quad \text{(取 } s = h_{nn}), \\ \boldsymbol{H}_2 = \boldsymbol{R}_1\boldsymbol{Q}_1 + s\boldsymbol{I}. \end{cases}$$

a. $h_{11} = h_{11} - s$.

b. 对于 $k = 1, 2, \cdots, n-1$

(1) 确定旋转变换 $\boldsymbol{P}(k, k+1)$,使

$$\begin{pmatrix} c_k & s_k \\ -s_k & c_k \end{pmatrix} \begin{pmatrix} h_{kk} \\ h_{k+1,k} \end{pmatrix} = \begin{pmatrix} r_{kk} \\ 0 \end{pmatrix};$$

(2) 左变换 对于 $j = k, \cdots, n$

$$\begin{pmatrix} c_k & s_k \\ -s_k & c_k \end{pmatrix} \begin{pmatrix} h_{kj} \\ h_{k+1,j} \end{pmatrix} = \begin{pmatrix} h_{kj} \\ h_{k+1,j} \end{pmatrix}.$$

c. 对于 $k = 1, 2, \cdots, n-1$

(1) 右变换 对于 $i = 1, 2, \cdots, k+1$

$$(h_{ik} \quad h_{i,k+1}) \begin{pmatrix} c_k & -s_k \\ s_k & c_k \end{pmatrix} = (h_{ik} \quad h_{i,k+1});$$

(2) $h_{kk} = h_{kk} + s$.

d. $h_{nn} = h_{nn} + s$.

MATLAB 程序

```
function H = QR_T(A)
%用平面旋转变换做上黑森伯格矩阵的 QR 分解
n = length(A);    H = A;    st = H(n,n);    H(1,1) = H(1,1) - st;
for k = 1:n - 1
    H(k + 1,k + 1) = H(k + 1,k + 1) - st;
    if abs(H(k + 1,k))< = eps              % 数值稳定的算法
      c(k) = 1;s(k) = 0;
    elseif abs(H(k + 1,k))> = abs(H(k,k))
      t = H(k,k)/ H(k + 1,k);
      s(k) = 1/sqrt(1 + t^2); c(k) = s(k) * t;
    else
      t = H(k + 1,k)/ H(k,k);
      c(k) = 1/sqrt(1 + t^2); s(k) = c(k) * t;
    end
    H(k:k + 1,k:n) = [c(k),s(k); - s(k),c(k)] * H(k:k + 1,k:n);
end
for k = 1:n - 1
    H(1:k + 1,k:k + 1) = H(1:k + 1,k:k + 1) * [c(k), - s(k);s(k),c(k)];
    H(k,k) = H(k,k) + st;
end
H(n,n) = H(n,n) + st;

function D = D_QR(A,it_max,ep)
%单步位移 QR 方法求上黑森伯格矩阵特征值
% it_max 为最大迭代次数
[m,n] = size(A);
if m~ = n    error('A 非方阵');    end
```

```
D = eye(n);
while n > 1
    i = 1;
    while i <= it_max
        if abs(A(n,n-1)) < ep      break;      end
        A = QR_T(A);      i = i + 1;
    end
    D(n,n) = A(n,n);      A = A(1:n-1,1:n-1);      n = n-1;
    if n == 1      D(1,1) = A(1,1);      end
end
D = diag(D);
```

数值实验

例 4　用 QR 算法求矩阵 A 的全部特征值,其中

$$A = \begin{pmatrix} 5 & -2 & -5 & -1 \\ 1 & 6 & 8 & 6 \\ 0 & 2 & 5 & -3 \\ 0 & 0 & 5 & 12 \end{pmatrix}.$$

```
>> A = [5, -2, -5, -1;1,6,8,6;0,2,5, -3;0,0,5,12];      D = D_QR(A,12,1e-5)
D =      3.1376      5.8678      8.2076   10.7870
```

验证

```
>> eig(A)
ans =      3.1376      5.8678   10.7870   8.2076
```

8.3　复习与思考题解析

1. 什么是矩阵 A 的特征值和特征向量? 什么是对角矩阵的特征值和特征向量? 举例说明.

答　设矩阵 $A \in \mathbb{R}^{n \times n}$,若有 $\lambda \in \mathbb{C}$ 和非零向量 $x \in \mathbb{C}^n$,使 $Ax = \lambda x$,则称 λ 为矩阵 A 的特征值,x 为矩阵 A 的属于特征值 λ 的特征向量.

对角矩阵的特征值为其各对角元素,对应的特征向量为单位矩阵的相应各列.

例如对角矩阵 $\mathrm{diag}(2,3,4)$,特征值为 $2,3,4$,对应的特征向量分别为 $(1,0,0)^\mathrm{T}$,$(0,1,0)^\mathrm{T}$,$(0,0,1)^\mathrm{T}$.

2. 什么是矩阵 A 的格什戈林圆盘? 它与 A 的特征值有何关系? 什么是矩阵 A 的瑞利商?

答　设 $A = (a_{ij})_{n \times n}$,令(1)$r_i = \sum\limits_{\substack{j=1 \\ j \neq i}}^{n} |a_{ij}|$ $(i = 1,2,\cdots,n)$;(2) 集合 $D_i = \{z \mid |z - a_{ii}| \leqslant r_i, z \in \mathbb{C}\}$. 则称复平面上以 a_{ii} 为圆心,以 r_i 为半径的所有圆盘的集合为矩阵 A 的格什戈林圆盘.

关于 A 的特征值有:(1)A 的每一个特征值必属于下述某个圆盘

$$|\lambda - a_{ii}| \leqslant r_i = \sum_{\substack{j=1 \\ j \neq i}}^{n} |a_{ij}|, \quad i = 1, 2, \cdots, n$$

之中. 或者说,A 的特征值都在复平面上 n 个格什戈林圆盘的并集中.

(2) 如果 A 有 m 个格什戈林圆盘连成一个连通的并集 S,且 S 与余下 $n-m$ 个格什戈林圆盘是分离的,则 S 内恰包含 A 的 m 个特征值. 特别地,若 A 的一个格什戈林圆盘 D_i 是与其他格什戈林圆盘分离的(即孤立格什戈林圆盘),则 D_i 中精确地包含 A 的一个特征值.

设 $A = (a_{ij})_{n \times n}$,记 $R(x) = \dfrac{(Ax, x)}{(x, x)}$,$x \neq 0$,称为矩阵 A 的瑞利商.

3. 什么是求解特征值问题的条件数? 它与求解线性方程组问题的条件数是否相同? 两者间的区别是什么? 实对称矩阵的特征值问题总是良态吗?

答　称 $\nu(A) = \inf\{\text{cond}(P) \mid P^{-1}AP = \text{diag}(\lambda_1, \lambda_2, \cdots, \lambda_n)\}$ 为特征值问题的条件数. 特征值问题的条件数可以度量当矩阵 A 有微小变化时特征值的敏感性,它和解线性方程组时的矩阵条件数是两个不同的概念,例如,对于 $A = \text{diag}(1, 10^{-10})$,由于 $IAI = \text{diag}(1, 10^{-10})$,故 $\nu(A) = \text{cond}(I) = 1$,但解线性方程组的矩阵条件数 $\text{cond}(A) = 10^{10}$.

对于给定的矩阵来说,不同特征值和特征向量对矩阵的扰动程度也不同. 实矩阵的特征值问题并不总是良态的.

4. 什么是幂法? 它收敛到矩阵 A 的哪个特征向量? 若 A 的主特征值 λ_1 为单的,用幂法计算 λ_1 的收敛速度由什么量决定? 怎样改进幂法的收敛速度?

答　幂法是一种计算矩阵主特征值及对应的特征向量的迭代方法. 若 A 的主特征值是单的且满足条件

$$|\lambda_1| > |\lambda_2| \geqslant |\lambda_3| \geqslant \cdots \geqslant |\lambda_n|,$$

则幂法收敛到 λ_1 的速度由比值 $r = \left|\dfrac{\lambda_2}{\lambda_1}\right|$ 来决定,r 越小收敛越快,当 $r = \left|\dfrac{\lambda_2}{\lambda_1}\right| \approx 1$ 时收敛就很慢.

改进幂法的收敛速度可以采用原点平移法或瑞利商加速方法. 所谓原点平移法就是适当选择参数 p,引进矩阵 $B = A - pI$,使 $\lambda_1 - p$ 仍是 B 的主特征值且使

$$\left|\frac{\lambda_2 - p}{\lambda_1 - p}\right| < \left|\frac{\lambda_2}{\lambda_1}\right|,$$

对 B 使用幂法,使得在计算 B 的主特征值 $\lambda_1 - p$ 的过程中得到加速. 瑞利商加速是在 A 对称的前提下利用 λ_1 与瑞利商极值的关系(见定理 8.3),用幂法计算过程中的规范化向量 u_k 的瑞利商给出 λ_1 的近似,即

$$\frac{(Au_k, u_k)}{(u_k, u_k)} = \lambda_1 + O\left(\left(\frac{\lambda_2}{\lambda_1}\right)^{2k}\right).$$

5. 反幂法收敛到矩阵 A 的哪个特征向量? 在幂法或反幂法中,为什么每步都要将迭代向量规范化?

答　反幂法收敛到矩阵按模最小的特征值及其特征向量. 在幂法或反幂法中每步迭代都要将迭代向量规范化,以幂法为例,如果 $|\lambda_1| > 1$(或 $|\lambda_1| < 1$),那么迭代向量 v_k 的各个不为零的分量将随 $k \to \infty$ 而趋向无穷(或趋于零),这样在计算机实现时就可能"溢出"(或丢掉了有效数字),因而,每步迭代需要将 v_k 规范化.

6. 什么是豪斯霍尔德变换？它有哪些重要性质？

答　设向量 $w \in \mathbb{R}^n$，且 $w^T w = 1$，称矩阵 $H(w) = I - 2ww^T$ 为初等反射矩阵，也称为豪斯霍尔德变换，豪斯霍尔德变换 H 具有以下性质：

(1) H 是对称矩阵，即 $H^T = H$.

(2) H 是正交矩阵，即 $H^{-1} = H$.

(3) 若 A 为对称矩阵，则 $A_1 = H^{-1}AH = HAH$ 也是对称矩阵.

7. 什么是吉文斯变换？它有什么重要性质？

答　称 $\mathbb{R}^n$ 中的变换

$$P(i,j,\theta) = \begin{bmatrix} 1 & & & & & & & & & \\ & \ddots & & & & & & & & \\ & & 1 & & & & & & & \\ & & & \cos\theta & \cdots & & \sin\theta & & & \\ & & & & 1 & & & & & \\ & & & \vdots & & \ddots & \vdots & & & \\ & & & & & & 1 & & & \\ & & & -\sin\theta & \cdots & & \cos\theta & & & \\ & & & & & & & & 1 & \\ & & & & & & & & & \ddots \\ & & & & & & & & & & 1 \end{bmatrix} \begin{matrix} \\ \\ \\ i \\ \\ \\ \\ j \\ \\ \\ \\ \end{matrix}$$

为 $\mathbb{R}^n$ 中平面 $\{x_i, x_j\}$ 的旋转变换，也称吉文斯变换. 吉文斯变换 $P(i,j,\theta)$ 具有以下性质：

(1) P 与单位矩阵 I 只是在 $(i,i),(i,j),(j,i),(j,j)$ 位置元素不一样，其他相同.

(2) P 为正交矩阵，即 $P^{-1} = P^T$.

(3) $P(i,j)A$（即左乘）只需计算第 i 行与第 j 行元素，其他不变.

(4) $AP(i,j)$（即右乘）只需计算第 i 列与第 j 列元素，其他不变.

8. 对 $n > 3$ 的矩阵，一般都不利用求特征多项式的根计算其特征值，为什么？

答　求 A 的特征值问题 $Ax = \lambda x$ 等价于求矩阵 A 的特征方程

$$p(\lambda) = \det(\lambda I - A) = 0$$

的根，当矩阵 A 的阶数 $= 2, 3$ 时，可以按行列式展开的方法求得特征方程 $p(\lambda) = 0$ 并进而求得其根. 但当 n 较大，如 $n > 3$ 时，如果按展开行列式的方法，首先需求出 $p(\lambda)$ 的系数，再求 $p(\lambda)$ 的根，工作量就非常大，而且高次多项式的求根一般是不稳定的，因此，用这种办法求矩阵特征值是不切实际的.

9. 用一次 QR 分解可将一般矩阵约化成三角形式，而三角矩阵的特征值恰为其对角元素，能否通过这一过程得到原始矩阵的特征值？为什么？

答　设矩阵 A 的 QR 分解为 $A = QR$，虽然三角矩阵 R 的特征值恰为其对角元素，但由于 $R = Q^T A \neq Q^T AQ$，所以 R 的特征值并不等于 A 的特征值，也就是说不能通过这一过程得到原始矩阵的特征值.

10. 为什么使用 QR 迭代计算矩阵特征值时要先将它化为上黑森伯格矩阵或三对角矩阵？为什么不能约化到三角矩阵？

答　在实际进行 QR 迭代时，为了减少每次迭代的计算量，通常先将原矩阵 A 经正交相似变换约化为上黑森伯格矩阵,当矩阵 A 对称时,可约化为三对角矩阵,然后对约化后的矩阵进行 QR 迭代.

由于实矩阵的特征值可能有复数,所以不能用正交相似变换约化为上三角阵或对角阵,此时若想约化到三角阵或对角阵,需要使用酉相似变换,这样就需要复数运算.

11. 求矩阵 A 特征值的 QR 迭代时,具体收敛到哪种矩阵是由 A 的哪种性质决定的?

答 设 $A \in \mathbb{R}^{n \times n}$,且 A 有完备的特征向量集合,如果 A 的等模特征值中只有实重特征值或共轭复特征值(单的或多重),则由 QR 算法产生的 $\{A_k\}$ 本质收敛于分块上三角阵(对角块为一阶和二阶子块)且对角块中每一个 2×2 子块给出 A 的一对共轭复特征值,每一个一阶对角子块给出 A 的实特征值.因此具体收敛到哪种矩阵是由 A 的特征值的组成形式决定的.

12. 判断下列命题是否正确?

(1) 对应于给定特征值的特征向量是唯一的.

(2) 实矩阵的特征值一定是实的.

(3) 每个 n 阶矩阵都有 n 个线性无关的特征向量.

(4) n 阶矩阵奇异的充分必要条件是 0 不是特征值.

(5) 任意 n 阶矩阵一定与某个对角矩阵相似.

(6) 两个 n 阶矩阵的特征值相同,则它们一定相似.

(7) 如果两个矩阵相似,则它们一定有相同的特征向量.

(8) 若矩阵 A 的所有特征值 λ 都是 0,则 A 是零矩阵.

(9) 若 n 阶矩阵的特征值互异,则对 A 进行 QR 迭代一定收敛到对角矩阵.

(10) 对称的上黑森伯格矩阵一定是三对角矩阵.

答 (1) 错.对应于一个特征值的特征向量可以有无穷多个,因为如果 x 为一个特征向量,其任意非零常数倍仍然是特征向量.

(2) 错.实矩阵的特征值不一定都是实的.一般的实矩阵可能存在复特征值.如矩阵 $\begin{pmatrix} 1 & -1 \\ 1 & 1 \end{pmatrix}$ 的特征值为 $1 \pm \mathrm{i}$.

(3) 错.只有与对角矩阵相似的矩阵才有此性质.

(4) 错.n 阶矩阵非奇异的充分必要条件是 0 不是其特征值.

(5) 错.如矩阵 $\begin{pmatrix} 1 & 1 \\ 0 & 1 \end{pmatrix}$ 就不能与任意的对角矩阵相似.

(6) 错.如矩阵 $\begin{pmatrix} 1 & 0 \\ 0 & 1 \end{pmatrix}$ 与矩阵 $\begin{pmatrix} 1 & 1 \\ 0 & 1 \end{pmatrix}$ 的特征值相同,都是 1,但此二矩阵不相似.

(7) 错.两个矩阵相似,只能得出它们的特征值相同,得不出其特征向量相同的结论.

(8) 错.如矩阵 $\begin{pmatrix} 0 & 1 \\ 0 & 0 \end{pmatrix}$ 的特征值都是零,但此矩阵为非零矩阵.

(9) 错.若 n 阶矩阵的特征值的绝对值互异,则对其进行 QR 迭代一定收敛到对角矩阵.否则得不出上面的结论.例如,如果矩阵存在复共轭的特征值,则对其进行 QR 迭代只能收敛到块对角矩阵.

(10) 对.这可由上黑森伯格矩阵及对称矩阵的定义得出.

8.4　习题解答

1. 利用格什戈林圆盘定理估计下面矩阵特征值的界：

$$(1)\begin{pmatrix} -1 & 0 & 0 \\ -1 & 0 & 1 \\ -1 & -1 & 2 \end{pmatrix};\qquad (2)\begin{pmatrix} 4 & -1 & & & \\ -1 & 4 & -1 & & \\ & \ddots & \ddots & \ddots & \\ & & -1 & 4 & -1 \\ & & & -1 & 4 \end{pmatrix}.$$

解　（1）根据格什戈林圆盘定理，特征值 λ_i 位于圆盘

$$D_1:|\lambda+1|\leqslant 0,\quad D_2:|\lambda|\leqslant 2,\quad D_3:|\lambda-2|\leqslant 2$$

的并集中，因而 $\lambda_1=-1,\lambda_{2,3}\in\{z\mid|z|\leqslant 2,z\in\mathbb{C}\}\bigcup\{z\mid|z-2|\leqslant 2,z\in\mathbb{C}\}$.

（2）矩阵对称，特征值均为实数. 根据格什戈林圆盘定理，特征值 λ_i 位于圆盘

$$|\lambda_i-4|\leqslant 2$$

内，即 $2\leqslant\lambda_i\leqslant 6(i=1,2,\cdots,n)$.

2. 计算如下矩阵的特征值与特征向量. 它们是否相似于对角矩阵？

$$(1)\begin{pmatrix} 2 & -3 & 6 \\ 0 & 3 & -4 \\ 0 & 2 & -3 \end{pmatrix};\quad (2)\begin{pmatrix} 2 & 0 & 1 \\ 0 & 2 & 0 \\ 1 & 0 & 2 \end{pmatrix};\quad (3)\begin{pmatrix} 1 & 0 & 0 \\ -1 & 0 & 1 \\ -1 & -1 & 2 \end{pmatrix}.$$

解　（1）$\boldsymbol{A}=\begin{pmatrix} 2 & -3 & 6 \\ 0 & 3 & -4 \\ 0 & 2 & -3 \end{pmatrix}$，由其特征多项式

$$|\lambda\boldsymbol{I}-\boldsymbol{A}|=\begin{vmatrix} \lambda-2 & 3 & -6 \\ 0 & \lambda-3 & 4 \\ 0 & -2 & \lambda+3 \end{vmatrix}=0,$$

即 $(\lambda-2)(\lambda^2-9)+8(\lambda-2)=0$，得 $\lambda_1=2,\lambda_2=1,\lambda_3=-1$，该矩阵有 3 个互异的实特征值，故相似于对角矩阵.

将 $\lambda_1=2$ 代入特征方程 $\boldsymbol{A}\boldsymbol{x}=\lambda_1\boldsymbol{x}$，得 $\boldsymbol{x}^{(1)}=(1,0,0)^{\mathrm{T}}$.

将 $\lambda_2=1$ 代入特征方程 $\boldsymbol{A}\boldsymbol{x}=\lambda_2\boldsymbol{x}$，得 $\boldsymbol{x}^{(2)}=(0,2,1)^{\mathrm{T}}$.

将 $\lambda_3=-1$ 代入特征方程 $\boldsymbol{A}\boldsymbol{x}=\lambda_3\boldsymbol{x}$，得 $\boldsymbol{x}^{(3)}=(-1,1,1)^{\mathrm{T}}$.

（2）$\boldsymbol{A}=\begin{pmatrix} 2 & 0 & 1 \\ 0 & 2 & 0 \\ 1 & 0 & 2 \end{pmatrix}$，由其特征多项式

$$|\lambda\boldsymbol{I}-\boldsymbol{A}|=\begin{vmatrix} \lambda-2 & 0 & -1 \\ 0 & \lambda-2 & 0 \\ -1 & 0 & \lambda-2 \end{vmatrix}=0,$$

即 $(\lambda-2)^3-(\lambda-2)=0$，得 $\lambda_1=2,\lambda_2=3,\lambda_3=1$，该矩阵有 3 个互异的实特征值，故相似于对角矩阵.

将 $\lambda_1 = 2$ 代入特征方程 $\boldsymbol{Ax} = \lambda_1 \boldsymbol{x}$,得 $\boldsymbol{x}^{(1)} = (0,1,0)^{\mathrm{T}}$.

将 $\lambda_2 = 3$ 代入特征方程 $\boldsymbol{Ax} = \lambda_2 \boldsymbol{x}$,得 $\boldsymbol{x}^{(2)} = (1,0,1)^{\mathrm{T}}$.

将 $\lambda_3 = 1$ 代入特征方程 $\boldsymbol{Ax} = \lambda_3 \boldsymbol{x}$,得 $\boldsymbol{x}^{(3)} = (1,0,-1)^{\mathrm{T}}$.

(3) $\boldsymbol{A} = \begin{pmatrix} 1 & 0 & 0 \\ -1 & 0 & 1 \\ -1 & -1 & 2 \end{pmatrix}$,由其特征多项式

$$|\lambda \boldsymbol{I} - \boldsymbol{A}| = \begin{vmatrix} \lambda-1 & 0 & 0 \\ 1 & \lambda & -1 \\ 1 & 1 & \lambda-2 \end{vmatrix} = 0,$$

即 $\lambda(\lambda-1)(\lambda-2) + (\lambda-1) = 0$,得 $\lambda_1 = \lambda_2 = \lambda_3 = 1$.

将 $\lambda_1 = 1$,代入特征方程 $\boldsymbol{Ax} = \lambda_1 \boldsymbol{x}$,得两个线性无关的特征向量 $\boldsymbol{x}^{(1)} = (1,0,1)^{\mathrm{T}}$,$\boldsymbol{x}^{(2)} = (0,1,1)^{\mathrm{T}}$,故该矩阵不相似于对角矩阵.

3. 用幂法计算下列矩阵的主特征值及对应的特征向量:

(1) $\boldsymbol{A}_1 = \begin{pmatrix} 7 & 3 & -2 \\ 3 & 4 & -1 \\ -2 & -1 & 3 \end{pmatrix}$;   (2) $\boldsymbol{A}_2 = \begin{pmatrix} 3 & -4 & 3 \\ -4 & 6 & 3 \\ 3 & 3 & 1 \end{pmatrix}$.

当特征值有 3 位小数稳定时迭代终止.

解 (1) 用幂法公式

$$\boldsymbol{u}_0 \neq \boldsymbol{0}, \quad \boldsymbol{v}_k = \boldsymbol{A} \boldsymbol{u}_{k-1}, \quad \boldsymbol{u}_k = \frac{\boldsymbol{v}_k}{\max(\boldsymbol{v}_k)}, \quad k = 1, 2, \cdots,$$

取 $\boldsymbol{u}_0 = (1,1,1)^{\mathrm{T}} \neq \boldsymbol{0}$,将 $\boldsymbol{A}_1$ 代入公式,计算结果见下表.

k	$\boldsymbol{u}_k^{\mathrm{T}}$	$\max(\boldsymbol{v}_k)$
1	$(1, 0.75, 0)$	8
2	$(1, 0.648\,648\,649, -0.297\,297\,297)$	9.25
4	$(1, 0.608\,798\,347, -0.388\,839\,681)$	9.594\,900\,850
6	$(1, 0.605\,776\,832, -0.394\,120\,753)$	9.605\,429\,002
7	$(1, 0.605\,609\,752, -0.394\,368\,924)$	9.605\,572\,002

即 $\boldsymbol{A}_1$ 的主特征值 $\lambda_1 \approx 9.605\,572$,特征向量 $\boldsymbol{x}_1 \approx (1, 0.605\,610, -0.394\,369)^{\mathrm{T}}$.

(2) 取 $\boldsymbol{u}_0 = (1,1,1)^{\mathrm{T}} \neq \boldsymbol{0}$,将 $\boldsymbol{A}_2$ 代入公式,计算结果见下表.

k	$\boldsymbol{u}_k^{\mathrm{T}}$	$\max(\boldsymbol{v}_k)$
1	$(0.285\,714\,286, 0.714\,285\,714, 1)$	7
2	$(0.162\,790\,698, 1, 0.651\,162\,791)$	6.142\,857\,143
5	$(-0.476\,667\,405, 1, 0.275\,116\,331)$	8.400\,967\,982
10	$(-0.598\,164\,195, 1, 0.155\,993\,744)$	8.855\,264\,597
16	$(-0.604\,221\,865, 1, 0.150\,937\,317)$	8.869\,534\,947
17	$(-0.604\,288\,082, 1, 0.150\,881\,294)$	8.869\,699\,412

即 A_2 的主特征值 $\lambda_1 \approx 8.869\,699$,特征向量 $x_1 \approx (-0.604\,288,1,0.150\,881)^{\mathrm{T}}$.

4. 利用反幂法求矩阵

$$\begin{pmatrix} 6 & 2 & 1 \\ 2 & 3 & 1 \\ 1 & 1 & 1 \end{pmatrix}$$

的最接近于 6 的特征值及对应的特征向量.

解　取 $p=6$,将矩阵

$$B = A - pI = \begin{pmatrix} 0 & 2 & 1 \\ 2 & -3 & 1 \\ 1 & 1 & -5 \end{pmatrix}$$

进行三角分解,得 $PB = LU$,其中

$$P = \begin{pmatrix} 0 & 1 & 0 \\ 0 & 0 & 1 \\ 1 & 0 & 0 \end{pmatrix}, \quad L = \begin{pmatrix} 1 & & \\ \dfrac{1}{2} & 1 & \\ 0 & \dfrac{4}{5} & 1 \end{pmatrix}, \quad U = \begin{pmatrix} 2 & -3 & 1 \\ 0 & \dfrac{5}{2} & -\dfrac{11}{2} \\ 0 & 0 & \dfrac{27}{5} \end{pmatrix},$$

解 $Uv_1 = (1,1,1)^{\mathrm{T}}$,得

$$v_1 = (1.618\,518\,518,0.807\,407\,407,0.185\,185\,185)^{\mathrm{T}},$$

$$u_1 = \frac{v_1}{\max(v_1)} = (1,0.498\,855\,835,0.114\,416\,475)^{\mathrm{T}},$$

依迭代公式:

$$Ly_k = Pu_{k-1},$$

$$Uv_k = y_k,$$

$$\mu_k = \max(v_k), \quad u_k = \frac{v_k}{\mu_k}, \quad \lambda = p + \frac{1}{\mu_k},$$

计算结果如下:

$k = 2$,

$$y_2 = (0.498\,855\,835, -0.135\,011\,442, 1.108\,009\,153)^{\mathrm{T}},$$

$$v_2 = (0.742\,944\,317, 0.397\,406\,560, 0.205\,186\,880)^{\mathrm{T}},$$

$$\mu_2 = 0.742\,944\,317, \quad u_2 = (1,0.534\,907\,598,0.276\,180\,698)^{\mathrm{T}}, \quad \lambda = 7.345\,995\,896.$$

$$\vdots$$

$k = 6$,

$$y_6 = (0.522\,506\,896, -0.019\,568\,109, 1.015\,654\,487)^{\mathrm{T}},$$

$$v_6 = (0.776\,020\,139, 0.405\,957\,918, 0.188\,084\,164)^{\mathrm{T}},$$

$$\mu_6 = 0.776\,020\,139, \quad u_6 = (1,0.523\,128\,070,0.242\,370\,210)^{\mathrm{T}}, \quad \lambda = 7.288\,626\,351.$$

$k = 7$,

$$y_7 = (0.523\,128\,070, -0.019\,193\,825, 1.015\,355\,060)^{\mathrm{T}},$$

$$\boldsymbol{v}_7 = (0.776\,528\,142, 0.405\,985\,643, 0.188\,028\,715)^{\mathrm{T}},$$

$$\mu_7 = 0.776\,528\,142, \quad \boldsymbol{u}_7 = (1, 0.522\,821\,545, 0.242\,140\,245)^{\mathrm{T}}, \quad \lambda = 7.287\,783\,336.$$

从而 $\lambda \approx 7.288$，特征向量 $\boldsymbol{x} \approx (1, 0.5229, 0.2422)^{\mathrm{T}}$.

5. 求矩阵

$$\begin{pmatrix} 4 & 0 & 0 \\ 0 & 3 & 1 \\ 0 & 1 & 3 \end{pmatrix}$$

与特征值 4 对应的特征向量.

解 所给矩阵是分块对角矩阵，且可以看出有特征值 4，及其所对应的特征向量 $(1,0,0)^{\mathrm{T}}$. 下面考虑二阶矩阵块 $\begin{pmatrix} 3 & 1 \\ 1 & 3 \end{pmatrix}$，取 $\boldsymbol{u}_0 = (1,1)^{\mathrm{T}}$，用幂法计算得

$$\boldsymbol{v}_1 = (4,4)^{\mathrm{T}}, \quad \mu_1 = 4, \quad \boldsymbol{u}_1 = (1,1)^{\mathrm{T}} = \boldsymbol{u}_0,$$

从而得此矩阵块的一个特征值为 1，对应的特征向量为 $(1,1)^{\mathrm{T}}$. 进一步得原矩阵对应于特征值 4 的特征向量为 $(0,1,1)^{\mathrm{T}}$.

6. (1) 设 $\boldsymbol{A}$ 是对称矩阵，λ 和 $\boldsymbol{x}$ ($\| \boldsymbol{x} \|_2 = 1$) 是 $\boldsymbol{A}$ 的一个特征值及相应的特征向量. 又设 $\boldsymbol{P}$ 为一个正交矩阵，使

$$\boldsymbol{P}\boldsymbol{x} = \boldsymbol{e}_1 = (1, 0, \cdots, 0)^{\mathrm{T}}.$$

证明 $\boldsymbol{B} = \boldsymbol{P}\boldsymbol{A}\boldsymbol{P}^{\mathrm{T}}$ 的第 1 行和第 1 列除 λ 外其余元素均为零.

(2) 对于矩阵

$$\boldsymbol{A} = \begin{pmatrix} 2 & 10 & 2 \\ 10 & 5 & -8 \\ 2 & -8 & 11 \end{pmatrix},$$

$\lambda = 9$ 是其特征值，$\boldsymbol{x} = \left(\dfrac{2}{3}, \dfrac{1}{3}, \dfrac{2}{3} \right)^{\mathrm{T}}$ 是相应于 9 的特征向量，试求一初等反射矩阵 $\boldsymbol{P}$，使 $\boldsymbol{P}\boldsymbol{x} = \boldsymbol{e}_1$，并计算 $\boldsymbol{B} = \boldsymbol{P}\boldsymbol{A}\boldsymbol{P}^{\mathrm{T}}$.

证明 (1) 因为 $\boldsymbol{B} = \boldsymbol{P}\boldsymbol{A}\boldsymbol{P}^{\mathrm{T}}$，$\boldsymbol{A}$ 是对称矩阵，所以 $\boldsymbol{B}^{\mathrm{T}} = (\boldsymbol{P}\boldsymbol{A}\boldsymbol{P}^{\mathrm{T}})^{\mathrm{T}} = \boldsymbol{P}\boldsymbol{A}\boldsymbol{P}^{\mathrm{T}}$，即 $\boldsymbol{B}$ 为对称矩阵.

又因为 λ 和 $\boldsymbol{x}$ 是 $\boldsymbol{A}$ 的特征值及相应的特征向量，所以 $\boldsymbol{A}\boldsymbol{x} = \lambda\boldsymbol{x}$，而 $\boldsymbol{P}$ 为正交矩阵且 $\boldsymbol{P}\boldsymbol{x} = \boldsymbol{e}_1$，所以 $\boldsymbol{B}\boldsymbol{e}_1 = \boldsymbol{P}\boldsymbol{A}\boldsymbol{P}^{\mathrm{T}}\boldsymbol{P}\boldsymbol{x} = \boldsymbol{P}\boldsymbol{A}\boldsymbol{x} = \lambda\boldsymbol{P}\boldsymbol{x} = \lambda\boldsymbol{e}_1$，即 $\boldsymbol{B}\boldsymbol{e}_1 = \lambda\boldsymbol{e}_1$，故

$$b_{11} = \lambda, \quad b_{21} = b_{31} = \cdots = b_{n1} = 0,$$

由 $\boldsymbol{B}$ 的对称性，得 $b_{12} = b_{13} = \cdots = b_{1n} = 0$，从而得证.

(2) 根据反射阵的几何意义，取向量 $\boldsymbol{u} = \boldsymbol{x} - \boldsymbol{e}_1$ 作为反射镜面的法向量即可将 $\boldsymbol{x}$ 变为 $\boldsymbol{e}_1$，即 $\boldsymbol{P}\boldsymbol{x} = \boldsymbol{e}_1$.

因为 $\boldsymbol{x} = \left(\dfrac{2}{3}, \dfrac{1}{3}, \dfrac{2}{3} \right)^{\mathrm{T}}$，所以 $\boldsymbol{u} = \left(-\dfrac{1}{3}, \dfrac{1}{3}, \dfrac{2}{3} \right)^{\mathrm{T}}$，反射阵

$$\boldsymbol{P} = \boldsymbol{I} - 2\frac{\boldsymbol{u}\boldsymbol{u}^{\mathrm{T}}}{\| \boldsymbol{u} \|_2^2} = \begin{pmatrix} \dfrac{2}{3} & \dfrac{1}{3} & \dfrac{2}{3} \\ \dfrac{1}{3} & \dfrac{2}{3} & -\dfrac{2}{3} \\ \dfrac{2}{3} & -\dfrac{2}{3} & -\dfrac{1}{3} \end{pmatrix},$$

从而

$$\boldsymbol{B} = \boldsymbol{PAP}^\mathrm{T} = \begin{pmatrix} 9 & 0 & 0 \\ 0 & 18 & 0 \\ 0 & 0 & -9 \end{pmatrix}.$$

7. 利用初等反射矩阵将

$$\boldsymbol{A} = \begin{pmatrix} 1 & 3 & 4 \\ 3 & 1 & 2 \\ 4 & 2 & 1 \end{pmatrix}$$

正交相似约化为对称三对角矩阵.

解 对向量 $(3,4)^\mathrm{T}$ 作反射变换,使其与 $\boldsymbol{e}_1' = (1,0)^\mathrm{T}$ 平行. 此时

$$\sigma = \sqrt{3^2 + 4^2} = 5, \quad \boldsymbol{u} = (3,4)^\mathrm{T} + 5(1,0)^\mathrm{T} = (8,4)^\mathrm{T}, \quad \beta = \frac{1}{2} \parallel \boldsymbol{u} \parallel_2^2 = 40,$$

$$\boldsymbol{H}_2 = \boldsymbol{I}_2 - \beta^{-1} \boldsymbol{u} \boldsymbol{u}^\mathrm{T} = \begin{pmatrix} 1 & 0 \\ 0 & 1 \end{pmatrix} - \frac{1}{40} \begin{pmatrix} 8 \\ 4 \end{pmatrix} (8 \quad 4) = \begin{pmatrix} -\dfrac{3}{5} & -\dfrac{4}{5} \\ -\dfrac{4}{5} & \dfrac{3}{5} \end{pmatrix},$$

所求的反射阵为

$$\boldsymbol{H} = \begin{pmatrix} 1 & 0 & 0 \\ 0 & -\dfrac{3}{5} & -\dfrac{4}{5} \\ 0 & -\dfrac{4}{5} & \dfrac{3}{5} \end{pmatrix},$$

且

$$\boldsymbol{HAH}^\mathrm{T} = \begin{pmatrix} 1 & -5 & 0 \\ -5 & \dfrac{73}{25} & \dfrac{14}{25} \\ 0 & \dfrac{14}{25} & -\dfrac{23}{25} \end{pmatrix}.$$

8. 设 $\boldsymbol{A}_{n-1}$ 是由豪斯霍尔德方法得到的矩阵,又设 $\boldsymbol{y}$ 是 $\boldsymbol{A}_{n-1}$ 的一个特征向量.

(1) 证明矩阵 $\boldsymbol{A}$ 对应的特征向量是 $\boldsymbol{x} = \boldsymbol{P}_1 \boldsymbol{P}_2 \cdots \boldsymbol{P}_{n-2} \boldsymbol{y}$;

(2) 对于给出的 $\boldsymbol{y}$ 应如何计算 $\boldsymbol{x}$?

证明 (1) 因为 $\boldsymbol{A}_{n-1} = \boldsymbol{P}_{n-2} \boldsymbol{P}_{n-3} \cdots \boldsymbol{P}_1 \boldsymbol{A} \boldsymbol{P}_1 \cdots \boldsymbol{P}_{n-3} \boldsymbol{P}_{n-2}$ 且 $\boldsymbol{y}$ 是 $\boldsymbol{A}_{n-1}$ 的一个特征向量,设对应的特征值为 λ,则

$$\boldsymbol{A}_{n-1} \boldsymbol{y} = \lambda \boldsymbol{y},$$

因而有

$$\boldsymbol{P}_{n-2} \boldsymbol{P}_{n-3} \cdots \boldsymbol{P}_1 \boldsymbol{A} \boldsymbol{P}_1 \cdots \boldsymbol{P}_{n-3} \boldsymbol{P}_{n-2} \boldsymbol{y} = \lambda \boldsymbol{y},$$

即

$$\boldsymbol{A} \boldsymbol{P}_1 \cdots \boldsymbol{P}_{n-3} \boldsymbol{P}_{n-2} \boldsymbol{y} = \boldsymbol{P}_1 \cdots \boldsymbol{P}_{n-3} \boldsymbol{P}_{n-2} \lambda \boldsymbol{y},$$

亦即

$$\boldsymbol{A} (\boldsymbol{P}_1 \cdots \boldsymbol{P}_{n-3} \boldsymbol{P}_{n-2} \boldsymbol{y}) = \lambda (\boldsymbol{P}_1 \cdots \boldsymbol{P}_{n-3} \boldsymbol{P}_{n-2} \boldsymbol{y}),$$

所以 $x = P_1 P_2 \cdots P_{n-2} y$ 是矩阵 A 的特征向量.

（2）若已知 y，且 $P_1, P_2, \cdots, P_{n-2}$ 可以通过 A_{n-1} 的计算过程得到，则 $x = P_1 P_2 \cdots P_{n-2} y$.

9. 用带位移的 QR 方法计算.

$$(1)\ A = \begin{pmatrix} 1 & 2 & 0 \\ 2 & -1 & 1 \\ 0 & 1 & 3 \end{pmatrix}, \qquad\qquad (2)\ B = \begin{pmatrix} 3 & 1 & 0 \\ 1 & 2 & 1 \\ 0 & 1 & 1 \end{pmatrix}$$

的全部特征值.

解 （1）记 $A_1 = A$，取 $s_k = a_{33}^{(k)}$ 作为平移因子，则 $s_1 = 3$，

$$P_{23}P_{12}(A_1 - s_1 I) = R = \begin{pmatrix} 2.828\,427\,125 & -4.242\,640\,687 & 0.707\,106\,781 \\ 0 & 1.732\,050\,808 & -0.577\,350\,269 \\ 0 & 0 & 0.408\,248\,290 \end{pmatrix},$$

$$A_2 = RP_{12}^{\mathrm{T}}P_{23}^{\mathrm{T}} + s_1 I = R = \begin{pmatrix} -2.0 & 1.224\,744\,87 & 0 \\ 1.224\,744\,87 & 1.666\,666\,667 & 0.235\,702\,26 \\ 0 & 0.235\,702\,26 & 3.333\,333\,333 \end{pmatrix};$$

$s_2 = 3.333\,333\,333$，

$$P_{23}P_{12}(A_2 - s_2 I) = R = \begin{pmatrix} -5.472\,151\,720 & 1.566\,698\,904 & -0.052\,753\,496 \\ 0 & -1.370\,688\,834 & 0.226\,301\,002 \\ 0 & 0 & 0.039\,502\,922 \end{pmatrix},$$

$$A_3 = RP_{12}^{\mathrm{T}}P_{23}^{\mathrm{T}} + s_2 I = R = \begin{pmatrix} -2.350\,649\,351 & 0.306\,779\,528 & -0 \\ 0.306\,779\,528 & 1.978\,401\,527 & -0.006\,792\,882 \\ 0 & -0.006\,792\,882 & 3.372\,247\,824 \end{pmatrix};$$

$s_3 = 3.372\,247\,824$，

$$P_{23}P_{12}(A_3 - s_3 I) = R = \begin{pmatrix} -5.731\,113\,831 & 0.380\,950\,591 & 0.000\,363\,615 \\ 0 & -1.375\,443\,190 & -0.006\,783\,061 \\ 0 & 0 & 0.000\,033\,500 \end{pmatrix},$$

$$A_4 = RP_{12}^{\mathrm{T}}P_{23}^{\mathrm{T}} + s_3 I = R = \begin{pmatrix} -2.371\,041\,171 & 0.073\,625\,795 & -0 \\ 0.073\,625\,795 & 1.998\,759\,847 & 0.000\,000\,17 \\ 0 & 0.000\,000\,17 & 3.372\,281\,32 \end{pmatrix}.$$

故 A 有一个特征值 $\lambda_1 = 3.372\,281\,32$. 对 A_4 的子矩阵

$$\widetilde{A}_4 = \begin{pmatrix} -2.371\,041\,171 & 0.073\,625\,795 \\ 0.073\,625\,795 & 1.998\,759\,847 \end{pmatrix}$$

继续进行变换，取 $s_4 = 1.998\,759\,847$，得

$$P_{12}(\widetilde{A}_4 - s_4 I) = R = \begin{pmatrix} -4.370\,421\,226 & 0.073\,615\,347 \\ -0 & 0.001\,240\,328 \end{pmatrix},$$

$$\widetilde{A}_5 = RP_{12}^{\mathrm{T}} + s_4 I = \begin{pmatrix} -2.372\,281\,323 & -0.000\,020\,895 \\ -0.000\,020\,895 & 2.000\,000\,000 \end{pmatrix},$$

因此，另外两个特征值分别为 $-2.372\,281\,323$ 和 $2.000\,000\,000$.

（2）记 $\boldsymbol{A}_1 = \boldsymbol{A}$，取 $s_k = a_{33}^{(k)}$ 作为平移因子，则 $s_1 = 1$，

$$\boldsymbol{P}_{23}\boldsymbol{P}_{12}(\boldsymbol{A}_1 - s_1\boldsymbol{I}) = \boldsymbol{R} = \begin{pmatrix} 2.236\,068 & 1.341\,641 & 0.447\,214 \\ 0 & 1.095\,445 & 0.365\,148 \\ 0 & 0 & -0.816\,497 \end{pmatrix},$$

$$\boldsymbol{A}_2 = \boldsymbol{R}\boldsymbol{P}_{12}^{\mathrm{T}}\boldsymbol{P}_{23}^{\mathrm{T}} + s_1\boldsymbol{I} = \boldsymbol{R} = \begin{pmatrix} 3.6 & 0.489\,898 & 0 \\ 0.489\,898 & 1.733\,333 & -0.745\,356 \\ 0 & -0.745\,356 & 0.666\,667 \end{pmatrix};$$

$s_2 = 0.666\,667$，

$$\boldsymbol{P}_{23}\boldsymbol{P}_{12}(\boldsymbol{A}_2 - s_2\boldsymbol{I}) = \boldsymbol{R} = \begin{pmatrix} 2.973\,961 & 0.658\,916 & -0.122\,782 \\ 0 & 1.224\,403 & -0.583\,259 \\ 0 & 0 & -0.447\,537 \end{pmatrix},$$

$$\boldsymbol{A}_3 = \boldsymbol{R}\boldsymbol{P}_{12}^{\mathrm{T}}\boldsymbol{P}_{23}^{\mathrm{T}} + s_2\boldsymbol{I} = \boldsymbol{R} = \begin{pmatrix} 3.708\,543 & 0.201\,695 & 0 \\ 0.201\,695 & 1.979\,850 & 0.272\,439 \\ 0 & 0.272\,439 & 0.311\,608 \end{pmatrix};$$

$s_3 = 0.311\,608$，

$$\boldsymbol{P}_{23}\boldsymbol{P}_{12}(\boldsymbol{A}_3 - s_3\boldsymbol{I}) = \boldsymbol{R} = \begin{pmatrix} 3.402\,917 & 0.300\,219 & 0.016\,148 \\ 0 & 1.675\,650 & 0.268\,341 \\ 0 & 0 & -0.044\,217 \end{pmatrix},$$

$$\boldsymbol{A}_4 = \boldsymbol{R}\boldsymbol{P}_{12}^{\mathrm{T}}\boldsymbol{P}_{23}^{\mathrm{T}} + s_3\boldsymbol{I} = \boldsymbol{R} = \begin{pmatrix} 3.726\,337 & 0.099\,318 & 0 \\ 0.099\,318 & 2.005\,684 & -0.007\,189 \\ 0 & -0.007\,189 & 0.267\,979 \end{pmatrix};$$

$s_4 = 0.267\,979$，

$$\boldsymbol{P}_{23}\boldsymbol{P}_{12}(\boldsymbol{A}_4 - s_4\boldsymbol{I}) = \boldsymbol{R} = \begin{pmatrix} 3.459\,784 & 0.149\,160 & -0.000\,206 \\ 0 & 1.734\,153 & -0.007\,186 \\ 0 & 0 & -0.000\,030 \end{pmatrix},$$

$$\boldsymbol{A}_5 = \boldsymbol{R}\boldsymbol{P}_{12}^{\mathrm{T}}\boldsymbol{P}_{23}^{\mathrm{T}} + s_4\boldsymbol{I} = \boldsymbol{R} = \begin{pmatrix} 3.730\,619 & 0.049\,781 & 0 \\ 0.049\,781 & 2.001\,432 & 0 \\ 0 & 0 & 0.267\,949 \end{pmatrix}.$$

故 $\boldsymbol{A}$ 有一个特征值 $\lambda_1 = 0.267\,949$. 对 $\boldsymbol{A}_5$ 的子矩阵

$$\widetilde{\boldsymbol{A}}_5 = \begin{pmatrix} 3.730\,619 & 0.049\,781 \\ 0.049\,781 & 2.001\,435 \end{pmatrix}$$

继续进行变换，取 $s_5 = 2.001\,432$，得

$$\widetilde{\boldsymbol{A}}_6 = \boldsymbol{P}_{12}(\widetilde{\boldsymbol{A}}_5 - s_5\boldsymbol{I})\boldsymbol{P}_{12}^{\mathrm{T}} + s_5\boldsymbol{I} = \begin{pmatrix} 3.732\,051 & 0 \\ 0 & 2 \end{pmatrix},$$

因此，另外两个特征值分别为 $3.732\,051$ 和 2.

10. 试用初等反射矩阵将

$$\boldsymbol{A} = \begin{pmatrix} 1 & 1 & 1 \\ 2 & -1 & -1 \\ 2 & -4 & 5 \end{pmatrix}$$

分解为 QR 的形式,其中 Q 为正交矩阵,R 为上三角矩阵.

解 将 A 的第一列变为与 e_1 平行的向量. 取 $\sigma_1 = (1^2 + 2^2 + 2^2)^{\frac{1}{2}} = 3$,$u_1 = (1,2,2)^T + \sigma e_1 = (4,2,2)^T$,$\beta_1 = \frac{1}{2} \parallel u_1 \parallel_2^2 = \sigma_1(\sigma_1 + 1) = 12$,因此,所求反射阵为

$$H_1 = I_3 - \beta_1^{-1} u_1 u_1^T = \begin{pmatrix} -\dfrac{1}{3} & -\dfrac{2}{3} & -\dfrac{2}{3} \\ -\dfrac{2}{3} & \dfrac{2}{3} & -\dfrac{1}{3} \\ -\dfrac{2}{3} & -\dfrac{1}{3} & \dfrac{2}{3} \end{pmatrix},$$

$$H_1 A = \begin{pmatrix} -3 & 3 & -3 \\ 0 & 0 & -3 \\ 0 & -3 & 3 \end{pmatrix},$$

将 $H_1 A$ 的第二列中的二维向量 $(0, -3)^T$ 变成与 $e_2 = (1, 0)^T$ 平行的向量. 取

$$\sigma_2 = -3, \quad u_2 = (-3, -3)^T, \quad \beta_2 = \frac{1}{2} \parallel u_2 \parallel_2^2 = \sigma_2(\sigma_2 + 0) = 9,$$

因此,所求反射阵为

$$\overline{H}_2 = I_2 - \beta_2^{-1} u_2 u_2^T = \begin{pmatrix} 0 & -1 \\ -1 & 0 \end{pmatrix}.$$

取

$$H_2 = \begin{pmatrix} 1 & 0 & 0 \\ 0 & 0 & -1 \\ 0 & -1 & 0 \end{pmatrix},$$

则

$$H_2 H_1 A = \begin{pmatrix} -3 & 3 & -3 \\ 0 & 3 & -3 \\ 0 & 0 & 3 \end{pmatrix}.$$

令

$$Q = (H_2 H_1)^{-1} = H_1 H_2 = \frac{1}{3}\begin{pmatrix} -1 & 2 & 2 \\ -2 & 1 & -2 \\ -2 & -2 & 1 \end{pmatrix}, \quad R = \begin{pmatrix} -3 & 3 & -3 \\ 0 & 3 & -3 \\ 0 & 0 & 3 \end{pmatrix},$$

则 $A = QR$ 为 A 的 QR 分解.

若使 R 的对角元皆为正数,则取 $D = \begin{pmatrix} -1 & & \\ & 1 & \\ & & 1 \end{pmatrix}$,此时

$$\overline{Q} = QD = \begin{pmatrix} -\dfrac{1}{3} & \dfrac{2}{3} & \dfrac{2}{3} \\ -\dfrac{2}{3} & \dfrac{1}{3} & -\dfrac{2}{3} \\ -\dfrac{2}{3} & -\dfrac{2}{3} & \dfrac{1}{3} \end{pmatrix}\begin{pmatrix} -1 & & \\ & 1 & \\ & & 1 \end{pmatrix} = \frac{1}{3}\begin{pmatrix} 1 & 2 & 2 \\ 2 & 1 & -2 \\ 2 & -2 & 1 \end{pmatrix},$$

$$\bar{R} = D^{-1}R = \begin{pmatrix} 3 & -3 & 3 \\ 0 & 3 & -3 \\ 0 & 0 & 3 \end{pmatrix},$$

$A = \bar{Q}\bar{R}$ 为 A 的 QR 分解（R 的对角元素皆为正数）.

11. 设 $A = \begin{pmatrix} \overset{3}{A_{11}} & \overset{2}{A_{12}} \\ 0 & A_{22} \end{pmatrix}\begin{smallmatrix}3\\2\end{smallmatrix}$，又设 λ_i 为 A_{11} 的特征值，λ_j 为 A_{22} 的特征值，$x_i = (\alpha_1, \alpha_2, \alpha_3)^{\mathrm{T}}$ 为 A_{11} 的对应于 λ_i 的特征向量，$y_i = (\beta_1, \beta_2)^{\mathrm{T}}$ 为 A_{22} 的对应于 λ_j 的特征向量. 求证：

(1) λ_i, λ_j 为 A 的特征值.

(2) $x_i' = (\alpha_1, \alpha_2, \alpha_3, 0, 0)^{\mathrm{T}}$ 为 A 的对应于 λ_i 的特征向量，$y_i' = (0, 0, 0, \beta_1, \beta_2)^{\mathrm{T}}$ 为 A 的对应于 λ_j 的特征向量.

证明　(1) A 的特征方程为 $\det(\lambda I - A) = 0$，即 $\det(\lambda I - A_{11})\det(\lambda I - A_{22}) = 0$. 由于 λ_i 为 A_{11} 的特征值，λ_j 为 A_{22} 的特征值，因而 $\det(\lambda_i I - A_{11}) = 0, \det(\lambda_j I - A_{22}) = 0$，故 λ_i, λ_j 均是 A 的特征值.

(2) 因为 $x_i = (\alpha_1, \alpha_2, \alpha_3)^{\mathrm{T}}$ 为 A_{11} 的对应于 λ_i 的特征向量，所以 $A_{11}x_i = \lambda_i x_i$，若 $x_i' = (\alpha_1, \alpha_2, \alpha_3, 0, 0)^{\mathrm{T}}$，则

$$Ax_i' = \begin{pmatrix} A_{11} & A_{12} \\ 0 & A_{22} \end{pmatrix}(\alpha_1 \quad \alpha_2 \quad \alpha_3 \quad 0 \quad 0)^{\mathrm{T}} = (A_{11}x \quad 0 \quad 0)^{\mathrm{T}}$$

$$= (\lambda_i\alpha_1 \quad \lambda_i\alpha_2 \quad \lambda_i\alpha_3 \quad 0 \quad 0)^{\mathrm{T}} = \lambda_i x_i',$$

所以 $x_i' = (\alpha_1, \alpha_2, \alpha_3, 0, 0)^{\mathrm{T}}$ 为 A 的对应于 λ_i 的特征向量.

因为 $y_i = (\beta_1, \beta_2)^{\mathrm{T}}$ 为 A_{22} 的对应于 λ_j 的特征向量，所以 $A_{22}y_i = \lambda_j y_i$. 若 $y_i' = (0, 0, 0, \beta_1, \beta_2)^{\mathrm{T}}$，则

$$Ay_i' = \begin{pmatrix} A_{11} & A_{12} \\ 0 & A_{22} \end{pmatrix}(0 \quad 0 \quad 0 \quad \beta_1 \quad \beta_2)^{\mathrm{T}} = (0 \quad 0 \quad 0 \quad A_{22}y_i)^{\mathrm{T}}$$

$$= (0 \quad 0 \quad 0 \quad \lambda_j\beta_1 \quad \lambda_j\beta_2)^{\mathrm{T}} = \lambda_j y_i',$$

所以 $y_i' = (0, 0, 0, \beta_1, \beta_2)^{\mathrm{T}}$ 为 A 的对应于 λ_j 的特征向量.

第 9 章 常微分方程初值问题数值解法

9.1 内容概述

科学技术中许多问题都可用常微分方程定解问题来描述,主要有初值问题和边值问题两大类,本章只讨论初值问题.

微分方程的求解就是确定满足给定方程的可微函数 $y(x)$,对于初值问题,已经有了比较完善的理论结果,在一定条件下可以保证初值问题解的存在唯一性.

考虑一阶常微分方程的初值问题

$$\begin{cases} y' = f(x,y), & x \in [x_0, b], \\ y(x_0) = y_0. \end{cases}$$

如果存在实数 $L > 0$,使得

$$| f(x, y_1) - f(x, y_2) | \leqslant L | y_1 - y_2 |, \quad \forall y_1, y_2 \in \mathbb{R},$$

则称 $f(x,y)$ 关于 y 满足**利普希茨条件**,L 称为 $f(x,y)$ 的**利普希茨常数**(简称 Lips. 常数).

定理 9.1 设 $f(x,y)$ 在区域 $D = \{(x,y) | a \leqslant x \leqslant b, y \in \mathbb{R}\}$ 上连续,关于 y 满足利普希茨条件,则对任意 $x_0 \in [a,b]$,$y_0 \in \mathbb{R}$,常微分方程初值问题

$$\begin{cases} y' = f(x,y), & x \in [x_0, b], \\ y(x_0) = y_0 \end{cases}$$

当 $x \in [x_0, b]$ 时存在唯一的连续可微解 $y(x)$.

解的存在唯一性是常微分方程理论的基本内容,也是数值方法的出发点.

定理 9.2 设 $f(x,y)$ 在区域 $D = \{(x,y) | a \leqslant x \leqslant b, y \in \mathbb{R}\}$ 上连续,且关于 y 满足利普希茨条件,设初值问题

$$\begin{cases} y' = f(x,y), \\ y(x_0) = s \end{cases}$$

的解为 $y(x,s)$,则

$$| f(x, s_1) - f(x, s_2) | \leqslant e^{L|x-x_0|} | s_1 - s_2 |.$$

该定理表明解对初值依赖的敏感性与右端函数 $f(x,y)$ 有关,当 $f(x,y)$ 的 Lips. 常数 L 比较小时,解对初值和右端函数相对不敏感,可视为好条件,若 L 较大,则可视为坏条件,即为病态问题.

虽然曾学过求解常微分方程有各种各样的解析方法,但能够求出解析解的问题只是一些特殊类型的方程,实际问题中归结出来的微分方程主要靠数值解法.

所谓数值解法,就是寻求解 $y(x)$ 在一系列离散节点

$$x_0 < x_1 < x_2 < \cdots < x_n < x_{n+1} < \cdots$$

上的近似值 $y_1, y_2, \cdots, y_n, y_{n+1}, \cdots$. 相邻的两个节点的间距 $h_n = x_{n+1} - x_n$ 称为**步长**. 通常我们假定 $h_i = h(i = 0, 1, 2, \cdots)$ 为常数,这时节点可表示为 $x_n = x_0 + nh, n = 0, 1, 2, \cdots$.

数值解法首先要将常微分方程 $y' = f(x,y), x \in [x_0, b]$ 离散化,建立求数值解的递推计算公式.计算公式通常有两类,一类是计算 y_{n+1} 时只用到前面一点的值 y_n,称为**单步法**;另一类是用到 y_{n+1} 前面 k 个点的值 $y_n, y_{n-1}, \cdots, y_{n-k+1}$,称为 k **步法**.其次,还要研究公式的局部截断误差和阶,数值解 y_n 与精确解 $y(x_n)$ 的误差估计及数值解的收敛性,以及递推公式的计算稳定性等问题.

欧拉法(显式欧拉法):$y_{n+1} = y_n + h f(x_n, y_n)$.

欧拉法可以用均差近似常微分方程中的导数得到,即

$$\frac{y(x_{n+1}) - y(x_n)}{h} \approx y'(x_n) = f(x_n, y(x_n)).$$

后退欧拉法(隐式欧拉法):$y_{n+1} = y_n + h f(x_{n+1}, y_{n+1})$.

后退欧拉法可以用向后均差近似微分方程中的导数得到,即

$$\frac{y(x_{n+1}) - y(x_n)}{x_{n+1} - x_n} \approx y'(x_{n+1}) = f(x_{n+1}, y(x_{n+1})).$$

梯形方法:$y_{n+1} = y_n + \dfrac{h}{2}[f(x_n, y_n) + f(x_{n+1}, y_{n+1})]$.

梯形方法可以用梯形求积公式近似计算 $y(x_{n+1}) = y(x_n) + \displaystyle\int_{x_n}^{x_{n+1}} f(t, y(t))\mathrm{d}t$ 中的积分得到.

欧拉法是关于 y_{n+1} 的一个直接的计算公式,这类公式称作**显式的**;后退欧拉法和梯形方法的右端含有未知的 y_{n+1},是关于 y_{n+1} 的一个函数方程,这类公式称作**隐式的**.显式与隐式方法各有特点.从稳定性等因素考虑,有时需要用隐式方法,但使用显式方法比隐式方法更为方便.隐式方法通常可以用迭代法求解,迭代过程的实质是逐步显式化.

改进的欧拉公式:

$$\begin{cases} \text{预测} \quad \bar{y}_{n+1} = y_n + h f(x_n, y_n), \\ \text{校正} \quad y_{n+1} = y_n + \dfrac{h}{2}[f(x_n, y_n) + f(x_{n+1}, \bar{y}_{n+1})], \quad n = 0, 1, 2, \cdots. \end{cases}$$

改进欧拉公式相当于先以显式欧拉公式求得一个初步近似值作为**预测值**,然后用梯形公式将它校正一次,结果称为**校正值**.

改进欧拉公式也可以表示成平均化形式:

$$\begin{cases} y_p = y_n + h f(x_n, y_n), \\ y_c = y_n + h f(x_{n+1}, y_p), \\ y_{n+1} = \dfrac{1}{2}(y_p + y_c), \end{cases} \quad n = 0, 1, 2, \cdots.$$

上述几种方法都属于单步法.

初值问题的单步法可用一般形式表示为

$$y_{n+1} = y_n + h\varphi(x_n, y_n, y_{n+1}, h), \quad n = 0, 1, 2, \cdots,$$

其中多元函数 φ 与 $f(x, y)$ 有关,当 φ 中含有 y_{n+1} 时,方法是隐式的,若 φ 中不含 y_{n+1} 则为显式方法,所以显式单步法可表示为

$$y_{n+1} = y_n + h\varphi(x_n, y_n, h), \quad n = 0, 1, 2, \cdots,$$

$\varphi(x,y,h)$ 称为**增量函数**. 为分析显式单步法的近似程度,给出如下定义.

定义 9.1 设 $y(x)$ 是初值问题

$$\begin{cases} y' = f(x,y), & x \in [x_0, b], \\ y(x_0) = y_0 \end{cases}$$

的精确解,称 $T_{n+1} = y(x_{n+1}) - y(x_n) - h\varphi(x_n, y(x_n), h)$ 为显式单步法 $y_{n+1} = y_n + h\varphi(x_n, y_n, h)$ 的**局部截断误差**.

定义 9.2 设 $y(x)$ 是初值问题

$$\begin{cases} y' = f(x,y), & x \in [x_0, b], \\ y(x_0) = y_0 \end{cases}$$

的精确解,若存在最大整数 p,使显式单步法 $y_{n+1} = y_n + h\varphi(x_n, y_n, h)$ 的局部截断误差满足

$$T_{n+1} = y(x_n + h) - y(x_n) - h\varphi(x_n, y(x_n), h) = O(h^{p+1}),$$

则称该单步法具有 p **阶精度**.

如果微分方程的解是 p 次多项式,那么具有 p 阶精度的方法能求出精确解.

若将 $T_{n+1} = y(x_n + h) - y(x_n) - h\varphi(x_n, y(x_n), h) = O(h^{p+1})$ 展开写成

$$T_{n+1} = \psi(x_n, y(x_n)) h^{p+1} + O(h^{p+2}),$$

则 $\psi(x_n, y(x_n)) h^{p+1}$ 称为**局部截断误差主项**.

显式欧拉法 $y_{n+1} = y_n + h f(x_n, y_n)$ 的增量函数 $\varphi(x,y,h) = f(x,y)$,具有一阶精度,其局部截断误差为 $T_{n+1} = \dfrac{h^2}{2} y''(x_n) + O(h^3)$,局部截断误差主项为 $\dfrac{h^2}{2} y''(x_n)$.

后退欧拉法具有一阶精度,其局部截断误差为 $T_{n+1} = -\dfrac{h^2}{2} y''(x_n) + O(h^3)$,局部截断误差主项为 $-\dfrac{h^2}{2} y''(x_n)$.

梯形法具有二阶精度,局部截断误差为 $T_{n+1} = -\dfrac{h^3}{12} y'''(x_n) + O(h^4)$,局部截断误差主项为 $-\dfrac{h^3}{12} y'''(x_n)$.

后退欧拉法及梯形方法这两种隐式方法都是从与微分方程等价的积分形式得到的,由此可见,用数值积分中的求积公式,如辛普森求积公式等具有更高代数精度的求积公式代替与微分方程等价的积分形式右端的积分,虽然能使方法的精度提高,但所得到的方法不是显式的,使用受限.

改进欧拉法

$$y_{n+1} = y_n + \frac{h}{2}\big[f(x_n, y_n) + f(x_n + h, y_n + h f(x_n, y_n))\big], \quad n = 0, 1, 2, \cdots.$$

的增量函数为

$$\varphi(x_n, y_n, h) = \frac{1}{2}\big[f(x_n, y_n) + f(x_n + h, y_n + h f(x_n, y_n))\big].$$

分析其局部截断误差得它是二阶的.

　　改进的欧拉法突破了数值求积公式中各节点 $x_n+\lambda_i h$ 处取函数值 $f(x_n+\lambda_i h,y(x_n+\lambda_i h))$ 的限制,而取 $f(x_n+\lambda_i h,y_n+hy(x_n,y_n))$. 更进一步,可将改进的欧拉法推广为

$$y_{n+1}=y_n+h\sum_{i=1}^{r}c_i K_i,$$

其中

$$\begin{cases}K_1=f(x_n,y_n),\\ K_i=f\Big(x_n+\lambda_i h,y_n+h\sum_{j=1}^{i-1}\mu_{ij}K_j\Big),\quad i=2,3,\cdots,r,\end{cases}\quad n=0,1,2,\cdots,$$

这里 c_i,λ_i,μ_{ij} 均为常数. 该方法称为 r 级显式**龙格-库塔法**,简称 R-K 方法.

　　$r=1$ 时就是欧拉法.

　　$r=2$ 时的两种常用的方法为改进欧拉法(对应于 $c_1=c_2=1/2,\lambda_2=\mu_{21}=1$)及**中点公式**(对应于 $c_1=0,c_2=1,\lambda_2=\mu_{21}=1/2$)

$$\begin{cases}y_{n+1}=y_n+hK_2,\\ K_1=f(x_n,y_n),\\ K_2=f\Big(x_n+\dfrac{h}{2},y_n+\dfrac{h}{2}K_1\Big),\end{cases}\quad n=0,1,2,\cdots,$$

也可表示为

$$y_{n+1}=y_n+hf\Big(x_n+\frac{h}{2},y_n+\frac{h}{2}f(x_n,y_n)\Big),\quad n=0,1,2,\cdots.$$

　　$r=2$ 时的显式 R-K 方法的精度阶数只能是 $p=2$.

　　常用的三阶显式 R-K 公式:

$$\begin{cases}K_1=f(x_n,y_n),\\ K_2=f\Big(x_n+\dfrac{h}{2},y_n+\dfrac{h}{2}K_1\Big),\\ K_3=f(x_n+h,y_n-hK_1+2hK_2),\\ y_{n+1}=y_n+\dfrac{h}{6}(K_1+4K_2+K_3),\end{cases}\quad n=0,1,2,\cdots.$$

此公式称为**库塔三阶方法**.

　　经典四阶常用龙格-库塔公式:

$$\begin{cases}K_1=f(x_n,y_n),\\ K_2=f\Big(x_n+\dfrac{h}{2},y_n+\dfrac{h}{2}K_1\Big),\\ K_3=f\Big(x_n+\dfrac{h}{2},y_n+\dfrac{h}{2}K_2\Big),\\ K_4=f(x_n+h,y_n+hK_3),\\ y_{n+1}=y_n+\dfrac{h}{6}(K_1+2K_2+2K_3+K_4),\end{cases}\quad n=0,1,2,\cdots,$$

其截断误差为 $O(h^5)$.

　　值得指出的是,龙格-库塔方法的推导基于泰勒展开方法,因而它要求所求的解具有较

好的光滑性质.反之,如果解的光滑性差,那么使用龙格-库塔方法求得的数值解,其精度可能反而不如改进的欧拉方法.实际计算时应当针对问题的具体特点选择合适的算法.

单从每一步看,步长 h 越小,局部截断误差越小,但随着步长的缩小,在一定求解范围内需要完成的步数就增加了.步数的增加不仅引起计算量的增大,而且可能导致舍入误差的严重积累.因此同积分的数值计算一样,微分方程的数值解法也有选择步长的问题.

选择步长时,需要考虑两个问题:

(1) 怎样衡量和检验计算结果的精度?

(2) 如何依据所获得的精度处理步长?

考察经典四阶龙格-库塔公式,从节点 x_n 出发,先以 h 为步长求出一个近似值,记为 $y_{n+1}^{(h)}$,由于递推公式的局部截断误差为 $O(h^5)$,故有 $y(x_{n+1})-y_{n+1}^{(h)}\approx ch^5$,然后将步长折半,即取 $\dfrac{h}{2}$ 为步长,从 x_n 跨两步到 x_{n+1},再求一个近似值 $y_{n+1}^{(\frac{h}{2})}$,每跨一步的局部截断误差是 $c\left(\dfrac{h}{2}\right)^5$,因此有 $y(x_{n+1})-y_{n+1}^{(\frac{h}{2})}\approx 2c\left(\dfrac{h}{2}\right)^5$,比较两式,有 $\dfrac{y(x_{n+1})-y_{n+1}^{(\frac{h}{2})}}{y(x_{n+1})-y_{n+1}^{(h)}}\approx\dfrac{1}{16}$.由此得到事后估计式

$$y(x_{n+1})-y_{n+1}^{(\frac{h}{2})}\approx\frac{1}{15}\left[y_{n+1}^{(\frac{h}{2})}-y_{n+1}^{(h)}\right].$$

这样就可以通过检查步长折半前后两次计算结果的偏差 $\Delta=\left|y_{n+1}^{(\frac{h}{2})}-y_{n+1}^{(h)}\right|$ 来判定所选步长是否合适,具体地,可以分以下两种情况处理:

(1) 对于给定的精度 ε,如果 $\Delta>\varepsilon$,则反复将步长折半进行计算,直至 $\Delta<\varepsilon$ 为止,这时取最终得到 $y_{n+1}^{(\frac{h}{2})}$ 的作为结果;

(2) 如果 $\Delta<\varepsilon$,则反复将步长加倍,直到 $\Delta>\varepsilon$ 为止,这时将步长折半一次,就得到所要的结果.

这种通过加倍或折半处理补偿的方法称为**变步长方法**.表面上看,为了选择步长,每一步的计算量增加了,但由于解在局部的变化不会太大,故总体考虑往往是划算的.

设初值问题
$$\begin{cases} y'=f(x,y), & x\in[x_0,b],\\ y(x_0)=y_0 \end{cases}$$
在 x_n 处的精确解和数值解分别为 $y(x_n),y_n$,记 $e_n=y(x_n)-y_n$,称为**整体截断误差**,所谓收敛性就是讨论当 $x=x_n$ 固定且 $h=\dfrac{x_n-x_0}{n}\to 0$ 时 $e_n\to 0$ 的问题.

定义 9.3 若一种求解初值问题的数值方法(如单步法 $y_{n+1}=y_n+h\varphi(x_n,y_n,h)$)对于固定的 $x_n=x_0+nh$,当 $h\to 0$ 时有 $y_n\to y(x_n)$,其中 $y(x)$ 是初值问题
$$\begin{cases} y'=f(x,y), & x\in[x_0,b],\\ y(x_0)=y_0 \end{cases}$$
的精确解,则称该方法是**收敛**的.

数值方法收敛是指 $e_n=y(x_n)-y_n\to 0$.

定理 9.3 假设求解初值问题的单步法 $y_{n+1}=y_n+h\varphi(x_n,y_n,h)$ 具有 p 阶精度,且

增量函数 $\varphi(x,y,h)$ 关于 y 满足利普希茨条件

$$| \varphi(x,y,h) - \varphi(x,\bar{y},h) | \leqslant L_{\varphi} | y - \bar{y} |,$$

又设初值 y_0 是准确的,即 $y_0 = y(x_0)$,则其整体截断误差

$$y(x_n) - y_n = O(h^p).$$

依据这一定理,判断单步法的收敛性,归结为验证增量函数 φ 能否满足利普希茨条件. 欧拉法及改进欧拉法都是收敛的,同时也可以验证龙格-库塔法也具有收敛性.

定义 9.4　若求解初值问题的单步法 $y_{n+1} = y_n + h\varphi(x_n,y_n,h)$ 的增量函数 φ 满足

$$\varphi(x,y,0) = f(x,y),$$

则称该单步法与初值问题

$$\begin{cases} y' = f(x,y), & x \in [x_0,b], \\ y(x_0) = y_0 \end{cases}$$

相容.

相容性是指数值方法能够逼近微分方程,即微分方程离散化得到的数值方法,当 $h \to 0$ 时可得到 $y'(x) = f(x,y)$.

定理 9.4　p 阶精度的方法 $y_{n+1} = y_n + h\varphi(x_n,y_n,h)$ 与初值问题

$$\begin{cases} y' = f(x,y), & x \in [x_0,b], \\ y(x_0) = y_0 \end{cases}$$

相容的充分必要条件是 $p \geqslant 1$.

由定理 9.3 可知单步法收敛的充分必要条件是此方法是相容的.

具有 p 阶精度方法当 $p \geqslant 1$ 时与初值问题是相容的,反之相容方法至少是具有一阶精度的.

定义 9.5　若一种数值方法在节点值 y_n 上大小为 δ 的扰动,于以后各节点值 $y_m (m > n)$ 上产生的扰动均不超过 δ,则称该方法是**稳定**的.

为了只考察数值方法本身,通常只检验将数值方法用于解模型方程的稳定性. 模型方程为 $y' = \lambda y$,其中 λ 为复数,为保证微分方程本身的稳定性,还应假定 $\mathrm{Re}(\lambda) < 0$. 模型方程的解为 $y(x) = \mathrm{e}^{\lambda x}$,性质比较简单.

对于一般方程可以通过局部线性化化为模型方程的形式. 为了使模型方程结果能推广到常微分方程组,对于由 m 个方程构成的常微分方程组,可线性化为 $\boldsymbol{y}' = \boldsymbol{Ay}$,这里 $\boldsymbol{A}$ 为 $m \times m$ 的雅可比矩阵 $\left(\dfrac{\partial f_i}{\partial y_i}\right)$. 若 $\boldsymbol{A}$ 有 m 个特征值 $\lambda_1,\lambda_2,\cdots,\lambda_m$,其中 λ_i 可能是复数,这就是模型方程中要求为复数的原因.

模型方程 $y' = \lambda y$ 的欧拉公式为

$$y_{n+1} = (1 + h\lambda)y_n, \quad n = 0,1,2,\cdots.$$

设在节点值 y_n 上有一扰动值 ε_n,它的传播使节点值 y_{n+1} 产生大小为 ε_{n+1} 的扰动值,假设用 $y_n^* = y_n + \varepsilon_n$ 按欧拉公式得出 $y_{n+1}^* = y_{n+1} + \varepsilon_{n+1}$ 的计算过程不再有新的误差,则扰动值满足

$$\varepsilon_{n+1} = y_{n+1}^* - y_{n+1} = y_{n+1}^* - (1+h\lambda)(y_n^* - \varepsilon_n) = y_{n+1}^* - (1+h\lambda)y_n^* + (1+h\lambda)\varepsilon_n,$$

即 $\varepsilon_{n+1} = (1+h\lambda)\varepsilon_n$,可见扰动值满足原来的差分方程. 这样如果差分方程的解是不增长

的,即有$|y_{n+1}|\leqslant|y_n|$,则它就是稳定的

显然,为要保证差分方程 $y_{n+1}=(1+h\lambda)y_n$ 的解是不增长的,只要选取 h 充分小,使 $|1+h\lambda|\leqslant1$.在 $\mu=h\lambda$ 的复平面上,这是以$(-1,0)$为圆心,1 为半径的单位圆的内部,称为欧拉法的绝对稳定域,相应的绝对稳定区间为$(-2,0)$.

定义 9.6　单步法 $y_{n+1}=y_n+h\varphi(x_n,y_n,h)$用于解模型方程 $y'=\lambda y$,若得到解 $y_{n+1}=E(h\lambda)y_n$,满足$|E(h\lambda)|<1$,则称该单步法是**绝对稳定**的.在 $\mu=h\lambda$ 的平面上,使$|E(h\lambda)|<1$ 的变量围成的区域,称为**绝对稳定域**,它与实轴的交称为**绝对稳定区间**.

二阶 R-K 方法的绝对稳定域由 $\left|1+h\lambda+\dfrac{(h\lambda)^2}{2}\right|<1$ 得到,令 λ 为实数可得绝对稳定区间为$-2<h\lambda<0$,即 $0<h<-2/\lambda$.类似地可得三阶及四阶的 R-K 方法的 $E(h\lambda)$分别为

$$E(h\lambda)=1+h\lambda+\frac{(h\lambda)^2}{2}+\frac{(h\lambda)^3}{3!},$$

$$E(h\lambda)=1+h\lambda+\frac{(h\lambda)^2}{2}+\frac{(h\lambda)^3}{3!}+\frac{(h\lambda)^4}{4!}.$$

由$|E(h\lambda)|<1$ 可以得到相应的绝对稳定域.当 λ 为实数时则得绝对稳定区间,分别为

三阶显式 R-K 方法:$-2.51<h\lambda<0$,即 $0<h<-2.51/\lambda$.

四阶显式 R-K 方法:$-2.78<h\lambda<0$,即 $0<h<-2.78/\lambda$.

显式 R-K 方法的绝对稳定域均为有限域,都对步长 h 有限制,如果 h 不在所给的绝对稳定区间内,方法就不稳定.

用后退欧拉法解模型方程,有

$$y_{n+1}=\frac{1}{1-h\lambda}y_n,\quad 故\quad E(h\lambda)=\frac{1}{1-h\lambda}.$$

由$|E(h\lambda)|<1$,可得绝对稳定域为$|1-h\lambda|>1$,它是以$(1,0)$为圆心,1 为半径的单位圆外部,故绝对稳定区间为$-\infty<h\lambda<0$.当 $\lambda<0$ 时,$0<h<+\infty$,即对任何步长均为稳定的.

用梯形法解模型方程,有

$$y_{n+1}=\frac{1+\dfrac{h\lambda}{2}}{1-\dfrac{h\lambda}{2}}y_n,\quad 故\quad E(h\lambda)=\frac{1+\dfrac{h\lambda}{2}}{1-\dfrac{h\lambda}{2}}.$$

对 $\text{Re}(\lambda)<0$ 有$|E(h\lambda)|<1$,故绝对稳定域为 $\mu=h\lambda$ 的左半平面,绝对稳定区间为$-\infty<h\lambda<0$,即 $0<h<+\infty$时梯形法均为稳定的.

隐式欧拉法与梯形方法的绝对稳定域均为$\{h\lambda|\text{Re}(h\lambda<0)\}$,在具体计算中步长 h 的选取只需考虑计算精度及迭代收敛性要求而不必考虑稳定性,具有这种特点的方法有下面定义.

定义 9.7　如果求解初值问题的数值方法的绝对稳定域包含了$\{h\lambda|\text{Re}(h\lambda)<0\}$,那么称此方法是 **A-稳定的**.

A-稳定的数值方法对步长 h 没有限制.

如果计算 y_{n+k} 时,除用 y_{n+k-1} 的值,还用到 $y_{n+i}(i=0,1,\cdots,k-2)$ 的值,则称此方法为**线性多步法**.构造多步法的主要途径是基于数值积分和基于泰勒展开.

一般的线性多步法公式可表示为

$$y_{n+k} = \sum_{i=0}^{k-1} \alpha_i y_{n+i} + h \sum_{i=0}^{k} \beta_i f_{n+i}, \quad n = 0,1,2,\cdots,$$

其中 y_{n+i} 为 $y(x_{n+i})$ 的近似，$f_{n+i} = f(x_{n+i}, y_{n+i})$，$x_{n+i} = x_n + ih$，$\alpha_i, \beta_i$ 为常数，若 α_0，β_0 不全为零，称为**线性 k 步法**，计算时需先给出前面个近似值 $y_0, y_1, \cdots, y_{k-1}$，然后由公式逐次求出 $y_k, y_{k+1}, \cdots$. 若 $\beta_k = 0$，称为**显式 k 步法**；若 $\beta_k \neq 0$，称为**隐式 k 步法**.

隐式 k 步法的求解与梯形法类似，通常通过迭代法完成. 公式中的系数 α_i 及 β_i 可根据方法的局部截断误差及阶数确定. 为了表述方便，分别称

$$\rho(\xi) = \xi^k - \sum_{i=0}^{k-1} \alpha_i \xi^i, \quad \sigma(\xi) = \sum_{i=0}^{k} \beta_i \xi^i$$

为多步法的**第一特征多项式**和**第二特征多项式**.

定义 9.8　设 $y(x)$ 是初值问题

$$\begin{cases} y' = f(x,y), & x \in [x_0, b], \\ y(x_0) = y_0 \end{cases}$$

的精确解，线性多步法

$$y_{n+k} = \sum_{i=0}^{k-1} \alpha_i y_{n+i} + h \sum_{i=0}^{k} \beta_i f_{n+i}$$

在 x_{n+k} 上的局部截断误差为

$$T_{n+k} = L[y(x_n); h] = y(x_{n+k}) - \sum_{i=0}^{k-1} \alpha_i y(x_{n+i}) - h \sum_{i=0}^{k} \beta_i y'(x_{n+i}).$$

若 $T_{n+k} = O(h^{p+1})$，则称方法的精度阶为 p，如果 $p \geq 1$，则称方法与微分方程 $y' = f(x,y)$，$x \in [x_0, b]$ 是**相容的**.

形如

$$y_{n+k} = y_{n+k-1} + h \sum_{i=0}^{k} \beta_i f_{n+i}, \quad n = 0,1,2,\cdots$$

的 k 步法，称为**阿当姆斯方法**. 当 $\beta_k = 0$ 时为**显式方法**，当 $\beta_k \neq 0$ 时为**隐式方法**，通常称为**阿当姆斯显式与隐式公式**，也称阿当姆斯-巴什福思公式与阿当姆斯-蒙尔顿公式.

利用泰勒展开、方法的阶以及局部截断误差主项，可以确定公式中的参数 α_i, β_i，从而得到具体的多步法公式.

$k=3$ **的阿当姆斯显式公式为**

$$y_{n+3} = y_{n+2} + \frac{h}{12}(23 f_{n+2} - 16 f_{n+1} + 5 f_n), \quad n = 0,1,2,\cdots.$$

它是三阶方法，局部截断误差 $T_{n+3} = \frac{3}{8} h^4 y^{(4)}(x_n) + O(h^5)$.

$k=3$ **的阿当姆斯隐式公式为**

$$y_{n+3} = y_{n+2} + \frac{h}{24}(9 f_{n+3} + 19 f_{n+2} - 5 f_{n+1} + f_n), \quad n = 0,1,2,\cdots.$$

它是四阶方法，局部截断误差 $T_{n+3} = -\frac{19}{720} h^5 y^{(5)}(x_n) + O(h^6)$.

考虑 $k=4$ 时的另一类显式多步法公式

$$y_{n+4}=y_n+h(\beta_3 f_{n+3}+\beta_2 f_{n+2}+\beta_1 f_{n+1}+\beta_0 f_n),\quad n=0,1,2,\cdots.$$

可以通过使公式的收敛阶尽可能高的条件确定其中的待定常数.

四步显式方法

$$y_{n+4}=y_n+\frac{4h}{3}(2f_{n+3}-f_{n+2}+2f_{n+1}),\quad n=0,1,2,\cdots$$

称为**米尔尼方法**,为四阶方法,局部截断误差 $T_{n+4}=\frac{14}{45}h^5 y^{(5)}(x_n)+O(h^6)$.

辛普森方法

$$y_{n+2}=y_n+\frac{h}{3}(f_n+4f_{n+1}+f_{n+2}),\quad n=0,1,2,\cdots$$

是隐式二步四阶方法,局部截断误差 $T_{n+2}=-\frac{h^5}{90}y^{(5)}(x_n)+O(h^6)$.

辛普森方法是二步方法中精度阶数最高的,但它的稳定性较差,为了改善稳定性,有**汉明方法**

$$y_{n+3}=\frac{1}{8}(9y_{n+2}-y_n)+\frac{3h}{8}(f_{n+3}+2f_{n+2}-f_{n+1}),\quad n=0,1,2,\cdots,$$

它是四阶的,局部截断误差 $T_{n+3}=-\frac{h^5}{40}y^{(5)}(x_n)+O(h^6)$.

对于隐式线性多步法,计算时迭代计算量较大. 为了避免迭代,通常用显式公式给出 y_{n+k} 的一个初始近似值,记为 $y_{n+k}^{(0)}$,称为**预测**,接着计算 f_{n+k} 的值,再用隐式公式计算 y_{n+k},称为**校正**,这种方法称为**预测-校正方法**.

一般情况下,预测公式与校正公式取同阶的显式方法与隐式方法相匹配.

用四阶阿当姆斯显式方法做预测,用四阶阿当姆斯隐式方法做校正

预测 P:$y_{n+4}^p=y_{n+3}+\dfrac{h}{24}(55f_{n+3}-59f_{n+2}+37f_{n+1}-9f_n),$

求值 E:$f_{n+4}^p=f(x_{n+4},y_{n+4}^p),$

校正 C:$y_{n+4}=y_{n+3}+\dfrac{h}{24}(9f_{n+4}^p+19f_{n+3}-5f_{n+2}+f_{n+1}),$

求值 E:$f_{n+4}=f(x_{n+4},y_{n+4}).$

此公式称为**阿当姆斯四阶预测-校正格式**(**PECE**).

进一步,可以构造一种**修正预测-校正格式**(**PMECME**):

P:$y_{n+4}^p=y_{n+3}+\dfrac{h}{24}(55f_{n+3}-59f_{n+2}+37f_{n+1}-9f_n),$

M:$y_{n+4}^{pm}=y_{n+4}^p+\dfrac{251}{270}(y_{n+3}^c-y_{n+3}^p),$

E:$f_{n+4}^{pm}=f(x_{n+4},y_{n+4}^{pm}),$

C:$y_{n+4}^c=y_{n+3}+\dfrac{h}{24}(9f_{n+4}^{pm}+19f_{n+3}-5f_{n+2}+f_{n+1}),$

M:$y_{n+4}=y_{n+4}^c-\dfrac{19}{270}(y_{n+4}^c-y_{n+4}^p),$

E:$f_{n+4}=f(x_{n+4},y_{n+4}).$

利用米尔尼公式和汉明公式相匹配,可类似地建立四阶**修正米尔尼-汉明预测-校正格式**(**PMECME**):

P：$y_{n+4}^{p}=y_n+\dfrac{4}{3}h(2f_{n+3}-f_{n+2}+2f_{n+1})$,

M：$y_{n+4}^{pm}=y_{n+4}^{p}+\dfrac{112}{121}(y_{n+3}^{c}-y_{n+3}^{p})$,

E：$f_{n+4}^{pm}=f(x_{n+4},y_{n+4}^{pm})$,

C：$y_{n+4}^{c}=\dfrac{1}{8}(9y_{n+3}-y_{n+1})+\dfrac{3}{8}h(f_{n+4}^{pm}+2f_{n+3}-f_{n+2})$,

M：$y_{n+4}=y_{n+4}^{c}-\dfrac{9}{121}(y_{n+4}^{c}-y_{n+4}^{p})$,

E：$f_{n+4}=f(x_{n+4},y_{n+4})$.

定理 9.5　线性多步法 $y_{n+k}=\sum\limits_{i=0}^{k-1}\alpha_i y_{n+i}+h\sum\limits_{i=0}^{k}\beta_i f_{n+i}$ 与微分方程 $y'=f(x,y),x\in$ $[x_0,b]$相容的充分必要条件是
$$\rho(1)=0,\quad \rho'(1)=\sigma(1).$$

定义 9.9　设初值问题
$$\begin{cases}y'=f(x,y),\quad x\in[x_0,b],\\ y(x_0)=y_0\end{cases}$$
有精确解 $y(x)$. 若初始条件 $y_i=\eta_i(h)$满足条件
$$\lim_{h\to0}\eta_i(h)=y_0,\quad i=0,1,\cdots,k-1$$
的线性 k 步法
$$\begin{cases}y_{n+k}=\sum\limits_{j=0}^{k-1}\alpha_j y_{n+j}+h\sum\limits_{j=0}^{k}\beta_j f_{n+j},\\ y_i=\eta_i(h),\quad i=0,1,\cdots,k-1\end{cases}$$
在 $x=x_n$ 处的解 y_n,有 $\lim\limits_{\substack{h\to0\\x=x_0+nh}}y_n=y(x)$,则称线性 k 步法是**收敛**的.

定理 9.6　设线性多步法
$$\begin{cases}y_{n+k}=\sum\limits_{j=0}^{k-1}\alpha_j y_{n+j}+h\sum\limits_{j=0}^{k}\beta_j f_{n+j},\\ y_i=\eta_i(h),\quad i=0,1,\cdots,k-1\end{cases}$$
是收敛的,则它是相容的.

定义 9.10　如果线性多步法
$$y_{n+k}=\sum\limits_{i=0}^{k-1}\alpha_i y_{n+i}+h\sum\limits_{i=0}^{k}\beta_i f_{n+i}$$
的第一特征多项式 $\rho(\xi)$的零点都在单位圆内或单位圆上,且在单位圆上的零点为单零点,则称线性多步法满足**零点条件**.

定理 9.7　线性多步法 $y_{n+k}=\sum\limits_{i=0}^{k-1}\alpha_i y_{n+i}+h\sum\limits_{i=0}^{k}\beta_i f_{n+i}$ 是相容的,则线性多步法

$$\begin{cases} y_{n+k} = \sum_{j=0}^{k-1} \alpha_j y_{n+j} + h \sum_{j=0}^{k} \beta_j f_{n+j}, \\ y_i = \eta_i(h), \quad i = 0,1,\cdots,k-1 \end{cases}$$

收敛的充分必要条件是线性多步法 $y_{n+k} = \sum_{i=0}^{k-1} \alpha_i y_{n+i} + h \sum_{i=0}^{k} \beta_i f_{n+i}$ 满足零点条件.

定义 9.11 对初值问题

$$\begin{cases} y' = f(x,y), \quad x \in [x_0, b], \\ y(x_0) = y_0. \end{cases}$$

由多步法

$$\begin{cases} y_{n+k} = \sum_{j=0}^{k-1} \alpha_j y_{n+j} + h \sum_{j=0}^{k} \beta_j f_{n+j}, \\ y_i = \eta_i(h), \quad i = 0,1,\cdots,k-1 \end{cases}$$

得到的差分方程解 $\{y_n\}_0^N$,由于有扰动 $\{\delta_n\}_0^N$,使方程

$$\begin{cases} z_{n+k} = \sum_{j=0}^{k-1} \alpha_j z_{n+j} + h \left(\sum_{j=0}^{k} \beta_j f(x_{n+j}, z_{n+j}) + \delta_{n+k} \right), \\ z_i = \eta_i(h) + \delta_i, \quad i = 0,1,\cdots,k-1 \end{cases}$$

的解为 $\{z_n\}_0^N$,若存在常数 C 及 h_0,使对所有 $h \in (0, h_0)$,当 $|\delta_n| \leqslant \varepsilon, 0 \leqslant n \leqslant N$,有

$$|z_n - y_n| \leqslant C\varepsilon,$$

则称该多步法是**稳定的**或称为**零稳定的**.

定理 9.8 线性多步法 $y_{n+k} = \sum_{i=0}^{k-1} \alpha_i y_{n+i} + h \sum_{i=0}^{k} \beta_i f_{n+i}$ 是稳定的充分必要条件是它满足零点条件.

定义 9.12 对于给定的 $\mu = h\lambda$,如果稳定多项式

$$\pi(\xi, \mu) = \rho(\xi) - \mu\sigma(\xi), \quad \mu = h\lambda$$

的零点 ξ_r 满足 $|\xi_r| < 1, r = 1, 2, \cdots, k$,则称线性多步法

$$y_{n+k} = \sum_{i=0}^{k-1} \alpha_i y_{n+i} + h \sum_{i=0}^{k} \beta_i f_{n+i}$$

关于此 μ 值是**绝对稳定的**.若在 $\mu = h\lambda$ 的复平面的某个区域 R 中所有 μ 值线性多步法都是绝对稳定的,而在区域 R 外,方法是不稳定的,则称 R 为多步法的**绝对稳定域**,R 与实轴的交集称为线性多步法的**绝对稳定区间**.

对于一阶线性方程组的初值问题,只要把 y 和 f 理解为向量,前面提到的各种计算公式都可应用到一阶方程组的情形.

考察一阶方程组

$$y_i'(x) = f_i(x, y_1(x), y_2(x), \cdots, y_N(x)), \quad i = 1, 2, \cdots, N$$

的初值问题,初始条件为

$$y_i(x_0) = y_i^{(0)}, \quad i = 1, 2, \cdots, N.$$

若采用向量记号,记

$$\boldsymbol{y}(x) = (y_1(x), y_2(x), \cdots, y_N(x))^\mathrm{T}, \quad \boldsymbol{y}_0 = (y_1^0, y_2^0, \cdots, y_N^0)^\mathrm{T},$$

$$f(x,y)=(f_1(x,y),f_2(x,y),\cdots,f_N(x,y))^{\mathrm{T}},$$

则上述方程组的初值问题可表示为

$$\left.\begin{array}{l} y'(x)=f(x,y(x)), \\ y(x_0)=y_0. \end{array}\right\}$$

求解这一初值问题的四阶龙格-库塔公式为

$$y_{n+1}=y_n+\frac{h}{6}(K_1+2K_2+2K_3+K_4),$$

式中

$$K_1=f(x_n,y_n),$$

$$K_2=f\left(x_n+\frac{h}{2},y_n+\frac{h}{2}K_1\right),$$

$$K_3=f\left(x_n+\frac{h}{2},y_n+\frac{h}{2}K_2\right),$$

$$K_4=f(x_n+h,y_n+hK_3).$$

关于高阶微分方程(或方程组),原则上总是可以归结为一阶方程组来求解,即化高阶方程为一阶方程组.

考察下列 m 阶微分方程

$$y^{(m)}=f(x,y,y',\cdots,y^{(m-1)}),$$

初始条件为

$$y(x_0)=y_0,\quad y'(x_0)=y'_0,\quad \cdots,\quad y^{(m-1)}(x_0)=y_0^{(m-1)}.$$

只要引进新变量

$$y_1=y,\quad y_2=y',\quad \cdots,\quad y_m=y^{(m-1)},$$

即可将 m 阶微分方程化为一阶微分方程组

$$\left.\begin{array}{l} y'_1=y_2, \\ y'_2=y_3, \\ \vdots \\ y'_{m-1}=y_m, \\ y'_m=f(x,y_1,y_2,\cdots,y_m). \end{array}\right\}$$

初始条件相应的化为

$$y(x_0)=y_0,\quad y_2(x_0)=y'_0,\quad \cdots,\quad y_m(x_0)=y_0^{(m-1)}.$$

在实际问题所产生的微分方程求解中,经常会出现解的分量数量级差别很大的情形,这类问题称为**刚性问题**.刚性问题在化学反应、电子网络和自动控制等领域中都是常见的.

对一般的一阶线性微分方程组

$$\begin{cases} \dfrac{\mathrm{d}y(x)}{\mathrm{d}x}=Ay(x)+g(x), \\ y(0)=y_0, \end{cases}$$

其中 $y(x)=(y_1(x),y_2(x),\cdots,y_N(x))^{\mathrm{T}}\in\mathbb{R}^N,g(x)=(g_1(x),g_2(x),\cdots,g_N(x))^{\mathrm{T}}\in\mathbb{R}^N,A\in\mathbb{R}^{N\times N}$.若 A 的特征值 $\lambda_j=\alpha_j+\mathrm{i}\beta_j(j=1,2,\cdots,N,\mathrm{i}=\sqrt{-1})$,相应的特征向量为 $\varphi_j(j=1,2,\cdots,N)$,则微分方程组的通解为

$$y(x) = \sum_{j=1}^{N} c_j e^{\lambda_j x} \boldsymbol{\varphi}_j + \boldsymbol{\psi}(x),$$

其中 c_j 为任意常数,可由初始条件 $\boldsymbol{y}(0) = \boldsymbol{y}_0$ 确定,$\boldsymbol{\psi}(x)$ 为特解.

假定 λ_j 的实部 $\alpha_j = \mathrm{Re}(\lambda_j) < 0$,则当 $x \to +\infty$ 时,$\boldsymbol{y}(x) \to \boldsymbol{\psi}(x)$,$\boldsymbol{\psi}(x)$ 为稳态解.

定义 9.13 若一阶线性微分方程组

$$\begin{cases} \dfrac{\mathrm{d}\boldsymbol{y}(x)}{\mathrm{d}x} = \boldsymbol{A}\boldsymbol{y}(x) + \boldsymbol{g}(x), \\ \boldsymbol{y}(0) = \boldsymbol{y}_0 \end{cases}$$

中 $\boldsymbol{A}$ 的特征值 λ_j,满足条件 $\mathrm{Re}(\lambda_j) < 0 (j = 1, 2, \cdots, N)$,且

$$s = \max_{1 \leqslant j \leqslant N} |\mathrm{Re}(\lambda_j)| / \min_{1 \leqslant j \leqslant N} |\mathrm{Re}(\lambda_j)| \gg 1,$$

则称微分方程组为刚性方程,称 s 为刚性比.

刚性比 $s \gg 1$ 时,$\boldsymbol{A}$ 为病态矩阵,故刚性方程也称为病态方程.通常 $s \gg 10$ 就认为是刚性的,s 越大病态越严重.

对一般的非线性微分方程组

$$\begin{cases} \boldsymbol{y}'(x) = \boldsymbol{f}(x, \boldsymbol{y}(x)), \\ \boldsymbol{y}(x_0) = \boldsymbol{y}_0. \end{cases}$$

将 $\boldsymbol{f}(x, \boldsymbol{y}(x))$ 在点 $(x, \boldsymbol{y}(x))$ 处线性展开,记 $\boldsymbol{J}(x)$,假定 $\boldsymbol{J}(x) = \dfrac{\partial \boldsymbol{f}}{\partial \boldsymbol{y}} \in \mathbb{R}^{N \times N}$ 的特征值为 $\lambda_j(x)(j = 1, 2, \cdots, N)$,于是类似于定义 9.13,当 $\lambda_j(x)$ 满足条件 $\mathrm{Re}(\lambda_j(x)) < 0 (j = 1, 2, \cdots, N)$,且

$$s(x) = \max_{1 \leqslant j \leqslant N} |\mathrm{Re}(\lambda_j(x))| / \min_{1 \leqslant j \leqslant N} |\mathrm{Re}(\lambda_j(x))| \gg 1,$$

则称非线性微分方程组是刚性的,$s(x)$ 称为方程组的局部刚性比.

求刚性方程的数值解时,若用步长受限制的方法就出现小步长计算大区间的问题,因此最好使用对步长 h 不加限制的方法,如欧拉后退法及梯形法,即 A-稳定的方法,这种方法对步长 h 没有限制,但 A-稳定方法要求太苛刻,达赫奎斯特已证明所有显式方法都不是 A-稳定的,而隐式的 A-稳定多步法的精度阶数最高为 2,且梯形法误差常数最小.这就表明本章介绍的方法中能用于解刚性方程的方法很少.通常求解刚性方程的高阶线性多步法是吉尔方法,还有隐式龙格-库塔方法.

9.2 主 要 算 法

第 9 章
主要算法

1. 欧拉法

算法原理

给定微分方程右端函数、变量 x 的求解区间、步长 h、解函数的初值 y_0,用欧拉公式

$$y_{n+1} = y_n + h f(x_n, y_n)$$

依次计算微分方程初值问题数值解 $y_i \approx y(x_i)$.

算法步骤

a. 定义微分方程右端函数;

b. 输入变量 x 的求解区间及步长 h、解函数的初值 y_0;

c. 根据步长 h 及欧拉法公式循环计算数值解 y.

MATLAB 程序

```
function [x, y] = naeuler(dyfun, xspan, y0, h)
x = xspan(1):h:xspan(2);
y(1) = y0;
for n = 1:length(x) − 1;
    y(n + 1) = y(n) + h * feval(dyfun, x(n), y(n));
end
x = x';      y = y';
```

数值实验

例 1　用欧拉法解初值问题

$$\begin{cases} y' = 1 + \dfrac{y}{x}, & x \in [1,2], \\ y(1) = 2. \end{cases}$$

取步长 $h=0.25$,并与准确解 $y=x\ln x+2x$ 相比较.

```
>> dyfun = inline('1 + y./x', 'x', 'y'); [x, y] = naeuler(dyfun, [1,3], 2, 0.25);
>> f = inline('x. * log(x) + 2 * x');   yz = f(x);   [x, y, yz]
>> plot(x, yz, x, y, ' * ')
>> legend('准确解', '数值解', 'Location', 'northwest');   xlabel('x');   ylabel('y');
    ans =
        1.00000000000000    2.00000000000000    2.00000000000000
        1.25000000000000    2.75000000000000    2.77892943914276
        1.50000000000000    3.55000000000000    3.60819766216225
        1.75000000000000    4.39166666666667    4.47932762888699
        2.00000000000000    5.26904761904762    5.38629436111989
        2.25000000000000    6.17767857142857    6.32459298648674
        2.50000000000000    7.11408730158730    7.29072682968539
        2.75000000000000    8.07549603174603    8.28190250711582
        3.00000000000000    9.05963203463203    9.29583686600433
```

比较的图示如下.

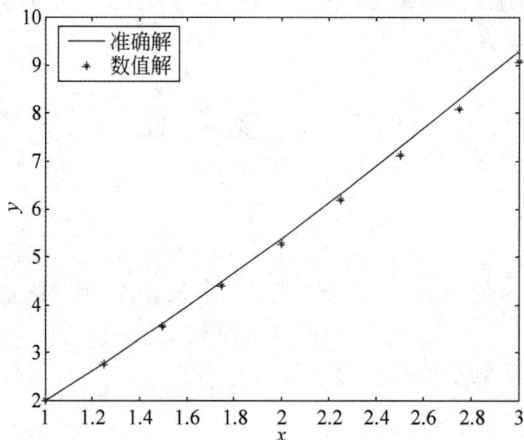

2. 改进欧拉法（预测-校正）

算法原理

给定微分方程右端函数、变量 x 的求解区间、步长 h、解函数的初值 y_0，先用欧拉公式给出预测值 $y_p = y_n + hf(x_n, y_n)$，再用隐式欧拉公式计算校正值 $y_c = y_n + hf(x_{n+1}, y_p)$，将预测值和校正值做算术平均 $y_{n+1} = \frac{1}{2}(y_p + y_c)$，得到 y_{n+1}，按此步骤依次计算微分方程初值问题数值解 $y_i \approx y(x_i)$.

算法步骤

a. 定义微分方程右端函数；

b. 输入变量 x 的求解区间及步长 h、解函数的初值 y_0；

c. 根据步长 h 及欧拉法公式循环计算预测值；

d. 将预测值代入隐式欧拉公式右端计算校正值；

e. 将预测值和校正值做算术平均得到数值解 y.

MATLAB 程序

```
function [x,y] = naeuler2(dyfun,xspan,y0,h)
x = xspan(1):h:xspan(2);
y(1) = y0;
for n = 1:length(x) - 1;
    k1 = feval(dyfun,x(n),y(n));     y(n + 1) = y(n) + h * k1;
    k2 = feval(dyfun,x(n + 1),y(n + 1));     y(n + 1) = y(n) + h * (k1 + k2)/2;
end
x = x';     y = y';
```

数值实验

例 2 用改进欧拉公式解初值问题

$$\begin{cases} y' = 1 + \dfrac{y}{x}, & x \in [1,2], \\ y(1) = 2. \end{cases}$$

取步长 $h = 0.25$，并与准确解 $y = x\ln x + 2x$ 相比较.

```
>> dyfun = inline('1 + y./x','x','y');     [x,y] = naeuler2(dyfun,[1,3],2,0.25);
>> f = inline('x.*log(x) + 2*x'); yz = f(x); [x,y,yz]
>> plot(x,yz,x,y,'*')
>> legend('准确解','数值解','Location','northwest'); xlabel('x');     ylabel('y');
ans =
    1.00000000000000     2.00000000000000     2.00000000000000
    1.25000000000000     2.77500000000000     2.77892943914276
    1.50000000000000     3.60083333333333     3.60819766216225
    1.75000000000000     4.46882936507937     4.47932762888699
    2.00000000000000     5.37285856009070     5.38629436111989
    2.25000000000000     6.30835476899093     6.32459298648674
    2.50000000000000     7.27178307665659     7.29072682968539
    2.75000000000000     8.26032502068588     8.28190250711582
    3.00000000000000     9.27168032559672     9.29583686600433
```

比较的图示如下.

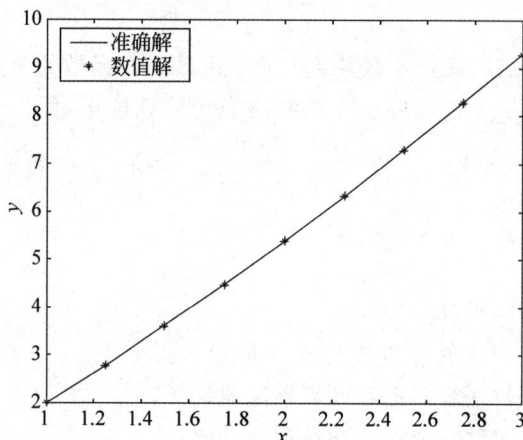

3. 经典四阶龙格-库塔法

算法原理

给定微分方程右端函数、变量 x 的求解区间、步长 h、解函数的初值 y_0，用经典四阶龙格-库塔法公式

$$
\begin{cases}
y_{n+1} = y_n + \dfrac{h}{6}(K_1 + 2K_2 + 2K_3 + K_4), \\
K_1 = f(x_n, y_n), \\
K_2 = f\left(x_n + \dfrac{h}{2}, y_n + \dfrac{h}{2}K_1\right), \\
K_3 = f\left(x_n + \dfrac{h}{2}, y_n + \dfrac{h}{2}K_2\right), \\
K_4 = f(x_n + h, y_n + hK_3).
\end{cases}
$$

依次计算微分方程初值问题数值解 $y_i \approx y(x_i)$.

算法步骤

a. 定义微分方程右端函数；

b. 输入变量 x 的求解区间及步长 h、解函数初值 y_0；

c. 根据步长 h 及四阶龙格-库塔法公式循环计算数值解 y.

MATLAB 程序

```
function [x,y] = nark4(dyfun,xspan,y0,h)
x = xspan(1):h:xspan(2);      y(1) = y0;
for n = 1:length(x) − 1;
    k1 = feval(dyfun,x(n),y(n));      k2 = feval(dyfun,x(n) + h/2,y(n) + h/2 * k1);
    k3 = feval(dyfun,x(n) + h/2,y(n) + h/2 * k2);      k4 = feval(dyfun,x(n + 1),y(n) + h * k3);
    y(n + 1) = y(n) + h * (k1 + 2 * k2 + 2 * k3 + k4)/6;
end
x = x';      y = y';
```

数值实验

例 3 给定初值问题

$$
\begin{cases}
y' = 1 + \dfrac{y}{x}, & x \in [1,2], \\
y(1) = 2.
\end{cases}
$$

用经典四阶龙格-库塔方法$(h=0.25,0.5)$求其数值解,并与准确解 $y=x\ln x+2x$ 相比较.

```
>> dyfun = inline('1 + y./x','x','y');
>> [x1,y1] = nark4(dyfun,[1,3],2,0.5);   [x2,y2] = nark4(dyfun,[1,3],2,0.25);
>> f = inline('x.*log(x) + 2*x');   yz = f(x2);   [x2,y2,yz], [x1,y1,yz(1:2:end)]
>> plot(x2,yz,x1,y1,'*',x2,y2,'--')
>> legend('准确解','数值解1','数值解2','location','northwest');   xlabel('x');   ylabel('y');
    ans =
         1.00000000000000    2.00000000000000    2.00000000000000
         1.25000000000000    2.77890946502058    2.77892943914276
         1.50000000000000    3.60816472808897    3.60819766216225
         1.75000000000000    4.47928460317058    4.47932762888699
         2.00000000000000    5.38624258880870    5.38629436111989
         2.25000000000000    6.32453316487679    6.32459298648674
         2.50000000000000    7.29065934909363    7.29072682968539
         2.75000000000000    8.28182759967674    8.28190250711582
         3.00000000000000    9.29575467672436    9.29583686600433

    ans =
         1.00000000000000    2.00000000000000    2.00000000000000
         1.50000000000000    3.60777777777778    3.60819766216225
         2.00000000000000    5.38562547241119    5.38629436111989
         2.50000000000000    7.28985077055514    7.29072682968539
         3.00000000000000    9.29476766479472    9.29583686600433
```

比较的图示如下.

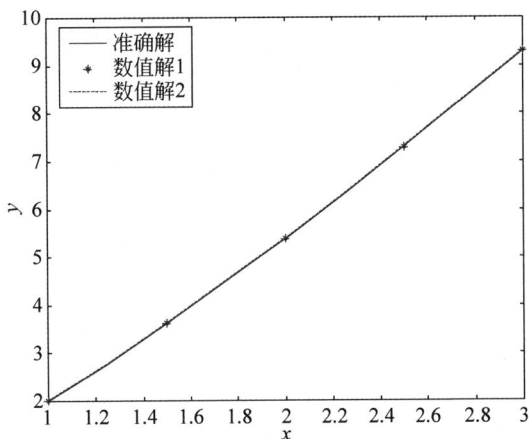

步长 h 取为 0.25 时,近似程度更好些,但与例 2 对比可见,就此例而言,步长 h 取为 0.5 时,近似效果也比改进的欧拉法好. 龙格-库塔方法每一步要 4 次计算函数 f,改进欧拉法每一步只要 2 次计算函数 f,表面上看龙格-库塔方法计算量比改进欧拉法大一倍,但由于放大了步长,所以计算量几乎相同.

9.3 复习与思考题解析

1. 常微分方程初值问题右端函数 f 满足什么条件时解存在唯一? 什么是好条件的方程?

答 若 f 在区域 $D=\{(x,y)\,|\,a\leqslant x\leqslant b,y\in\mathbb{R}\}$ 上连续,关于 y 满足利普希茨条件,即

存在实数 $L > 0$, 使得

$$| f(x,y_1) - f(x,y_2) | \leqslant L | y_1 - y_2 |, \quad \forall y_1, y_2 \in \mathbb{R},$$

则对任意 $x_0 \in [a,b]$, $y_0 \in \mathbb{R}$, 上述常微分方程当 $x \in [a,b]$ 时存在唯一的连续可微解 $y(x)$.

当利普希茨常数 L 比较小时, 解对初值和右端函数相对不敏感, 称为好条件的.

2. 什么是欧拉法和后退欧拉法? 它们是怎样导出的? 并给出局部截断误差.

答　将一阶常微分方程 $y' = f(x,y)$ 中的导数用均差近似, 即

$$\frac{y(x_{n+1}) - y(x_n)}{h} \approx y'(x_n) = f(x_n, y(x_n)),$$

并利用 $y_n = y(x_n)$, $y_{n+1} \approx y(x_{n+1})$, 则得到数值解法

$$y_{n+1} = y_n + h f(x_n, y_n),$$

这就是欧拉法.

若利用

$$\frac{y(x_{n+1}) - y(x_n)}{h} \approx y'(x_{n+1}) = f(x_{n+1}, y(x_{n+1})),$$

并利用 $y_n = y(x_n)$, $y_{n+1} \approx y(x_{n+1})$, 则得到

$$y_{n+1} = y_n + h f(x_{n+1}, y_{n+1}),$$

这就是后退欧拉法. 以上是用均差代替导数的途径得到的欧拉法和后退欧拉法.

对微分方程 $y' = f(x,y)$ 从 x_n 到 x_{n+1} 积分, 得

$$y(x_{n+1}) = y(x_n) + \int_{x_n}^{x_{n+1}} f(t, y(t)) \mathrm{d}t.$$

右端积分分别用左矩形公式 $h f(x_n, y(x_n))$ 和右矩形公式 $h f(x_{n+1}, y(x_{n+1}))$ 近似, 然后以 $y_n = y(x_n)$, $y_{n+1} \approx y(x_{n+1})$ 代替, 则得欧拉法 $y_{n+1} = y_n + h f(x_n, y_n)$ 及后退欧拉法 $y_{n+1} = y_n + h f(x_{n+1}, y_{n+1})$.

还可以将微分方程 $y' = f(x,y)$ 的解 $y(x)$ 分别在 x_n, x_{n+1} 进行泰勒展开, 则有

$$y(x_{n+1}) = y(x_n + h) = y(x_n) + y'(x_n)h + \frac{h^2}{2}y''(\xi_n)$$

$$= y(x_n) + f(x_n, y(x_n))h + \frac{h^2}{2}y''(\xi_n), \quad \xi_n \in (x_n, x_{n+1}),$$

$$y(x_n) = y(x_{n+1} - h) = y(x_{n+1}) - y'(x_{n+1})h + \frac{h^2}{2}y''(\eta_n)$$

$$= y(x_{n+1}) - f(x_{n+1}, y(x_{n+1}))h + \frac{h^2}{2}y''(\eta_n), \quad \eta_n \in (x_n, x_{n+1}),$$

由此舍去局部截断误差 $\dfrac{h^2}{2}f''(\xi)$, 可分别得到欧拉法

$$y_{n+1} = y_n + h f(x_n, y_n)$$

及后退欧拉法 $y_{n+1} = y_n + h f(x_{n+1}, y_{n+1})$. 这时局部截断误差是显然的.

3. 何谓单步法的局部截断误差? 何谓数值方法是 p 阶精度?

答　设 $y(x)$ 是初值问题

$$\begin{cases} y' = f(x,y), & x \in [x_0, b], \\ y(x_0) = y_0, \end{cases}$$

的准确解,称

$$T_{n+1} = y(x_{n+1}) - y(x_n) - h\varphi(x_n, y(x_n), h)$$

为显式单步法

$$y_{n+1} = y_n + h\varphi(x_n, y_n, h)$$

的局部截断误差.

若存在最大整数 p,使显式单步法的局部截断误差满足

$$T_{n+1} = y(x+h) - y(x) - h\varphi(x, y, h) = O(h^{p+1}),$$

则称单步法具有 p 阶精度. 上述定义对隐式单步法

$$y_{n+1} = y_n + h\varphi(x_n, y_n, y_{n+1}, h)$$

也同样适用.

4. 给出梯形法和改进欧拉法的计算公式.它们是几阶精度的?

答 梯形法的计算公式为

$$y_{n+1} = y_n + \frac{h}{2} \big[f(x_n, y_n) + f(x_{n+1}, y_{n+1}) \big],$$

为二阶方法.

改进欧拉法的计算公式为

$$\begin{cases} y_{\mathrm{p}} = y_n + h f(x_n, y_n), \\ y_{\mathrm{c}} = y_n + h f(x_{n+1}, y_{\mathrm{p}}), \\ y_{n+1} = \frac{1}{2}(y_{\mathrm{p}} + y_{\mathrm{c}}). \end{cases}$$

此法也是二阶方法.

5. 显式方法与隐式方法的根本区别是什么? 如何求解隐式方程? 应如何给出迭代初始值?

答 显式方法和隐式方法有着本质的区别,显式公式是关于 y_{n+1} 的一个直接的计算公式,而隐式公式的右端往往含有未知的 y_{n+1},是关于 y_{n+1} 的一个函数方程. 考虑到数值稳定性等其他因素,有时需要选用隐式公式,但是用显式方法远比隐式方法方便.

隐式方程通常用迭代法求解,迭代初值往往由显式方法给出,迭代过程的实质是逐步显式化.

6. 什么是 s 级的龙格-库塔法? 它是 s 阶方法吗? 写出经典的四阶龙格-库塔法.

答 将改进欧拉法改写为

$$y_{n+1} = \frac{1}{2} \big[y_n + h f(x_n, y_n) + y_n + h f(x_{n+1}, y_n + h f(x_n, y_n)) \big]$$

$$= y_n + \frac{h}{2} \big[f(x_n, y_n) + f(x_n + h, y_n + h f(x_n, y_n)) \big],$$

利用泰勒展开可以得出此方法是 2 阶方法.将此表示形式推广成一般形式

$$y_{n+1} = y_n + h \sum_{i=1}^{s} c_i K_i,$$

其中

$$K_1 = f(x_n, y_n),$$

$$K_i = f\Big(x_n + \lambda_i h, y_n + h \sum_{j=1}^{i-1} \mu_{ij} K_j\Big), \quad i = 2, 3, \cdots, s,$$

这里 c_i,λ_i,μ_{ij} 均为常数,该计算公式称为 s 级显式龙格-库塔法.

一级龙格-库塔法 $s=1$ 的阶数 $p=1$,二级龙格-库塔法 $s=2$ 的阶数 $p=2$,一般来说 $s\leqslant 4$ 时,可以有 s 级 s 阶的显式龙格-库塔法,当 $s\geqslant 5$ 时,s 级显式龙格-库塔法的最高阶达不到 s.

经典的四阶龙格-库塔法的计算公式为

$$\begin{cases} y_{n+1}=y_n+\dfrac{h}{6}(K_1+2K_2+2K_3+K_4), \\[2mm] K_1=f(x_n,y_n), \\[2mm] K_2=f\left(x_n+\dfrac{h}{2},y_n+\dfrac{h}{2}K_1\right), \\[2mm] K_3=f\left(x_n+\dfrac{h}{2},y_n+\dfrac{h}{2}K_2\right), \\[2mm] K_4=f(x_n+h,y_n+hK_3). \end{cases}$$

7. 什么是单步法的绝对稳定域和绝对稳定区间? 四阶龙格-库塔方法的绝对稳定区间是什么?

答　用单步法 $y_{n+1}=y_n+h\varphi(x_n,y_n,h)$ 解模型方程 $y'=\lambda y$,若得到的解 $y_{n+1}=E(h\lambda)y_n$ 满足 $|E(h\lambda)|<1$,这时误差是不放大的,则称方法是绝对稳定的. 在 $\mu=h\lambda$ 平面上,使 $|E(h\lambda)|<1$ 的变量围成的区域称为绝对稳定域,它与实轴的交称为绝对稳定区间.

显式龙格-库塔法的绝对稳定域均为有限域,都对步长 h 有限制,如果 h 不在稳定区间内方法就不稳定. 四阶显式龙格-库塔法的绝对稳定区间为 $0<h<-2.78/\lambda$.

8. 什么是 A-稳定的方法? 举出一个具体例子.

答　如果数值方法的绝对稳定域包含了 $\{h\lambda\,|\,\mathrm{Re}\,(h\lambda)<0\}$,那么称此方法是 A-稳定的,A-稳定的方法对步长 h 没有限制. 隐式欧拉法与梯形法的绝对稳定域均为 $\{h\lambda\,|\,\mathrm{Re}\,(h\lambda)<0\}$,它们都是 A-稳定的方法.

教材中例 9.5 为具体的例子.

9. 如何导出线性多步法的公式? 它与单步法有何区别?

答　一般的线性 k 步法公式可表示为

$$y_{n+k}=\sum_{i=0}^{k-1}\alpha_i y_{n+i}+h\sum_{i=0}^{k}\beta_i f_{n+i}$$

其中 y_{n+i} 为 $y(x_{n+i})$ 的近似,$f_{n+i}=f(x_{n+i},y_{n+i})$,$x_{n+i}=x_n+ih$,$\alpha_i,\beta_i$ 为常数,α_0 及 β_0 不全为零. 该公式在 x_{n+k} 上的局部截断误差

$$T_{n+k}=L[y(x_n);h]=y(x_{n+k})-\sum_{i=0}^{k-1}\alpha_i y(x_{n+i})-h\sum_{i=0}^{k}\beta_i y'(x_{n+i}).$$

将 T_{n+k} 在 x_n 处做泰勒展开

$$T_{n+k}=c_0 y(x_n)+c_1 hy'(x_n)+c_2 h^2 y''(x_n)+\cdots+c_p h^p y^{(p)}(x_n)+\cdots,$$

适当选择系数 α_i 及 β_i,使它满足

$$c_0=c_1=\cdots=c_p=0,\quad c_{p+1}\neq 0,$$

这样构造的就是 p 阶线性 k 步法,其局部截断误差

$$T_{n+k}=c_{p+1}h^{p+1}y^{(p+1)}(x_n)+O(h^{p+2}).$$

线性多步法与单步法的区别在于多步法在逐步推进的过程中充分利用了前面已经求出的信息,因而可以期望获得更高的精度.

10. 什么是阿当姆斯显式与隐式公式? 它们为什么能利用等价的积分方程导出?

答 形如

$$y_{n+k} = y_{n+k-1} + h \sum_{i=0}^{k} \beta_i f_{n+i}$$

的 k 步法称为阿当姆斯方法. $\beta_k = 0$ 为阿当姆斯显式公式,$\beta_k \neq 0$ 为阿当姆斯隐式公式.

由于这类公式可以改写为 $y_{n+k} - y_{n+k-1} = h \sum_{i=0}^{k} \beta_i f_{n+i}$,而 $y_{n+k} - y_{n+k-1} = \int_{x_{n+k-1}}^{x_{n+k}} y'(x) \mathrm{d}x = \int_{x_{n+k-1}}^{x_{n+k}} f(x, y(x)) \mathrm{d}x$,所以可以通过将积分方程 $y' = f(x, y)$ 两端从 x_{n+k-1} 到 x_{n+k} 积分求得.

11. 用多步法求数值解为什么要用预测-校正方法?

答 对于隐式多步法,计算时要进行迭代,计算量较大. 为了避免进行迭代,通常采用显式公式给出 y_{n+k} 的一个初始近似值,记为 $y_{n+k}^{(0)}$,称为预测,接着计算 f_{n+k} 的值,再用隐式公式进行计算 y_{n+k},称为校正. 一般情况下,预测公式与校正公式都取同阶的显式方法与隐式方法相匹配.

12. 什么是多步法的相容性和收敛性? 试给出多步法相容的条件.

答 当线性多步法的阶数 $p \geqslant 1$ 时称多步法与微分方程是相容的. 设初值问题的精确解为 $y(x)$,如果初始条件 $y_i = \eta_i(h)$ 满足条件

$$\lim_{h \to 0} \eta_i(h) = y_0, \quad i = 0, 1, \cdots, k-1$$

的线性 k 步法在 $x = x_n$ 处的解 y_n 有

$$\lim_{\substack{h \to 0 \\ x = x_0 + nh}} y_n = y(x),$$

则称线性 k 步法是收敛的.

根据相容性定义,线性 k 步法与微分方程 $y' = f(x, y)$ 相容的充分必要条件是

$$\begin{cases} \alpha_0 + \alpha_1 + \cdots + \alpha_{k-1} = 1, \\ \displaystyle\sum_{i=1}^{k-1} i\alpha_i + \sum_{i=0}^{k} \beta_i = k. \end{cases}$$

13. 什么是多步法的特征多项式? 什么是零点条件? 零点条件在线性多步法收敛性与稳定性中有何作用?

答 对多步法

$$y_{n+k} = \sum_{i=0}^{k-1} \alpha_i y_{n+i} + h \sum_{i=0}^{k} \beta_i f_{n+i},$$

引入多项式

$$\rho(\xi) = \xi^k - \sum_{j=0}^{k-1} \alpha_j \xi^j, \quad \sigma(\xi) = \sum_{j=0}^{k} \beta_j \xi^j,$$

分别称为多步法的第一第二特征多项式,线性 k 步法与微分方程相容的充分必要条件是 $\rho(1) = 0, \rho'(1) = \sigma(1)$.

如果线性多步法的第一特征多项式 $\rho(\xi)$ 的零点都在单位圆内或单位圆上,且在单位圆上的零点都是零点根,则称线性多步法满足零点条件.

若线性多步法是相容的,则线性多步法收敛的充分必要条件是满足零点条件.

14. 什么是刚性方程组?为什么刚性微分方程数值求解非常困难?什么数值方法适合求刚性方程?

答　记 $\boldsymbol{y}=(y_1,y_2,\cdots,y_N)^{\mathrm{T}},\boldsymbol{y}_0=(y_1^0,y_2^0,\cdots,y_N^0)^{\mathrm{T}},\boldsymbol{f}=(f_1,f_2,\cdots,f_N)^{\mathrm{T}}$,在求解微分方程组

$$\begin{cases} \boldsymbol{y}'=\boldsymbol{f}(x,\boldsymbol{y}), \\ \boldsymbol{y}(x_0)=\boldsymbol{y}_0 \end{cases}$$

时,经常出现解的分量的数量级差别很大的情形,这种问题称为刚性问题. 刚性问题中解分量的变化速度相差很大,往往会出现用小步长计算长区间的现象,因而求解比较困难,最好使用对步长不加限制的方法,如欧拉后退法及梯形法,即 A-稳定的方法.

15. 判断下列命题是否正确:

(1) 一阶常微分方程右端函数 $f(x,y)$ 连续就一定存在唯一解.

(2) 数值求解常微分方程初值问题截断误差与舍入误差互不相关.

(3) 一个数值方法局部截断误差的阶等于整体误差的阶(即方法的阶).

(4) 算法的精度阶数越高计算结果就越精确.

(5) 显式方法的优点是计算简单且稳定性好.

(6) 隐式方法的优点是稳定性好且收敛阶高.

(7) 单步法比多步法优越的原因是计算简单且可以自启动.

(8) 改进欧拉法是二级二阶的龙格-库塔方法.

(9) 满足零点条件的多步法都是绝对稳定的.

(10) 解刚性方程组如果使用 A-稳定方法,则不管步长 h 取多大都可达到任意给定的精度.

答:(1) 错. 在右端函数 $f(x,y)$ 连续的前提下,还要加上一些条件(如 $f(x,y)$ 关于 y 满足利普希茨条件),才能得出存在唯一解的结论.

(2) 对. 截断误差是说通过精确计算所得的值 y_n 与所求问题的精确解 $y(x_n)$ 的差 $e_n=y(x_n)-y_n$,在此过程中,未涉及近似计算,因此与舍入误差无关.

(3) 错. 一个数值方法局部截断误差的阶比整体截断误差的阶高一阶.

(4) 错. 如果常微分方程的解具有较好的光滑性,即高阶导数存在,则采用算法的阶越高,计算结果就越精确. 反之不然.

(5) 错. 显式方法的优点是计算简单,但其稳定性差些.

(6) 对. 相对显式方法而言是正确的.

(7) 错. 单步法有自启动的特性,但不能说单步法都计算简单. 因为单步法中也有隐式方法.

(8) 对. 这可由龙格-库塔方法的具体形式中得到验证.

(9) 错. 满足零点条件的多步法是稳定的,但不能保证绝对稳定.

(10) 对. 对刚性方程组使用 A-稳定方法时,对步长没有限制.

9.4 习 题 解 答

第 9 章解答

1. 用欧拉法解初值问题

$$y' = x^2 + 100y^2, \quad y(0) = 0.$$

取步长 $h = 0.1$,计算到 $x = 0.3$(保留到小数点后 4 位).

解 欧拉法公式为

$$y_{n+1} = y_n + hf(x_n, y_n) = y_n + h(x_n^2 + 100y_n^2), \quad n = 0, 1, 2.$$

代入 $y_0 = 0$,计算结果为

$$y(0.1) \approx y_1 = 0, \quad y(0.2) \approx y_2 = 0.0010, \quad y(0.3) \approx y_3 = 0.0050.$$

2. 用改进欧拉法和梯形法解初值问题

$$y' = x^2 + x - y, \quad y(0) = 0.$$

取步长 $h = 0.1$,计算到 $x = 0.5$,并与准确解 $y = -e^{-x} + x^2 - x + 1$ 相比较.

解 改进欧拉法为

$$y_{n+1} = y_n + \frac{h}{2}[f(x_n, y_n) + f(x_{n+1}, y_n + hf(x_n, y_n))],$$

将 $f(x, y) = x^2 + x - y$ 代入,得

$$y_{n+1} = \left(1 - h + \frac{h^2}{2}\right)y_n + \frac{h}{2}[(1-h)x_n(1+x_n) + (1+x_{n+1})x_{n+1}].$$

梯形法公式为

$$y_{n+1} = y_n + \frac{h}{2}[f(x_n, y_n) + f(x_{n+1}, y_{n+1})],$$

将 $f(x, y) = x^2 + x - y$ 代入,得

$$y_{n+1} = \frac{2-h}{2+h}y_n + \frac{h}{2+h}[x_n(1+x_n) + x_{n+1}(1+x_{n+1})],$$

将 $y_0 = 0, h = 0.1$ 代入计算公式,结果如下:

x_n	改进欧拉法 y_n	$|y(x_n) - y_n|$	梯形法 y_n	$|y(x_n) - y_n|$
0.1	0.005 500	$0.337\,418\,036 \times 10^{-3}$	0.005 238 095	$0.755\,132\,741 \times 10^{-4}$
0.2	0.021 927 500	$0.658\,253\,078 \times 10^{-3}$	0.021 405 896	$0.136\,648\,770 \times 10^{-3}$
0.3	0.050 144 388	$0.962\,608\,182 \times 10^{-3}$	0.049 367 239	$0.185\,459\,641 \times 10^{-3}$
0.4	0.090 930 671	$0.125\,071\,672 \times 10^{-2}$	0.089 903 692	$0.223\,738\,427 \times 10^{-3}$
0.5	0.144 992 257	$0.152\,291\,668 \times 10^{-2}$	0.143 722 388	$0.253\,048\,067 \times 10^{-3}$

可见梯形法比改进欧拉法精确.

3. 用梯形方法解初值问题

$$\begin{cases} y' + y = 0, \\ y(0) = 1. \end{cases}$$

证明其近似解为 $y_n = \left(\frac{2-h}{2+h}\right)^n$,并证明当 $h \to 0$ 时,它收敛于原初值问题的准确解 $y = e^{-x}$.

证明 梯形公式为

$$y_{n+1} = y_n + \frac{h}{2}[f(x_n, y_n) + f(x_{n+1}, y_{n+1})],$$

将 $f(x,y)=-y$ 代入上式,得

$$y_{n+1}=y_n+\frac{h}{2}[-y_n-y_{n+1}],$$

解得 $y_{n+1}=\left(\dfrac{2-h}{2+h}\right)y_n$,递推,有

$$y_{n+1}=\left(\frac{2-h}{2+h}\right)y_n=\left(\frac{2-h}{2+h}\right)^2 y_{n-1}=\cdots=\left(\frac{2-h}{2+h}\right)^{n+1}y_0,$$

因为 $y_0=1$,故

$$y_n=\left(\frac{2-h}{2+h}\right)^n.$$

$\forall x>0$,以 h 为步长经 n 步运算可求得 $y(x)$ 的近似值 y_n,故将 $x=nh,n=\dfrac{x}{h}$,代入上式有

$$y_n=\left(\frac{2-h}{2+h}\right)^{x/h},$$

因而

$$\lim_{h\to 0}y_n=\lim_{h\to 0}\left(\frac{2-h}{2+h}\right)^{\frac{x}{h}}=\lim_{h\to 0}\left(1-\frac{2h}{2+h}\right)^{\frac{x}{h}}=\lim_{h\to 0}\left[\left(1-\frac{2h}{2+h}\right)^{\frac{2+h}{2h}}\right]^{\frac{2h}{2+h}\frac{x}{h}}=\mathrm{e}^{-x}.$$

4. 利用欧拉方法计算积分 $\displaystyle\int_0^x \mathrm{e}^{t^2}\,\mathrm{d}t$ 在点 $x=0.5,1,1.5,2$ 的近似值.

解　令 $y(x)=\displaystyle\int_0^x \mathrm{e}^{t^2}\,\mathrm{d}t$,则有初值问题

$$y'=\mathrm{e}^{x^2},\quad y(0)=0.$$

对上述问题应用欧拉法,取 $h=0.5$,计算公式为

$$y_{n+1}=y_n+0.5\mathrm{e}^{x_n^2},\quad n=0,1,2,\cdots.$$

由 $y(0)=y_0=0$,得

$$y(0.5)\approx y_1=0.5,\quad y(1.0)\approx y_2=1.142\,012\,708,$$

$$y(1.5)\approx y_3=2.501\,153\,623,\quad y(2.0)\approx y_4=7.245\,021\,541.$$

5. 取 $h=0.2$,用四阶经典的龙格-库塔方法求解下列初值问题:

(1) $\begin{cases}y'=x+y,\quad 0<x<1,\\ y(0)=1;\end{cases}$　　　(2) $\begin{cases}y'=3y/(1+x),\quad 0<x<1,\\ y(0)=1.\end{cases}$

解　四阶经典的龙格-库塔方法迭代公式为

$$\begin{cases}y_{n+1}=y_n+\dfrac{h}{6}(K_1+2K_2+2K_3+K_4),\\[2mm] K_1=f(x_n,y_n),\\[2mm] K_2=f\left(x_n+\dfrac{h}{2},y_n+\dfrac{h}{2}K_1\right),\\[2mm] K_3=f\left(x_n+\dfrac{h}{2},y_n+\dfrac{h}{2}K_2\right),\\[2mm] K_4=f(x_n+h,y_n+hK_3).\end{cases}$$

(1) 取 $y_0 = y(0) = 1, h = 0.2, f(x,y) = x + y$,

(2) 取 $y_0 = y(0) = 1, h = 0.2, f(x,y) = \dfrac{3y}{1+x}$,

上述两问题的精确解分别为 $y = 2e^x - (x+1)$ 及 $y = (1+x)^3$,而近似解及误差如下:

x_n	(1)的解 y_n	$|y_n - y(x_n)|$	(2)的解 y_n	$|y_n - y(x_n)|$
0.2	1.242 800 000	5.516 320 34$\times 10^{-6}$	1.727 548 209	4.517 906 336 1$\times 10^{-4}$
0.4	1.583 635 920	1.347 528 25$\times 10^{-5}$	2.742 951 299	1.048 701 104 6$\times 10^{-3}$
0.6	2.044 212 913	2.468 809 30$\times 10^{-5}$	4.094 181 355	1.818 644 577 4$\times 10^{-3}$
0.8	2.651 041 652	4.020 542 78$\times 10^{-5}$	5.829 210 728	2.789 271 638 3$\times 10^{-3}$
1.0	3.436 502 273	6.138 370 62$\times 10^{-5}$	7.996 012 143	3.987 856 851 5$\times 10^{-3}$

6. 证明对任意参数 t,下列龙格-库塔公式是二阶精度的:

$$\begin{cases} y_{n+1} = y_n + \dfrac{h}{2}(K_2 + K_3), \\ K_1 = f(x_n, y_n), \\ K_2 = f(x_n + th, y_n + thK_1), \\ K_3 = f(x_n + (1-t)h, y_n + (1-t)hK_1). \end{cases}$$

证明 只要证明 $T_{n+1} = O(h^3)$ 即可.

$$T_{n+1} = y(x+h) - y(x) - h\varphi(x,y,h),$$

$$\varphi(x,y,h) = \frac{1}{2}\big[f(x+th, y+thy'(x)) + f(x+(1-t)h, y+(1-t)hy'(x))\big],$$

将上式右端两项在 (x,y) 处做泰勒展开即可得到余项表达式

$$f(x+th, y+thy'(x))$$
$$= f(x,y) + th\frac{\partial}{\partial x}f(x,y) + thy'(x)\frac{\partial}{\partial y}f(x,y) + O(h^2),$$

$$f(x+(1-t)h, y+(1-t)hy'(x))$$
$$= f(x,y) + (1-t)h\frac{\partial}{\partial x}f(x,y) + (1-t)hy'(x)\frac{\partial}{\partial y}f(x,y) + O(h^2).$$

再根据 $y(x+h)$ 在 x 处的泰勒展开可得

$$T_{n+1} = y(x) + hy'(x) + \frac{1}{2}h^2 y''(x) + \frac{1}{3!}h^3 y'''(\xi) - y(x) -$$

$$\frac{1}{2}h\left[2f(x,y) + h\frac{\partial}{\partial x}f(x,y) + hy'(x)\frac{\partial}{\partial y}f(x,y) + O(h^2)\right]$$

$$= O(h^3),$$

故对任意参数 t,方法是二阶的.

7. 证明中点公式

$$y_{n+1} = y_n + hf\left(x_n + \frac{h}{2}, y_n + \frac{1}{2}hf(x_n, y_n)\right)$$

是二阶精度的.

证明 由局部截断误差的定义及泰勒展开可得

$$T_{n+1} = y(x_{n+1}) - y(x_n) - hf\left(x_n + \frac{h}{2}, y(x_n) + \frac{1}{2}hy'(x_n)\right)$$

$$= y(x_n) + hy'(x_n) + \frac{h^2}{2}y''(x_n) + \frac{1}{3!}h^3y'''(x_n) + O(h^4) - y(x_n) - h\Big\{ f(x_n, y(x_n)) +$$

$$\frac{h}{2}\frac{\partial f(x_n, y(x_n))}{\partial x} + \frac{h}{2}y'(x_n)\frac{\partial f(x_n, y(x_n))}{\partial y} + \frac{1}{2!}\Big[\Big(\frac{h}{2}\Big)^2 \frac{\partial^2 f(x_n, y(x_n))}{\partial x^2} +$$

$$\frac{h}{2}\frac{h}{2}y'(x_n)\frac{\partial^2 f(x_n, y(x_n))}{\partial x \partial y} + \Big(\frac{h}{2}y'(x_n)\Big)^2 \frac{\partial^2 f(x_n, y(x_n))}{\partial y^2} \Big] + O(h^3) \Big\}$$

$$= \frac{1}{3!}h^3 y'''(x_n) - \frac{h^3}{8}\Big[\frac{\partial^2 f}{\partial x^2} + y'(x)\frac{\partial^2 f}{\partial x \partial y} + (y'(x))^2 \frac{\partial^2 f}{\partial y^2} \Big]_{(x_n, y(x_n))} + O(h^4) = O(h^3),$$

因此中点公式是二阶的.

8. 求隐式中点公式

$$y_{n+1} = y_n + hf\Big(x_n + \frac{h}{2}, \frac{1}{2}(y_n + y_{n+1})\Big)$$

的绝对稳定区间.

解　对于模型方程 $y' = \lambda y$,隐式中点公式为

$$y_{n+1} = y_n + \frac{1}{2}h\lambda(y_n + y_{n+1}),$$

即

$$\Big(1 - \frac{1}{2}h\lambda\Big)y_{n+1} = \Big(1 + \frac{1}{2}h\lambda\Big)y_n,$$

$$y_{n+1} = \frac{1 + \frac{1}{2}h\lambda}{1 - \frac{1}{2}h\lambda}y_n, \quad \text{故} \quad E(h\lambda) = \frac{1 + \frac{1}{2}h\lambda}{1 - \frac{1}{2}h\lambda}.$$

对 $\mathrm{Re}(\lambda) < 0$,有 $|E(h\lambda)| = \left| \dfrac{1 + \frac{1}{2}h\lambda}{1 - \frac{1}{2}h\lambda} \right| < 1$,故绝对稳定域为 $\mu = h\lambda$ 的左半平面,绝对稳定

区间为 $-\infty < h\lambda < 0$,即 $0 < h < +\infty$ 时隐式中点法是稳定的.

9. 对于初值问题

$$\begin{cases} y' = -100(y - x^2) + 2x, \\ y(0) = 1. \end{cases}$$

(1) 用欧拉法求解,步长 h 取什么范围的值,才能使计算稳定?

(2) 若用四阶龙格-库塔法计算,步长 h 如何选取?

(3) 若用梯形公式计算,步长 h 有无限制?

解　因为 $y' = -100(y - x^2) + 2x$,所以 $\lambda = -100$.

(1) 由于欧拉法的绝对稳定区间为 $|1 + h\lambda| < 1$,即 $|1 - 100h| < 1$,所以当 $0 < h < 0.02$ 时计算稳定.

(2) 因为四阶龙格-库塔法的绝对稳定区间为 $-2.78 < h\lambda < 0$,所以当 $0 < h < 0.0278$ 时计算稳定.

(3) 梯形法的稳定区间为 $0 < h < +\infty$,所以步长 h 无限制.

10. 分别用二阶显式阿当姆斯方法和二阶隐式阿当姆斯方法解下列初值问题:

$$\begin{cases} y' = 1 - y, \\ y(0) = 0. \end{cases}$$

取 $h = 0.2, y_0 = 0, y_1 = 0.181$,计算 $y(1.0)$ 并与准确解 $y = 1 - e^{-x}$ 相比较.

解 二阶显式阿当姆斯方法和二阶隐式阿当姆斯方法分别为

$$y_{n+2} = y_{n+1} + \frac{1}{2}h(3f_{n+1} - f_n),$$

$$y_{n+1} = y_n + \frac{1}{2}h(f_{n+1} + f_n),$$

将 $f = 1 - y$ 代入并化简得

显式方法: $y_{n+2} = \left(1 - \frac{3}{2}h\right)y_{n+1} + \frac{h}{2}y_n + h,$

隐式方法: $y_{n+1} = \frac{2-h}{2+h}y_n + \frac{2h}{2+h}.$

取 $h = 0.2, y_0 = 0, y_1 = 0.181$,计算结果如下:

x_n	精确解 $y(x_n) = 1 - e^{-x_n}$	显式 y_n	$\lvert y(x_n) - y_n\rvert$	隐式 y_n	$\lvert y(x_n) - y_n\rvert$
0.4	0.329 679 954	0.327	$2.979\ 953\ 964 \times 10^{-3}$	0.330	$8.985\ 584\ 323 \times 10^{-4}$
0.6	0.451 188 364	0.447	$4.398\ 363\ 906 \times 10^{-3}$	0.452	$1.103\ 146\ 237 \times 10^{-3}$
0.8	0.550 671 036	0.545	$5.248\ 035\ 883 \times 10^{-3}$	0.551	$1.203\ 836\ 052 \times 10^{-3}$
1.0	0.632 120 559	0.626	$5.645\ 458\ 829 \times 10^{-3}$	0.633	$1.231\ 609\ 118 \times 10^{-3}$

可见隐式方法比显式方法精确.

11. 证明解 $y' = f(x, y)$ 的下列差分公式

$$y_{n+1} = \frac{1}{2}(y_n + y_{n-1}) + \frac{h}{4}(4y'_{n+1} - y'_n + 3y'_{n-1})$$

是二阶精度的,并求出截断误差的主项.

证明 由局部截断误差的定义及泰勒展开有

$$T_{n+1} = y(x_n + h) - \frac{1}{2}(y(x_n) + y(x_n - h)) - \frac{h}{4}[4y'(x_n + h) - y'(x_n) + 3y'(x_n - h)]$$

$$= y(x_n) + hy'(x_n) + \frac{h^2}{2}y''(x_n) + \frac{1}{3!}h^3y'''(x_n) + O(h^4) - \frac{1}{2}y(x_n) -$$

$$\frac{1}{2}\left[y(x_n) - hy'(x_n) + \frac{h^2}{2}y''(x_n) - \frac{1}{3!}h^3y'''(x_n) + O(h^4)\right] -$$

$$\frac{h}{4}\left[4\left(y'(x_n) + hy''(x_n) + \frac{h^2}{2}y'''(x_n) + O(h^3)\right) - y'(x_n) + \right.$$

$$\left. 3\left(y'(x_n) - hy''(x_n) + \frac{h^2}{2}y'''(x_n) + O(h^3)\right)\right]$$

$$= \left(1 - \frac{1}{2} - \frac{1}{2}\right)y(x_n) + \left(\frac{1}{2} - \frac{1}{4} - 1 + \frac{3}{4}\right)h^2y''(x_n) +$$

$$\left(\frac{1}{6} + \frac{1}{12} - \frac{1}{2} - \frac{3}{8}\right)h^3y'''(x_n) + O(h^4)$$

$$= -\frac{5}{8}h^3y'''(x_n) + O(h^4),$$

故方法是二阶的,局部截断误差的主项为 $-\dfrac{5}{8}h^3 y'''(x_n)$.

12. 试证明线性二步法

$$y_{n+2} + (b-1)y_{n+1} - by_n = \frac{h}{4}[(b+3)f_{n+2} + (3b+1)f_n],$$

当 $b \neq -1$ 时方法为二阶精度,当 $b = -1$ 时方法为三阶精度.

证明　由局部截断误差的定义及泰勒展开有

$$\begin{aligned}
T_{n+2} = &\ y(x_n + 2h) + (b-1)y(x_n + h) - by(x_n) - \\
&\ \frac{h}{4}[(b+3)y'(x_n + 2h) + (3b+1)y'(x_n)] \\
= &\ y(x_n) + 2hy'(x_n) + \frac{1}{2}(2h)^2 y''(x_n) + \frac{1}{3!}(2h)^3 y'''(x_n) + \\
&\ \frac{1}{4!}(2h)^4 y^{(4)}(x_n) + O(h^5) + (b-1)\Big[y(x_n) + hy'(x_n) + \frac{1}{2}h^2 y''(x_n) + \\
&\ \frac{1}{3!}h^3 y'''(x_n) + \frac{1}{4!}h^4 y^{(4)}(x_n) + O(h^5)\Big] - by(x_n) - \\
&\ \frac{h}{4}(b+3)\Big[y'(x_n) + 2hy''(x_n) + \frac{1}{2}(2h)^2 y'''(x_n) + \\
&\ \frac{1}{3!}(2h)^3 y^{(4)}(x_n) + O(h^4)\Big] - \frac{h}{4}(3b+1)y'(x_n) \\
= &\ (1+b-1-b)y(x_n) + \Big[2+b-1-\frac{1}{4}(b+3)-\frac{1}{4}(3b+1)\Big]hy'(x_n) + \\
&\ \Big[2+\frac{1}{2}(b-1)-\frac{1}{2}(b+3)\Big]h^2 y''(x_n) + \Big[\frac{4}{3}+\frac{1}{6}(b-1)-\frac{1}{2}(b+3)\Big] \cdot \\
&\ h^3 y'''(x_n) + \Big[\frac{2}{3}+\frac{1}{24}(b-1)-\frac{1}{3}(b+3)\Big]h^4 y^{(4)}(x_n) + O(h^5) \\
= &\ -\frac{1}{3}(b+1)h^3 y'''(x_n) - \Big(\frac{3}{8}-\frac{7}{24}b\Big)h^4 y^{(4)}(x_n) + O(h^5),
\end{aligned}$$

所以当 $b \neq -1$ 时,有

$$T_{n+2} = -\frac{1}{3}(b+1)h^3 y'''(x_n) + O(h^4),$$

故方法为二阶精度;当 $b = -1$ 时,有

$$T_{n+2} = -\frac{2}{3}h^4 y^{(4)}(x_n) + O(h^5),$$

故方法为三阶精度.

13. 讨论二步法

$$y_{n+2} = y_{n+1} + \frac{h}{12}(5f_{n+2} + 8f_{n+1} - f_n)$$

的收敛性.

解　由于方法的第一、第二特征多项式分别为

$$\rho(\xi) = \xi^2 - \xi, \quad \sigma(\xi) = \frac{1}{12}(5\xi^2 + 8\xi - 1),$$

故有 $\rho(1)=0,\sigma(1)=\rho'(1)=1$,方法是相容的.

由 $\rho(\xi)=\xi^2-\xi=0$,得 $\xi_1=0,\xi_2=1$,满足零点条件. 由教材中的定理 9.7,多步法收敛.

14. 写出下列常微分方程等价的一阶方程组及其二阶显式 R-K 方法:

(1) $y''=y'(1-y^2)-y$;　　　　　　(2) $y'''=y''-2y'+y-x+1$.

解　(1) 令 $z=y'$,则常微分方程可化为一阶常微分方程组

$$\begin{cases} y'=z, \\ z'=z(1-y^2)-y. \end{cases}$$

若令 $f(y,z)=z(1-y^2)-y$,则此方程可以记为

$$\begin{cases} y'=z, \\ z'=f(y,z), \end{cases} \quad \text{或} \quad \boldsymbol{u}'\stackrel{\text{def}}{=}\begin{pmatrix} y \\ z \end{pmatrix}'=\begin{pmatrix} z \\ f(y,z) \end{pmatrix}\stackrel{\text{def}}{=}\boldsymbol{g}(y,z)\stackrel{\text{def}}{=}\boldsymbol{g}(\boldsymbol{u}),$$

对应的二阶显式 R-K 方法为

$$\begin{cases} y_{n+1}=y_n+hK_2, \\ z_{n+1}=z_n+hL_2, \end{cases} \quad \text{或} \quad \boldsymbol{u}_{n+1}=\boldsymbol{u}_n+h\boldsymbol{k}_2,$$

其中

$$K_1=z_n,\quad L_1=f(y_n,z_n);\quad K_2=z_n+\frac{h}{2}L_1,\quad L_2=f\left(y_n+\frac{h}{2}K_1,z_n+\frac{h}{2}L_1\right).$$

或按向量推导如下:

$$\boldsymbol{k}_1=\boldsymbol{g}(\boldsymbol{u}_n)=\begin{pmatrix} z_n \\ f(y_n,z_n) \end{pmatrix}\stackrel{\text{def}}{=}\begin{pmatrix} K_1 \\ L_1 \end{pmatrix},\quad \boldsymbol{u}_n+\frac{h}{2}\boldsymbol{k}_1=\begin{pmatrix} y_n+\dfrac{h}{2}z_n \\ z_n+\dfrac{h}{2}f(y_n,z_n) \end{pmatrix},$$

$$\boldsymbol{k}_2=\boldsymbol{g}\left(\boldsymbol{u}_n+\frac{h}{2}\boldsymbol{k}_1\right)=\begin{pmatrix} z_n+\dfrac{h}{2}f(y_n,z_n) \\ f\left(y_n+\dfrac{h}{2}z_n,z_n+\dfrac{h}{2}f(y_n,z_n)\right) \end{pmatrix}$$

$$=\begin{pmatrix} z_n+\dfrac{h}{2}L_1 \\ f\left(y_n+\dfrac{h}{2}K_1,z_n+\dfrac{h}{2}L_1\right) \end{pmatrix}\stackrel{\text{def}}{=}\begin{pmatrix} K_2 \\ L_2 \end{pmatrix}.$$

这里的 K_1,K_2 比较简单,可以消去,于是上述的格式可表示为

$$\begin{cases} y_{n+1}=y_n+hz_n+\dfrac{h^2}{2}L_1, \\ z_{n+1}=z_n+hL_2, \end{cases}$$

其中

$$L_1=f(y_n,z_n),\quad L_2=f\left(y_n+\frac{h}{2}z_n,z_n+\frac{h}{2}L_1\right).$$

(2) 令 $z=y',w=y''$,则常微分方程可化为一阶常微分方程组

$$\begin{cases} y'=z, \\ z'=w, \\ w'=w-2z+y-x+1. \end{cases}$$

若令 $f(x,y,z,w)=w-2z+y-x+1$,则此方程可以记为

$$\begin{cases} y'=z, \\ z'=w, \\ w'=f(x,y,z,w), \end{cases}$$

对应的二阶显式 R-K 方法为

$$\begin{cases} y_{n+1}=y_n+hL_2, \\ z_{n+1}=z_n+hM_2, \\ w_{n+1}=w_n+hN_2, \end{cases}$$

其中

$L_1=z_n, \quad M_1=w_n, \quad N_1=f(x_n,y_n,z_n,w_n);$

$L_2=z_n+\dfrac{h}{2}M_1, M_2=w_n+\dfrac{h}{2}N_1, N_2=f\left(x_n+\dfrac{h}{2},y_n+\dfrac{h}{2}L_1,z_n+\dfrac{h}{2}M_1,w_n+\dfrac{h}{2}N_1\right).$

这里的 L_1,L_2,M_1,M_2 比较简单,可以消去,于是上述的格式可表示为

$$\begin{cases} y_{n+1}=y_n+hz_n+\dfrac{h^2}{2}w_n, \\[2mm] z_{n+1}=z_n+hw_n+\dfrac{h^2}{2}N_1, \\[2mm] w_{n+1}=w_n+hN_2, \end{cases}$$

其中,$N_1=f(x_n,y_n,z_n,w_n), N_2=f\left(x_n+\dfrac{h}{2},y_n+\dfrac{h}{2}z_n,z_n+\dfrac{h}{2}w_n,w_n+\dfrac{h}{2}N_1\right).$

15. 求方程

$$\begin{cases} u'=-10u+9v, \\ v'=10u-11v \end{cases}$$

的刚性比,用四阶 R-K 方法求解时,最大步长能取多少?

解　根据刚性比的定义,若方程组的矩阵 $A=\begin{pmatrix} -10 & 9 \\ 10 & -11 \end{pmatrix}$ 的特征值 λ_j 满足条件 $\mathrm{Re}(\lambda_j)<0(j=1,2)$,则

$$s=\frac{\max\limits_{1\leqslant j\leqslant 2}|\mathrm{Re}(\lambda_j)|}{\min\limits_{1\leqslant j\leqslant 2}|\mathrm{Re}(\lambda_j)|}$$

称为刚性比. 易知 A 的两个特征值为

$$\lambda_1=-1, \quad \lambda_2=-20,$$

所以刚性比为 20.

若用四阶 R-K 方法求解,则当 $-2.78<h\lambda<0$ 时数值稳定,即当 $0<h<\dfrac{-2.78}{-20}=0.139$ 时可保证数值稳定.